Dampfkesselschäden

ihre Ursachen, Verhütung und Nutzung für die Weiterentwicklung

Ein Lehrbuch für die Dampfkessel-Industrie
und den Dampfkessel-Betrieb

von

Dr.-Ing. Ernst Pfleiderer

Mit **244** Textabbildungen

Berlin

Verlag von Julius Springer

1934

ISBN-13: 978-3-642-90242-0   e-ISBN-13: 978-3-642-92099-8
DOI: 10.1007/978-3-642-92099-8

Vorwort.

In den Jahren nach dem Krieg hat gerade auf dem Gebiet des Dampfkesselwesens die Technik sprunghafte Fortschritte gemacht. Große Kesselleistungen werden auf kleinsten Räumen untergebracht. Die spezifischen Anstrengungen der Heizfläche sind entsprechend schnell gewachsen, kurze Anheizzeit und hohe Elastizität hinsichtlich der Erzeugung werden gefordert, was durch die Einführung der Staubfeuerung und des Unterwindrostes in weitem Ausmaß befriedigt werden kann. Gleichzeitig ist der angewandte Kesseldruck dauernd im Steigen. Höchstdruckkessel von über 100 atü sind bereits in größerer Zahl vorhanden. Überhitzertemperaturen von 450° C sind keine Ungewöhnlichkeit mehr, und Temperaturen von 500° C und mehr werden betrieblich schon angewandt. Der Einfluß des Speisewassers gewinnt im Kesselbetrieb eine immer stärkere Bedeutung. Hochwertige, legierte Stähle mußten eingeführt werden, um dem Bedürfnis der Technik des Dampfkesselbaues zu genügen.

Es kann daher nicht wundernehmen, daß mit diesem Vorwärtsstürmen der Technik neue Erfahrungen gesammelt werden mußten und daß auch Fehler unterliefen, die der Eigenart des Kesselbetriebes entsprechend meist erst nach längerer Betriebszeit zu sichtbaren Schäden führten.

Als bekanntester Schaden sei das Phänomen der Nietlochrisse angeführt, das die Fachleute der ganzen Welt vor eine schwierige Aufgabe stellte. Es ist das Verdienst von Herrn Dr.-Ing. h. c. Guilleaume, in voller Erkenntnis der Schwierigkeit und Bedeutung dieses Problems die Vereinigung der Großkesselbesitzer gegründet zu haben. Diese Vereinigung hat unter der langjährigen und tatkräftigen Führung ihres Gründers durch die Erforschung von Kesselschäden und durch ihre damit verbundene vielseitige Forschertätigkeit die gedeihliche Entwicklung des Dampfkesselwesens in Deutschland maßgeblich beeinflußt.

Über Kesselschäden finden sich in der Literatur sehr zahlreiche Angaben; diese sind jedoch über eine große Anzahl von Zeitschriften zerstreut, und es dürfte einem Bedürfnis entsprechen, sie systematisch zu sichten und zu bearbeiten. Auch muß es als ein gewisser Mangel empfunden werden, daß die veröffentlichten Schadensfälle vielfach etwas zu sehr unter dem Gesichtspunkt des Materials behandelt wurden. Es zeigt sich aber, daß gerade das Material nur zu einem kleineren Teil an den in Frage stehenden Kesselschäden beteiligt war. Meist wirken

eine Reihe von Ursachen zusammen, wobei konstruktive, herstellungs-
technische und betriebliche Fehler zahlenmäßig die größere Rolle spielen.

Es ist nun in dem vorliegenden Buch der Versuch gemacht, die
Kesselschäden systematisch aufzuteilen nach Ursachen, die je durch
Material, Konstruktion, Herstellung und Betrieb bedingt sind. Da die
größere Zahl aller Kesselschäden unter der Einwirkung von mehreren
Ursachen gleichzeitig zustande kommt, so war es das Bestreben des
Verfassers, in einzelnen Fällen die Hauptursache herauszuschälen und
typische Beispiele aus der Praxis hierfür zu bringen. Hat ein bestimmter
Schaden mehrere Ursachen, so wird er z. B. unsachgemäßer Konstruktion
zugeordnet, wenn es sich zeigt, daß nach Behebung des konstruktiven
Mangels der Schaden nicht eingetreten wäre, wobei dahingestellt bleiben
muß, inwieweit die übrigen Ursachen zur Beschleunigung des Eintritts
des Schadensfalles mit beigetragen haben.

Bei dem großen Umfang dieses Gebietes ist es natürlich nicht möglich,
dasselbe hier erschöpfend zu behandeln. Jedoch dürften dem Konstrukteur sowohl, als auch dem Betriebsführer und Überwachungsbeauftragten
wertvolle Fingerzeige zur Verhütung von Kesselschäden gegeben sein.

Ludwigshafen a. Rh., im August 1934.

E. Pfleiderer.

Inhaltsverzeichnis.

Seite

Fortschritte im Bau und Betrieb von Dampfkesselanlagen als Folge der systematischen Erforschung von Kesselschäden.

I. Einleitung.

Es ist eine äußerst nutzbringende Aufgabe, der Entwicklung der Dinge nachzugehen und aus Fehlern fruchtbringende Erkenntnis zu zeitigen.

Wohl ist es im Leben eine etwas mißliche Sache, begangene Fehler einzugestehen, und es ist vielfach Brauch im allgemeinen menschlichen, wie auch im technischen Leben, Fehler entweder abzuleugnen oder sie zu überkleistern: „Man möchte nichts an die Öffentlichkeit kommen lassen." Vielfach werden Mängel an der Konstruktion allen möglichen, nur nicht den wahren Ursachen zugeschoben und man scheut sich, der Sache auf den Grund zu gehen. Wer so handelt, schädigt sich selbst, er gleicht dem Mann, der für seine Schmerzen ein Betäubungsmittel nimmt, statt zum Arzt zu gehen, der die Sonde an die Wunde setzt und die wahre Ursache des Schadens offen legt.

Auch im geschäftlichen Leben rächt sich solche Kurzsichtigkeit, denn auf die Dauer trägt die Erforschung von Fehlern, die ja auch mit der Entwicklung unvermeidbar verbunden sind, wertvolle Früchte, während der kurze Gewinn des Ableugnens den Kunden verärgert und den Keim von Rückschritt und Verfall in sich trägt.

Wenn ich daher im folgenden auf Fehler und Mängel in der Herstellung, Konstruktion und dem Betrieb von Dampfkesseln zu sprechen komme, so bitte ich meine Leser, dies im richtigen Sinne aufzufassen. Ich will hier keine wahllose Aufzählung von Fehlern bringen, sondern an typischen Erscheinungen auf dem Gebiet der Materialherstellung, der Kesselkonstruktion, der Kesselherstellung und des Kesselbetriebes darstellen, wie man aus begangenen Fehlern gelernt hat, allmählich immer hochwertigere Erzeugnisse zu schaffen und diese sicher zu betreiben.

Wie schon im vorstehenden angedeutet, wird hier ein großes Gebiet umfaßt, das nur durch verständnisvolle Zusammenarbeit aller Beteiligten dem hohen Ziel einer immer größeren Vervollkommnung zugeführt werden kann.

In den ersten Nachkriegsjahren sah es auf diesem Gebiet in Deutschland, wie übrigens mehr oder weniger in allen Industrieländern noch sehr trübe aus.

Die Materialhersteller fabrizierten, ohne sich hierbei dafür zu interessieren, ob dieses Material für den Kesselbau besondere Eignung aufwies.

Die Kesselfabriken bauten ihre Kessel in buntester Mannigfaltigkeit und hüteten ängstlich ihre Konstruktions- und Fabrikationsgeheimnisse.

Der Kesselbetreiber war verärgert über die finanziellen Verluste, die ihm gelegentlich aus geheimnisvollen Schäden erwuchsen, die der Natur der Sache nach fast immer nach Ablauf der Garantiefrist eintraten.

In diesem Stadium trat Dr. h. c. M. Guilleaume mit dem Vorschlag auf den Plan, eine Vereinigung der Kesselbesitzer zu bilden, die die Kesselschäden grundsätzlicher Natur wissenschaftlich erforschen soll. Dieser Plan fand mächtigen Widerhall in Deutschland und die „Vereinigung der Großkesselbesitzer" entfaltete nunmehr ihre fruchtbringende Tätigkeit.

Ihre wichtigste Aufgabe war es neben der Erforschung der Schäden, diese praktisch auszuwerten, und dies konnte nur erfolgen in einer engen Zusammenarbeit mit den Material- und Kesselherstellern. Diese Zusammenarbeit hat Guilleaume mit aller Energie angestrebt und so voll und ganz erreicht, wie dies zur Zeit wohl in keinem anderen Land der Erde der Fall ist.

Groß waren die Aufgaben, die zu bewältigen waren, und nicht minder groß waren auch die Erfolge.

Heute wissen die Materialhersteller genau, was im Kesselbau verlangt wird; mit den sprunghaft anwachsenden Anforderungen, gegeben durch hohen Druck und besonders durch hohe Temperatur, sind sie stets mit den entsprechenden neuen Materialien zur Stelle und ermöglichten es dadurch dem Konstrukteur, Anlagen höchster Wirtschaftlichkeit und größter Betriebssicherheit zu bauen.

Die Walzwerke und Kesselfabriken schließen ihre Werkstätten nicht mehr ängstlich ab wie früher, jeder Besteller hat das Recht, zu sehen, was ihm geliefert, wie es konstruiert wird und wie die Werkstätte mit dem Material umgeht. Bis in die kleinsten Kesselfabriken sind die modernen Anforderungen und Richtlinien gedrungen und eine wertvolle Befruchtung des ganzen Kesselbaues ist eingetreten.

Aber nicht nur Material- und Kesselhersteller haben Vorbildliches geleistet, auch der Betriebsführer hat sein wertvolles Teil beigesteuert. Was nützt der beste Kessel, wenn er schlecht betrieben wird; auch hier galt es daher, manch alte Vorurteile über Bord zu werfen, auch hier war es nötig, den gesteigerten Anforderungen Rechnung zu tragen. Auf diesem Gebiet haben sich die Vereinigung der Großkesselbesitzer und die deutschen Dampfkesselüberwachungsvereine besonders verdient gemacht. Der wichtige Chemismus der Speisewasseraufbereitung ist z. B. mit größtem Erfolg bearbeitet worden, viele früher unvermeidbare Kesselschäden haben auf diesem Wege ihre Schrecken verloren und es ist heute möglich, die so empfindlichen Höchstdruckkessel mit völlig aufbereitetem Speisewasser mit großer Sicherheit zu betreiben.

Diese Zusammenarbeit aller Beteiligten ist aber auch um so wichtiger, als die Anforderungen an die Kessel sprunghaft gewachsen sind. Höchste

Kesseldrücke, große Dampfleistung auf kleinstem Raum, hohe Elastizität der Feuerungen hinsichtlich der Leistung, der Kessel hinsichtlich ihres Dehnungsvermögens, geringe Anheizzeiten und hohe Temperaturen werden verlangt.

Die Tatsache, daß die neuen in Deutschland gebauten Höchstdruckanlagen so zufriedenstellend arbeiten, darf ohne Übertreibung zum größten Teil dieser wertvollen und verständnisvollen Zusammenarbeit von Materialhersteller, Kesselhersteller und Kesselbetreiber zugeschrieben werden.

Natürlich werden immer noch Fehler gemacht, denn die Entwicklung geht stets weiter und alle menschliche Erkenntnis ist Stückwerk, aber die Kesselbetreiber sind vor Rückschlägen und Verlusten weitgehendst geschützt. Vor allem ist, was die Standardkesseltypen betrifft, eine große Sicherheit erreicht.

Wohl in keinem Land der Welt sind die auf dem Gebiet des Dampfkesselwesens im letzten Jahrzehnt aufgetretenen Mängel so freimütig besprochen worden wie in Deutschland, es hängt dies einmal mit der besprochenen Organisation zusammen und andererseits mit der Neigung des Deutschen zur Kritik ganz allgemein.

Auch auf unserem Spezialgebiet werden wir die Beobachtung machen können, daß die Neigung des Deutschen zur Kritik am eigenen Erzeugnis sich paart mit der Überschätzung von allem, was aus dem Ausland kommt, eine Tatsache, die uns eine Reihe von Rückchlägen gebracht hat. Manche aus dem Ausland eingeführte Konstruktionen, von denen man immer nur das beste hörte, haben in Deutschland im Laufe der Zeit erhebliche Mängel gezeigt. Wenn auch die anders gestalteten Betriebsbedingungen hierbei eine Rolle mitspielen mögen, so ist doch sicher auch mit die Ursache hierfür, daß im Ausland Fehler nicht so freimütig bekanntgegeben werden, wie in Deutschland.

Wenn daher jemand in Unkenntnis der Sachlage aus den in dem vorliegenden Buch dargestellten Mängeln den Schluß ziehen wollte, daß in Deutschland schlechte Kessel gemacht werden, so dürfte er gewaltig im Irrtum sein. Gerade weil in Deutschland begangene Fehler so freimütig bekannt und so gewissenhaft zur Fortentwicklung genützt werden, gerade deshalb ist der deutsche Kesselbau auf so vorbildlicher Höhe.

II. Die im Kesselbau verwendeten Materialien.

Als im Kesselbau angewandte Baustoffe sind zu nennen: Schweißstahl, Flußstahl und Sonderstähle, die mindestens dieselbe Festigkeit und Dehnungswerte besitzen müssen, wie der Flußstahl.

Der Schweißstahl wird neuerdings kaum mehr verwendet, weil er durch den billiger herzustellenden Flußstahl fast völlig verdrängt ist. Für Kesselzwecke kommt nur der Siemens-Martin-Flußstahl in Betracht.

A. Der normale S.M.-Flußstahl und sein Verhalten bei verschiedenen Bearbeitungszuständen.

Die meisten der im Betrieb befindlichen Kessel sind nach den Vorschriften des Gesetzes vom 17. 12. 1908 gebaut. Es heißt dort: „Flußstahl darf keine geringere Festigkeit als 34 kg/mm² und in der Regel keine höhere Zugfestigkeit als 51 kg/mm² haben.'' Bezüglich der Mindestdehnung galt folgende Zahlentafel:

Festigkeit in kg/mm² . .	51—46	45	44	43	42	41—37	36	35	34
Geringste Dehnung in %	20	21	22	23	24	25	26	27	28

Man unterschied 3 Blechsorten, und zwar:

Berechnungsfestigkeit

Blechsorte I mit 34—41 kg/mm² . . . . 36 kg/mm²
„ II „ 40—47 „ . . . . 40 „
„ III „ 44—51 „ . . . . 44 „

Neuerdings unterscheidet man 4 Blechsorten, für die folgende Werte gelten:

Berechnungsfestigkeit

Blechsorte I mit 35—44 kg/mm² . . . . 36 kg/mm²
„ II „ 41—50 „ . . . . 41 „
„ III „ 44—53 „ . . . . 44 „
„ IV „ 47—56 „ . . . . 47 „

Für die Mindestdehnung gelten die gleichen Werte wie früher. Eine geringere Dehnung als 20% wird nicht zugelassen.

Der normale Kohlenstoffstahl Sorte I hat etwa folgende Zusammensetzung:

C.	P.	S.	Cu.	Si.	Mn.	As.
0,06—0,15	0,015—0,03	0,03—0,04	0,15—0,2	Spuren	0,4—0,5	Spuren

Über Festigkeit, Dehnung, Streckgrenze, Kerbzähigkeit des weichen Bleches (F I) in Abhängigkeit von der Temperatur gibt die Abb. 1 Aufschluß (1)[1].

Für diejenigen Teile des Kessels, die gebördelt werden, oder im 1. Feuerzug liegen, durften nach dem Gesetz von 1908 nur Bleche der 1. Sorte verwendet werden. Für die übrigen Kesselteile können Bleche der Sorte II oder III verwendet werden.

Bis vor kurzem wurde also die Blechsorte I bevorzugt, man bezeichnet sie allgemein als „weiches Blech'', und es wurde die Auffassung vertreten, daß diese weichen Bleche besser seien und demgemäß nicht so sorgfältig behandelt werden müßten. Die Praxis hat jedoch ergeben, daß alle Kesselbleche, auch die unter 41 kg/mm² Festigkeit, recht sorgfältig zu behandeln sind. Es hat sich sogar gezeigt, daß gerade die „weichen Bleche'' besonders oft zu Kesselschäden Veranlassung gegeben

---

[1] Die zwischen Klammern stehenden schräggedruckten Zahlen beziehen sich auf das am Schluß des Buches befindliche Literaturverzeichnis.

haben. Diese Erfahrungen haben auch in einer erweiterten Fassung der Materialvorschriften ihren Niederschlag dadurch gefunden, daß jetzt als geringste Zugfestigkeit 35 kg/mm² vorgeschrieben wird und 4 Blechsorten zugelassen sind. Für diejenigen Teile des Kessels, die gebördelt werden oder im 1. Feuerzug liegen (das sind Stellen, an denen die Heizgastemperatur voraussichtlich über 700⁰ C beträgt, oder die der strahlenden Wärme hochüberhitzter Teile des Mauerwerkes der Feuerung ausgesetzt sind), dürfen nur Bleche bis 50 kg/mm² Höchstfestigkeit oder Sonderwerkstoffe von gleicher Zähigkeit verwendet werden. Für gebördelte Bleche, die nicht von den Heizgasen bestrichen werden, können in besonderen Fällen Bleche der Sorte III (44—53kg/mm²) zugelassen werden. Aus Konstruktionsrücksichten kann für Mantelbleche, die nicht gebördelt und von den Heizgasen nicht bestrichen sind, auch ein Werkstoff von höherer Festigkeit als für Sorte IV (47—56 kg/mm²) zugelassen werden.

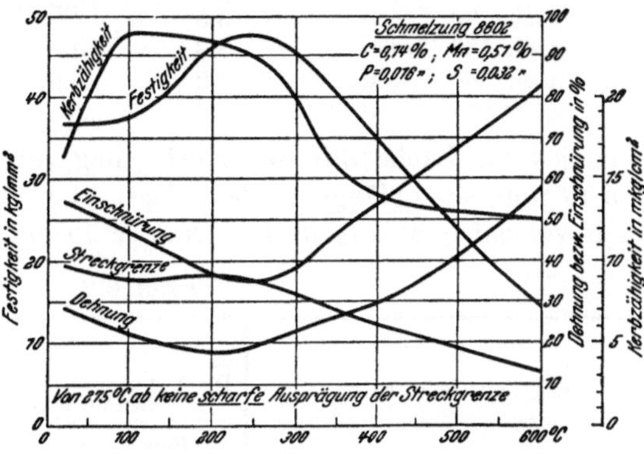

Abb. 1. Blechsorte I, 35—44 kg/mm² Festigkeit.

1. Alterung.

Die Wandlung in der Auffassung bezüglich des Wertes des weichen Bleches hat folgende Ursachen: Man fand bei der Untersuchung von Kesselschäden, die mit Zunahme des Kesseldruckes, der Vergrößerung der Heizfläche und der Steigerung der Betriebsbeanspruchung mehr und mehr zunahmen, daß das bisher verwendete Material bei der Untersuchung nach dem Schadenfalle häufig ganz andere Eigenschaften als im Anlieferungszustand zeigte. Man bezeichnet diesen Vorgang mit Alterung. Das gealterte Material wies meist eine große Sprödigkeit auf, die zahlenmäßig am besten durch die Kerbschlagprobe zum Ausdruck kommt. Man erkannte, daß die Sprödigkeit im Zusammenhang mit der Herstellung und dem Betrieb des Kessels an solchen Stellen eintrat, die eine Kaltverformung durchgemacht hatten, wobei das Blech über die Streckgrenze beansprucht worden war. Systematisch durchgeführte Versuche ergaben folgendes Bild:

Bauer (2) stellte an kleinen Probestäben, 100×10×8 mm, die auf eine besondere Art eine Oberflächenquetschung erhalten hatten (1), mittels Kerbschlagprobe folgendes fest:

Tabelle 1.

Lagerzeit bei Zimmerwärme	Spezifische Schlagarbeit im Mittel mkg/cm²
Am Tage der Quetschung	6,3
nach 1 Tag	4,7
nach 7 Tagen	4,4
nach 30 Tagen	4,3
nach 90 Tagen	3,5
nach 180 Tagen	3,3
nach 360 Tagen	3,2

Görens (*3*) führte Versuche mit Probestäben aus, die aus Kesselblechen entnommen waren, die mit 1 m bzw. $^1/_2$ m Halbmesser gebogen und anschließend daran wieder gerade gerichtet worden waren. Festigkeit und Streckgrenze zeigten hierbei nichts Bemerkenswertes, sie erfuhren eine leichte Erhöhung, die jedoch zu keinen besonderen Schlußfolgerungen Anlaß gab. Anders verhielt sich die Sache mit den Kerbschlagproben. Die Kerbzähigkeit vor dem Beginn betrug längs der Walzfaser 14,4 mkg/cm², quer 10,7 mkg/cm². Nach verschieden langem Lagern der Proben ergab sich:

Tabelle 2.

Lagerzeit der Proben	Kerbzähigkeit in mkg/cm²			
	Blech A gerollt mit 0,5 m Halbmesser		Blech B gerollt mit 1 m Halbmesser	
	längs	quer	längs	quer
1 Tag	17,5	12,8	19,1	13,6
1 Jahr	13,9	11,3	16,8	12,5
2$^1/_2$ Jahre	3,8 und 12	3,5	15,3	3,3 und 10,5
17$^1/_2$ Monate in einem Dampfkessel eingehängt	3,1	2,6	3,1	11,8

Diese Ergebnisse sind in verschiedener Hinsicht bemerkenswert. Man erkennt zunächst den Einfluß der Zeit auf das durch Rollen kalt verformte Material, aber die ungünstigen Einflüsse zeigen sich nicht bei allen Proben. Dies erklärt, warum vielfach die Schadenfälle unter sonst gleichen Umständen scheinbar ganz willkürlich auftreten. Man erkennt auch, daß die Einflüsse des Betriebes die Erscheinung des Alterns erheblich beschleunigen. Ebenso geht aus den Versuchen kein nennenswerter Unterschied zwischen dem mit 0,5 und 1 m Halbmesser gerollten Blech hervor.

Görens machte noch weitere wichtige Feststellungen. Er ahmte die Betriebseinflüsse nach und führte eine künstliche Alterung herbei. Die Proben wurden zuerst in der Zerreißmaschine durch Recken über die Streckgrenze hinaus beansprucht und dann 10 Tage lang einer Temperatur von 200° C ausgesetzt. Die spezifische Schlagarbeit sank dabei

beim großen Stab 30 × 30 × 160 mm, Rundkerb 4 mm, Schlagquerschnitt 30 × 15 mm von 25 mkg/cm² auf 3 mkg/cm²,

beim Probestab 15 × 15 × 80 mm, Rundkerb von 18 mkg/cm² auf 2,3 mkg/cm²,

beim Probestab 15 × 15 × 80 mm, Scharfkerb von 13,4 mkg/cm² auf 1,9 mkg/cm².

Der Werkstoff besaß eine Zugfestigkeit von 36,2 kg/mm^2.

Es ist ausdrücklich darauf hinzuweisen, daß diese Art der Materialverschlechterung, die mit Altern bezeichnet wird, weil der Einfluß der Zeit eine hervorragende Rolle spielt, nichts mit der Materialveränderung zu tun hat, die durch Ermüdung des Materials entsteht, wobei durch dauernden Wechsel der Belastung die Arbeitsfähigkeit des Materials allmählich erschöpft wird.

Die durch Altern hervorgerufene Schädigung des Werkstoffes ist durch die innere Gefügeumwandlung bedingt und deshalb bedenklich, weil sie mit den gewöhnlichen vom Gesetz vorgeschriebenen Untersuchungsmethoden nicht klar erkannt werden kann[1]. Streckgrenze und Festigkeit werden etwas erhöht, Dehnung und Einschnürung werden vermindert, das Gesamtbild ist aber derart, daß man auf keine Gefährdung des Materials schließen könnte. Erst die Kerbschlagprobe erweist die starke Verminderung der Zähigkeit des Materials bzw. die dadurch hervorgerufene Sprödigkeit.

2. Rekristallisation.

Eine weitere unangenehme Eigenschaft des Flußeisens, und zwar besonders des weichen, ist folgende:

Wird das Material kalt verformt und im weiteren Verlauf auf Temperaturen von 500 bis 850⁰ C gebracht, so tritt eine Kornvergrößerung ein, die sich in ganz ähnlicher Weise in einer Materialsprödigkeit ausdrückt, wie dies beim gealterten Material der Fall ist. Auch dieser Vorgang wird eindeutig nur durch die Kerbschlagprobe offenbar. Versuche haben ergeben, daß die Material

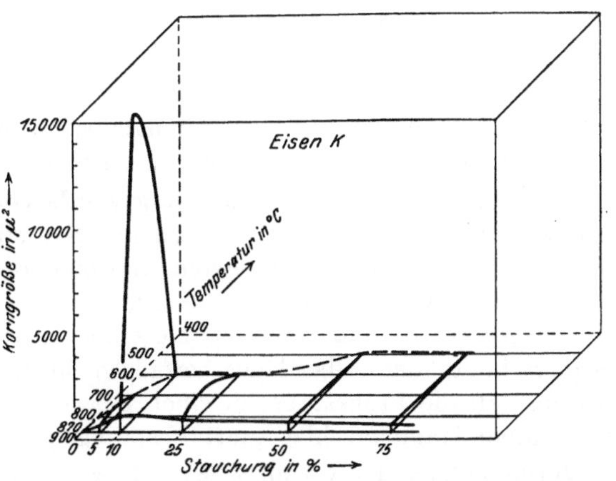

Abb. 2. Beziehungen zwischen Korngröße, Verformungsgrad und Glühtemperatur nach Oberhoffer und Jungblut.

verschlechterung einen Höchstwert erreicht, wenn die Verformung (Streckung oder Stauchung) 10% ausmacht und das Material auf eine Temperatur von 750—800⁰ C gebracht wird.

In Abb. 2 wird die Kornvergrößerung gezeigt von einem weichen Eisen von 0,07 C-Gehalt bei Stauchungen von 5—75% und Temperaturen von 600—870⁰ C (*4*).

---

[1] Eine Änderung des Gesetzes ist in Bearbeitung.

Bei härterem Eisen tritt diese Erscheinung in viel geringerem Maße ein.

Eine andere Art der Verschlechterung erfährt das Material, wenn es bei verhältnismäßig hoher Temperatur (über 1000⁰ C) längere Zeit geglüht wird, wobei eine Überhitzung oder Verbrennung eintritt, die sich ebenfalls in einer Kornvergrößerung und im Fall der Verbrennung in einer Ausscheidung von nichtmetallischen Einschlüssen zwischen den Korngrenzen bemerkbar macht. Auch kann das Material Schwefel aufnehmen, es kann je nach der Art der Flamme Kohlenstoff verlieren oder aufnehmen. Auch diese Materialverschlechterung wird durch die Kerbschlagprobe erkannt, während die normalen Proben keinen deutlich erkennbaren Aufschluß über die Sprödigkeit des Materials ergeben. Eine Verbrennung des Materials kann auch durch sachgemäßes Glühen nicht mehr beseitigt werden, während dies bei den übrigen vorstehend beschriebenen Materialverschlechterungen der Fall ist.

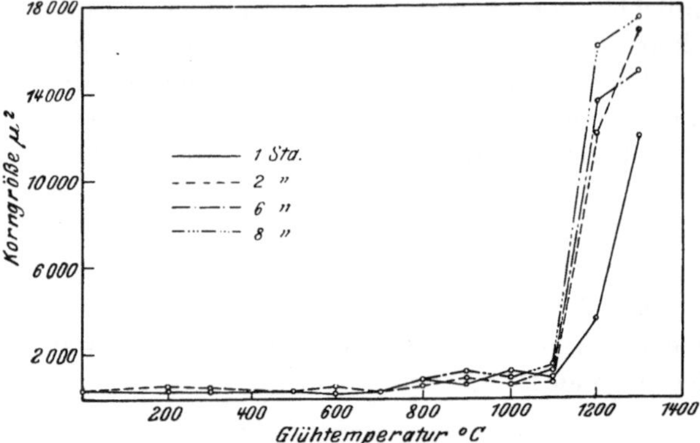

Abb. 3. Beziehungen zwischen Korngröße, Glühtemperatur und Glühdauer.

Die Kornvergrößerung in Abhängigkeit von der Glühtemperatur ergibt Abb. 3, die einer Arbeit von Pomp (5) entnommen ist.

Eine weitere wichtige Beobachtung wurde von Ulrich (1) gemacht. Es wurde von ihm ein rissig gewordenes Kesselblech untersucht. Das Blech ergab 44 kg/cm² Zugfestigkeit und eine Bruchdehnung von 24%. Dagegen ergab die Kerbschlagprobe nur 1 mkg/cm². Eine Besichtigung des Bleches ergab, daß es durch Kesselhammerhiebe eine weitgehende Verquetschung der Oberfläche erfahren hatte. Schlagbiegeversuche ergaben, daß die Probestäbe, in einen Schraubstock eingespannt, schon bei leichtem Hammerschlag glatt absprangen.

Wurde jedoch die verquetschte Oberflächenschicht beseitigt, dann ließen sich die Probestäbe um 90⁰ umbiegen, ohne zu brechen.

Bei einem Scherversuch zeigten sich auf der gequetschten Seite Risse, während nach Abhobeln der Oberflächenschicht das Beschneiden mit der Schere längs der Kante keine Risse hervorrief. Diese Beobachtungen sind außerordentlich lehrreich und zeigen, welche gefährliche Veränderungen das Material, sei es bei der Herstellung, Verarbeitung oder im Betrieb erfahren kann, wodurch dann plötzlich unangenehme Kesselschäden sich entwickeln können.

3. Blaubrüchigkeit.

Die mit Blaubrüchigkeit bezeichnete Erscheinung ist verwandt mit den oben beschriebenen Erscheinungen des Alterns bzw. der Rekristallisation. Blaubrüchigkeit entsteht, wenn das Eisen bei Blauwärme eine Verformung erfahren hat. Es ist also nicht so, daß das Eisen in der Blauwärme eine besondere Sprödigkeit besitzt. Im Gegenteil hat das Eisen in der Blauwärme eine verhältnismäßig hohe Kerbzähigkeit, die Sprödigkeit entsteht erst unter dem Einfluß der Verformung bei dieser Temperatur. Die Ursache dürfte nach Körber und Dreyer (7) darin zu suchen sein, daß das Eisen im Gebiet der Blauwärme eine verminderte Formänderungsfähigkeit zeigt, infolge deren eine bestimmte Reckung eine höhere Spannung erfordert, als bei höherer oder tieferer Temperatur. Es zeigt sich, daß die ungünstige Änderung der Materialeigenschaft infolge Kaltreckens mit nachfolgendem Anlassen erheblich hinter der durch gleichstarkes Recken in der Blauwärme bedingten zurückbleibt. Maurer und Mailänder (8) haben sich mit der Frage der Blausprödigkeit ebenfalls eingehend befaßt und kommen zu folgendem Schluß: „Durch Kaltbearbeitung mit nachfolgendem Altern oder durch Bearbeitung in der Blauwärme wird der Abfall der Kerbzähigkeit mit sinkender Versuchstemperatur, den auch nichtbearbeitetes Eisen zeigt, nach höherer Temperatur hin verschoben. Durch diese Verschiebung wird bewirkt, daß bei gewissen Versuchstemperaturen das bearbeitete Eisen wesentlich spröder ist als das nichtbearbeitete. Diese Sprödigkeit, welche als Blausprödigkeit bezeichnet wird, ist aber die auch bei unbearbeitetem geglühtem Eisen auftretende Sprödigkeit in der Kälte, die beim bearbeiteten Eisen nur schon bei etwas höherer Versuchstemperatur auftritt."

B. Die Kerbschlagprobe und ihre Bedeutung für die Untersuchung von Kesselbaustoffen.

Bei den eingangs besprochenen Gefügeveränderungen des Flußeisens — Altern, Rekristallisation, Blaubrüchigkeit, überhitztes bzw. verbranntes Material — finden wir immer wieder, daß als Maßstab für die Materialeigenschaften in erster Linie die Kerbschlagprobe angeführt ist. In den amtlichen Vorschriften über Anlegung und Betrieb von Dampfkesseln vom Jahre 1908 finden wir nun keinen Hinweis auf diese Art der Materialuntersuchung. In der Zwischenzeit sind einerseits die Anforderungen an den Werkstoff sprunghaft gewachsen, andererseits haben sich die wissenschaftlichen Erkenntnisse über die Materialeigenschaften ebenfalls in gleichem Maße vertieft. Bei der Erweiterung der Werkstoffvorschriften im Jahre 1926 durch den deutschen Dampfkesselausschuß wurde nun die Frage eingehend geprüft, ob die Kerbschlagprobe in die Reihe der amtlich vorgeschriebenen Proben aufgenommen werden sollte. Man hat sich dahin entschieden, daß zwar der Wert des Prüfungsverfahrens anerkannt wurde, daß jedoch einige Erscheinungen bei der Kerbschlagprobe zu Mißdeutungen der Versuchsergebnisse führen können, wenn die Ursachen dieser Erscheinungen nicht klar erkannt werden. Das Verfahren sei in seinem jetzigen Zustand noch nicht reif für die Aufnahme in die Werkstoffvorschriften. In dem Kommentar zu den amtlichen Bestimmungen von Jäger-Ulrich (9) findet sich hinsichtlich der Kerbschlagprobe folgende Äußerung: „Für den Kerbschlagversuch liegen zur Zeit (1926) zahlenmäßige Ergebnisse in größerem Umfang für Bleche von 34/41 kg/mm² Festigkeit vor. Es können deshalb auch nur für diese Blechsorten Anhaltswerte genannt werden." Für den Kerbschlagversuch wurden auf Grund der bisherigen Erfahrungen für die Blechsorte 34—41 kg/mm² Festigkeit folgende Mindestwerte vereinbart:

Bis 15 mm Probendicke . . . . 10 mkg/cm²
über 15—20 mm Probendicke . . . . . 8 „

Im Bereich einer Probedicke von 20—25 mm wurden anfänglich 8 mkg/cm² vereinbart, dabei ergaben sich aber Schwierigkeiten, weil die Werte bereits in das kritische Gebiet des Kerbschlagversuches fallen können. Für die zur Zeit gebrauchte Probe von 15 mm Breite ist der Mindestwert von 10 mkg/cm² vereinbart worden.

Aus diesen Äußerungen geht hervor, daß der Kerbschlagprobe gewisse Eigenarten anhaften (10). Als solche sind zu nennen:

Bei der Durchführung des Versuches:

1. Der Arbeitsbetrag, der durch Reibung der Probe beim Durchziehen durch die Auflage verbraucht wird, ist verschieden und hängt ab von dem Biegewinkel, den die beiden Probehälften nach dem Durchziehen durch die Auflage bilden.

2. Der Arbeitsbetrag, den die fortgeschleuderten Proben für ihre Beschleunigung als lebendige Energie aufgenommen haben, kann erheblichen Schwankungen unterworfen sein.

3. Der Betrag der Verformungsarbeit kann verschieden groß sein.

Außerdem hängt die Probe sehr stark ab von der Ausführung des Probestabes, von seiner Höhe und Breite, von der Art des Kerbes, von der Temperatur bei der der Versuch vorgenommen wird, ferner von der Schlaggeschwindigkeit. Um diesen Einflüssen zu begegnen, wurde eine Normung durchgeführt[1]. Ein großer Normalstab hat 30×30 mm

---

[1] Neuerdings schlägt Moser (11) einen kleinen Normalstab vor, da die große Probe vielfach zu unbequem sei. Bei der heutigen vielfachen Verwendung von Edelstahl werden Proben notwendig, die aus den kleinsten Schmiedestücken entnommen werden müssen. Es soll sozusagen die Sonde genau in die Wunde gelegt werden. Hierzu eignet sich der große Normalstab in keiner Weise. Er schlägt daher die kleine DVM-Probe mit Zusatzprobe (vgl. Abb. 13 u. 14 Z.VDI 1932. Nr. 11. S. 261) vor. Jegliche Angabe von Kerbzähigkeitswerten sollte in Zukunft auf diese Normalprobe oder ihre Zusatzprobe — die letztere für den Sonderfall, daß es sich um besonders kerbzähe, mit der Rundkerbprobe nicht mehr bewertbare Stoffe handelt — bezogen werden.

Querschnitt, 160 mm Länge, ein Rundkerb von 4 mm Ø und einen Schlagquerschnitt von 30×15 mm². Der Auflageabstand ist 120 mm. Von Blechen soll der große Stab mit der Änderung benützt werden, daß statt der Breite von 30 mm die Blechdicke als Breite gewählt wird und der Probe auf beiden Seiten die Walzhaut gelassen wird. Durch diese Bestimmung ergibt sich insofern eine neue Unsicherheit, als die Kerbzähigkeitswerte gerade mit der Breite des Stabes stark veränderlich sind. Bei schmalen Stäben liegt der Wert hoch, bei breiten tief, so daß man dazwischen in ein Streugebiet kommt (vgl. Abb. 4), wobei ein und derselbe Block (bei gleicher Qualität) hohe und tiefe Werte aufweisen kann.

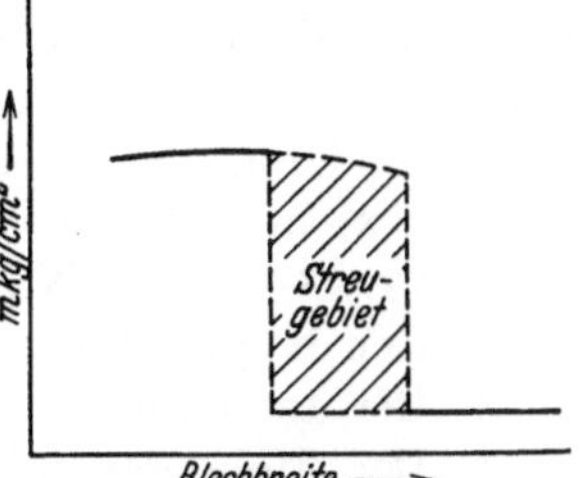

Abb. 4. Streugebiet der Kerbzähigkeit zwischen Hoch- und Tieflage.

Trotz der gekennzeichneten Mängel ist die Kerbschlagprobe, sorgfältig durchgeführt, ein hervorragendes Prüfungsmittel, wenn es sich darum handelt, Werkstoffe mit günstigem oder ungünstigem Gefügezustand zu erkennen. Bei 20° C Prüftemperatur zeigte geglühter und vergüteter Werkstoff eine 6—10fach höhere spezifische Schlagarbeit (Arbeitsmenge bezogen auf die Fläche des Kerbquerschnittes in mkg/cm²), als in der Blauwärme verformter, überhitzter oder grobkörniger (rekristallisierter) Werkstoff (vgl. Abb. 5).

Wenn man auch nicht schlechthin von der Kerbzähigkeit eines Stoffes sprechen kann, so kann man doch von einer relativen Kerbzähigkeit sprechen, bezogen auf eine bestimmte Probeform, Versuchstemperatur und Schlaggeschwindigkeit, und die Erfahrung hat gezeigt, daß man aus der Höhe der Kerbzähigkeit sehr wertvolle Schlüsse ziehen kann auf den Glühzustand eines

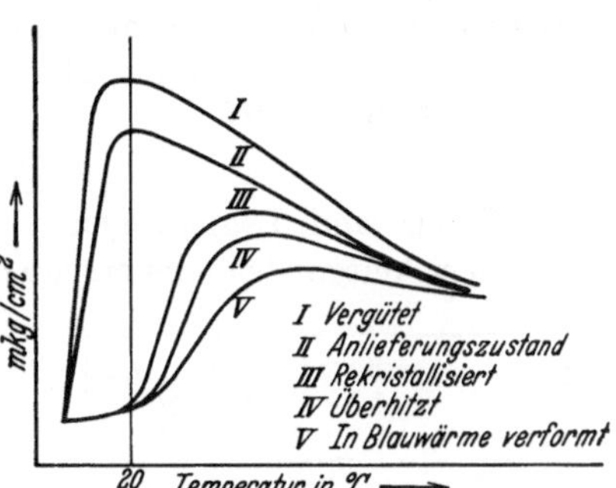

Abb. 5. Kerbzähigkeit von Werkstoffen in verschiedenen Gefügezuständen.

Werkstoffes. Charpy (10) sagt über die Kerbschlagprobe: „Durch Anwendung außerordentlicher Sorgfalt bei der Wärmebehandlung ist es möglich, einen Grad von Gleichförmigkeit in den Ergebnissen der Kerbschlagprobe zu erreichen, der höher ist als bei jeder anderen mechanischen Versuchsart."

C. Sonderbaustähle für Kessel.

Die Empfindlichkeit der normalen Kesselbaustoffe, wie sie vorstehend gekennzeichnet wurde im Zusammenhang mit der stets wachsenden Beanspruchung ließ gebieterisch die Forderung nach höherwertigen

Baustoffen entstehen, nach Baustoffen, die gegenüber den Einflüssen des Kesselbetriebes eine höhere Widerstandsfähigkeit besitzen und deren Preis sich nicht zu sehr über den der bislang normalen Baustoffe erhebt. Eine mäßige Verteuerung wird der Kesselbesteller gerne tragen, sofern er dadurch die Sicherheit bekommt, später im Betrieb vor unangenehmen Kesselschäden bewahrt zu bleiben. Das Kesselgesetz läßt, wie bereits auf S. 4 und 5 erwähnt, Sonderwerkstoffe ebenfalls zu und bestimmt nur, daß sie mindestens die gleiche Zähigkeit wie die entsprechend vorgeschriebenen Flußeisenbleche haben müssen.

Es sind nun eine Reihe neuer Baustoffe auf den Markt gekommen. Als die wichtigsten seien genannt:

1. Der 3—5%ige Nickelstahl.
2. Der Kupfer-Nickelstahl.
3. Der Izettstahl.
4. Der Molybdänstahl einfach, mit Chrom und mit Chromnickel legiert.

Sollen diese Baustoffe eine Verbesserung gegenüber dem normalen Baustoff besitzen, so müssen sie vor allem weitgehend frei sein von jenen Gefügeverschlechterungen, die beim Flußeisen durch Kaltverformung, Verformung in der Blauwärme, Überhitzung usw. eintritt. Daneben sollte auch die Warmstreckgrenze erheblich höher liegen, um bei hohen Kesseldrücken keine übermäßigen Wandstärken zu erhalten. Im folgenden soll untersucht werden, inwiefern diese Forderungen durch die neuen Baustoffe erfüllt werden.

1. Nickelstahl.

Üblich sind Legierungen von 3 und 5% Nickel. Abgesehen von Schwierigkeiten bei Feuerschweißungen kann Nickelstahl verarbeitet werden wie der gewöhnliche Kohlenstoffstahl. Er ist nicht härtbar. Die normalen Materialeigenschaften für 5%igen Nickelstahl sind aus Abb. 6 zu entnehmen (12).

Ein wesentlicher Unterschied in diesen Zahlen gegenüber den Zahlen der Blechsorte IV (Flußstahl) besteht hierbei nicht. Immerhin ist zu beachten, daß namentlich bei vergütetem Material das Verhältnis zwischen Streckgrenze und Bruchgrenze höher ist als bei Flußstahl und daß die Absolutwerte ebenfalls etwas höher liegen.

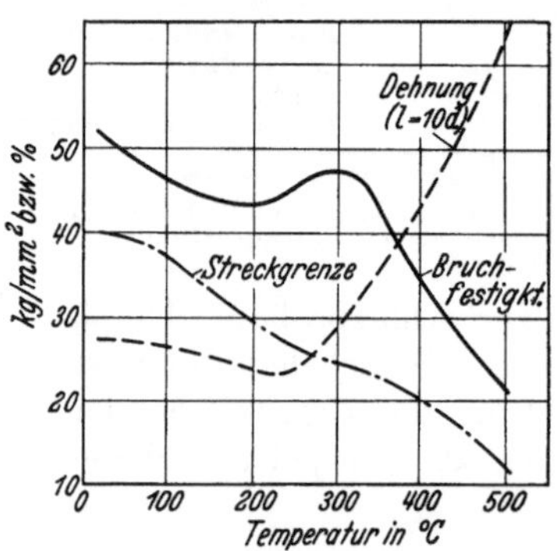

Abb. 6. Abhängigkeit der Festigkeitseigenschaften geglühten 5%igen Nickelstahls von der Temperatur.

Wie verhält sich nun die Sache mit dem Altern? Das Verhalten der Nickelstähle bei natürlicher und künstlicher Alterung nach vorhergegangener Kaltverformung wurde durch

Körber und Pomp (*13*) untersucht. Das Ergebnis ist in Abb. 7 wiedergegeben.

Man sieht, daß hier ein erheblicher Unterschied gegenüber weichem Flußeisen zugunsten des Nickelstahles vorhanden ist.

Daß allerdings auch 3%iger Nickelstahl nicht immer ganz unempfindlich gegen Kaltverformung ist, geht aus Abb. 8 (*14*) hervor, die einer Arbeit von Mailänder und Maurer entnommen ist.

Der Kornvergröberung durch Rekristallisation unterliegt Nickelstahl nach Görens(*3*) praktisch nicht. Es stellt somit der Nickelstahl eine wertvolle Bereicherung der Kesselbaustoffe dar.

2. Kupfer-Nickelstahl.

Wie aus Abb. 8 hervorgeht, zeigt Nickelstahl in vergütetem Zustand die besten Materialeigenschaften (unter Vergüten versteht man Erwärmen über den oberen Umwandlungspunkt, Abschrecken im Öl- oder Wasserbad, Wiederanlassen auf etwa 600° C). Die Vergütung ist umständlich, bedingt sorgfältige Überwachung und birgt die Gefahr von Spannungs- und Härterissen in sich. Den Vereinigten Stahlwerken ist es gelungen, eine Cu-Ni-Legierung herauszubringen, die schon im normalen, unvergüteten

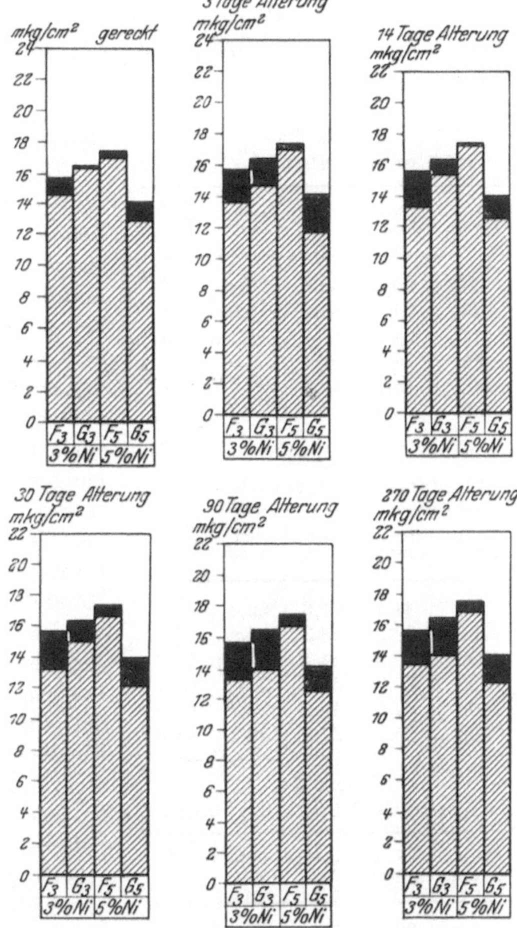

Abb. 7. Nickelstahl. Änderung der Kerbzähigkeit durch Recken und verschieden lange natürliche Alterung nach Körber und Pomp (schwarze Felder bedeuten Abnahme).

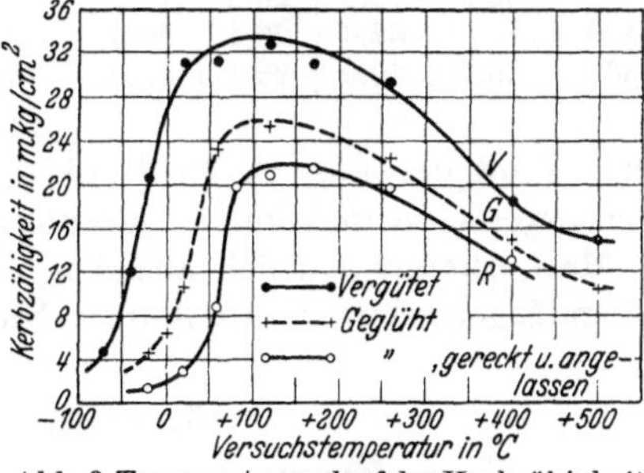

Abb. 8. Temperaturverlauf der Kerbzähigkeit von 3%igem Nickelstahl nach verschiedenen Behandlungen.

Zustand eine hohe Warmstreckgrenze besitzt, wenigstens bis zu Temperaturen von 350⁰ C. Da für Kesseltrommeln auch bei hohen Dampfdrücken keine höheren Temperaturen in Frage kommen, so eignet sich dieses Material sehr gut für diesen Zweck.

Bisher war es nicht gelungen, Kupferlegierungen herzustellen, bei denen dem Eisen mehr als 0,5% Kupfer zugesetzt wurde. Darüber hinaus trat die bekannte Lotbrüchigkeit des Stahles auf. Dies kommt daher, daß sich beim Erkalten unter der Zunderschicht metallisches Kupfer ausscheidet, wodurch Rißbildungen verursacht werden, besonders bei denjenigen Bearbeitungsprozessen, die eine starke Beanspruchung der Oberfläche bei Temperaturen oberhalb 1000⁰ C bedingen. Dies ist vor allem bei der Herstellung von nahtlosen Trommeln der Fall. Dem Stahl- und Walzwerk Thyssen ist es nun gelungen, die Lotbrüchigkeit dadurch zu beseitigen, daß zum Kupferstahl Nickel zulegiert wurde (*213*). Es scheidet sich nunmehr unter der Zunderschicht eine Kupfer-Nickel-Legierung ab, deren Schmelzpunkt höher liegt als die Verarbeitungstemperatur, so daß Lotbrucherscheinungen nicht mehr auftreten können. In Tabelle 3a sind die Ergebnisse einer nahtlos gewalzten Trommel aus Kohlenstoffstahl angegeben, in Tabelle 3b die Ergebnisse einer gleichen Trommel aus Nickelstahl, in Tabelle 3c die Eigenschaften einer Trommel aus Cu-Ni-Stahl (die Zahlen stellen praktische Versuchsergebnisse und keine Garantiezahlen dar).

Man erkennt deutlich aus den Werten der Zahlentafeln die vorzüglichen Eigenschaften des Kupfer-Nickelstahles.

Tabelle 3a.
Kohlenstoffstahl 0,2% C.

Vers.-Temp.	Streck-grenze	Festig-keit	Deh-nung	Ein-schn. %
20	26	50,8	20,9	52
100	25	48,4	15,9	48
200	24	55,5	11	33
300	18	56	20,4	44
400	16,7	42,3	21,5	57
500	14,4	29,3	36,6	55

Tabelle 3b.
3%iger Nickelstahl 0,1% C.

Vers.-Temp.	Streck-grenze	Festig-keit	Deh-nung	Ein-schn. %
20	34,7	51,6	22,4	58,5
100	32,3	48,3	15,9	57,0
200	29,5	54,4	15	53,0
300	27,7	56,9	22	51,7
400	22,6	42,2	23,7	67,5
500	15,8	27,3	39,3	48,8

Tabelle 3c.
Kupferstahl 0,11% C (weich).

Vers.-Temp.	Streck-grenze	Festig-keit	Deh-nung	Ein-schn. %
20	39	52,8	25	61,6
100	38,8	50,5	20,4	58,3
200	38,5	67,4	16	43,6
300	30,5	65,3	25,1	43,9
400	27	52,6	26,4	50,9
500	25,7	40,0	23,4	41,0

3. Izett-Flußstahl.

Die Firma Krupp, Essen, hat einen sog. Izett-Flußstahl herausgebracht; dieses Material unterscheidet sich von dem gewöhnlichen

Flußstahl hinsichtlich Festigkeit, Dehnung und Streckgrenze nur wenig, dagegen besitzt es die wichtige Eigenschaft, dem Alterungsprozeß viel

weniger unterworfen zu sein als das gewöhnliche Eisen. Zwar haben sich die Hoffnungen nicht erfüllt, daß es mit dem Izett-Flußstahl gelungen sei, ein gegen Kaltreckung und Alterung völlig unempfindliches Material zu erzeugen. Jedoch zeigen die Untersuchungen an diesem Material, daß ein ganz wesentlicher Fortschritt gegenüber dem normalen Material erzielt wurde (15) (Abb. 9).

Um bei Izett-Flußstahl die volle Güte der Materialeigenschaften zu erzielen, ist eine richtige Glühung Voraussetzung. Den Einfluß von Reckung und verschiedener Alterung zeigt Abb. 10 (16).

Der Versuch zeigt, daß die Eigenschaften des gealterten Izett-Flußstahles durch langdauernden Betrieb nicht

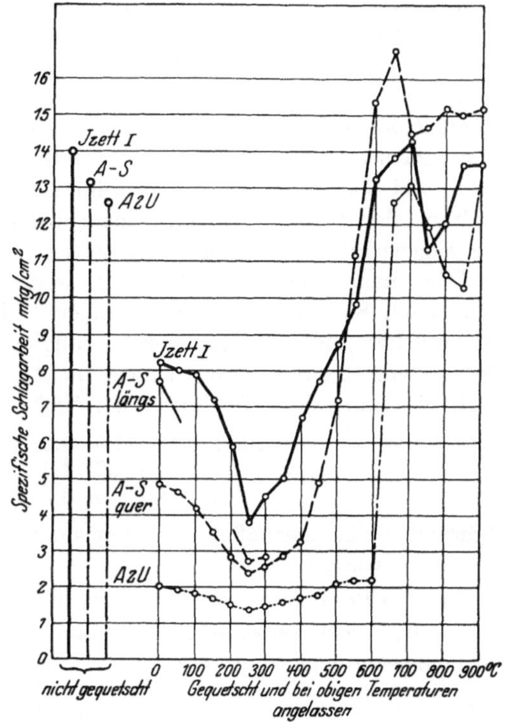

Abb. 9. Kerbzähigkeiten, Vergleich zwischen A—S, Izett und A 2 U.

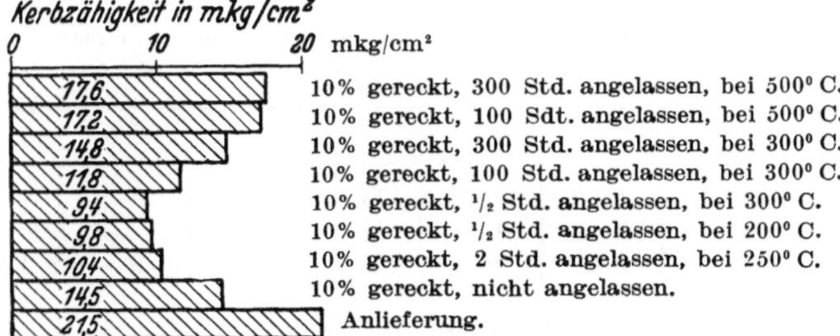

10% gereckt, 300 Std. angelassen, bei 500° C.
10% gereckt, 100 Sdt. angelassen, bei 500° C.
10% gereckt, 300 Std. angelassen, bei 300° C.
10% gereckt, 100 Std. angelassen, bei 300° C.
10% gereckt, ¹/₂ Std. angelassen, bei 300° C.
10% gereckt, ¹/₂ Std. angelassen, bei 200° C.
10% gereckt, 2 Std. angelassen, bei 250° C.
10% gereckt, nicht angelassen.
Anlieferung.

Probeform: Blechdicke 30×160 mm, Blechdicke: 25 mm, Schlagwerk: 150 mkg.

Abb. 10. Einfluß von Reckung und verschiedener Alterung auf Izett-I.

verschlechtert werden, sondern im Gegenteil sich wieder verbessern können. Der Izett-Werkstoff stellt somit eine wertvolle Förderung der Sicherheit im Kesselbau dar.

4. Molybdänstahl.

Wie aus Abb. 1 hervorgeht, zeigt beim gewöhnlichen Flußstahl die Festigkeit bei 200—300° C einen Höchstwert, um dann rasch abzufallen. Wichtiger als die Festigkeit ist der Verlauf der Streckgrenze. Diese fällt ständig und erreicht bei 500° C Werte von etwa 8 kg/cm². Nun beziehen sich aber diese Werte auf den normalen Kurzzeitversuch. Durch eingehende Arbeiten über das Verhalten der Werkstoffe bei hohen Temperaturen wurde jedoch festgestellt, daß diese Werte viel zu hoch sind. Bei 300° C und darüber prägt sich die Streckgrenze nicht durch Halten oder Sinken der Kraftanzeige der Prüfungsmaschine aus. Um die Eigenschaften des Materials bei langer Versuchsdauer festzustellen, mußten neue Begriffe aufgestellt werden. Als Dauerstandsfestigkeit kann nach Körber und Pomp diejenige Belastung bezeichnet werden, bei welcher die Dehnungsgeschwindigkeit in der 3.—6. Stunde den Betrag von 0,001% pro Stunde nicht übersteigt. Hiernach beträgt z. B. die Dauerstandsfestigkeit bei 500° C Versuchstemperatur:

Bei Blechsorte I 1,0—4,3 kg/mm²
„ „ II 2,2—4,0 „
„ „ III 2,0—3,2 „

während beim normalen Kurzzeitversuch Werte von 25—35 kg/mm² gemessen werden.

In Tabelle 4 sind von drei verschiedenen Forschungsarbeiten Zug-festigkeit, Streckgrenze und Dauerstandfestigkeit für verschiedene Blech-sorten zusammengestellt (17).

Tabelle 4.

Versuche von	Zug-festigkeit bei rd. 20° C $K_{z\,20}$ kg/mm²	Streckgrenze bei üblicher Versuchsdauer			Dauerstandsfestigkeit	
		bei 20° $\sigma_{s\,20}$ kg/mm²	bei 300° $\sigma_{s\,300}$ kg/mm²	bei 500° $\sigma_{s\,500}$ kg/mm²	bei 300° $K_{D\,300}$ kg/mm²	bei 500° $K_{D\,500}$ kg/mm²
Blechsorte I						
Urbancyk (18)	35,0	18,0	14,5	8,0	—	—
Fischer (19)	34—41	20—23	12,0	6,0	—	—
Körber-Pomp (A1) (13)	34,5	19,6	11,7	7,4	10,9—16,3	1,0—4,3
Blechsorte II						
Urbancyk	41,0	21,0	17,0	9,0	—	—
Fischer	40—47	21—24	13,5	7,0	—	—
Körber-Pomp (A 2) . .	44,0	25,7	15,2	10,1	17,0	2,2—4,0
Blechsorte III						
Urbancyk	44,0	24,0	18,0	9,5	—	—
Fischer	44—51	22—25	15,0	8,5	—	—
Körber-Pomp (B 3) . .	47,0	24,5	15,9	9,5	20,3	2,0—3,2

Man erkennt, daß bei hohen Temperaturen bei den gewöhnlichen Materialien Verhältnisse herrschen, die eine völlige Umwälzung gegenüber den gewohnten Zahlen darstellen. Eine Rechnungsgrundlage ist für den Konstrukteur überhaupt nicht mehr vorhanden, da eine Belastung, welche beliebig lang wirken kann, ohne daß unzulässige Formänderungen entstehen, nicht mehr gegeben ist. Bei Temperaturen über 450° C kann daher der gewöhnliche Werkstoff im Kesselbau im allgemeinen nicht mehr verwendet werden. An seine Stelle tritt der Molybdänstahl und der Chrom-Molybänstahl.

Der Molybdänstahl erstmals ausgeführt von dem Borsig-Werk in Oberschlesien trägt dem Bedürfnis einer höheren Streckgrenze bei höheren Temperaturen Rechnung. Der Molybdängehalt beträgt etwa 0,3—0,5%. Prömper und Pohl (20) berichten über Versuche mit Molybdänstahl.

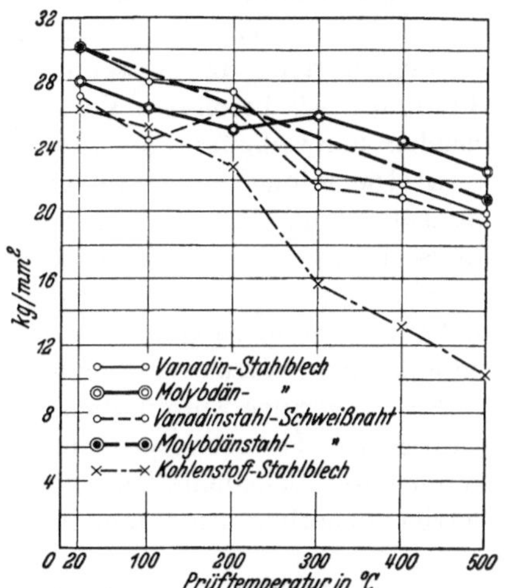

Abb. 11. Verhalten der Streckgrenze verschiedener Kesselbleche in Abhängigkeit von der Temperatur.

In Abb. 11 ist das günstigere Verhalten von Molybdänstahlblech gegenüber Kohlenstoffstahl deutlich erkennbar. Bei 500° C beträgt die Überlegenheit der Streckgrenze der Molybdänstahlbleche etwa 100%. Prömper und Pohl fassen die Ergebnisse ihrer Untersuchungen in folgenden Worten zusammen:

„1. Durch die vorliegenden Untersuchungen wurde festgestellt, daß niedrig gekohlter Molybdänstahl bei höheren Temperaturen (500°) Streckgrenzenwerte aufweist, die etwa 70—100% höher liegen als die von unlegiertem Stahl derselben Wassergasschweißbarkeit.

2. Durch Warmdauerversuche bei ruhender Belastung ist die Belastungsfähigkeit der genannten Sonderstähle, sowie von unlegierten Stählen mit verschiedenem Kohlenstoffgehalt bei hohen Temperaturen bestimmt worden. Dabei ergab sich ebenfalls eine Überlegenheit der Sonderstähle über den

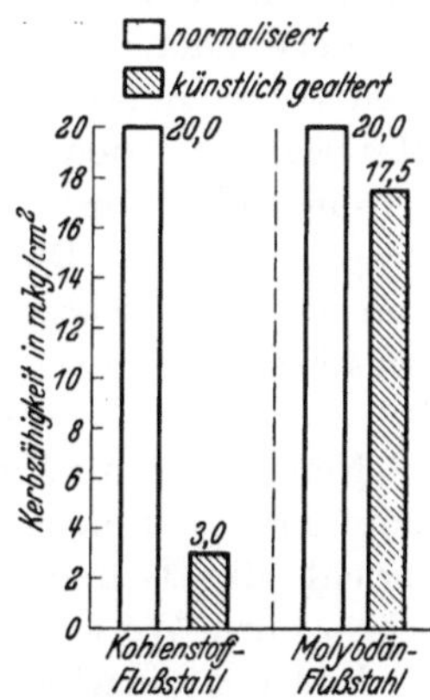

Abb. 12. Alterungsempfindlichkeit von normalem Flußstahl- und Molybdänstahlblech.

unlegierten Flußstahl gleicher Schweißgüte um etwa 100%.

3. Die Wassergasschweißbarkeit sowie die Warm- und Kaltbearbeitbarkeit der Sonderstähle entsprechen der des unlegierten Flußstahles mit gleichem Kohlenstoffgehalt.

4. Die Sonderstähle können auch in einer gegen Alterung wenig empfindlichen Beschaffenheit hergestellt werden (vgl. Abb. 12).

5. Auf Grund ihrer besonderen Eigenschaft müssen die Sonderstähle als vorzüglich geeignete Kessel- und Behälterbaustoffe bezeichnet werden, sie eignen sich zur Verwendung in Form von Blechen, Rohren und Stahlguß. Als besondere Vorteile gegenüber dem unlegierten Stahl von gleicher Schweißgüte sind dabei zu bewerten.

a) Die infolge der gesteigerten Belastungsfähigkeit bei hohen Temperaturen zulässige Verringerung der Wandstärke um 35—50%, die ihrerseits wieder zu entsprechender Gewichtsersparnis und zu geringeren Bearbeitungs- und Schweißkosten, ferner zu besserer Wärmeübertragung und zur Verminderung der in den sonst erforderlichen starken Wandungen entstehenden Wärmespannungen führt.

b) Die geringe Empfindlichkeit gegen durch Bearbeitung oder Betrieb verursachte Überbeanspruchung, wodurch die Möglichkeit des Auftretens von Schadenfällen wesentlich herabgemindert und mithin die Betriebssicherheit bedeutend erhöht wird."

5. Chrom-Molybdänstahl, bzw. Chrom-Nickel-Molybdänstahl.

Um Schwierigkeiten beim Einwalzen von Siederohren zu vermeiden, ist es wichtig, daß das Trommelmaterial eine höhere Festigkeit besitzt als das Siederohr. Im umgekehrten Falle würde leicht eine erhebliche Schädigung des Trommelmaterials in der Umgebung der Einwalzstelle auftreten können.

Verwendet man nun für Überhitzerrohre oder für hochbeanspruchte Siederohre ein höherwertiges Material, so muß der Sammler aus härterem Material von hoher Zugfestigkeit bestehen. Hierfür eignet sich der Chrom-Molybdänstahl, sofern Temperaturen von 425^0 C aufwärts in Frage kommen. Dieser besitzt je nach der Legierung eine Festigkeit von etwa 65—75 kg/mm², eine Streckgrenze bei 20^0 C von etwa 38 kg/mm², bei 450^0 C von etwa 24 kg/mm² (üblicher Kurzzeitversuch), eine Dehnung bei $L = 10$ d von etwa 16—17%, gemessen an der Längsprobe.

Neuerdings wird von Krupp auch der Chrom-Nickel-Molybdänstahl empfohlen, der noch bessere Eigenschaften aufweist; insbesondere entspricht die Dehnung dem nach den amtlichen Vorschriften vorgeschriebenen Wert.

Von den einzelnen Firmen wurden außerdem noch eine ganze Reihe von Sonderstählen herausgebracht, die sich besonders für hochbeanspruchte Überhitzerrohre (hohe Überhitzung und hoher Druck) eignen. Zu erwähnen wäre z. B. der von Krupp unter der Bezeichnung FK 335 herausgebrachte Stahl, der bei niedrigem Kohlenstoffgehalt mit Chrom und Molybdän legiert ist. Dieser Stahl ist bis 600^0 C zunderbeständig. Ein Stahl mit der Markenbezeichnung FKB 345 von Krupp wird als Stahl von hoher Dauerstandfestigkeit und Zundersicherheit (650^0 C) bezeichnet. Der Stahl ist mit Chrom, Molybdän und Silizium legiert, besitzt hohe Warmfestigkeit (bei 500° C etwa 16 kg/mm²), desgleichen eine hohe Dauerstandfestigkeit; er erfüllt sämtliche Anforderungen des Kesselgesetzes, die dort geforderten technologischen Proben können mit ihm durchgeführt werden. Alle Krupp-Stähle können in Izettqualität geliefert werden und sind daher bis zu einem gewissen Grade alterungssicher.

Von den Vereinigten Stahlwerken wird ein Stahl Th 30 bzw. Th 31 geliefert, der mit Kupfer und Molybdän legiert ist, ferner der Sicromalstahl, der in 4 Legierungen hergestellt wird, nämlich Sicr. 6, 8, 10, 12, wobei die Zunderbeständigkeit jeweils die Markenbezeichnung in 100° C bedeutet. Der Stahl besitzt einen erheblichen Chromgehalt und ist außerdem mit Molybdän und Aluminium legiert. Der Kohlenstoffgehalt ist außergewöhnlich niedrig, desgleichen Schwefel- und Phosphorgehalt. Von der V.G.B. (21) wurden mit den beschriebenen und ähnlichen Baustoffen an Versuchsrohren eingehende Versuche unternommen bezüglich Festigkeit, Streckgrenze, Aufweitung, Bördelung, Kaltbiegung, Verzunderung, Schweißbarkeit und Haftfestigkeit beim Einwalzen. Es ergab sich, daß fast alle vorgelegten Proben den im Kesselbetrieb bei hohem Druck und hoher Temperatur gestellten Anforderungen gerecht werden.

III. Was bei der Herstellung des Kesselmaterials zu beachten ist.

Das für den Dampfkesselbau zu verwendende Material wird vor der Verwendung durch einen Sachverständigen genau untersucht. Diesem ist auf Verlangen die Herstellungsart und die chemische Zusammensetzung der Schmelze bekanntzugeben. Der Sachverständige hat außerdem das Recht, dem Fertigungsvorgang jederzeit beizuwohnen. Zugfestigkeit und Bruchdehnung des Materials müssen genau bestimmten Werten entsprechen; es wird weiterhin einem Abschreckbiegeversuch unterworfen, wobei die Probestäbe auf eine Temperatur von 650° C gebracht und in Wasser von 28° C abgekühlt werden. Das so behandelte Material wird sodann um einen Dorn bestimmter Dicke gebogen, ohne daß Risse auftreten dürfen. Es ist also weitgehende Vorsorge getroffen, daß kein mit Fehlern behaftetes Material beim Kesselbau Verwendung findet. Jedoch können trotz sorgfältigster Abnahme Fehler im Material verborgen bleiben, die erst im Laufe der Zeit unter dem Einfluß des Betriebes zum Vorschein kommen. Es soll daher kurz auf die Punkte eingegangen werden, die bei der Herstellung des Kesselbaumaterials zu beachten sind, da die Erkenntnis dieser Vorgänge bei etwa auftretenden Materialschäden die Beurteilung erleichtert (22).

2*

A. Vorgänge, die im Stahlwerk beim Gießen und Erstarren des Blockes eintreten.

1. Lunkerbildung.

Das technische Eisen bildet in flüssigem Zustand eine Lösung verschiedener Elemente, z. B. Mangan, Phosphor, Schwefel, Silizium, Kohlenstoff in einem Überschuß von Eisen. Diese Lösung folgt beim Erstarren den Kristallisationsgesetzen. Bei dem reinen Metall geht der Übergang vom flüssigen zum festen Zustand bei konstanter Temperatur vor sich, während bei der Legierung dieser Vorgang sich über ein bestimmtes Temperaturgebiet erstreckt, welches von der Eigenheit der Elemente und ihrem Mischungsverhältnis abhängt. Beim Erkalten bilden die Eisenteilchen vom Kernpunkt ausgehend Kristallkörper des regulären Systems. Während die im Eisen gelösten Stoffe sich in dieses System einordnen, bilden die unlöslichen im allgemeinen den Kristallisationsmittelpunkt. An den Kokillenwandungen ist die Abkühlungsgeschwindigkeit am größten, und die Kokillenoberfläche begünstigt gleichzeitig die Entstehung zahlreicher Kristallisationskerne. Es wachsen daher die Kristalle nadelförmig von der Kokillenoberfläche nach innen schrittweise fort, bis völlige Erstarrung eintritt. Würde die Erstarrung an allen Stellen gleichzeitig vor sich gehen, so müßte ein gleichmäßiger, dichter Körper entstehen. In Wirklichkeit erhält man jedoch keinen dichten Block, sondern es bildet sich im Innern ein mehr oder weniger starker Hohlraum, den man mit Lunker bezeichnet. Diese Hohlraumbildung erklärt man sich folgendermaßen:

Man denkt sich den Erstarrungsprozeß in einzelnen Schichten vor sich gehend. Hat sich eine erste Erstarrungsschicht gebildet, so sinkt der Flüssigkeitsspiegel des Blocks um den gleichen Betrag, um den die feste Hülle sich im Volumen verringert gegenüber der entsprechenden flüssigen Masse. Bildet sich die letzte Kruste, so reicht die noch übrige flüssige Masse nicht mehr aus, um den letzten Hohlraum zu füllen, der sich je nach den Temperaturverhältnissen mehr oder weniger tief in den Block erstreckt. In besonders ungünstigen Fällen kann es vorkommen, daß der Lunker fast den ganzen Block durchzieht. Der Lunker kann auch von Trennungswänden sog. Spannungsbrücken unterbrochen sein. Die Lunkerbildung zwingt dazu, einen Teil des Blockes als verlorenen Kopf preiszugeben. Verwendet man Kokillen, die sich nach oben erweitern, so hält sich der Block am Kopf länger flüssig, und die Lunker fallen flacher aus, es ist jedoch bei schweren Brammen erfahrungsgemäß die Gefahr der Rißbildung damit verknüpft. Die Lunkerbildung als solche kann zwar nach Vorstehendem nicht als Fehler angesprochen werden, da sie mit dem Erstarrungsprozeß unvermeidlich verbunden ist, da sich jedoch der Lunker, wie gesagt, gelegentlich weit über das normale Maß erstrecken und von Spannungsbrücken überdeckt sein kann, so können daraus Blechfehler entstehen, die unter Umständen schwer zu erkennen sind. Um die Lunkerbildung abzuschwächen, wird mit niedriger Gießtemperatur gearbeitet; außerdem wird namentlich bei schweren Brammen während des Erkaltens noch Stahl nachgegossen. Auch ist es zweckmäßig, die Blockoberfläche durch Abdecken mit einer neutralen Schlackenschicht, auf die Holzkohle gepackt wird, vor zu schneller Erstarrung zu schützen; auf diese Weise kann noch nach verhältnismäßig langer Zeit frischer Stahl nachgegossen werden.

Ein Lunker kann auch dadurch entstehen, daß beim gemeinsamen Gießen mehrerer untereinander verbundener Blöcke eine Kokille auf Kosten der anderen Material ansaugt, wodurch „Saughohlräume" gebildet werden.

2. Seigerung.

Beim Erstarren des in die kalte Kokille gegossenen Blockes ist die Abkühlungsgeschwindigkeit an der Kokillenwandung sehr groß, die Unterkühlungsmöglichkeit dagegen sehr gering. Die rauhe Kokillenwand begünstigt die Entstehung zahlreicher Kristallisationskeime. Es bildet sich daher eine Außenhaut, die aus verhältnismäßig reinem Eisen besteht. In dem Maß, wie sich die Kokillenwand anwärmt und Unterkühlung stattfinden kann, reichert sich die Mutterlauge an. Mit dem größeren Gehalt an Verunreinigungen wächst gleichzeitig das Erstarrungsintervall. Dies hat zur Folge, daß mit fortschreitender Abkühlung der flüssige Stahl sich immer mehr mit den legierenden Elementen anreichert, so daß der zuletzt erstarrende Rest gegenüber den Außenteilen erhebliche Unterschiede in der chemischen Zusammensetzung aufweist. Die größte Konzentration findet man an den Wandungen und dem Grund der Lunker. Diesen Vorgang der Entmischung nennt man Seigerung. Aus den Untersuchungen verschiedener Forscher geht hervor, wie wichtig einerseits, aber auch wie schwierig andererseits die Erzeugung seigerungsarmen Materials ist, und daß man gezwungen ist, aus diesem Grunde erhebliche Abfallmengen in Kauf zu nehmen, wenn den Gütevorschriften genügt werden soll. Andererseits ist es zur Zeit praktisch kaum möglich, aus Flußstahlblöcken gänzlich seigerungsfreie Bleche zu erzeugen, und die Praxis beweist auch zur Genüge, daß ein gewisser Grad von Entmischung unbedenklich zugelassen werden kann. Es liegt also auch bei der Seigerung des Materials ein Prozeß vor, der bis zu einem gewissen Grade als normal angesehen werden muß. Erst wenn die Seigerung bestimmte, durch die Erfahrung gekennzeichnete Grenzen überschreitet, kann von fehlerhaftem Material gesprochen werden.

Der Seigerungsprozeß wurde unter anderem von Bardenheuer und Müller (*23*) eingehend untersucht. Zu diesem Zweck wurden 3 Versuchsblöcke mit beruhigtem Material (Block II) und nicht beruhigtem Material (Block I und III) gegossen. Die Blöcke wurden zerschnitten und untersucht. Sie hatten folgende Zusammensetzung (in%):

Tabelle 5.

	C	Mn	Si	P	S	Cu	Al
Block I	0,09	0,43	Spuren	0,054	0,087	0,21	—
Block II	0,09	0,49	,,	0,059	0,069	0,20	0,05
Block III	0,10	0,39	,,	0,024	0,049	0,24	—

Block II ist mit Al beruhigt vergossen, Block I und III haben zwecks Studium der Seigerungsvorgänge einen absichtlich hohen S- und P-Gehalt. Die Verteilung des Schwefels wurde nach Baumann bestimmt und ist in Abb. 13 wiedergegeben.

Der Schwefelabzug des Blockes II weicht von denen der Blöcke I und III wesentlich ab. Zunächst weist der Block II keine Gasblasen auf und zeigt nur am Kopf einen Lunker. Die Verteilung des Schwefels ist sehr gleichmäßig, stärker angereicherte Zonen sind nicht vorhanden. Dagegen zeigen Block I und III zwar sehr reine Randzonen, jedoch sind anschließend an die Randzone zahlreiche Gasblasen zu erkennen. Der Blockkern ist verhältnismäßig dicht, jedoch namentlich bei Block I und dort besonders am Kopf sehr stark mit Schwefel angereichert. So beträgt z. B. die Seigerung am Kopf von Block I in Schwefel $+ 130\%$ in der Mitte und fällt auf $— 30\%$ nach der Randzone.

Die Phosphorseigerung folgt der des Schwefels ziemlich gleichartig. Zusammenfassend ergibt sich, daß der nur mit Mangan desoxydierte Stahl wesentlich stärker seigert als der mit Aluminium vollkommen beruhigte.

3. Gaseinschlüsse.

Wie jede Flüssigkeit, so kann auch flüssiges Eisen Gase lösen. Beraduc-Müller (24) fanden bei Versuchen als gelöste Gase im Stahl CO_2, O_2, H_2, CH_4 und N_3 in etwa folgender prozentualen Zusammensetzung:

CO_2	3,6%
O_2	0,9%
CO	30,5%
H_2	52,2%
CH_4	0,2%
N_3	12,7%
	100,1%

Während des Gießens und Erstarrens entweicht ein Teil der Gase, der Rest bindet sich in Form mehr oder weniger großer Bläschen, die sich nach einem gewissen Gesetz anordnen. Meerbach (22) weist darauf hin, daß die künstliche Abkühlung der Blöcke zum Zwecke der Bildung zahlreicher kleiner Gasblasen anstatt größerer Lunkerhohlräume ein zweischneidiges Verfahren sein kann, da die entstandenen Hohlräume beim Walzen nicht immer zuschweißen. Besonders bei Material, das in der Wärme gereckt wird, wie z. B. Kesselböden mit eingepreßten Mannlöchern, können sich Blasen sehr

Block I.   Block II.   Block III.

Abb. 13. Schwefelverteilung in verschieden vergossenen Blöcken.

unangenehm bemerkbar machen. Das Verschweißen der Porenwandungen bedingt nämlich weitgehende Oxydfreiheit, was bei nicht genügend desoxydiertem Stahl nicht zu erfüllen ist. Auch wirkt auf die weiter nach der Mitte gelegenen Blasen der Walzdruck nur unvollkommen ein. Es muß daher genügend hohe Walztemperatur gehalten werden. Je näher die Gasporen unter der Oberfläche sitzen, desto größer ist die Gefahr, daß sie im weiteren Prozeß offengelegt und mit Schlacke gefüllt werden, wodurch auf dem fertigen Blech Schlackennarben entstehen.

4. Sonstige Fehler.

Als weitere Fehler kommen z. B. Schlackeneinschlüsse in Betracht, die die verschiedensten Ursachen haben können, z. B. können durch Zufall Verunreinigungen in den Stahl gelangen, es können Oxyde, Sulfide und Silikate sich aus dem Bad nicht genügend abscheiden oder beim Gießen ins Bad hineingezogen werden, auch kann Ofenschlacke oder feuerfestes Material auf diesem Wege in den Stahl gelangen. Schalen oder Dopplungen können auftreten, wenn von unsauberer Blockoberfläche herrührend Ein- oder Überwalzungen entstehen. In die Oberfläche der Blöcke können infolge schadhafter mit Chamotte ausgeflickter Kokillen sandige Einschlüsse erfolgen. Diese können zu Blasenbildung und Dopplungen Anlaß geben. Wirft man beim Guß kleinere Eisenstücke in die Kokille, um den Stahl abzukühlen und eine Verringerung der Gasblasenbildung herbeizuführen, so kann eine diesen Stücken anhaftende Oxydschicht örtliche Gasabscheidung verursachen, die das Verschweißen erschwert.

Schließlich seien noch die Risse erwähnt, die beim Abguß des Blockes an der Außenwand auftreten können und die als Schrumpf- oder Warmrisse bezeichnet werden. Sie entstehen dann, wenn der Blockfuß an der Außenkante verhältnismäßig schnell erstarrt, während der Kopf noch nicht so weit ist. Durch die mit der Abkühlung verbundene Schwindung wird auf die obere Partie, die noch in Reibungsschluß mit der Kokillenwand steht, ein Zug ausgeübt. Ist nun die Kokillenwand stark rauh oder uneben, so kann der obere Teil nicht rasch genug folgen und es entsteht ein Einriß. Auch Längsrisse können auftreten, wenn infolge ungleichmäßiger Schwindung, die wiederum von ungepflegten Kokillen (Ausbauchung, Anfressungen, Gratbildung) ihren Ausgang nimmt, der Flüssigkeitsdruck des Blockinnern auf die Kokillenwandung diese an irgendeiner Stelle zum Einreißen bringt. Beim Auswalzen tritt kein vollkommenes Verschweißen der Ränder ein und die Risse zeichnen sich zum mindesten als Schönheitsfehler auf der Oberfläche der Bleche ab.

B. Glühbehandlung der Bleche.

Um Unregelmäßigkeiten, die beim Walzprozeß auftreten, mit Sicherheit ausschalten zu können, ist für die im Kesselbau verwendeten Bleche eine Glühbehandlung vorgeschrieben. Beim Walzen könnten z. B. Fehler in der Richtung auftreten, daß bei zu hoher Temperatur fertig gewalzt wird. Es ergibt sich dann ein grobes überhitztes Gefüge. Bei dickeren Blechen kann sich hierbei namentlich in der Mitte, wo der Walzdruck

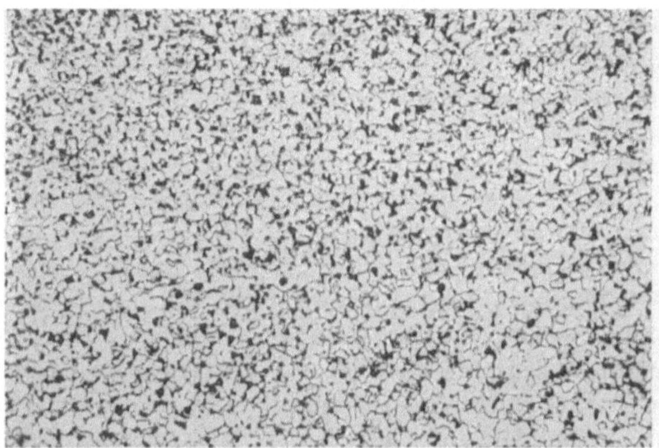

Abb. 14. Feinkörnige Gefügeausbildung eines gut geglühten Kesselbleches.

nicht zur vollen Wirkung kommt, eine Art Gußstruktur, also ein besonders grobkörniges Gefüge ausbilden. Kerbzähigkeit und Dehnung werden hierdurch ungünstig beeinflußt. Wird bei zu niederer Temperatur fertig

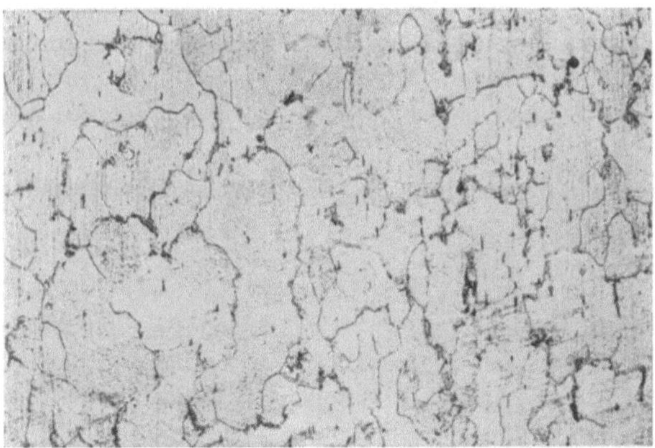

Abb. 15. Grobkörnige Gefügeausbildung eines schlecht geglühten Kesselbleches.

gewalzt, so entsteht eine gewisse Kaltreckung. Bei ungleicher Abkühlung der fertig gewalzten Bleche können Walzspannungen auftreten. Wird das Blech in einem ungenügenden Abkühlungszustand gerichtet, so kann, falls dies in der Blauwärme erfolgt, eine Materialsprödigkeit auftreten. Als Begleiterscheinung des Scherenschnittes ergibt sich eine Kaltreckung der Scherkanten.

Diese Einflüsse können durch ein sachgemäßes Glühen oberhalb des Ac_3-Punktes beseitigt werden.

Wird jedoch die Glühtemperatur durch Unachtsamkeit oder Fahrlässigkeit oder falsche Beheizung an einem der im Glühofen aufgestapelten Bleche nicht über diesen Punkt gebracht oder nicht genügend lang aufrecht erhalten, so bleibt die eingangs erwähnte Materialverschlechterung infolge unsachgemäßer Abwalzung in voller Höhe bestehen. Das Glühen der Bleche ist dann um so wichtiger, wenn infolge besonderer Umstände ein zu Seigerung (Entmischung) neigendes Material verwalzt worden ist. Beim schnellen Erkalten des Bleches nach der Walzung, können dann die wichtigen Diffusionsvorgänge, die ein gleichmäßiges Verteilen der Beimengungen ergeben, nicht genügend zur Wirkung kommen. Die Glühdauer soll nach Erreichung des Umwandlungspunktes etwa eine halbe Stunde dauern. Zu langes Glühen, namentlich bei zu hoher Temperatur, ergibt wieder eine Kornvergröberung; aus diesem Grunde kann es auch unter Umständen unzweckmäßig sein, ein Material, das den Bedingungen nicht voll entspricht, durch mehrmaliges Glühen verbessern zu wollen. Nach dem Glühen soll die Abkühlung rasch — also nicht im Ofen — vor sich gehen. Da man allerdings die Abkühlungsgeschwindigkeit während der einzelnen Perioden, d. h. von A_3 zu A_1 einmal und dann unterhalb A_1 nicht beliebig beeinflussen kann, so ist nicht zu vermeiden, daß in ein und demselben Blech unter Umständen sämtliche Perlitarten vom sorbitischen bis zum körnigen Perlit in mehr oder weniger ausgeprägter Art vorhanden sind.

Wird ein Blech beim Glühen überhitzt, was z. B. durch einseitiges Aufprallen der Flamme bewirkt sein kann, so tritt eine sehr deutlich bemerkbare Kornvergröberung ein (Abb. 14 und 15) (*25*).

C. Beispiele aus der Praxis über Kesselschäden, die durch fehlerhaftes Material verursacht wurden.

1. Mantelbleche.

Bei den Mantelblechen treten verhältnismäßig selten Schäden auf, die ausschließlich von fehlerhaftem Material herrühren, da die Abnahmevorschriften eine Gewähr dafür bieten, daß ungeeignetes Material weitgehend ferngehalten wird. Auch ist es bei den Blechen viel leichter als bei Rohren oder Kammern möglich, vorkommende Herstellungsfehler zu erkennen. Trotzdem kommen gelegentlich immer wieder solche Fälle zur Kenntnis, die allerdings meist aus früheren Jahren herstammen. Bauer (*26*) berichtet z. B. über ein zu einem Flammrohrkessel verarbeitetes Mantelblech, das quer zum Umfang des Kessels der ganzen Mantellänge nach aufgerissen ist.

Es handelt sich um einen im Jahre 1906 gebauten Zweiflammrohrkessel von 260 m² für 12 atü, Blechdicke 23 mm. Der Kessel riß bei der Kaltwasserdruckprobe im 3. Schuß auf. Die Abb. 16 zeigt, daß der Riß außerhalb der Nietlochreihe verläuft. Die Materialuntersuchung ergab, daß es sich bei diesem Schuß um ein Material von hohem Phosphor- und Schwefelgehalt mit starken Seigerungserscheinungen handelte.

Man erkennt aus Tabelle 6 die starke Anreicherung von Phosphor, Schwefel und Arsen in der Kernzone.

Tabelle 6. Mantelschuß III.

	Kern-zone %	Rand-zone %
C	0,15	0,07
Mn	0,49	0,46
P	0,162	0,078
S	0,093	0,022
As	0,066	0,039

Die Bleche waren nach den Würzburger Normen geliefert worden und hatten den Bedingungen entsprochen.

Abb. 16. Mantelschuß III, bei der Wasserdruckprobe gerissen.

Abb. 17 (27) zeigt zwei Schliffe aus dem Blech nach Ätzung mit Kupferammoniumchlorid. Man erkennt aus der Dunkelfärbung ebenfalls deutlich den hohen Phosphorgehalt in der Kernzone.

Da betriebliche Fehler nicht nachgewiesen waren, so dürfte dieser Schaden wohl in erster Linie auf mangelhaftes Material zurückzuführen sein.

Als Beispiel einer Blechdopplung sei folgender Fall angeführt. Beim Bohren der Nietlöcher wurde an einem Nietloch eine verdächtige Stelle bemerkt. Der Mantel wurde an dieser Stelle ge-

Abb. 17. Schliffe aus Mantelschuß III nach Ätzung mit Kupferammoniumchlorid.

schlichtet, poliert und geätzt, desgleichen sechs in der Nähe liegende Nietlöcher. Es wurde nun festgestellt, daß das Blech an der Stemmkante in Höhe des 5. Nietloches inmitten der Seigerzone einen kleinen Riß hatte. Nach dem Polieren wurde die Dopplung ebenfalls in den entsprechenden Nietlöchern der 2. Reihe festgestellt. Es wurde nun das Blech daraufhin in 100 mm Entfernung von der 2. Nietreihe aus zweimal angebohrt. Die Anbohrungen ergaben, daß die Dopplungen noch vorhanden und vergrößert sichtbar waren. Die Dopplung klaffte etwa 1 mm.

Eine weitere Bohrung in etwa 100 mm Abstand von der vorhergehenden Bohrung ergab eine Dopplung mit 5 mm Abstand der beiden Blechteile. Ein weiteres Loch in 300 mm Abstand ergab den gleichen Befund. Die Dopplung erstreckte sich schließlich auf eine Fläche von 600/600 mm. Sie lag am Kopfende einer Walzplatte. Die Trommel mußte verworfen werden.

Man ersieht aus diesem Beispiel, wie schwer unter Umständen solche Fehler zu entdecken sind. Nur durch eine sehr sorgfältige und aufmerksame Prüfung der Nietlöcher während der Bauüberwachung war der Anfang der Dopplung erkannt worden.

2. Materialschäden an Siede- und Überhitzerrohren.

Während Schäden an den Mantelblechen verhältnismäßig selten sind, im allgemeinen auch leicht erkannt werden, sofern sie so bedeutend sind, daß eine Gefahr für den Betrieb daraus folgen könnte, und schließlich auch durch die Werkstoffvorschriften weitgehende Gewähr dafür geboten ist, daß ungeeignete Bleche ausgeschieden werden, liegt der Fall bei den Siederohren wesentlich schwieriger. Hier erstreckt sich die amtliche Abnahme nur auf Stichproben, und es kann viel eher ein ungeeignetes mit Fehler behaftetes Stück zum Einbau gelangen. Auch ist das äußerliche Erkennen von Fehlern um ein Vielfaches schwieriger als bei Mantelblechen. Zwar bietet der Herstellungsprozeß an sich schon eine starke Prüfung für das Rohrmaterial, aber die Erfahrung hat gezeigt, daß namentlich bei den höheren Drücken Rohrreißer keineswegs zu den Seltenheiten gehören. Meist zeigen sich fehlerhafte Rohre bald nach der ersten Betriebszeit. Es sind aber auch genügend Fälle bekannt, bei denen Schäden oft erst nach 20000 Betriebsstunden und mehr auftreten. Während nun Rohrreißer in Kohlenstaubfeuerungen meist für den Betrieb harmlos verlaufen, sind bei rostgefeuerten Kesseln Todesfälle und schwere Verbrennungen durch Stichflammen mehrfach bekanntgeworden. Zwar steht der Konstrukteur sowohl als auch der Betriebsführer Rohrfehlern bis zu einem gewissen Grade machtlos gegenüber, da es bis heute keine Mittel, wenigstens keine wirtschaftlich tragbare Mittel gibt, um solche Fehler mit Sicherheit zu vermeiden. Es läßt sich aber der Prozentsatz fehlerhafter Rohre auf einen Kleinstwert bringen, wenn bei Auswahl des Materials bei der Behandlung der Blöcke und bei der Abnahme der Rohre die neueren Erkenntnisse verwertet werden. Bei der Abnahme der Rohre empfiehlt es sich bei allen Fällen von Wichtigkeit, die Richtlinien der V.G.B. (Vereinigung der Großkesselbesitzer) zugrunde zu legen und die Mehrkosten für den Aufdornringversuch zu tragen. Rohrfehler entstehen am leichtesten am Ende der Rohre. Hier spricht sich die Beschaffenheit des Blockes, Seigerung, Gasblasen, Walzschiefer usw. am stärksten aus. Wird nun von jedem Rohr oben und unten ein Ring abgenommen und untersucht, so hat man eine weitgehende Gewähr dafür, daß das Rohr, welches bei der Probe keine Beanstandungen ergab, aus einwandfreiem Material hergestellt ist und sich in richtigem Glühzustand befindet. Um möglichst wenig Ausschuß zu bekommen, wird schon das Walzwerk nur ganz einwandfreies Ausgangsmaterial verwenden. Dadurch wird aber das Übel an der Wurzel gefaßt, weil schon von vorneherein alles getan wird, um ein möglichst fehlerfreies Produkt zu erhalten. Denn der Einwand, daß bei den Aufdornringproben selten Ausschußrohre gefunden werden und deshalb diese Probe überflüssig sei, trifft nicht den Kernpunkt der Sache. Je schärfer die Abnahmebestimmungen sind, ein um so größerer Druck wird auf das Walzwerk ausgeübt, alle erdenkbare Sorgfalt und Vorsicht aufzuwenden. Auch ist es jedem Fachmann klar, daß die Kaltwasserdruckprobe allein versteckte Rohrfehler nicht ausmerzen kann. Erst die zusätzliche Betriebsbeanspruchung, ungleiche Erwärmung, das Atmen der Kessel mit den dadurch bedingten Lastwechseln und Schwingungsbeanspruchungen, Einwalzspannungen, Bohren der Rohre, Steinbelag usw. bringen in irgendeinem ungünstigen Augenblick das Rohr zum Aufreißen. Bekannt ist der Betriebsfall, daß Rohre dann aufgerissen sind, als der bis dahin abgedeckte Kessel durch Öffnen des Zugschiebers angefahren werden sollte.

Was die Herstellungsfehler an Siederohren betrifft, so hängen diese eng mit den schon früher besprochenen Fehlern zusammen, die beim Gießen und Erstarren des Blockes, sowie beim Walzprozeß auftreten können, also mit Seigerungen durch zu hohen Schwefelgehalt bzw. Phosphor, Gasblasenbildungen, Walzschiefer, Schlackeneinschlüssen, Ziehriefen, ungleichmäßige Wandstärken, Dopplungen, grobkörniges Gefüge usw. Im nachfolgenden sollen einige Beispiele aus der Praxis behandelt werden zur Förderung der Erkenntnis von Fehlerquellen an Siederohren.

Rohre mit hohem Schwefel- und Phosphorgehalt. An einem Steilrohrkessel platzte ein Siederohr, wobei das Bedienungspersonal Schaden erlitt (*28*). Das Rohr, sowie sechs weitere in unmittelbarer Nähe wurden in einem Materialprüfungsamt untersucht. Das aufgerissene Rohr 186 A hatte rund 22000 Betriebsstunden. In der Bruchfläche war eine tiefe Materialfalte zu erkennen, die flach in die Wand hinein verlief, sich über die ganze Länge des Rohres erstreckte und noch etwa 1 mm gesundes Material übrigließ.

Abb. 18 zeigt in geringer Vergrößerung einen Querschliff durch das Rohrende. Die Materialfalte ist deutlich zu erkennen. Man erkennt außerdem die starke Seigerung im Kernmaterial. Der Schwefeldruck vom gleichen Querschnitt wies hohen Schwefelgehalt auf, was auf Verwendung unruhigen Materials schließen läßt. Die Ziehfalte dürfte daher rühren, daß das für dieses Rohr verwendete Material vom oberen Ende des ursprünglichen Blockes herrührte, der bei dem hohen

Schwefelgehalt wahrscheinlich eine lunkerige Stelle enthalten hat, die sich dann beim Ziehen des Rohres ausgebreitet und nach innen geöffnet hat. Von den übrigen untersuchten Rohren zeigt das Rohr 198 D ganz ähnliche Beschaffenheit, während die anderen Rohre keine nennenswerten Seigerungserscheinungen zeigen. Zwar zeigt das Rohr 198 A ebenfalls eine kleine Ziehriefe, die aber keine wesentliche Bedeutung für die Haltbarkeit des Rohres hatte, da sie den tragenden Wandquerschnitt

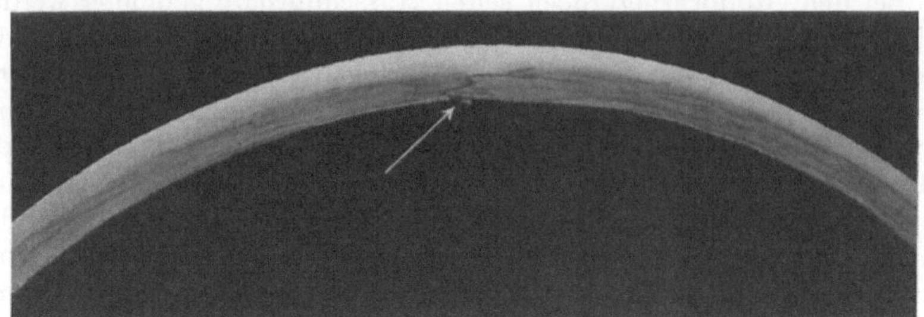

Abb. 18. Querschnitt durch ein aufgerissenes Rohr mit Ziehfalte.

nur wenig vermindert. Man kann annehmen, daß die besseren Materialeigenschaften dazu beigetragen haben, daß eine Vergrößerung der Trennfläche beim Ziehen des Rohres nicht erfolgt ist, wie ja auch bei dem minderwertigen Rohr 186 A die Rißbildung am Ende des geseigerten Kernes Halt gemacht hat. Nachstehend sind die Analysen der untersuchten Rohre wiedergegeben. Die Zahlen zeigen, daß bei den fehlerhaften Rohren 186 A, 198 D der Schwefelgehalt außergewöhnlich hoch

Tabelle 7.

	186 A	198 A	198 B	198 C	198 D	198 E	198 F
C . .	**0,15**	0,17	0,10	0,10	**0,11**	0,11	0,15
Mn . .	**0,42**	0,60	0,43	0,43	**0,36**	0,43	0,48
Si . .	—	0,09	—	—	—	—	0,05
P . . .	**0,12**	0,028	0,031	0,024	**0,036**	0,024	0,023
S . .	**0,089**	0,048	0,066	0,059	**0,094**	0,064	0,045

ist, wobei noch zu beachten ist, daß die Zahlen Durchschnittszahlen über den ganzen Querschnitt sind, daß also der tatsächliche Schwefelgehalt des Kernmaterials wesentlich höher ist. Außerdem ist auch der Phosphorgehalt an dem aufgerissenen Rohr sehr hoch.

An sämtlichen Rohren wurde nunmehr ein Ring von 18 mm abgetrennt und der Aufdorn-Ringprobe unterworfen. Die erhaltenen Werte ergaben folgendes Bild:

Tabelle 8.

	186 A	198 A	198 B	198 C	198 D	198 E	198 F
Bruchgrenze mm²	**14,8**	33,1	31,9	29,9	**16,7**	28,7	37,9
Kontraktion %	**0**	42	32	55	**0**	76	48

Man erkennt die geringe Festigkeit und die fehlende Kontraktion der beiden schlechten Rohre.

Bei der Ringprobe ist Voraussetzung, daß ein vorkommender Fehler in der Rohrwand mindestens bis zu einem Ende voll oder bis zu einem gewissen Grade durchläuft, was meistens der Fall ist. Wäre im vorliegenden Falle für jedes einzelne Rohr eine Aufweitprobe durchgeführt worden, so wären die fehlerhaften Rohre mit hoher Wahrscheinlichkeit ausgemerzt worden.

Weiter folgt aus der Untersuchung, daß der Phosphor- und Schwefelgehalt nicht zu hoch werden darf, weil dann leicht lunkerige Stellen des Blockes mitverarbeitet werden, was bei den geringen Wandstärken der Rohre zu Rohrfehlern führen kann.

Daß Rohre aus geseigertem Material als Überhitzerrohre leicht korrodieren, wird durch Versuche bewiesen, die Woodvine und

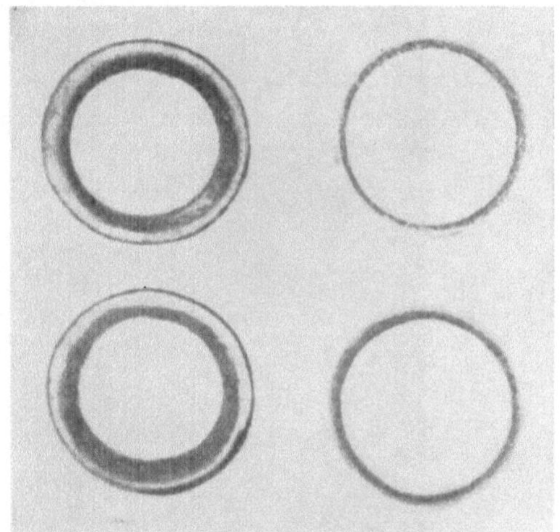

Abb. 19. Schwefelabdrücke von Rohren aus stark geseigertem Material.

Roberts (29) an englischen Überhitzerrohren ausgeführt haben. Sie fanden bei der Untersuchung gelieferter Rohre durch Schwefelabdruck, daß häufig stark geseigertes Material geliefert wurde. Eine Untersuchung der inneren und äußeren Zone der Rohre ergab folgenden Unterschied:

Besonders auffällig ist die starke Anreicherung der Innenzone an Schwefel.

Der in Abb. 19 dargestellte Abdruck zeigt deutlich die Seigerung durch die Schwarzfärbung.

Es wurde nun folgender Versuch gemacht. Es wurden zwei nahtlose Rohre von $1^1/_2''$ äußerem Durchmesser ausgesucht, von denen beim einen starke Seigerung im Inneren nachgewiesen wurde,

Tabelle 9.

	Innere Zone %	Äußere Zone %
Kohlenstoff . .	0,11	0,66
Silizium . . .	Spuren	Spuren
Mangan . . .	0,43	0,4
Schwefel . . .	0,085	0,03
Phosphor . . .	0,030	0,02

das andere wurde möglichst seigerungsfrei gewählt. Beide Rohre wurden zusammengeschweißt und in Form eines Überhitzerrohres gebogen, sodann in einen Dampfkessel von 14 atü Dampfdruck gebracht und als normaler Überhitzer mit Dampftemperaturen von 316—375⁰ C betrieben. Nach 12monatiger Betriebszeit zeigte das Rohr im geseigerten Teil Löcher

und wurde herausgenommen. Das Rohr wurde aufgeschnitten. Das
seigerungsfreie Rohr war in Ordnung, während der andere Teil stark

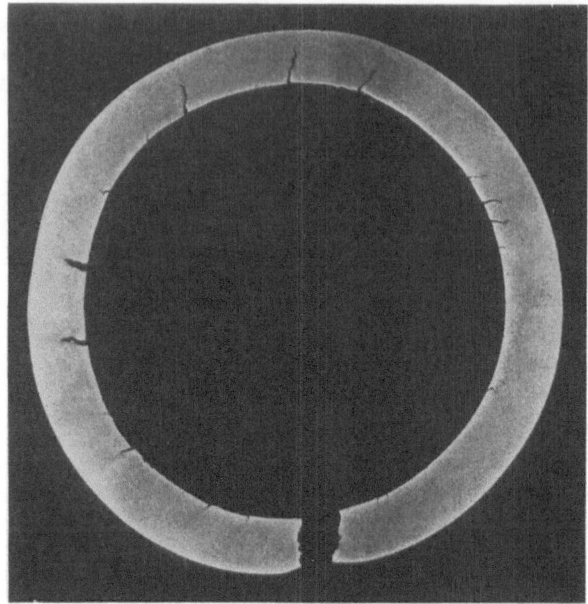

Abb. 20. Gerissene Aufdornprobe.

korrodiert und durchlöchert war. Die Versuche ergaben weiter, daß
die Korrosionen sich weder auf den Teil beschränkten, der mit nassem

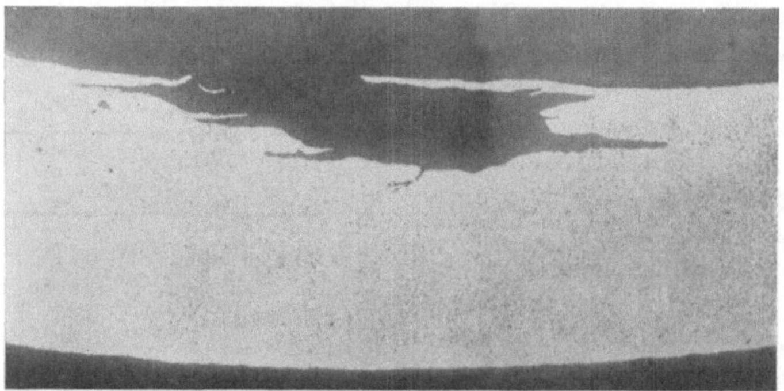

Abb. 21. Querschnitt durch eine langgestreckte unganze Stelle, gefüllt mit nichtmetallischen
Einschlüssen.

Dampf in Berührung kam, noch auf die Teile, die dem Feuer zu-
gewandt sind. Eine zweite Rohrschlange, die aus möglichst seigerungs-
freiem Material hergestellt war und zu gleicher Zeit und unter gleichen

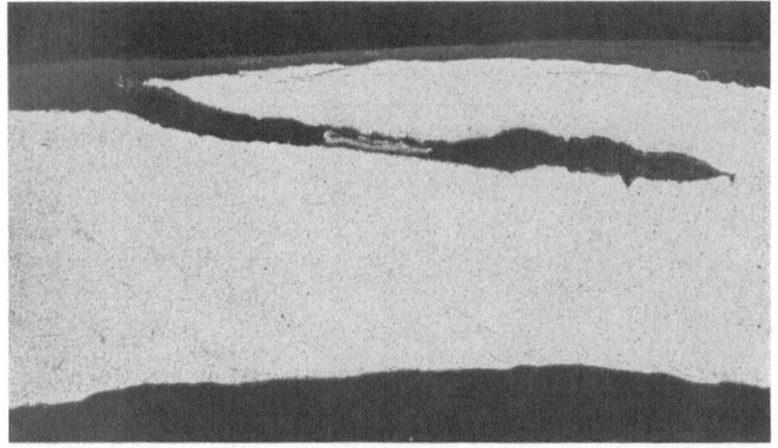

Abb. 22. Typische Schalenbildung.

Betriebsbedingungen eingebaut worden war, zeigt sich bis auf einige unbedeutende Pockennarben völlig gesund.

Unganze Stellen, Schalenbildung, Längsriefen, Dopplung. Des öfteren treten an Kesselrohren unganze Stellen auf. Diese rühren von Gasblasen oder Lunkerbildung des Rohmaterials her, sie pflegen bei der Aufdornprobe aufzureißen.

Die Abb. 20 zeigt einen Querschnitt durch ein solches Rohr. Man erkennt, wie die unganzen Stellen radial von innen nach außen verlaufen, teilweise eine erhebliche Tiefe erreichen und durch ihre Kerbwirkung die Aufreißgefahr erhöhen.

Abb. 21 zeigt eine unganze Stelle, die durch nichtmetallische Einschlüsse ausgefüllt war.

Abb. 22 zeigt eine typische Schalenbildung in Vergrößerung.

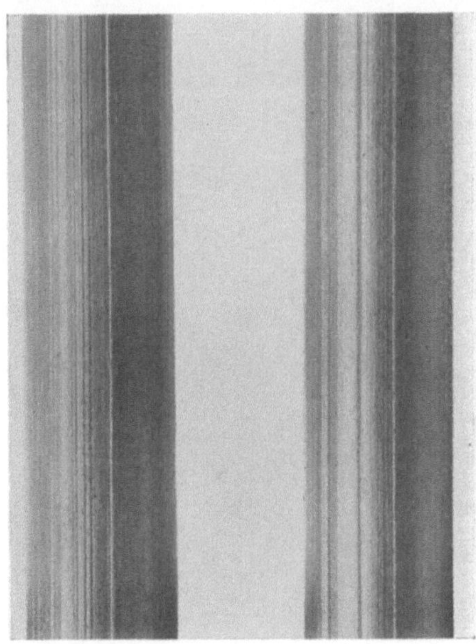

Abb. 23. Rohre mit Längsriefen.

Abb. 23 zeigt ein typisches Beispiel von Rohren mit Längsriefen.

Bei Ziehriefen ist zu unterscheiden zwischen breiten aber flachen Riefen, die nur eine geringe Wandverschwächung ergeben und als

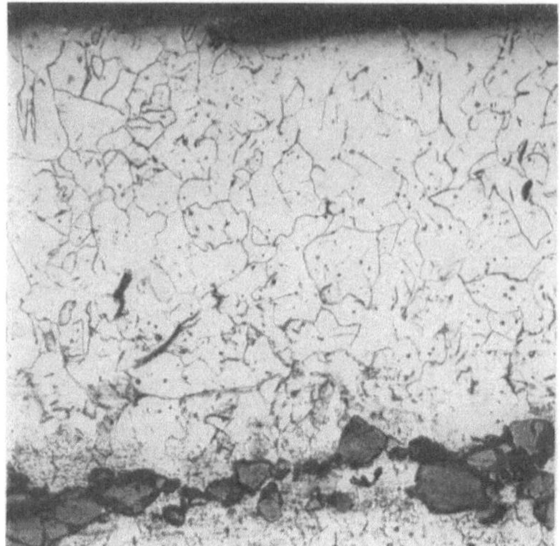

Abb. 24. Schlackenbänder

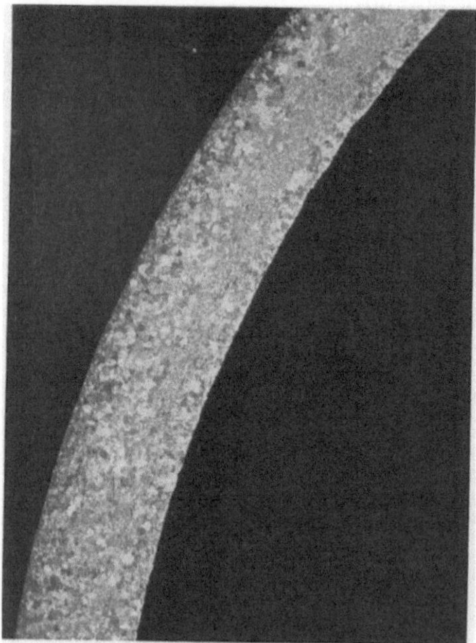

Abb. 25. Grobes Gefüge eines Rohres.

Schönheitsfehler anzusehen sind, und solchen Riefen, die fein und rißartig in das Material einschneiden. Die letzteren sind wegen ihrer Kerbwirkung sehr gefährlich und setzen sich meist als feiner Haarriß im Material fort. Nicht selten sind Ziehriefen verbunden mit Schalenbildung und so die eigentliche Grundlage für die gefürchteten Längsaufreißer.

Abb. 24 zeigt ein Schliffbild in 25facher Vergrößerung, aus dem eine Blechdopplung hervorgerufen durch Anhäufung von Schlacken in der Seigerzone zu ersehen ist; das Gefüge zeigt die Merkmale der Überhitzung.

Ungleiche Wandstärke. An einem 35-atü-Steilrohrkessel traten nach 2jährigem Betrieb an zwei Rohren Undichtheiten auf. Die Besichtigung ergab eine starke Schwächung der Wandstärke ohne Anzeichen von Beulen oder Abzunderungen. Da keine Erklärung für den eigenartigen Schaden gefunden wurde, so wurden die Rohre in einer Materialprüfungsanstalt untersucht. Durch zahlreiche Messungen über den ganzen Rohrumfang wurde eine große Verschiedenheit in der Wandstärke festgestellt. Diese lag in vielen Fällen weit unter der vorschriftsmäßigen von 4,1 mm. Die größte Wandstärke wurde zu 5,1 mm, die kleinste zu 0,6 mm ermittelt. Eine Untersuchung des Gefüges schloß Wandverschwächung durch Zunderbildung aus.

Abnützung durch Flugasche oder Abzehren durch Rost kam ebenfalls nicht in Frage. Das Rohr war einer Abnahme nicht unterzogen worden.

Grobgefüge und oxydische Einschlüsse. An einem Kessel für 35 at riß bei der Druckprobe ein Verbindungsrohr zwischen zwei Obertrommeln auf. Eine Untersuchung des Rohres ergab größere Mengen nichtmetallischer Einschlüsse in dem Material des Rohres, die in hohem Maße zu Sprödigkeit Anlaß gegeben hatten. Abb. 25 zeigt das grobe Gefüge, Abb. 26 zeigt einen Längsschliff, aus dem die Schlackeneinschlüsse und am Rande grobes Korn deutlich sichtbar sind.

Diese Beispiele dürften zur Genüge beweisen, daß eine sorgfältige und gewissenhafte Abnahme hochbeanspruchter Siederohre sich voll und ganz rechtfertigt und sich durch entsprechende Erhöhung der Betriebssicherheit wohl in allen Fällen bezahlt machen dürfte.

Zum Schluß dieser Betrachtung sei über die Erfahrungen berichtet, die bei der Abnahme der Rohre für die 100-atü-Anlage in Mannheim gemacht wurden (*30*). Insgesamt handelte es sich

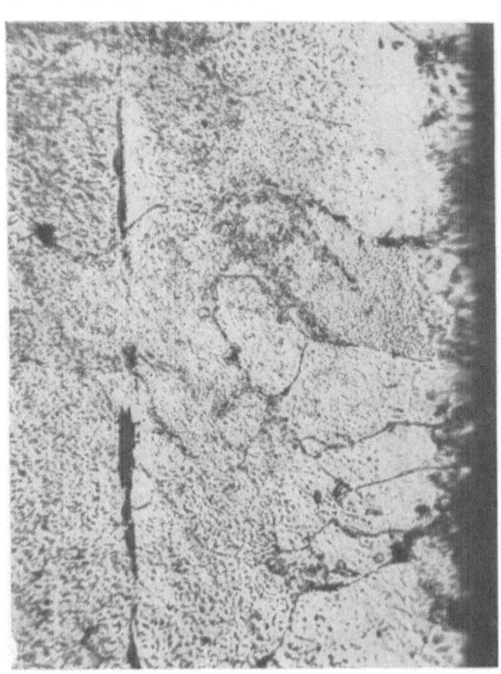

Abb. 26. Längsschliff des Rohres der Abb. 25.

um etwa 1100 Rohre verschiedener Abmessungen, die geprüft wurden. Alle Rohre für Kessel A und Kessel B waren von einem Walzwerk geliefert. In Anbetracht des hohen Druckes wurden die Rohre nicht nur nach den Richtlinien der V.G.B. abgenommen, sondern es wurden außerdem Warmzerreißversuche bei 350° C vorgenommen. Das Material war gewöhnlicher Siemens-Martin-Flußstahl Qualität I. Das durchschnittliche Ergebnis dieser Versuche ist in Tabelle 10 zusammengestellt.

Tabelle 10.

		Kaltzerreißversuche				Warmzerreißversuche 350°			
Pos.	Kessel	Streck-grenze kg/mm²	Zug-festig-keit kg/mm²	Deh-nung %	Kon-traktion %	Streck-grenze kg/mm²	Zug-festig-keit kg/mm²	Deh-nung %	Kon-traktion %
1	A	30,10	43,30	32,20	68,60	16,02	39,20	32,60	63,60
2	B	28,45	40,68	25,16	66,33	13,34	39,45	31,3	62,16

Man erkennt, daß trotz gleicher Herkunft ein beachtlicher Unterschied in den Werten vorhanden ist, der sich am stärksten in der Verschiedenheit der Warmstreckgrenze, die für die Bemessung zugrunde zu legen ist, ausspricht. Der Unterschied beträgt 20%.

Tabelle 11.

	Bei den Proben wurden ausgeschieden			
	Wegen zu geringer oder zu hoher Wandstärke	Wegen ungenügender Ringprobe	Bei der Druckprobe und technologischen Probe	Zahl der untersuchten Rohre
Kessel A . .	35	1	—	488
Kessel B . .	27	60	2	565

Tabelle 11 ergibt einen Überblick über die bei den Proben ausgeschiedenen Rohre. Man sieht, daß in Übereinstimmung mit Tabelle 10 die Rohre von Kessel B sich durch die Ringprobe ebenfalls als schlechter erweisen.

Beim Einwalzen wurde weiterhin festgestellt, daß verschiedene Rohre der Lieferung B schon während des Einwalzens — also vor dem Bördeln — an den herausragenden Enden Anrisse zeigten. Die Untersuchung ergab, daß es sich um ganz feine Oberflächenrisse handelte. Die Rohre wurden nun einer genauen Untersuchung unterzogen. Insbesondere wurde die Oberfläche mit Sandstrahlgebläse gereinigt, und es wurden solche Risse auf der ganzen Oberfläche festgestellt. Sie waren unter der Walzhaut bzw. Zunderschicht verborgen gewesen. Vermutlich handelte es sich um Fehler infolge unreiner Blockoberfläche. Es wäre daher bei Rohren von solch großer Wandstärke, so hohem Innendruck und in Anbetracht so hohen vom Betrieb gestellten Forderungen zweckmäßig gewesen, die Blöcke vor der Bearbeitung zu schälen, um diese Einflüsse mit Sicherheit fernzuhalten. Der höhere Ausfall bei der Ringprobe hätte übrigens in diesem Falle dazu führen müssen, dieser Erscheinung nachzugehen und bei einzelnen Rohren eine genaue Prüfung der Oberfläche vorzunehmen. Ob es nötig war, wegen dieser Anrisse die Lieferung zurückzuweisen, sei dahingestellt. Die Rohre, soweit sie die Ringprobe bestanden hatten, ergaben eine durchschnittlich hohe Aufweitung bis zum Bruch. Ein Verputzen der Rohre und Ausfeilen der kleinen Risse (im Durchschnitt $1/_2$ mm Tiefe) hätte meines Erachtens völlig genügt. Man wollte jedoch im Hinblick auf die Sicherheit dieser ersten 100-atü-Anlage in Deutschland dieses Risiko nicht eingehen.

Es wurden von Ulrich (*31*) für besondere Fälle, also z. B. für Höchstdruck, noch weitere Vorschläge zur Rohrprüfung gemacht, wie z. B. Abpressung der Rohre bei einer nahe oder etwas über der Streckgrenze liegenden Pressung; ferner empfiehlt er Beseitigung des Zunders der Rohre durch Beizen. Während die erste Maßnahme zweifelhafter Natur sein dürfte, ist das Beizen der Rohre in besonderen Fällen wohl in Erwägung zu ziehen.

Allerdings bringt das Beizen eine ganz erhebliche Verteuerung der Rohre mit sich. Besser ist es, schon beim Herstellungsverfahren der Rohre die größte Sorgfalt aufzuwenden, weil dadurch fehlerhafte Rohre am sichersten vermieden werden können.

Zu den über das übliche Maß hinausgehenden Maßnahmen gehört z. B. das Schälen der Blöcke, wodurch, wie erwähnt, die Einflüsse einer unsauberen Blockoberfläche beseitigt werden; ferner gehört dahin ausreichende Beseitigung desjenigen Blockteils, welcher Lunkerbildung aufweist, weiterhin kann ein Verputzen, Abstrahlen oder Beizen und äußeres und inneres Überdrehen der hohl gewalzten Luppen in Frage kommen.

IV. Was bei der Konstruktion der Kessel zu beachten ist.

Es ist bei Kesselschäden im allgemeinen nicht möglich, für den Schaden einen einzigen klar umrissenen Punkt verantwortlich zu machen. Wenn auch in dem vorliegenden Buch der Versuch gemacht wird, die Kesselschäden nach Material, Konstruktion, Herstellung und Betrieb zu sichten, so kann bei den der Praxis entnommenen Fällen fast in keinem Falle gesagt werden, daß der zur Begutachtung vorliegende Schaden z. B. nur auf das mangelhafte Material oder nur auf falsche Konstruktion usw. zurückzuführen ist. Wohl aber kann im einzelnen Falle öfter ausgesprochen werden, daß die überwiegende Ursache diesem oder jenem Fehler zuzuschreiben ist. Wenn daher im folgenden versucht wird, Kesselschäden solcher Art zu besprechen, die auf falscher Konstruktion beruhen, so muß dies stets in dem Sinne aufgefaßt werden, daß wohl auch andere Umstände für den Schaden mitverantwortlich sein können, daß aber der konstruktive Fehler das ausschlaggebende Moment war und daß bei Vermeidung dieser Konstruktionsmängel der betreffende Kesselteil seinen Dienst für lange Zeit anstandslos versehen hätte. Vielfach war es beliebt, bei einem Schaden in erster Linie das Material kritisch zu betrachten. Meist fand sich dann auch, daß sprödes oder grobkörniges Gefüge oder Material von etwas über die Norm hinausgehendem Phosphor und Schwefelgehalt vorlag. Damit war aber der Kern der Frage meistens nicht getroffen. Denn der Konstrukteur muß wissen, daß das ihm zur Verfügung stehende Material die Eigenschaft besitzt, unter gewissen Bearbeitungen und Betriebszuständen zu altern oder eine Kornvergröberung durchzumachen. Die Konstruktion muß dann aber so gewählt werden, daß Beanspruchungen über die Streckgrenze nicht vorkommen. Lassen sich solche Beanspruchungen nicht vermeiden, dann muß unter Umständen ein Material gewählt werden, das nicht oder nur wenig altert oder die Konstruktion muß entsprechend abgeändert werden. Wichtig für den Konstrukteur ist es, die Verhältnisse klar zu übersehen. Er soll sich nicht damit begnügen, bei einer

Berechnung in die Formel den vorgeschriebenen Sicherheitskoeffizient einzusetzen und beruhigt sein, wenn die in den amtlich vorgeschriebenen Berechnungen vorgesehenen Spannungen nicht überschritten werden. Ein Kessel ist ein verwickeltes Gebilde, bei welchem der innere Druck, der heute allein in den amtlichen Formeln berücksichtigt wird, keineswegs die Summe aller möglichen Spannungen wiedergibt. Neben den rechnerisch meist kaum erfaßbaren, aber sehr wichtigen Spannungen durch ungleiche Wärmedehnung treten solche auf durch Schwingungen, die durch das Atmen der Kessel (Druckschwankung) bedingt sind, durch den Wasserkreislauf, durch Biegungsbeanspruchung infolge Unrundheit, durch das Gewicht der Kesselteile und des Wassers, durch Spannungen, die bei der Herstellung (Nieten, Walzen, Biegen und Schweißen) in die Konstruktion gebracht werden. Dazu kommt, daß das Material, je nach der Herstellung des Kessels, Eigenschaften annimmt, die weit von denen, wie sie bei der Abnahme gefunden wurden, entfernt sind.

A. Berechnungsgrundlagen.

Im folgenden sollen einige dieser Beanspruchungen, die über die reinen durch Innendruck bedingten Beanspruchungen hinaus auftreten, etwas näher betrachtet werden:

1. Berechnung der Wandstärken von Siederohren.

Für die Berechnung der Wandstärke gilt folgendes:
Es ist:

$$s = \frac{p \cdot d}{200 \cdot k} + 2 \text{ mm} \tag{1}$$

worin bedeutet:

s = Wandstärke in mm,
p = Druck in atü,
d = Innendurchmesser des Rohres in mm,
k = zulässige Beanspruchung in kg/mm².

Für k ist einzusetzen: Für Flußstahl mit einer Festigkeit

von 35—45 kg/mm² (St. 35,29) 6,4 kg/mm²,
von 45—55 kg/mm² (St. 45,29) 8,0 kg/mm².

Für legierte Rohre ist k so zu wählen, daß 1,8fache Sicherheit gegen den Wert der Streckgrenze des Werkstoffes bei 400⁰ C gewährleistet ist. (Richtlinien für Wasser- und Ankerrohre V.G.B. Juli 1931.) Für 120 atü würde sich also z. B. für ein Rohr von 80 mm l. W., das aus unlegiertem Material St. 35,29 hergestellt ist, eine Wandstärke von 8,5 mm ergeben. Da solche Rohre nur mit einer erheblichen Toleranz von z. B. 20% abgewalzt werden können und man aus Sicherheitsgründen bis jetzt bestrebt war, die Toleranz nur als Plus-Toleranz zu erhalten, so muß damit gerechnet werden, daß ein solches Rohr eine Wandstärke von 10,2 mm besitzen kann.

In solchen dicken Rohren entstehen nun ganz erhebliche Wärmespannungen, sofern sie z. B. der Strahlung der Feuergase in der Brennkammer ausgesetzt sind. Man nimmt an, daß die mittlere Wärmebelastung q der höchstbeanspruchten Rohre im allgemeinen 200000 kcal/m²h beträgt und in besonderen Fällen Werte bis 3 ja 400000 kcal/m²h erreichen kann. Unter dieser Voraussetzung errechnet sich die Temperaturdifferenz $T_a - T_i$ zwischen der äußeren bestrahlten Oberfläche f in m² und der inneren wassergekühlten Rohroberfläche angenähert zu

$$T_a - T_i = \frac{q \cdot s}{f \cdot \lambda \cdot 1000}. \tag{2}$$

Hierin bedeutet λ die Wärmeleitzahl des Werkstoffes, die für Flußeisen mit 40 kcal/mh⁰ C angenommen werden kann, und s die Wandstärke des Rohres in Millimeter. Es ergibt sich dann, wenn eine hohe Wärmebelastung zugrunde gelegt wird,

$$T_a - T_i = \frac{350000 \cdot s}{1 \cdot 40 \cdot 1000} = 8,75 \cdot s,$$

also für das vorliegende Beispiel rd. 90⁰ C.

Diese Temperaturdifferenz versucht die Verlängerung der äußeren gegenüber der inneren Rohrfaser zu erzwingen; da diese sich jedoch nicht auswirken kann, erhält die äußere Faser eine Druck-, die innere eine Zugbeanspruchung. Die Druckbeanspruchung außen vermindert die durch den Innendruck hervorgerufene Zugbeanspruchung, während im Innern sich die beiden Beanspruchungen addieren.

Zur genauen Berechnung dieser zusätzlichen Wärmebeanspruchung kann die von Lorenz (*32*) aufgestellte Formel dienen [vgl. auch (*33*, *34*, *35*, *36*)]. Es ergibt sich als Spannungshöchstwert (tangentiale Zugspannung) für die innere Faser

$$\sigma_i = \varkappa \cdot G \cdot (T_a - T_i)\, \frac{m+1}{m-1} \left(\frac{2\,r_a^2}{r_a^2 - r_i^2} - \frac{1}{\lg \cdot r_a - \lg \cdot r_i} \right). \tag{3}$$

Hierin ist

$\varkappa =$ der Wärmeausdehnungswert für Flußstahl $= 1,1 \cdot 10^{-5} + 0,5\, t \cdot 10^{-8}$,

G der Gleitmodul für Flußstahl rd. 850000 kg/cm²,

$r_a,\ r_i$ der äußere bzw. innere Halbmesser des Rohres.

Lorenz setzt nun zur Vereinfachung dieser Formel das Verhältnis $\frac{r_a}{r_i} = \beta$, wodurch sich der Ausdruck in der Klammer umformt in $\left(\frac{2\,\beta^2}{\beta^2 - 1} - \frac{1}{\lg \beta} \right) = C$. Setzt man ferner $\frac{m+1}{m-1} = A$, wobei $m = 3,33$ das Verhältnis von Dehnung zu Querkontraktion bedeutet, so erhält die Formel die vereinfachte Gestalt:

$$\sigma_i = \varkappa \cdot G \cdot (T_a - T_i) \cdot A \cdot C. \tag{4}$$

Für C gibt Lorenz nebenstehende (abgekürzte) Tabelle:

Tabelle 12.

β	C	β	C
1	1	2,3	1,26
1,1	1,03	2,6	1,30
1,2	1,06	2,9	1,33
1,5	1,13	3,2	1,35
1,7	1,17	3,6	1,38
2,0	1,22	4	1,42

Für obiges Beispiel ergibt sich also

$$\sigma_i = 1{,}3 \cdot 10^{-5} \cdot 850000 \cdot 90 \cdot 1{,}86 \cdot 1{,}08 \backsimeq 2000 \text{ kg/cm}^2 = 20 \text{ kg/mm}^2.$$

Dazu kommt die reine Beanspruchung durch inneren Überdruck mit 6,4 kg/mm², woraus unter Berücksichtigung der Wärmespannung eine Gesamtspannung von 26,4 kg/mm² folgen würde.

Diese nach dem Gesetz der Elastizitätslehre berechnete Spannung kann in Wirklichkeit nicht voll zur Auswirkung gelangen. Bei 120 atü erreicht ein Siederohr, namentlich wenn noch mit einer gewissen inneren Verschmutzung gerechnet werden muß, mittlere Rohrwandtemperaturen in der Gegend von 350—400° C. Bei diesen Temperaturen muß man für unlegiertes Material bereits mit dauernden langsamen, plastischen Verformungen rechnen, wodurch sich die Wärmespannungen bis zu einem gewissen Grade ausgleichen und ein breiterer Querschnitt zum Tragen der Spannungen herangezogen wird. Nach dem Erkalten wird ein solches Rohr unter entsprechender Vorspannung stehen, da die in der Wärme erfolgten plastischen Formänderungen in der Kälte sich nicht wieder ausgleichen können. Trotzdem wird man die Wärmespannungen nicht vernachlässigen dürfen, besonders wenn sie eine solche Höhe wie im vorliegenden Beispiel annehmen. Beim Anheizen z. B. wird ein solches Rohr im Bereich der Blauwärme bereits Spannungen erreichen, die über der Streckgrenze liegen, was sich für den Werkstoff sicherlich ungünstig auswirkt.

Es empfiehlt sich daher, die Wandstärke von Siederohren nicht über 8 mm zu wählen. Niedere Wandstärken bringen neben der Verringerung der Wärmespannungen noch folgende Vorteile. Die Rohraußentemperatur wird herabgesetzt und damit die Gefahr der Verzunderung vermindert; die dünnen Rohre sind elastischer, die Wasserumlaufquerschnitte können vergrößert werden. Ferner sind dünnere Rohre leichter herzustellen und in größeren Längen, der Werkstoff wird besser verwalzt, Fehler können leichter festgestellt und die Toleranzen leichter eingehalten werden. Das Einwalzen dicker Rohre ist wesentlich schwieriger. Auch wird das Gewicht eines Kessels durch dicke Rohre entsprechend erhöht, was namentlich bei Schiffskesseln von Bedeutung ist.

Wählt man für durch Wärme hoch beanspruchte Siederohre, die gleichzeitig einen hohen Innendruck aushalten müssen, legiertes Rohrmaterial mit hoher Streckgrenze, z. B. Chrom-Molybdänstahl (Warmstreckgrenze bei 400° C 22—24 kg/mm²), so werden sich die Wärmespannungen nur wenig durch Fließen des Materials ausgleichen. In der Abb. 27 ist die Gesamtbeanspruchung eines Rohres von 76 mm äußerem Durchmesser und 117 atü Innendruck für drei verschiedene Wärmebelastungen in Abhängigkeit von der Wandstärke aufgetragen. Man erkennt, daß für $q = 400000$ kcal/m²h die Wandstärke, welche die geringste Materialbeanspruchung erzielt, bei 4,2 mm liegt, daß aber die Gesamtspannungen bereits nahe an die zulässigen heranrücken, da der Sicherheitsfaktor bezogen auf die Streckgrenze nur 1,3 beträgt. Für $q = 200\,000$ kcal/m²h ist er bei der gleichen Wandstärke bereits 1,7 und kann bei 5 mm Wandstärke bis auf 1,8 gebracht werden, während bei $q = 400\,000$ kcal/m²h sowohl eine Erhöhung, wie eine Verringerung der Wandstärke theoretisch eine Absenkung der Sicherheit, d. h. ein Anwachsen der Spannungen zur Folge hat. Eine höhere Sicherheit in diesem Falle kann nur durch Wahl eines anderen Baustoffes oder Erniedrigung der Wärmebelastung durch Konstruktionsmaßnahmen erreicht werden. In der Praxis wird man trotzdem aus den oben angeführten Gründen mit einer etwas größeren Wandstärke als der rechnungsmäßigen arbeiten.

Während bei der Berechnung der Wärmespannungen der Rohre die Temperaturdifferenz von Aussenfaser gegen Innenfaser maßgebend ist, bedarf es noch einer Untersuchung der voraussichtlich auftretenden Höchsttemperatur an der Oberfläche der Rohre, welche einer hohen Wärmestrahlung unterliegen. Nach Gleichung (2) beträgt die Temperaturdifferenz in der Rohrwand etwa $5\,s$ bei $200\,000$ kcal/m²h Wärmedurchgang; äußerstenfalls dürften Werte

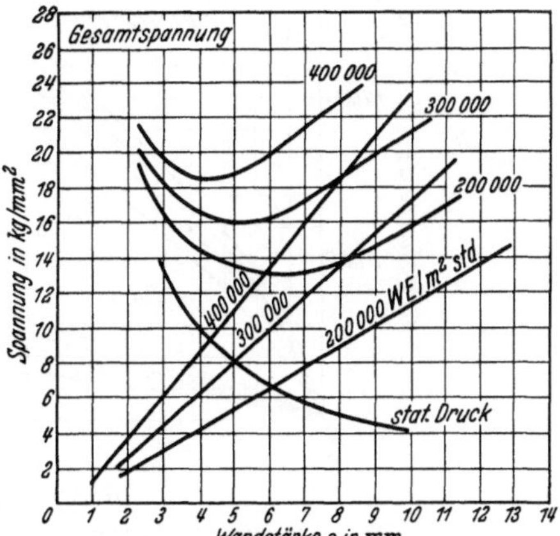

Abb. 27. Stationärer Druck, Wärmespannung und Gesamtspannung eines Siederohres von 76 mm ä. ⌀ für 117 at in Abhängigkeit von der Wandstärke für verschiedene Belastungen.

von $400\,000$ kcal/m²h vorkommen, abgesehen von sog. Stichflammen, bei denen die sich auf höherer Temperatur befindlichen Heizgase mit einer großen Geschwindigkeit an ein Rohrteil hingeblasen werden. Wollen wir nun untersuchen, welche höchsten Rohrwandtemperaturen in einem Kessel bei seiner Höchstbelastung auftreten können, so gilt folgende Gleichung:

$$T_a = T_{medium} + q \cdot r_a \left(\frac{1}{r_i\,\alpha_i} + \frac{1}{\lambda}\,\lg \cdot \frac{r_a}{r_i} \right). \tag{5}$$

Man erkennt, daß neben der Wärmeleitfähigkeit λ des Rohrmaterials der Wärmeübergang α_i an der inneren Rohrwand eine maßgebende Rolle spielt. Hartmann und Kehrer (37) haben durch ihre Versuche über den Wasserumlauf an einem Schmidt-Hochdruckkessel Werte von α_i für verschiedene Rohrabmessungen in Abhängigkeit vom Wasserumlauf angegeben (Abb. 28). Man erkennt, in welch hohem Maß der Wert α_i vom Wasserkreislauf und den Verhältnissen im Innern des Rohres abhängig ist. Hat man beispielsweise eine Wassereintrittsgeschwindigkeit von 0,4 m/sec, so erhält man für ein Rohr von 60 mm l. W. einen Wert von $\alpha_i = 3000$ kcal/m²h⁰ C am Eintritt, während am Austritt des Rohres mit einem

Dampfwassergemisch von 60% Werte von $\alpha_i = 15000$[1] erreicht werden dürften. Erreicht man andererseits sehr hohe Dampfanteile im

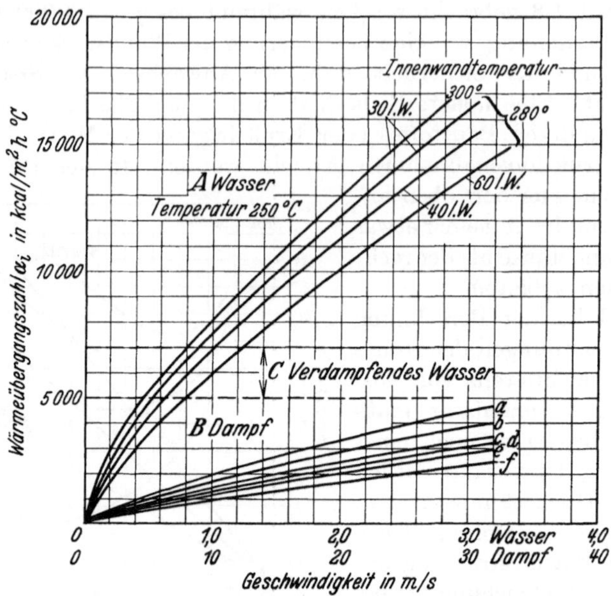

Abb. 28. Wärmeübergangszahlen für Wasser und Dampf.

Dampfwassergemisch, so nähert man sich den Werten von α_i, die für reinen Dampf gelten und ein Absinken von α_i bis auf Größen von 1000 bis 2000 zur Folge haben. Berechnet man nun mit diesen α_i-Werten nach Gleichung (5) die Rohraußentemperaturen, so sieht man aus Abb. 29, daß z. B. für ein Rohr von 60/76, 120 atü Dampfdruck und $q = 300000$ kcal/m²h, die Außentemperatur des Rohres $= 320 + 160 = 480^0$ C für $q = 400000$ kcal/m²h bereits 536^0 C beträgt. Bei dieser Temperatur unterliegt gewöhnliches Flußeisen bereits der Gefahr der Verzunde-

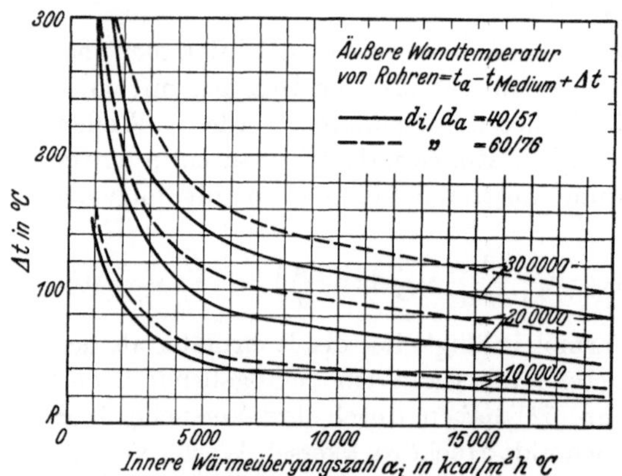

Abb. 29. Zunahme der Rohrwandtemperatur gegenüber der Temperatur des innen strömenden Mediums.

rung, außerdem sind natürlich auch nur noch sehr niedere Festigkeitszahlen vorhanden. Der Konstrukteur wird gut daran tun, sich diese

[1] Nach neueren Versuchen ist der höchst mögliche Wert von $\alpha_i \sim 12000$.

Verhältnisse genügend klarzumachen, da er auch damit rechnen muß, daß die Rohre im Betrieb sich noch mit Stein belegen werden. Abb. 29 zeigt auch sehr anschaulich, daß ein mit fehlerhaftem Wasserkreislauf behaftetes Rohr in solchen Fällen unweigerlich zerstört wird, da z. B. für $\alpha_i = 1500$ (reiner Dampf) eine Übertemperatur der Wand gegen das Medium von rd. 500° C auftritt.

Die gleichen Verhältnisse wie bei der Berechnung der Rohre gelten sinngemäß für solche Kesseltrommeln, die gegen die Einwirkung der Feuergase nicht geschützt sind oder aus konstruktiven Gründen nicht geschützt werden können, wie z. B. die Wellrohre der Flammrohrkessel.

2. Berechnung von Kesseltrommeln.

Trommeln mit innerem Überdruck werden nach den amtlichen Vorschriften, ähnlich wie die Siederohre [Gleichung (1)], berechnet. Es ist

$$s = \frac{D \cdot p \cdot S}{200 \cdot K_z \cdot \varphi} + 1 \text{ mm} . \tag{6}$$

Hierin bedeutet, soweit nicht schon bei Gleichung (1) erwähnt, $S = 4$ den Sicherheitsfaktor, $\varphi = \dfrac{t - d}{t}$ den Verschwächungsfaktor, t die Rohrteilung in mm, K_z in kg/mm² die Zugfestigkeit des zu der Trommel verwendeten Materials.

In dieser Formel kommt nur der innere Überdruck zum Ausdruck. Um wenigstens bei höheren Drücken die Betriebstemperatur zu berücksichtigen, wird in den Richtlinien der V.G.B. empfohlen, statt K_z in die Formel $K_{(Str)} = $ Streckgrenzenfestigkeit bei den Betriebstemperaturen einzusetzen. Der Sicherheitsfaktor wird gegen Streckgrenze hierbei mit $S = 2$ angesetzt. Für gewöhnliche Temperaturen d. h. für Drücke bis etwa 30 atü ergeben beide Berechnungsarten ungefähr gleiche Werte, da jedoch bei höheren Temperaturen die Streckgrenze stark absinkt, ergibt die Berechnung nach der Streckgrenzenformel für höhere Drücke erheblich größere Wandstärken.

Man muß sich jedoch darüber klar sein, daß die Berechnung nur nach dem Innendruck eine Reihe von Beanspruchungen nicht erfaßt und es empfiehlt sich, namentlich bei Übergang zu höheren Drücken oder bei Konstruktionen, die aus irgendwelchen Gründen von der üblichen Form stärker abweichen (z. B. große Kesselbreite, direkt beheizte Trommel usw.) durch genaue Rechnung sich ein Bild darüber zu verschaffen, inwieweit die zusätzlichen Beanspruchungen durch den vorgesehenen Sicherheitsfaktor gedeckt sein werden.

Bähren (38) stellt die rechnerisch erfaßbaren Spannungen fest, die in einer zu einem Steilrohrkessel gehörenden Obertrommel von folgenden Abmessungen und Betriebsdaten auftreten:

Betriebsdruck p . . . . $= 36$ atü
Betriebstemperatur . . . . $= 250^0$ C
Lichter Trommeldurchmesser $d_i = 2 r_i$ . . . . . $= 1300$ mm
Wanddicke s . . . . $=$ 58 mm
Zylindrische Länge L . . . . $= 7950$ mm
Rohrteilung in der Längsrichtung t_l . . . . . . $=$ 190 mm
Rohrteilung in der Umfangsrichtung t_r . . . . $=$ 122 mm
Rohrlochdurchmesser . . . . $=$ 84 mm

Als Material ist angenommen Blechsorte II

Streckgrenze bei 20^0 C . . . . . 21 kg/mm²
Festigkeit bei 20^0 C . . . . 41—50 kg/mm²
Dehnung bei 20^0 C . . . . 20—24%
Streckgrenze bei 250^0 C . . . . . 18 kg/mm²
Festigkeit bei 250^0 C . . . . . . 50 kg/mm²

Er berechnet nun folgende zusätzlich auftretende Spannungen:

1. Biegungsspannung durch Eigengewicht und Wasserlast,

2. Temperaturspannungen durch ungleiche Erwärmung von Außenwand gegen Innenwand,

3. Rohreinwalzspannungen,

4. Randspannungen an den Rohrlöchern

und kommt dabei zu folgendem Ergebnis:

Es betragen die Spannungen durch Biegung 3,5 kg/mm², durch ungleiche Temperatur bei einer geschützten Trommel mit 4^0 Temperaturdifferenz in der Wand: 0,8 kg/mm², bei 50^0 C Differenz jedoch bereits ~ 10 kg/mm². Die Rohreinwalzspannungen werden zu 3 kg/mm², die Spannung im Rohrloch in tangentialer Richtung (diese ergeben die Höchstspannung) zu 11,20 kg/mm² [1] bestimmt. Würden sich alle Spannungen ohne weiteres addieren, so würde sich folgendes Bild ergeben:

	Bei geschützter Trommel	Bei ungeschützter Trommel
Gesamtspannung in tangentialer Richtung	18,5 kg/mm²	28 kg/mm²

Eine nach der amtlichen Formel berechnete Trommel würde eine Wandstärke von 44 mm statt 58 mm wie gerechnet ergeben und die Spannungen würden sich hierfür noch erheblich höher ergeben. Selbst für die geschützte Trommel wäre also die Streckgrenze an den Rohrstegen bereits überschritten.

Nun ist allerdings nicht anzunehmen, daß sich die durch den Einwalzdruck ergebenden Spannungen ohne weiteres den anderen Spannungen überlagern. Durch den Einwalzdruck wird nämlich die Umgebung der Rohrlöcher in einen elastischen Spannungszustand versetzt, dabei treten in der Randzone der Rohrwand radiale Druckspannungen auf. Diese werden von Kammerer und Parmentier (39) als ein Kräfteüberschuß

---

[1] Im Original befindet sich ein Rechenfehler.

angesehen, der bei auftretenden zusätzlichen Zugbeanspruchungen (z. B. Randspannungen in den Rohrlöchern) zunächst aufgezehrt werden kann, ehe die Festigkeit des Werkstoffes selbst beansprucht wird.

Diese Überlegung ändert aber nichts an der Tatsache, daß man sich in vielen Fällen an gewissen Trommelteilen, also z. B. an den Stegen der Rohrlöcher bereits an oder jenseits der Streckgrenze befindet und zweifellos sind viele Kesselschäden auf die Nichtbeachtung dieser Spannungszustände zurückzuführen.

Denn es darf nicht vergessen werden, daß zu den hier berechneten Zusatzspannungen noch Beanspruchungen treten, die sich der rechnerischen Erfassung ganz entziehen, dies gilt besonders für gewisse Arten von Wärmespannungen. So weist z. B. Lupberger auf Spannungen hin, die durch ungleiche Ausdehnung der Rohrbündel beim Anheizen und im Betrieb entstehen können. Ja sogar einzelne Rohrgruppen innerhalb jedes Bündels können durch verschiedene Ausdehnungen eine zusätzliche Beanspruchung der Trommel hervorrufen. Der Konstrukteur wird also gut daran tun, z. B. bei Steilrohrkesseln Gruppen gerader Rohre zu vermeiden und dafür zu sorgen, daß ungleiche Wärmeausdehnungen einzelner Rohrgruppen nach Möglichkeit durch die Elastizität der Rohre selbst aufgenommen werden können.

Ferner ist zu beachten, daß beim Anheizen die unteren Teile einer Trommel (z. B. Untertrommeln von Steilrohrkesseln, Flammrohrtrommeln usw.) ganz große Temperaturunterschiede gegenüber dem oberen Trommelteil annehmen können. Auf diesen Punkt wird noch gelegentlich der durch den Betrieb hervorgerufenen Schäden zurückzukommen sein, da es dem Konstrukteur in den meisten Fällen unmöglich sein dürfte, seine Konstruktion gegen solche Temperaturunterschiede, die bis 170° C gemessen wurden, unempfindlich zu machen. Jedoch treten auch bei günstigen Umlaufsverhältnissen doch Temperaturunterschiede bis zu 50° C auf, die wenigstens in der Anheizzeit Zusatzbeanspruchungen erheblicher Art bringen.

Das gleiche gilt im Betrieb, wenn verhältnismäßig kaltes Speisewasser verwendet wird und nicht für genügende Durchmischung mit dem Trommelinhalt gesorgt wird. Diese ist gar nicht so leicht zu erreichen und es sind genügend Beispiele bekannt, wo die Kesseltrommeln periodische Verbiegungen durchmachen, die jeweils beim Speisen eintreten (s. a. S. 51).

Alle diese Dinge können sich in gefährlicher Weise addieren und die Ursache von langsam entstehenden Kesselschäden bilden.

3. Berechnung von Bodenkrempen.

Zahlreich sind die Berichte aus allen Ländern, wonach Kesselexplosionen auf Aufreißen von flachen Bodenkrempen zurückzuführen sind. Insbesondere haben feuerlose Lokomotiven durch Abreißen der Böden schwere Unfälle herbeigeführt. Durch die scharfe Überwachung seitens der Vereine ist es jedoch nach Erkenntnis der Gefahr in den meisten Fällen gelungen, Schäden an den Krempen rechtzeitig zu entdecken. Die Ursachen der Bodenschäden sind ebenfalls vielgestaltig, aber schon Bach hat im Jahre 1895 darauf hingewiesen, daß die Krempen höheren Beanspruchungen ausgesetzt sind, als das übrige Bodenblech und daß kleine Krempenradien und flache Böden gefährlich sind. Es handelt sich also auch bei diesen Schäden um eine vorwiegend konstruktive Angelegenheit, da bei richtiger Bemessung der Böden Schäden weitgehendst vermieden werden können. Die V.G.B. hat zur Klärung der Frage der Krempenrisse eine Rundfrage gehalten, bei 37 Revisionsvereinen (40). Es wurde erfragt: Baujahr, Betriebsdruck, Kesselsystem, Zahl und Lage der beschädigten Böden, Umfang der Beschädigung und Abmessung der Böden. Die Gesamtzahl der als beschädigt angezeigten Böden betrug 218 Stück an 115 Kesseln, wovon 198 Stück sofort ausgewechselt werden mußten. Es sind folgende Kesselsysteme an den Schäden beteiligt:

<pre>
1. Steilrohrkessel . . . . . 13 Stück mit 28 beschädigten Böden
2. Kammerkessel 51   „   „ 117   „   „
3. Sektionalkessel. 5   „   „   6   „   „
4. Flammrohrkessel 10   „   „ 10   „   „
5. feuerlose Lok. 25   „   „ 43   „   „
6. Sonstige 11   „   „ 14   „   „
</pre>

Die Krempenradien, die nach den Richtlinien für die Anforderungen an den Werkstoff und Bau von Hochleistungsdampfkesseln, Ausgabe 1928 nicht unter $D/10$ liegen sollen, hatten im Verhältnis zum Trommeldurchmesser folgende Abmessungen:

Tabelle 13.

<pre>
r = zwischen D/20 und D/30 . . . . 85 Böden
       „   D/31 „   D/40 44   „
       „   D/41 „   D/50 4   „
       „   D/51 „   D/60 18   „
     unter   D/60 5   „
                                   ──────────
                                   156 Böden
</pre>

Die Wölbungsradien sind bei allen beschädigten Böden erheblich größer als der Trommeldurchmesser. Es handelt sich also in allen Fällen um flachgewölbte Böden. An neu hergestellten Böden mit großem Krempenradius sind daher keine Schäden zu erwarten, dagegen sind alle alten Böden sorgfältig zu beobachten.

Die Schadenshäufung nimmt erfahrungsgemäß mit steigendem Druck schnell zu, so daß also z. B. Flammrohrkessel mit Drucken über 12 atü, sofern sie noch mit flachen Böden ausgerüstet sind, sehr gefährdet sind und scharf überwacht werden müssen. Auch darf sich der Betrieb nicht in Sicherheit wiegen lassen, wenn innerhalb längerer Betriebszeit keine

Risse gefunden werden, da z. B. ein Fall bekannt ist, wo bei genauer
Untersuchung der Krempen nach 28000 Betriebsstunden noch keine
Risse zu finden waren, während nach weiteren 10000 Stunden starke
Anrisse vorhanden waren. Aus der hohen Zahl der gemeldeten Schäden
geht andererseits hervor, daß Konstruktionsfehler vorliegen müssen.

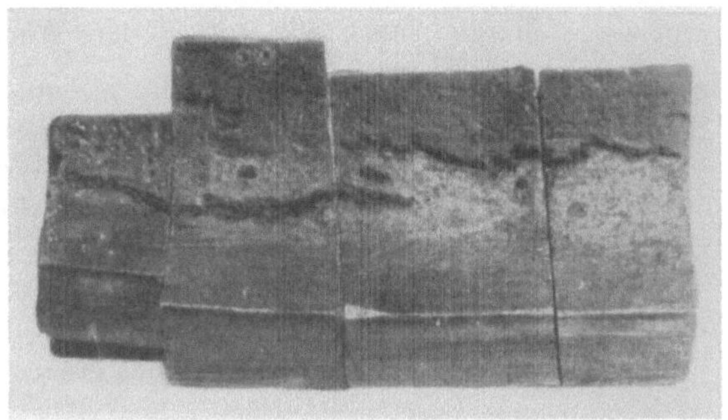

Abb. 30. Kennzeichnende Narben für die Risse auf der Innenseite der Krempe.

Die Abb. 30 u. 31 zeigen ein bezeichendes Beispiel eines Krempenrisses.
Der in dem betreffenden Falle festgelegte tiefste Riß betrug 9,4 mm
und war nach 37000 Betriebsstunden festgestellt worden. Zur Feststellung der Krempenrisse emp-
fiehlt es sich, die Krempen mit
Bürsten von der meist anhaften-
den Rostschicht gründlich zu
befreien und u. U. auszu-
schleifen und zu ätzen. Sind
furchenartige Anfressungen vorhanden, so ist Gefahr im Anzug.

Abb. 31. Querschliff der gebrochenen Krempe.

Für die Berechnung der Krempen gilt die vom Deutschen Dampfkesselausschuß im März 1927 beschlossene Formel, die lautet:

$$s = D \cdot y \, \frac{p \cdot x}{200 \cdot K} + c. \tag{7}$$

Hierin bedeuten:

D den äußeren Bodendurchmesser in mm,
p den größten Betriebsdruck in kg/mm²,
K die Berechnungsfestigkeit in kg/mm²,
x die Verhältniszahl zwischen Berechnungsfestigkeit und zulässiger Spannung
(für volle Böden z. B. 3,5),
y einen der Bodenform entsprechenden auf die Halbkugelform bezogenen
Zahlenwert.

Die Formel (7) läßt nicht erkennen, inwiefern der Krempenradius
und die Spannungshäufung in der Krempe gegenüber dem vollen Blech
berücksichtigt sind. Formel (7) hatte ursprünglich die Form:

$$s = R \cdot Z \, \frac{p \cdot x}{200 \cdot K} \tag{8}$$

worin R den inneren Halbmesser in der Mitte der Wölbung bedeutet. Z ist ein Zahlenwert, der angibt, um wieviel das Blech in der Krempe stärker beansprucht ist als im Scheitel. Dabei hat Z für jede Bodenform einen besonderen Wert, und sein Wert ändert sich mit dem Quotienten $\dfrac{r}{D}$, wenn r den inneren Krempenradius bedeutet.

Es wurde nun vorgeschlagen, an Stelle von R den Wert $\dfrac{D^2}{4h}$, d. h., den Krümmungshalbmesser im Scheitel eines elliptischen Bodens vom Durchmesser D und der Höhe h einzuführen. Damit werden alle Böden innerhalb gewisser Grenzen für die Werte r und R als elliptisch geformt angesehen. Die Formel lautet dann:

$$s = \frac{D^2}{4h} Z_2 \frac{p \cdot x}{200 \cdot K} \quad (41). \tag{9}$$

Der Wert Z_2 wurde durch Versuche bestimmt, und man setzte zur Vereinfachung $y = \dfrac{Z_2 \cdot D}{4h}$. Mit Einfügung von y in Gleichung (9) ergibt sich dann die oben angegebene Formel (7). In Abb. 32 ist y als Funktion von $\dfrac{h}{D}$ aufgetragen. Für die y-Werte ist zu beachten, daß Böden von größerer Tiefe als $h = \dfrac{D}{4}$ nicht geprüft worden sind.

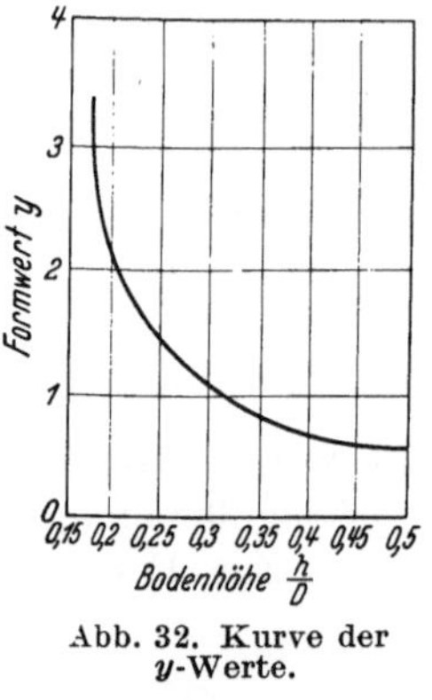

Abb. 32. Kurve der y-Werte.

Da für hohe Drücke an Trommeln nur gekümpelte Böden in Frage kommen dürften, so erübrigt sich, hierfür eine Temperaturkorrektur einzuführen oder den Streckgrenzenwert in die Rechnung einzusetzen. Schließlich sei noch bemerkt, daß nach neueren Versuchen des Schweizerischen Vereins für Dampfkesselbesitzer aus dem Jahre 1929 an ebenen, gekrempten Kesselböden festgestellt wurde, daß die nach der Formel berechneten Spannungen nicht mehr zutreffen, wenn das Verhältnis $\dfrac{r + \frac{3}{2}}{s}$ den Wert 3 unterschreitet.

Krempenrisse bei Flammrohrkesseln. Eine besondere Rolle spielen die Krempenrisse bei Flammrohrkesseln; hier werden auch im Verhältnis zur Gesamtkesselzahl die meisten Schäden beobachtet. Die Verhältnisse liegen dort auch wesentlich schwieriger als an den Böden unbeheizter Trommeln, weil die Einflüsse der Feuerung, der Bauart des Flammrohres, die ungleichmäßige Versteifung des Bodens durch die Flammrohre, die Auspressungen für die Wasserstände, die Anbringung des Flammrohres im Boden durch Ein- bzw. Aushalsung, sowie die meist ungenügenden Verhältnisse der Wasserreinigung eine große Rolle spielen. Auch kann durch eine Verstärkung des Bodens dem Übel nicht ohne weiteres begegnet werden, da dann der Boden entsprechend steifer wird und den Axialschüben des Flammrohres weniger nachgeben kann, wodurch die Schäden von der Mantelkrempe zur Flammrohrkrempe verlagert werden. Über eine Umfrage des allgemeinen Verbandes der Deutschen Dampfkessel-Überwachungs-Vereine berichtet Ebel (*42, 43, 44*). Es liefen 382 Schadensmeldungen ein, davon betrafen 100 Meldungen Anbrüche in den Krempen von Flammrohrböden und 282 Meldungen Anbrüche der Mantelkrempe. Ebel teilt nun die Flammrohrschäden systematisch auf, er untersucht jeweils für Flammrohrkrempe und Mantelkrempe gesondert den Einfluß von Kesselbauart (Ein-, Zwei-, Dreiflammrohrkessel), von Feuerungsart, Betriebsart, d. h. durchgehend oder unterbrochen, mit Wasserreinigung und ohne Wasserreinigung, Bodenkonstruktion (Ein- bzw. Aushalsung) Bodendurchmesser, glatte Flammrohre oder elastische Wellrohre. Für diese Statistik gilt allerdings, daß nicht bekannt ist, wie hoch der Anteil der beschädigten Kessel an der Gesamtzahl der im Betrieb befindlichen Kessel ist und daß daher keine eindeutigen Schlüsse gezogen werden können. Auch ist nichts bekannt über Reparaturen an denselben Kesseln in früheren Jahren.

Aus der Aufteilung der Schäden kann etwa folgendes entnommen werden.

Anbrüche in der Flammrohrkrempe. Es zeigt sich zunächst der Einfluß der Betriebsart, indem 66% der Fälle auf unterbrochenen und nur 34% auf durchgehenden Betrieb entfallen; das gleiche gilt für Betriebe ohne bzw. mit Wasserreinigung, da die Schadensfälle zu 78% ohne und nur zu 22% mit Wasserreinigungen auftreten. Überragend ist der vordere Boden mit 89% gegenüber dem hinteren Boden mit 11% beteiligt.

Weiterhin ist durch diese Statistik einwandfrei bewiesen, daß die steifen oder dreiviertelsteifen Flammrohre ungünstiger sind als die elastischen Wellrohre, da erstere mit 74% gegenüber 26% der Wellrohre am Schaden beteiligt sind. Konstruktiv zeigt sich ferner, daß Einhalsungen (77%) ungünstiger sind als Aushalsungen (23%).

Der Einfluß des Druckes und des Durchmessers ist aus dieser Statistik leider nicht einwandfrei zu erkennen, da hierbei die Beziehung zu der Zahl der mit dem jeweiligen Druck vorhandenen Kessel unentbehrlich ist. Jedoch unterliegt es in gleicher Weise wie bei der über Trommelböden aufgestellten Statistik keinem Zweifel, daß die Zahl der Schäden mit dem Durchmesser und Betriebsdruck anwächst, und zwar schneller als linear.

Über die Lage der Anbrüche im Umfang der Flammrohrkrempe ist aus den Meldungen nichts Bemerkenswertes zu entnehmen.

Anbrüche an der Mantelkrempe. Hier liegen 282 Schadensmeldungen vor, also die dreifache Zahl wie bei den Flammrohren. Interessant ist, daß hier gewisse Einflüsse, die bei den Flammrohrkrempen eine deutliche Rolle spielen, merklich zurücktreten. So ist der unterbrochene Betrieb gegenüber dem durchgehenden nicht mehr so bevorzugt (55% gegenüber

45%); das gleiche gilt für den Betrieb ohne bzw. mit Wasserreinigung (59 gegenüber 41%). Der Einfluß des elastischen Wellrohres gegenüber dem steifen Flammrohr verkehrt sich in das Gegenteil, indem bei ersterem 57% Mantelkrempenschäden auftreten. Dieser Unterschied dürfte darauf zurückzuführen sein, daß das elastische Rohr die durch Axialschub hervorgerufenen Spannungen in stärkerem Maß an den Boden weiter gibt als das unelastische. Wie zu erwarten war, spricht sich hier auch Dampfdruck und Durchmesser trotz der Mängel dieser Statistik deutlich aus, z. B. liegen 157 Schäden über 10—12 atü und 128 Schäden bei Durchmessern über 2100—2300 mm. Ganz unverkennbar ist auch hier

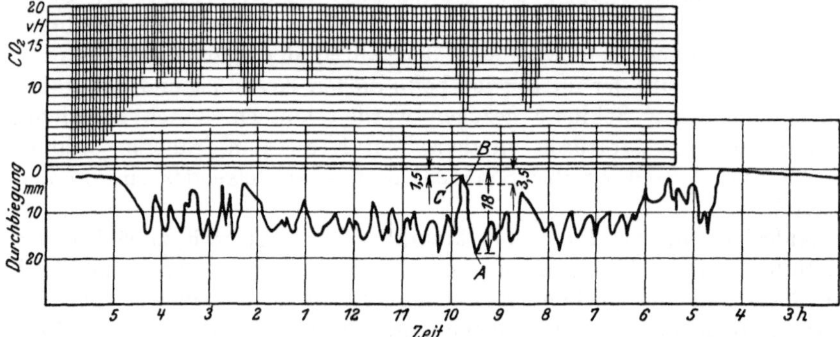

Abb. 33. Durchbiegungen und CO_2-Gehalt während des täglichen Betriebes eines Zweiflammrohrkessels.

der Vorderboden mit 278 Fällen gegen nur 5 Fällen des Hinterbodens beteiligt. Da über die Krempenradien und die Wandstärke leider nichts ausgesagt ist, so muß ein wichtiger Anhaltspunkt für den Eintritt der Schäden außer Betracht bleiben. Trotzdem darf der Wert dieser Statistik nicht verkannt werden, da die einzelnen Einflüsse nach ihrem Wert weitgehend abgeschätzt werden können.

Für beide Fälle (Flammrohr- bzw. Mantelkrempe) ist einleuchtend, daß die übliche Berechnungsmethode versagt und daß Zusatzspannungen auftreten, die in der Hauptsache auf Wärmespannungen zurückzuführen sind. Diese Wärmespannungen rühren von den Flammrohren her, die über dem Rost eine starke Wärmeeinstrahlung erhalten, während der untere Teil verhältnismäßig kalt bleibt. Das Flammrohr ist also bestrebt, sich durchzubiegen, woran es durch die Festhaltung im Boden bis zu einem gewissen Grad gehemmt wird.

Die Verschiedenheit der Wandtemperatur des Flammrohres oben und unten wechselt mit der Beheizung, die sich dauernd ändert. In diesem Zusammenhang wäre es für eine Statistik auch von Interesse, ob es sich im einzelnen Falle um automatische oder um Handbeschickung handelt. Da bei Handbeschickung der Heizer vielfach leichtere Arbeit zu haben glaubt, wenn er in größeren Zeiträumen das Grundfeuer ganz mit frischer Kohle bedeckt, so ist es klar, daß in einem solchen Falle dauernd wechselnde Verschiedenheiten der Wärmeeinstrahlung vorhanden sind. Das Flammrohr wird also in dauernder Bewegung sein und je nach dem Zustand des Feuers einen anderen Krümmungs- und dadurch bedingten Spannungszustand besitzen. Rönne (*45*) hat die Durchbiegungen eines Zweiflammrohrkessels im Zusammenhang mit dem CO_2-Gehalt des täglichen Betriebes gemessen und registriert (Abb. 33).

In Tabelle 14 sind die aus dem Diagramm erhaltenen Durchbiegungen ausgewertet. Es ergibt sich (Tab. 14).

Tabelle 14.

Pt.	Im Diagramm gemessen	Durch-biegung	CO_2-Gehalt	Ver-brennungs-temperatur	Temperatur-differenz berechnet aus	
					Wärme-übergang	Durch-biegung
		mm	%	°C	°C	°C
A	18	4,65	14,5	1350	85,5	91
B	3,5	0,9	5,0	700	6,7	17,5
C	1,5	0,39	5,0	700	1,5	7,6

Rönne berechnet für den Fall A (steifes Rohr vorausgesetzt) die von der Krümmung herrührende Spannung im Flammrohr zu etwa 14 kg/mm². Aber auch bei elastischem Flammrohr dürfte noch ein erheblicher Schub auf den Boden ausgeübt werden. In Abb. 34 sind die Durchbiegungen während des Anheizens eines Zweiflammrohrkessels bei wiederholtem Speisen und Ablassen aufgezeichnet. Man erkennt, daß in dem vorliegenden Falle eine größte Durchbiegung des Flammrohres um 44 Einheiten = 11 mm eingetreten war.

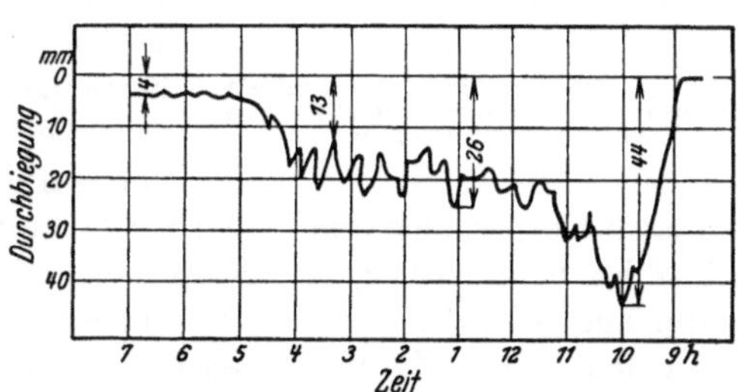

Abb. 34. Durchbiegungen während des Anheizens eines Zweiflammrohrkessels bei wiederholtem Speisen und Ablassen.

Ist nun noch der obere Teil des Flammrohres mit wärmestauendem Kesselsteinbelag bedeckt, so verstärken sich die besprochenen Erscheinungen noch in erheblichem Maße. Das wechselnde Arbeiten der einzelnen Feuerungen nebeneinander und zeitlich hintereinander in Abhängigkeit von der Bedienung und vom Zustand der Feuer wird diese Beanspruchung noch besonders ungleichmäßig gestalten.

Ebel weist ferner darauf hin, daß die Belastung durch den Dampfdruck am Boden sich örtlich verschieden auswirkt. In Abb. 35 ist der oberhalb der Mittellinie gelegene Bodenteil in zweimal 7 Sektoren zerlegt und es zeigt sich, daß die Sektoren 4—7 auf den Zentimeter Bodenumfang berechnet — eine Druckfläche haben, die der des vollen unverankerten Bodens entspricht. Zwar werden sich die rechnerischen Belastungen der einzelnen Sektoren eines Bodens innerhalb der Bodenfläche selbst gegeneinander auszugleichen versuchen, aber nur soweit, als es die Stetigkeit der eintretenden Verformungen zuläßt. Der Kräftefluß wird jedoch gestört in der unteren Hälfte durch das dort gewöhnlich angebrachte Mannloch, in der oberen Hälfte durch Auspressungen für den Wasserstandsanzeiger.

Zusammenfassend kann man sagen: Je größer der Durchmesser und je höher der Druck angenommen wird, um so sorgfältiger wird man den eintretenden zusätzlichen Belastungen nachgehen müssen. Dreiflammrohrkessel sollten für höhere Drücke überhaupt nicht gebaut werden.

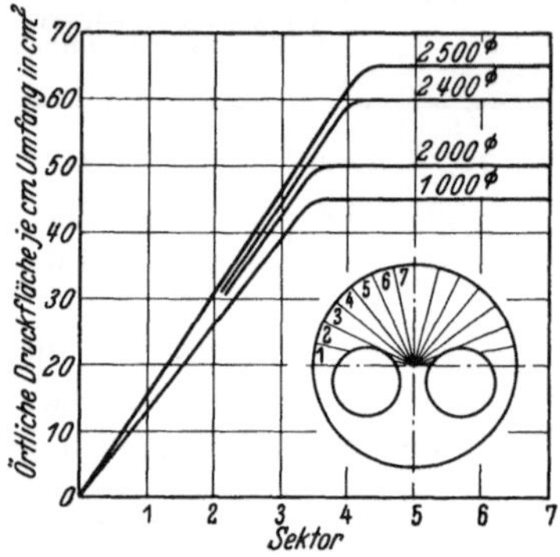

Abb. 35. Druckflächen der einzelnen Sektoren der oberen Bodenhälfte bei Zweiflammrohrkesseln.

Die Flammrohre sind so elastisch wie möglich zu machen, Wasserreinigung ist bei größeren Durchmessern und Drücken immer vorzusehen. Einhalsungen sind am Flammrohr zu vermeiden. Der Boden ist aus einem Material höherer Festigkeit herzustellen, um eine geringe Wandstärke und elastische Verformungsmöglichkeit zu erzielen. Der Vorderboden ist stets aus alterungsbeständigem Material herzustellen. In Frage kommen auch legierte Kesselbaustoffe, die infolge ihrer Legierungsbestandteile und ihrer Reinheit von sulfidischen und oxydischen Einschlüssen Korrosionen und Dauerbrüche hintanhalten (46). Der Krempenradius ist möglichst groß zu machen. Die Heizfläche sollte nicht zu knapp angenommen werden, um eine übermäßige Wärmebelastung zu vermeiden. Das Mannloch wäre zweckmäßigerweise in den hinteren Boden zu verlegen, größere Auspressungen für den Wasserstand sind unzweckmäßig. Eine entsprechende Vorwärmung des Speisewassers ist dem Betrieb vorzuschreiben.

4. Spannungserhöhungen in Niet- und Rohrlöchern sowie Stutzenausschnitten.

Im vorangehenden Abschnitt ist eine Berechnung von Bähren angeführt, bei der u. a. die zusätzliche Randspannung an den Rohrlöchern in tangentialer Richtung zu rd. 4 kg/mm² bestimmt wurde. Die aus der Kesselspannung sich errechnende Beanspruchung bei 58 mm Wandstärke ist 7,25 kg/mm², so daß also die Spannung im Lochrand rd. das 1,5fache der Druckspannung ergeben würde.

Im folgenden soll die Randspannung in Niet- und Stutzenlöchern, die an Trommeln angebracht sind, etwas näher untersucht werden.

Durch die Nietlöcher wird der tragende Querschnitt vermindert und die Wandstärke zylindrischer Körper errechnet sich nach Gleichung (6).

Der darin enthaltene Sicherheitsfaktor S berücksichtigt die rechnerisch zum Teil gar nicht, zum Teil nur schwer erfaßbaren zusätzlichen Spannungen, die durch Biegungs-, Temperatur- und Rohreinwalz-Spannungen noch örtlich hinzutreten. Als weitere zusätzliche Spannung kommt noch die Spannungsspitze hinzu, die im Rohrlochrand entsteht und dadurch bedingt ist, daß das Kraftfeld durch die Bohrungen Störungen erfährt, wodurch in unmittelbarer Nähe des Loches eine wesentliche Erhöhung der nach der Rechnung bestimmten Spannung entsteht. Da diese Spannungsspitze sowohl theoretisch, als auch praktisch mit einiger Annäherung ermittelt werden kann, so würde es sich empfehlen, im einzelnen Falle die Spannung im Loch zu ermitteln und dafür besser den Sicherheitsfaktor S, der bei der üblichen Berechnung auch diese Spannungsspitze mit deckt, entsprechend zu ermäßigen. Es zeigen ja gerade die zahlreichen Kesselschäden, daß der Faktor S in vielen Fällen nicht ausreichend gewählt ist. Es ist daher auf alle Fälle richtiger, die erfaßbaren Spannungen möglichst genau zu ermitteln und erst dann, je nach der Unbestimmtheit der Konstruktion und den zu erwartenden Ansprüchen des Betriebes aus der Erfahrung heraus den Faktor S von Fall zu Fall verschieden einzusetzen. Man hat sich bisher vielfach auf den Standpunkt gestellt, daß einer örtlich auftretenden Spannungsspitze keine große Bedeutung zuzumessen sei, da ja durch örtliche Formänderung beim Überschreiten der Streckgrenze diese Spannungsspitzen durch gleichmäßigere Spannungsverteilung über das Material stark herabgesetzt werden. Dies ist richtig, aber an solchen Stellen erfährt, wie wir im ersten Kapitel gesehen haben, das Material eine gefährliche Veränderung. Das Material wird an dieser Stelle kalt gereckt, altert und wird spröde. Bei den durch das Arbeiten des Kessels bedingten Spannungsschwankungen treten an solchen Stellen im Laufe der Zeit Anrisse auf, da das über die Streckgrenze beanspruchte in seiner Struktur veränderte Material den Anforderungen nicht mehr standhält. Auch wird, wie wir später noch sehen werden, der chemische Angriff des Speisewassers an solchen Stellen stark begünstigt. Ist erst einmal ein Anriß vorhanden, so schreitet er unter der Einwirkung des Betriebes langsam weiter, bis der Dauerbruch eintritt.

Die Tatsache des Auftretens einer Spannungsspitze am Lochrand eines belasteten Bleches kann man sich auf Grund folgender einfachen Überlegung klarmachen:

Man denkt sich jeden belasteten elastischen Körper ersetzt durch ein Bündel nebeneinanderliegender gespannter Kraftfäden, die nun ihrerseits die durch den Körper übertragenen Kräfte aufnehmen. Diese Kraftfäden durchlaufen den Körper nicht nur in einer, sondern in drei bzw. — bei ebenen Spannungszuständen — in zwei aufeinander senkrechten Richtungen, etwa ähnlich wie die Fäden eines Netzes. Betrachtet man nun das durch solche Kraftfäden dargestellte

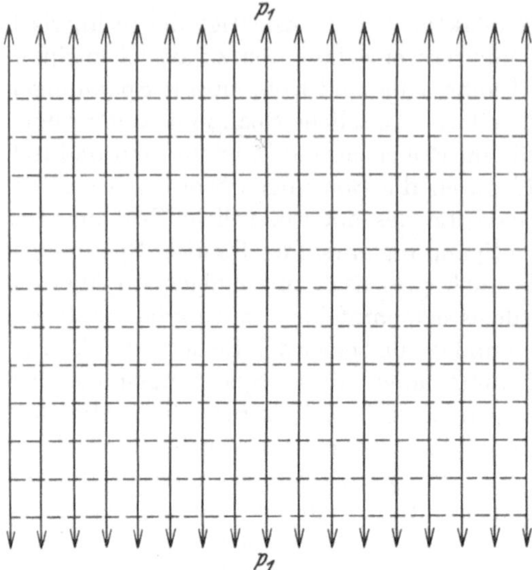

Abb. 36. Kraftfeld eines gleichmäßig gezogenen ungelochten Bleches.

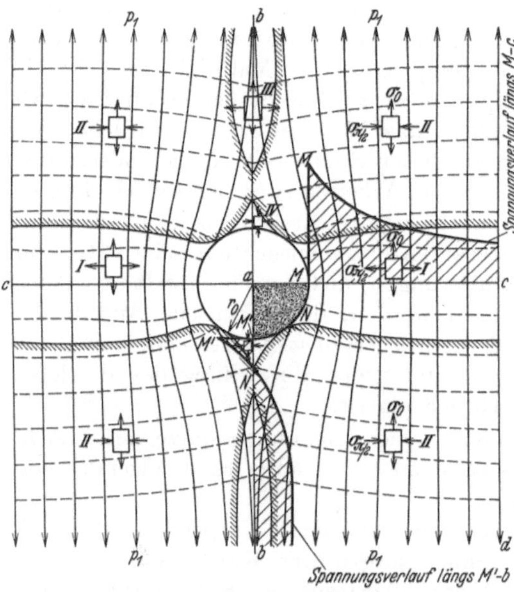

Abb. 37. Kraftfeld eines gleichmäßig gezogenen gelochten Bleches (nach Wyss).

Kraftfeld eines gleichmäßig gezogenen Bleches (Abb. 36), so erkennt man, daß die Kraftfäden alle parallel in gleichem Abstande nebeneinander verlaufen. Die Spannung wird somit gleichmäßig über den ganzen Querschnitt verteilt sein, da kein Grund vorhanden ist, daß irgendein Kraftfaden stärker beansprucht ist, als der andere.

Wird dieses gleichmäßige Kraftfeld nun durch eine Bohrung vom Radius r_0 durchbrochen, so entsteht ein neues Kraftfeld (Abb. 37), bei dem die einzelnen Kraftfäden nun nicht mehr im gleichen Abstande parallel zueinander verlaufen können (47). In der Nähe des Loches werden sich die Kraftfäden vielmehr mehr oder weniger gekrümmt näher zusammendrängen, während in genügender Entfernung des Loches das ungestörte Kraftfeld nach Abb. 36 wieder zu erkennen ist. Die Spannungen werden daher besonders in unmittelbarer Nähe des Loches nicht mehr gleichmäßig über die verbleibende Materialbreite verteilt sein, sondern gerade an den Stellen, wo die Kraftlinien am stärksten gekrümmt und zusammengedrängt sind, Höchstwerte aufweisen. Trägt man die beiden aufeinander senkrecht stehenden Hauptspannungen σ_0 und $\sigma_{\frac{\pi}{2}}$ in einem räumlichen

Achsenkreuz auf, so bekommt man Spannungsflächen, die den Spannungszustand um den Lochrand herum vollkommen beschreiben. Beide Flächen, von denen in Abb. 38 die Fläche σ_0 dargestellt ist, weisen unmittelbar am Lochrand Spitzen auf, die den Mittelwert der Spannungen um ein Vielfaches übersteigen. Eine genaue Berechnung dieses Spannungsverlaufes ist nur für den Fall eines unendlich großen gelochten dünnen Bleches (48) möglich und gelingt mit Hilfe der Airyschen Spannungsfunktion. Nach dieser Rechnung beträgt mit den Bezeichnungen der Abb. 39 die Radialspannung

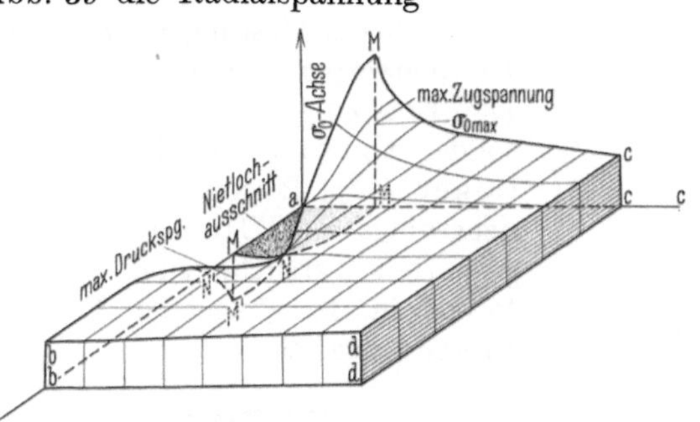

Abb. 38. Spannungsfläche σ_0 eines gleichmäßig gezogenen gelochten Bleches (nach Wyss).

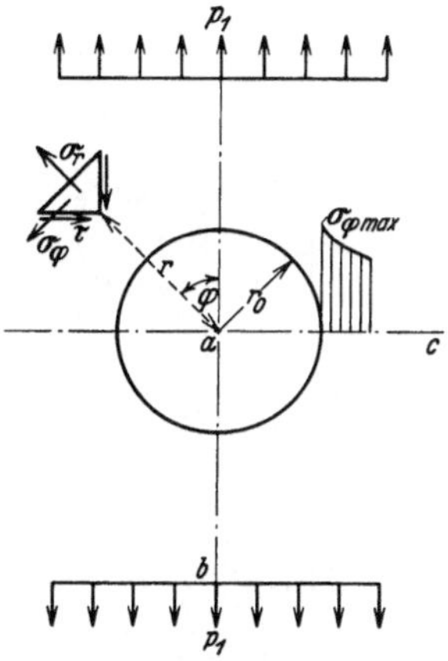

Abb. 39.

$$\sigma_r = \frac{p_1}{2}\left[1 - \frac{r_0^2}{r^2} + \left(1 - \frac{4\,r_0^2}{r^2} + \frac{3\,r_0^4}{r^4}\right)\cos 2\,\varphi\right] \tag{10}$$

die Umfangsspannung

$$\sigma_\varphi = \frac{p_1}{2}\left[1 + \frac{r_0^2}{r^2} - \left(1 + \frac{3\,r_0^4}{r^4}\right)\cos 2\,\varphi\right] \tag{11}$$

und die Schubspannung

$$\tau = \frac{p_1}{2}\left[1 + 2\,\frac{r_0^2}{r^2} - \frac{3\,r_0^4}{r^4}\right]\sin 2\,\varphi. \tag{12}$$

Danach ergeben sich unmittelbar am Lochrand mit $r = r_0$ folgende Höchstwerte für die Umfangsspannung

$$\sigma_{\varphi 1} = 3\,p_1 \quad \text{für } \varphi = \frac{\pi}{2} \text{ Zugspannung}$$

$$\sigma_{\varphi 2} = -\,p_1 \quad \text{für } \varphi = 0 \text{ Druckspannung,}$$

so daß also in der gelochten Scheibe die Streckgrenze schon bei einer Belastung erreicht wird, die dreimal kleiner ist als diejenige einer vollen Scheibe.

Die Form und Höhe der Spannungsflächen um das Loch herum ist naturgemäß von der Art der Belastung und von der Form des Bleches z. B. des Nietbildes abhängig, da eine unendlich große Scheibe nur einen Grenzzustand darstellen kann. Es ist mit den heutigen Hilfsmitteln der Mathematik nicht möglich, für alle Fälle den Spannungsverlauf und mit ihm die Spannungsspitzen zu errechnen, so daß man auf Versuche angewiesen ist. Bei den meisten dieser Versuche sind für bestimmte Belastungsfälle die Dehnungen an der Oberfläche des belasteten Körpers mit Hilfe von Dehnungsmessungen [z. B. Okhuizen oder Hugenberger (*49*)] bestimmt und daraus die Spannungen an jeder Stelle, also das ganze Kraftlinienfeld berechnet worden. Diese Kraftfelder stellen dann ein deutliches Bild des Spannungsverlaufes dar. Als Beispiele seien die von W. Stoltenburg (*50*) unter den verschiedensten Bedingungen ausgeführten Messungen an einem Laschenkörper angeführt (Abb. 40). Die Ergebnisse der vielen insbesondere von Leon (*51*), Preuß (*52*), Coker (*53*), Rudeloff (*54*) und neuerdings von Ullrich (*48*) ausgeführten Versuche sind für die Praxis in den folgenden Formen zusammengefaßt:

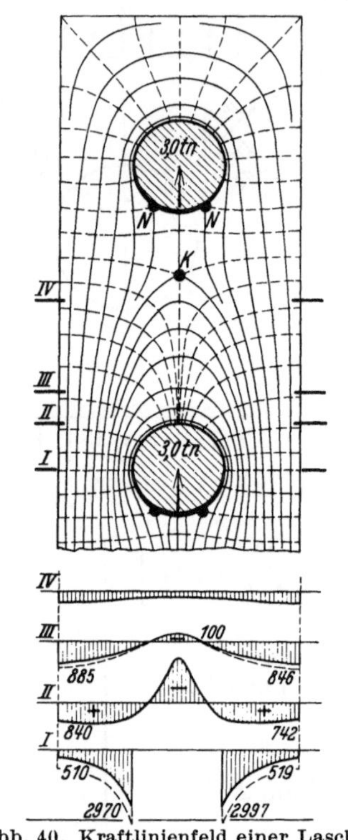

Abb. 40. **Kraftlinienfeld einer Lasche (nach Stoltenburg).**

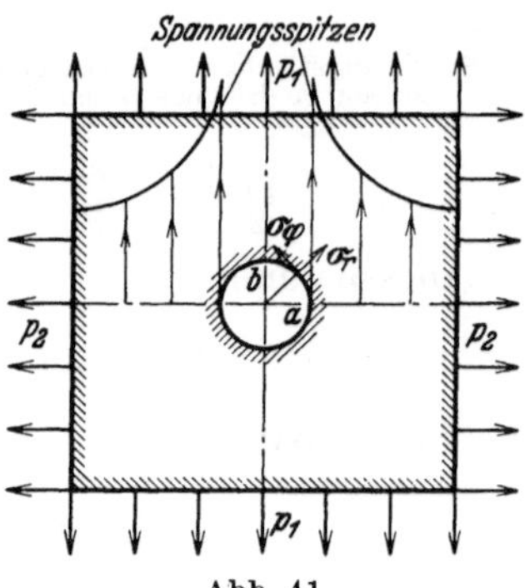

Abb. 41.

1. Die Hütte (*55*) gibt als Folge der Gleichungen (10—12) für die Spannungsspitzen am Loch einer unendlich großen Scheibe folgende Formeln an (Abb. 41):

$$\text{Spannung in a: } \sigma_r = 0; \quad \sigma_\varphi = 3\,p_1 - p_2; \quad \tau = \frac{1}{2}\,(3\,p_1 - p_2) \qquad (13)$$

$$\text{Spannung in b: } \sigma_r = 0; \quad \sigma_\varphi = 3\,p_2 - p_1; \quad \tau = \frac{1}{2}\,(3\,p_2 - p_1) \qquad (14)$$

2. Für Nietverbindungen mit den verhältnismäßig geringen Abständen der Nietlöcher voneinander genügt diese einfache Rechnung nicht. Für diese Fälle benutzt man am besten die Ergebnisse der Versuche von Preuß, die von Leon und Zidlicky (*56*) in die Form

$$\frac{p'}{p_{\text{max}}} = \left(\frac{d}{t}\right)^4 + \frac{1}{2,4} \cdot \frac{1 - \left(\frac{d}{t}\right)^4}{3\left(1 - \frac{d}{t}\right)} \left[3 - 1,6\,\frac{d}{t} - 1,4\left(\frac{d}{t}\right)^4\right] \qquad (15)$$

gebracht worden sind, in der

p' die durchschnittliche Spannung in dem Blech bezogen auf den geschwächten Querschnitt,

p_{max} die Spannungsspitze,

d den Lochdurchmesser und

t die Lochteilung

bedeuten.

Aus dieser Gleichung errechnen sich für verschiedene Werte $\frac{d}{t}$ folgende Werte von $p_{\text{max}} : p'$.

Tabelle 15.

$\dfrac{d}{t}$	0,5	0,4	0,3	0,25	0,2	0,15	0,1	0,05	0
$\dfrac{p_{\text{max}}}{p'}$	1,64	1,81	2,0	2,1	2,12	2,22	2,26	2,32	2,38

3. Handelt es sich schließlich um die Errechnung der Spannungsspitze an einem einzelnen Loch in einem Zylinder, wie es an Stutzenanschlüssen Mannlöchern und ähnlichen Konstruktionen auftritt, so ist der Verschwächungsfaktor, das ist das Verhältnis der Spannung im vollen ungeschwächten Blech zur Spannungsspitze am Rohrloch durch die ausgezogene Kurve (Abb. 42) gegeben. Der obere nur gestrichelte Teil dieser Kurve (57) steht nicht im Einklang mit den theoretischen Ergebnissen der Gleichungen (10—12) und den in der Gleichung (15) niedergelegten Erfahrungen an Nietverbindungen (strichpunktierte Kurve). Die aus der Kurve (Abb. 42) folgende Tatsache, daß ein kleines Loch

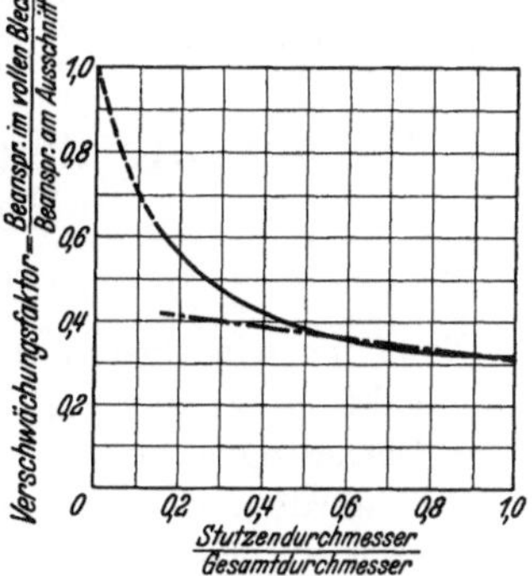

Abb. 42. Verschwächungsfaktor für Stutzen.

in einem sehr großen Zylinder keine zusätzlichen Randspannungen hervorrufen kann, widerspricht auch der Erfahrung, wonach die Anrisse oft von den Manometerlöchern ausgehen. Andererseits ist die Abb. 42 bis herunter zum Wert 0,15 des Verhältnisses von Stutzendurchmesser zu Gesamtdurchmesser belegt. Es ist nun klar, daß die Versuchswerte bis zu einem gewissen Grade streuen müssen, da oft die Ergebnisse von ganz verschiedenartigen Versuchen zusammengefaßt sind. Die Art der Anbringung des Stutzens, ob mit Gewinde eingesetzt und dicht geschweißt, ob kragenförmig ausgezogen und dann geschweißt (Abb. 43 und 44), die Stärke des Stutzens, das verwendete Material, alles wird selbstverständlich

Verschiedenheiten bringen, ganz abgesehen davon, daß ein und dieselbe Konstruktion selbst bei gleichem Material, schon infolge der unvermeidlichen Versuchsfehler Streuwerte erbringen würde.

Jedenfalls wird der Widerspruch der theoretischen Untersuchungen und der Ergebnisse der Gleichung (15) gegenüber der Kurve der Abb. 42 nur durch neue systematische Versuchsreihen geklärt werden können.

In diesem Zusammenhang sei noch auf die Versuche von Siebel (*226*) hingewiesen, der feststellte, daß die rings um das Mannloch verlaufenden Randspannungen bei normaler Ausführung des Bodens auf dem höchsten Punkte des Mannlochrandes auf den fünf- bis sechsfachen Wert der Wölbungsmembranspannungen des entsprechenden Vollbodens ansteigen

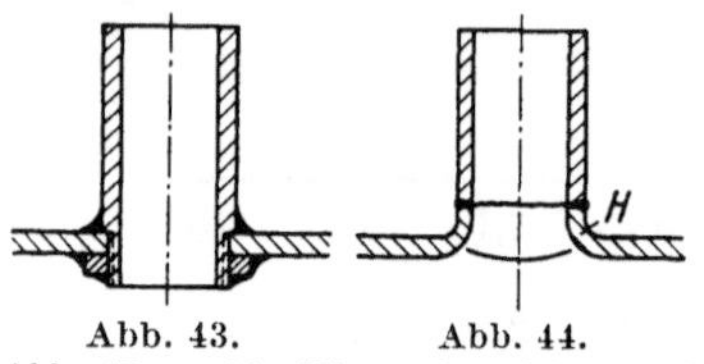

Abb. 43. Abb. 44.

Abb. 43 u. 44. Eingeschraubter und ausgehalster Stutzen.

(z. B. wurde an einem Mannlochboden ein Spitzenwert von 1270 kg/cm² ermittelt). Bei einem gut gewölbten Vollboden lag dagegen die Mittelspannung bei 240 kg/cm² und die Spitzenwerte erhoben sich nirgends über das 1,5fache der Mittelspannung. Durch Untersuchungen an fünf verschiedenen Bodenformen zeigt Siebel, daß es durch entsprechende konstruktive Ausbildung auch am Mannlochboden wohl möglich ist, die Spitzenspannungen auf Werte von 300—400 kg/cm² herunterzubringen.

B. Bauart, die den Wärmespannungen genügend Rechnung trägt.

(Elastische Bauart.)

Eine der wichtigsten Aufgaben des Kesselkonstrukteurs ist es, die Konstruktion so auszubilden, daß Wärmespannungen, die als zusätzliche Belastungen zu dem Innendruck hinzukommen, möglichst vermieden werden, daß also die ganze Kesselkonstruktion elastisch ausgebildet wird. Es ergibt sich daraus die Forderung, Wärmezufuhr bzw. Abfuhr möglichst gleichmäßig zu gestalten. Da dies bezüglich der Wärmezufuhr nur begrenzt durchführbar ist, so muß die Wärme in erster Linie elastischen Kesselteilen am besten gebogenen Siederohren zugeführt werden. Verhältnismäßig starre Kesselteile, wie z. B. Kesseltrommeln, sollten vor der Berührung mit Heizgasen im allgemeinen geschützt sein. Stellen, an denen eine Materialanhäufung vorkommt, also z. B. Laschen, an Rund- und Längsnähten aufgesetzte Sattelstücke, überhaupt alle Nähte sind auf jeden Fall vor direkter Beheizung zu schützen, da dort der Wärmeübergang vom Kesselmantel bis zum Wasser erschwert ist und an der Benützungsstelle der beiden Bleche je nach der mehr oder weniger guten Herstellung ein verhältnismäßig hoher Widerstand für die Fortleitung der Wärme vorhanden ist. Dies gilt in erster Linie für die der strahlenden Wärme ausgesetzten Kesselteile; aber auch im zweiten und dritten Zug sind schädigende Temperaturerhöhungen im äußeren Laschenblech nicht selten zu verzeichnen. Außerdem ist zu bedenken, daß bei unachtsamer Bedienung und entsprechend gasreicher Kohle Nachverbrennungen auftreten können, die auch die Kesselteile im dritten Zug gelegentlich hohen Temperaturen aussetzen.

Den mit dem Anheizen verbundenen Wärmedehnungen muß der Kessel in allen Teilen folgen können. Die Auflagerung schwerer Trommeln muß also auf Rollen usw. beweglich angeordnet sein, am besten werden die Trommeln in Ketten oder Bändern ruhend aufgehängt. Sind mehrere Trommeln in einem starren System vereinigt, so muß eine Stelle als Festpunkt gewählt und die Bewegung des Kessels durch Wärmedehnung in eine bestimmte Richtung geleitet werden. Festes Mauerwerk darf den Bewegungen keinen Widerstand leisten können. Auch ist damit zu rechnen, daß Dehnungsfugen im Mauerwerk, die mit Asbest oder Schlackenwolle ausgestopft werden, im Laufe der Zeit an Nachgiebigkeit verlieren können.

Sind Kesselteile durch gerade Rohre verbunden, so ist darauf zu achten, ob nicht die einzelnen Rohrgruppen verschiedene Ausdehnungen gegeneinander besitzen und auf diese Weise schädliche Spannungen hervorrufen können. Da diese Zusatzspannungen über einer Grundbelastung liegen und während des Betriebes infolge Feuerführung und Speisung dauernden Schwankungen unterworfen sind, muß der Sicherheitsbeiwert entsprechend hoch gewählt werden. Auch muß die Konstruktion darauf Rücksicht nehmen, daß beim Anheizen und im Betrieb Fehler gemacht werden können (vgl. VI D, S. 214), die, sofern sie nicht gegen elementare Grundregeln verstoßen, nicht sogleich die Dichtheit und Sicherheit des Kessels gefährden dürfen.

Ebenso sorgfältig wie die Wärmezufuhr muß vorwiegend bei unelastischen Konstruktionen auch die Wärmeabfuhr betrachtet werden. Häufig wird z. B. der Speisung viel zu wenig Beachtung geschenkt. Das eingespeiste Wasser hat bei Eintritt in den eigentlichen Dampferzeuger meistens eine Temperatur, die um 50—100° C unter der Sattdampftemperatur liegt. Solches Wasser mischt sich schwer mit dem heißen Wasser. Versuche haben gezeigt, daß das kalte Wasser von der Obertrommel bis zur Untertrommel gewissermaßen durchfällt, dabei die Trommelböden abkühlt und ein Durchbiegen der Trommel hervorruft. Die Trommel arbeitet also dauernd unter dem Einfluß der schwankenden Speisung, womit ein fortwährendes An- und Abschwellen der Zusatzspannungen bedingt ist. Da aber, wie wir schon gesehen haben, z. B. Nietnähte mit einzelnen Teilen der Konstruktion bereits unter dem ruhenden Kesseldruck bis an oder über die Streckgrenze beansprucht sind, so kann man sich den ungünstigen Einfluß dieser Erscheinungen leicht vorstellen. Während aber die Einflüsse der schwankenden Wärmezufuhr nur schwer zu beseitigen sind, ist hinsichtlich der Speisung konstruktiv meist leicht Abhilfe zu schaffen. Verbreitet ist die Anordnung einer Speiserinne, in die die Speisung einmündet; von hier fällt das Wasser in einem breiten aber dünnen Fluß in die Trommel. Ist in der Trommel eine starke Bewegung der Wassermassen, so mag diese Anordnung genügen, es ist aber namentlich bei schwächerer Last sehr leicht möglich, daß das kalte Wasser ohne Durchmischung auf den Trommelboden absinkt; ist die Überfallkante nicht ganz waagrecht, so kann leicht das ganze Wasser an einer bevorzugten Stelle abfließen. Besser ist es, wenn die Überfallkanten dreieckig gezackt sind, so daß das Wasser in einzelnen kleinen Teilströmen ausfließen muß. Eine sehr gute Durchmischung ergibt sich, günstige Wasserverhältnisse vorausgesetzt, durch folgende Konstruktion: Das Speiserohr wird über die ganze Länge der Trommel verlegt und bekommt eine große Anzahl kleiner Löcher, durch die das Wasser mit einer ziemlichen Geschwindigkeit in feinen Strahlen in die umgebende Wassermasse eingespritzt wird. Diese Ausführung nimmt auch vom Ausdampfraum keinen Platz weg. Liegt die Gefahr vor, daß die Löcher bei höherer Resthärte des Speisewassers zuwachsen könnten, kann man auch das Körting-Prinzip anwenden und mit der Energie des ausströmenden Speisewassers eine größere Menge heißen Wassers ansaugen und vermischen. Bei allen Konstruktionen dieser Art ist aber immer darauf zu achten, daß der vom Konstrukteur erstrebte Zweck nicht durch die Einflüsse des Betriebes wieder wirkungslos gemacht werden kann.

Es ist klar, daß es an und für sich die beste Lösung wäre, wenn das Wasser mit Sattdampftemperatur in die Trommel eintreten würde. Es ist daher der Einbau einer Kaskade in die Speisetrommel vorgeschlagen worden. Dies hat gleichzeitig den Vorteil, daß Sauerstoff und Kohlensäure sofort ausgetrieben werden und mit dem Dampf mitgehen. Allerdings ist betrieblich ein größerer Einbau unpraktisch wegen des Befahrens und Reinigens der Trommel und Siederohre.

Neuerdings wird auch der Verdampfungsvorwärmer angewandt. Der Vorwärmer wird hierbei so groß gewählt, daß das Wasser auf Sattdampftemperatur aufgewärmt wird und noch geringe Mengen Dampf entwickelt. Dies bedarf besonders konstruierter Vorwärmer. Der gußeiserne Glattrohrvorwärmer eignet sich natürlich für diese Betriebsweise nicht.

Für die Wärmeabfuhr ist schließlich auch ein guter Wasserkreislauf wichtig; auf diesen Punkt kommen wir im folgenden noch zurück.

Nachstehend mögen nun einige Beispiele aus der Praxis besprochen werden, bei denen Kesselschäden auftraten, die in vorwiegendem Maße auf konstruktive Fehler der eingangs besprochenen Art zurückzuführen sind. Fehler solcher Art finden wir übrigens bis zu einem gewissen Grad bei allen in der Welt bekannten Kesseltypen.

Nietlochrisse an einem Kammerkessel. Nach verhältnismäßig kurzer Betriebszeit traten an einigen Kammerkesseln nach Abb. 45 neben kleineren Undichtigkeiten anderer Art ernsthafte Undichtheiten an den Nietverbindungen der Sattelstücke mit den Oberkesseln ein. Diese Sattelstücke waren durch eine doppelseitige Nietung mit dem Mantelblech der Oberkessel verbunden. Im Inneren der Kessel war außerdem noch ein Verstärkungsblech angeordnet, das mit drei Reihen Nieten mit dem Mantelblech verbunden war. Die dritte Nietreihe verband nur das Verstärkungsblech mit dem Mantelblech. Diese Nietreihe, und zwar vorzugsweise am hinteren Sattelstück zeigte bereits nach 8000 Betriebsstunden an einem Kessel starke Rißbildungen, die im Mantelblech von Nietloch zu Nietloch gingen (vgl. Abb. 46).

Da nach kurzer Zeit auch ein zweiter Kessel Risse an der gleichen Stelle zeigte und auch die anderen Kessel an dieser Stelle zu Undichtheiten neigten, war es klar, daß es sich hier um eine grundsätzliche Schadensbildung handelte. Da die Risse vielfach quer durch die Körner hindurch verliefen, konnte mit Bestimmtheit ausgesprochen werden, daß die Einwirkung konzentrierter Lauge des Speisewassers nicht in Frage kam. Da auch die Untersuchung des Materials keine Unregelmäßig-

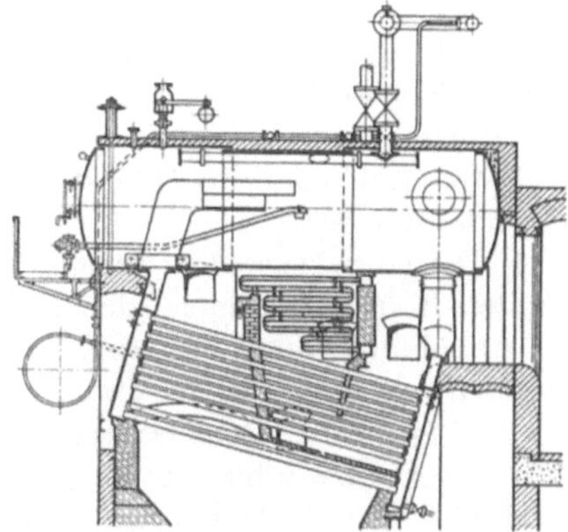

Abb. 45. 34-atü-Kessel vor dem Umbau.

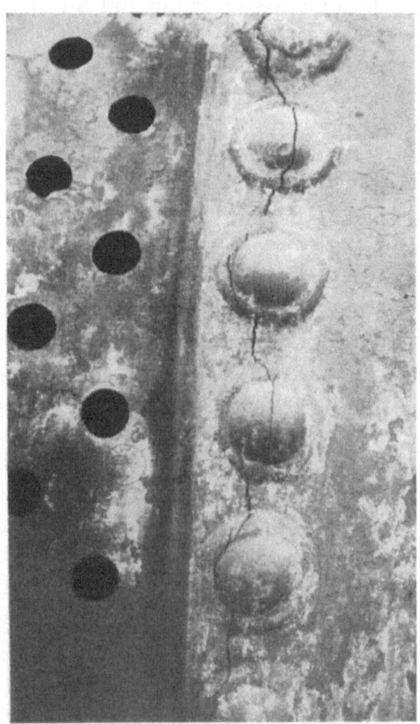

Abb. 46. Rißbildungen an der Nietung eines Teilkammerkessels.

keiten ergab und betriebliche Fehler nicht nachgewiesen werden konnten, so ergibt sich klar und eindeutig, daß es sich bei dem Schaden um einen Konstruktionsfehler handelt. Zweifellos waren die Trommeln und Nietverbindungen nach den Regeln der Kunst berechnet, aber es zeigt sich, daß diese Regeln nicht ausreichen, wenn die Einflüsse einer starren Konstruktion und unberechenbare Wärmespannungen sich zu den statischen Beanspruchungen addieren.

Betrachtet man die Konstruktion im einzelnen, so ergeben sich folgende Mängel:

1. Die längs liegenden Trommeln sind durch ein starres System von geraden Rohren gehindert, den Einflüssen der Beheizung einerseits und der Abkühlung durch das Speisewasser andererseits frei zu folgen. Wie bereits früher erläutert, arbeitet die Trommel dauernd unter dem Einfluß des Speisewassers. Dem Dampfdruck entspricht eine Wassertemperatur von 240° C, während das eingespeiste Wasser im vorliegenden Fall nur 130° C besitzt. Durch den Speisewasserregler wird unter dem Einfluß hohen Dampfbedarfes verhältnismäßig zu wenig Wasser nachgespeist, bei abfallender Leistung und Zusammenfallen des Wassers wird momentan viel kaltes Wasser nachgespeist, dies ergibt dauerndes Schwanken der Wassertemperatur am Trommelboden. Die Trommel will sich demgemäß mehr oder weniger krümmen, wird aber durch die Einmauerung und die Rohrsysteme daran gehindert.

2. Als ein großer Fehler muß es bezeichnet werden, daß das hintere Sattelstück mit einer stellenweise 3fachen Blechanhäufung im Heizgasstrom liegt. Dadurch kommt in das Mantelblech, das Sattelblech und das Verstärkungsblech jeweils eine andere Temperatur, was sehr gefährliche Wärmespannungen auslöst. Es ist auch bezeichnend, daß an den vorderen Sattelstücken Schäden kaum auftraten.

3. Durch Messungen über die Durchbiegung der Trommeln wurde festgestellt, daß sich an den Enden der Verstärkungsbleche örtliche Formänderungen, gewissermaßen Knicke einstellen, wodurch Biegungsbeanspruchungen in die Nietnaht kommen (58). Versteifungen an einer dünnen, elastischen Trommel, die betrieblich Durchbiegungen erleidet, sind bei veränderlicher Belastung stets gefährlich.

4. Der Dampfsammler der Mitteltrommel übt gleichfalls eine ungünstige, versteifende Wirkung aus.

5. Die Anordnung von drei Feuerungen nebeneinander mit ihrer wechselnden Wärmeabgabe, wie sie besonders für Braunkohlenfeuerungen bezeichnend ist, verstärkt den Einfluß der unter 1. beschriebenen ungleichmäßigen Speisung.

Der Kessel mußte in Anbetracht der Konstruktionsfehler umgebaut werden. Dies erfolgte etwa nach Abb. 47.

Statt dreier längsliegender Obertrommeln wurde eine einzige querliegende angeordnet. Die Trommel wurde geschmiedet mit 50 mm Wandstärke. Jede Nietung ist also vermieden. Der Dampfsammler ist ohne starre Verbindung gesondert auf der Kesseldecke angeordnet. Die Trommel selbst ist nicht mehr beheizt. Die Fallrohre zu den tiefliegenden

Teilkammern sind elastisch ausgebogen, die Schlammsammeltrommel ist durch einen Vierkantkasten ersetzt. Die vordere Teilkammer ist aufgelöst und durch elastische Quer-
rohre mit der Trommel verbunden.
Das Rohrsystem ist somit elastisch,
während die starre Trommel der
Beheizung entzogen ist und ein
homogenes Gebilde ohne jede Nietverbindung darstellt. Somit sind
sämtliche oben für die alte Konstruktion angeführten Mängel weitgehend ausgemerzt worden. Die
Speisung ist ebenfalls günstiger im
Sinne einer besseren Durchmischung
von Speisewasser mit dem im System
umlaufenden Wasser; außerdem ergeben sich für die Speisung bei nur
einer Trommel eindeutige Verhält-

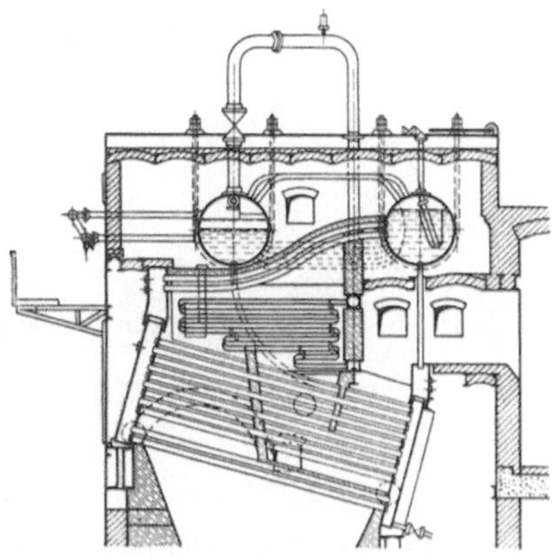

Abb. 47. 34-atü-Kessel nach dem Umbau.

nisse, während bei Verteilung des Wassers auf drei Trommeln in dieser Beziehung keine Sicherheit über die Gleichmäßigkeit der Verteilung besteht. Der Umbau der Kessel hat sich,
wie zu erwarten war, in jeder Beziehung
bewährt.

Stegrisse an einem Teilkammerkessel.
Bei dem eben beschriebenen Kesselschaden
waren eine Reihe von schädlichen Punkten
angeführt worden, die alle dazu beitrugen,
den Schaden in verhältnismäßig sehr kurzer
Zeit hervorzurufen. Ein weiteres Beispiel
über einen ähnlichen Fall zeigt, daß auch
bei einer verhältnismäßig elastischen Konstruktion, wenn auch verlangsamt, Schäden
auftreten können, sofern die eingangs besprochenen Gesichtspunkte nicht voll beachtet werden.

An einem Teilkammerkessel amerikanischer Bauart mit einer querliegenden Obertrommel, traten an der in Abb. 48 bezeichneten Stelle die in Abb. 49 dargestellten
Steg- und Nietlochrisse auf.

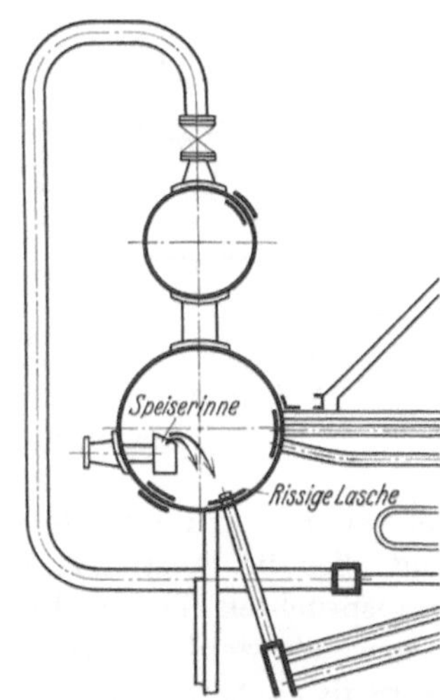

Abb. 48. Oberer Teil eines Teilkammerkessels mit querliegender
Obertrommel.

Der Schaden dürfte auf folgende Ursachen zurückzuführen sein:

1. Die weite und lange Trommel ist sehr ungünstig versteift durch die Längs- und Quernietnähte, den Dampfsammler, sowie die beiden Verstär-kungslaschen für die Fallrohre und die seitlichen Dampfeinführungsrohre.

2. Die Trommel ist einseitig beheizt. Die Beheizung von Verstärkungslaschen ist wegen der Materialanhäufung besonders ungünstig. Die Berührung der Trommel mit den Heizgasen auf nur einer Seite ergibt gleichfalls ungünstige Wärmespannungen.

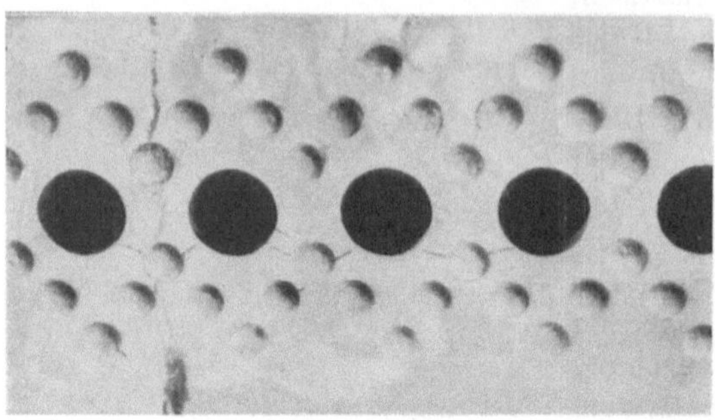

Abb. 49. Risse im Trommelmantel von außen gesehen.

3. Die rissig gewordene Lasche befindet sich gerade an der Trommelsohle unter den beiden kurzen Speiserinnen, wo durch das eingespeiste Wasser besonders ungünstige und wechselnde Erwärmungen stattfinden.

4. Die Nieten der Verstärkungslasche liegen sehr nahe zu den Einwalzlöchern. Sowohl das Nieten als auch das Einwalzen ergeben unvermeidbare Schädigungen für den Werkstoff. Es ist schwer zu sagen, wie weit die Schädigung in jedem einzelnen Falle geht; es ist bei einer

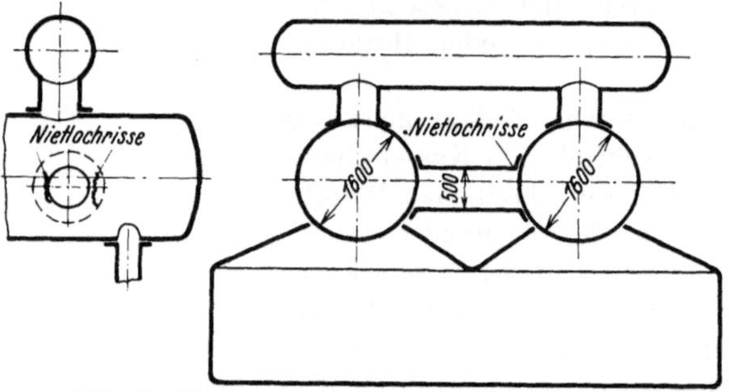

Abb. 50. Nietlochrisse an einem Kammerkessel.

solchen Konstruktion stets Gefahr vorhanden, daß der Werkstoff altert und über die Elastizitätsgrenze beansprucht wird. An wichtigen, hochbeanspruchten Trommelteilen sollten daher Verstärkungslaschen nicht angewandt werden. Wenn in einzelnen Fällen eine solche Konstruktion befriedigt hat, so beweist das nichts für ihren Wert. Sobald noch weitere ungünstige Verhältnisse hinzutreten, reicht dann die Sicherheit nicht mehr aus.

5. Es ist zu beachten, daß in den Wandungen der Niet- und Rohrlöcher Spannungsspitzen auftreten, die das 2—2$^1/_2$fache der gleichmäßig verteilten Spannung ergeben, nimmt man dazu die Schädigungen des Werkstoffes durch das Nieten, so dürfte erklärlich sein, daß diese Konstruktion versagte.

6. Die oberen das Wasserdampfgemisch führenden Rohre sind zu starr.

Als Abhilfe wäre vorzuschlagen, eine nahtlose Trommel von genügender Wandstärke unter Fortfall jeder aufgenieteten Verstärkungslasche, sorgfältige Abschirmung der Trommel gegen jede Beheizung, bessere Durchmischung des eingespeisten Wassers, elastischere Ausbildung der oberen Verbindungsrohre.

Krempenrisse an Kammerkesseln. In die Klasse der unelastischen Kessel gehören natürlich auch die der oben beschriebenen Konstruktion ähnlichen Kammerkessel. Es gilt hier ganz allgemein das Obengesagte mit der Zugabe, daß die Kammern noch steifer sind als die durch Rohre mit der Trommel verbundenen Konstruktionen von Teilkammerkesseln. Die Schäden konzentrieren sich auf die Krempen der Kammerhälse und auf die Krempen der Verbindungsstutzen zwischen den längsliegenden Obertrommeln (vgl. Abb. 50). Auch hier ist zu sagen, daß diese Konstruktion, die für mittlere Kesseldrücke durchaus zufriedenstellend arbeitet, bei hohen Drücken den eingangs angegebenen Grundsätzen entsprechend sorgfältig ausgebildet werden muß.

Vielfach wurden bei dieser Kesselausführung die Schadensbildungen noch dadurch weiter verstärkt, daß das Beirichten der Kammern eine schwierige

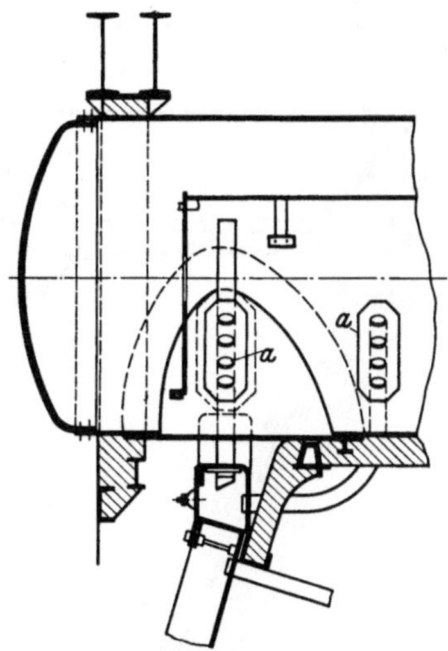

Abb. 51. Nachträglicher Einbau einer elastischen Verbindung zwischen Wasserkammer und Oberkessel.

Kesselschmiedearbeit darstellt, so daß von der Herstellung her schon beträchtliche Zusatzspannungen und Materialschädigungen in dem System liegen. Auf diesen Punkt wird später noch näher eingegangen werden.

Es finden sich daher auch im Schrifttum zahlreiche Vorschläge, um einen schadhaft gewordenen Kessel durch Entfernung der Kammerhälse und Verbindung der Kammern mit dem Kessel durch gebogene Rohre umzubauen. Alle diese Konstruktionen geben natürlich keine ideale Lösung. In den meisten Fällen dürften sie jedoch genügen, um neue Schäden fernzuhalten. In Abb. 51 (*214*) ist das Beispiel eines solchen Umbaues wiedergegeben. Ungünstig dürfte hier noch sein, daß die Siederohre in eine aufgenietete Verstärkungslasche einmünden. Besser wäre es gewesen, dem Flicken über die ganze Fläche die für das Einwalzen erforderliche Dicke zu geben und u. a. die Nietflächen abzuhobeln auf Mantelblechdicke.

In zweifelhaften Fällen empfiehlt es sich, den vorderen Schuß zu erneuern und mit entsprechend starker Wand zu versehen.

Nietlochrisse an einem Garbekessel. Ein typischer Vertreter unelastischer Konstruktion ist ferner der alte Garbekessel (Abb. 52). Er ist in dieser Form veraltet und wird als starres System nicht mehr gebaut.

Die vier Trommeln mit den starren Verbindungsstutzen, den aufgesetzten Dampfsammlern und den geraden Rohrbündeln bilden ein starres System, das den in den Trommeln und einzelnen Rohrgruppen auftretenden Wärmespannungen sehr schlecht folgen kann. Dazu kommt noch eine weitere Gefahrenquelle. Die unteren Trommeln sind zwar bei der Montage mit elastischen Einlagen gegen das Mauerwerk abgedichtet, es ist aber sehr leicht möglich, daß nach einer gewissen Betriebszeit die Trommeln mehr oder weniger fest aufliegen, z. B. infolge eingezwängter Flugasche oder durch Wachsen des Mauerwerks. Zahlreich sind daher auch die Meldungen über Schäden an diesem Kesselsystem. Daß es immerhin noch eine Reihe von Kesseln dieser Bauart im Betrieb gibt, die trotz einer hohen Betriebsstundenzahl noch keinerlei Schäden zeigen (wie übrigens auch bei den Vertretern der anderen Systeme), beweist nichts gegen die Mangelhaftigkeit dieser Konstruktion. Man befindet sich eben in einem labilen Gebiet und irgendein ungünstiger Umstand anderer Art kann den Schaden herbeiführen. Als solche Umstände können z. B. genannt werden: Kleinere Mängel im Material, hoher Nietdruck und ungenügende Paßarbeit bei der Herstellung, zu kaltes Speisewasser, schlechte Anordnung der Speisung, häufiges An- und Abheizen, ungünstige Laugeanreicherung im Speisewasser, Anliegen am Mauerwerk u. a. m. Außerdem ist nachgewiesen, daß Schäden unter Umständen erst nach 80—100000 Betriebsstunden aufzutreten beginnen.

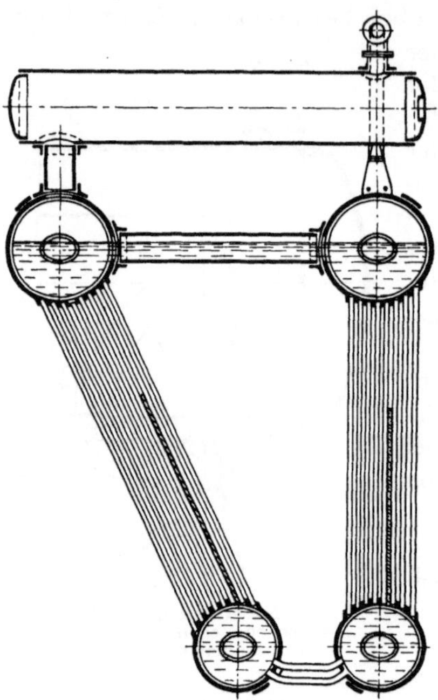

Abb. 52. Alter Garbekessel.

Der in Abb. 52 dargestellte Kesseltyp zeigte an der Nietnaht der Untertrommel bereits nach 8300 Stunden die ersten Anzeichen von Nietlochrissen. Ein Beispiel dafür, wie diese Bauart elastischer ausgebildet werden kann, gibt Abb. 53. Diese Bauart zeigte in dem gleichen Kraftwerk, in welchem auch der Kessel nach Abb. 52 aufgestellt war, nach 32000 Betriebsstunden keine Nietlochrisse, wodurch der Fortschritt in der Bauart eindeutig zum Ausdruck kommt.

Über die unelastische Bauart der Flammrohrkessel wurde bereits im vorigen Abschnitt im Zusammenhang mit den Krempenrissen gesprochen.

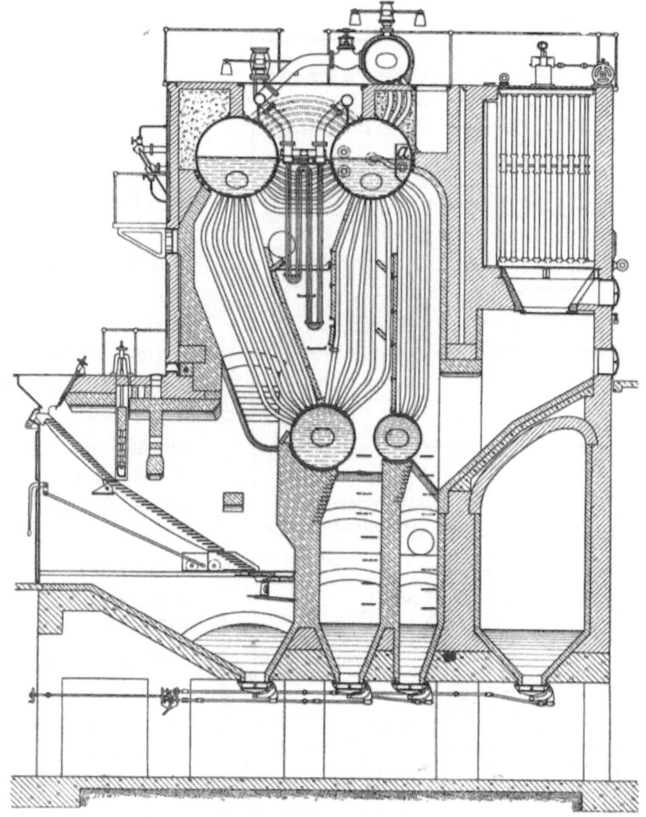

Abb. 53. Viertrommel-Steilrohrkessel.

C. Wasserumlauf.

Wie bereits auf S. 60 erwähnt, ist ein geregelter Wasserumlauf im Dampfkessel für dessen Haltbarkeit von größter Bedeutung. Kann der an irgendeiner Stelle gebildete Dampf nicht abströmen, so überhitzt er sich und die Rohr- oder Blechwand nimmt unzulässig hohe Temperaturen an. Auch betriebliche Schäden (z. B. nasser Dampf) sind die Folge; auf letztere werden wir noch später zurückkommen. Der Wasserumlauf im Kessel wird bedingt durch den Unterschied des Gewichtes der Wassersäule im Fallrohr und der mit Dampfblasen durchsetzten Wassersäule im Steigrohr. Je höher die beiden Wassersäulen sind, um so größer ist die Differenz der statischen Druckhöhe zwischen Fall- und Steigrohr; sie wird aufgezehrt durch Reibungs-, Stoß- und Beschleunigungsverluste des umlaufenden Wassers. Eine eingehende theoretische Berechnung des Wasserumlaufes gibt unter anderen Münzinger (*59*), Schulte (*60*), praktische Versuche sind unter anderen gemacht von Guilleaume (*61*) und Cleve (*62*), ferner von R. Böse (*63*), E. Schmidt (*64, 65, 66*). Münzinger untersucht insbesondere die Einflüsse von Druck, Rohrdurchmesser, Rohrlänge und Beheizung auf den Wasserumlauf und macht darauf aufmerksam, daß die Eintrittsgeschwindigkeit des Wassers in das beheizte Rohr bei noch verhältnismäßig schwacher Beheizung theoretisch einen Höchstwert erreicht, um dann mit steigender Belastung wieder abzufallen. Die Verhältnisse des Wasserumlaufes sind dort in einer Reihe von Schaubildern dargestellt.

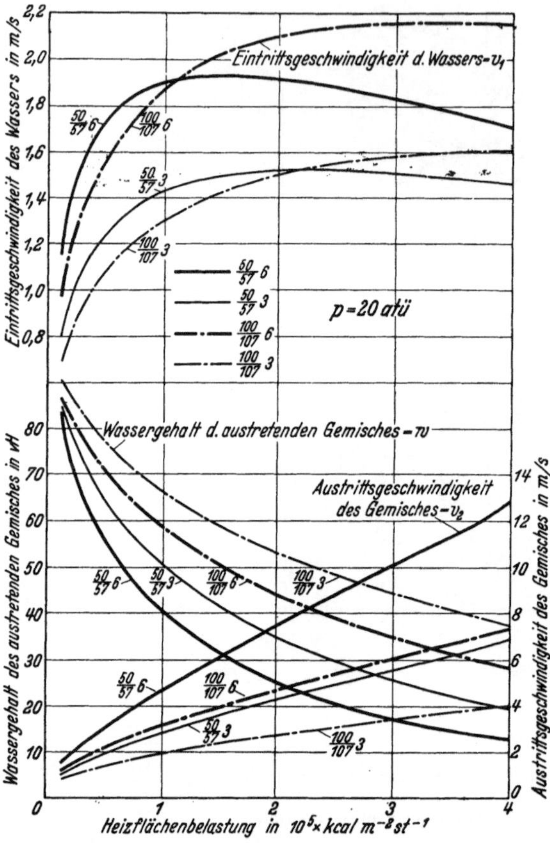

Abb. 54. Wasserumlaufsversuche nach Münzinger
Die Zahlen 6 bzw. 3 hinter den Rohrdurchmessern bedeuten die Länge in m.

Aus der Abb. 54 (*67*) ergibt sich der Verlauf der Wassereintrittsgeschwindigkeit v_1 in Abhängigkeit von der Heizflächenbelastung für verschiedene Rohrdurchmesser bei einem Dampfdruck von 20 atü und einer Rohrlänge von 6 bzw. 3 m. Man erkennt den typischen Abfall von v_1, während natürlich die Austrittsgeschwindigkeit v_2 fast linear mit der Beheizung wächst. Man erkennt ferner aus den Schaubildern die Verringerung des Wassergehaltes des austretenden Dampfwassergemisches mit zunehmender Beheizung. Der Grund für das Abfallen von v_1 liegt darin, daß bei zunehmender Dampfbildung im Steigrohr die Beschleunigungsverluste so groß werden, daß der vorhandene

Druckunterschied nicht mehr imstande ist, dem Dampfwassergemisch eine mit der Beheizung wachsende Geschwindigkeit zu erteilen. Auf Kosten der Dampfbeschleunigung nimmt dann die Menge des strömenden Wassers ab.

E. Schmidt (66) zeigt in Schaubildern die Ergebnisse praktischer Umlaufversuche; es ist in Abb. 55 ebenfalls die Eintrittsgeschwindigkeit in Abhängigkeit von der Heizflächenbelastung für Drücke von 0,5 bis 40 atü für ein Rohr von 30 mm l. W. aufgetragen. Es ergibt sich, daß unter dem Einfluß der Voreilung die praktischen Eintrittsgeschwin-

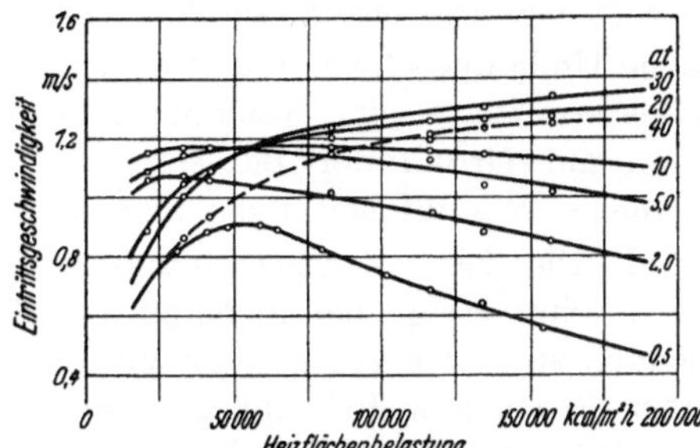

Abb. 55. Wasserumlaufsversuche an einem Kesselmodell nach E. Schmidt.

digkeiten etwas höher liegen als die theoretisch errechneten. Der Unterschied wird mit zunehmendem Druck geringer, da bei höheren Drücken der Einfluß des Voreilens stark abnimmt vgl. (Abb. 56).

Münzinger hat in seiner Berechnung den Einfluß des Voreilens der Dampfblasen unberücksichtigt gelassen. Auch der Einfluß der Selbstverdampfung ist von ihm nicht berücksichtigt.

Unter Selbstverdampfung versteht man folgendes: Läßt man Wasser mit einer Temperatur, die der Sättigung beim Druck in der Untertrommel entspricht, in das untere Ende des Steigrohres eintreten, so kommt es beim Aufsteigen allmählich in Gebiete niedrigeren hydrostatischen Druckes und niedrigerer Sättigungstemperatur. Das Wasser verdampft daher auch im unbeheizten Steigrohr.

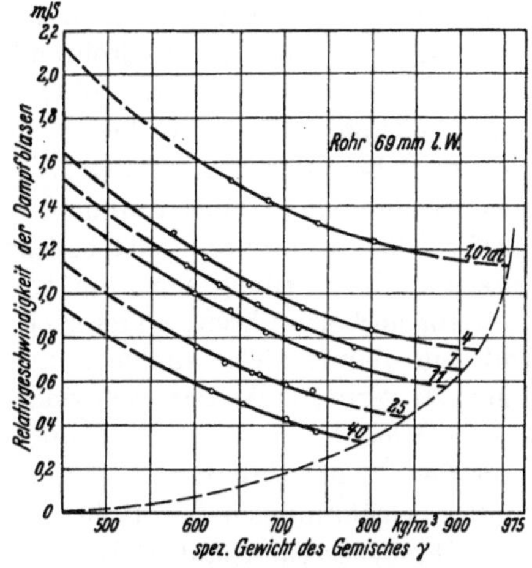

Abb. 56. Relativgeschwindigkeit der Dampfblasen beim Wasserumlauf.

Der Einfluß der Selbstverdampfung beschleunigt den Umlauf, der Einfluß des Voreilens der Dampfblasen gegenüber der Geschwindigkeit des umlaufenden Wassers verringert ihn, und die beiden Einflüsse heben sich daher bis zu einem gewissen Grade auf. Da die Versuche ergeben haben, daß der durch diese Einflüsse entstehende Fehler um so geringer wird, je höher die Belastung des Kessels ist, so genügt die Betrachtungsweise von Münzinger, um dem Konstrukteur einen zuverlässigen Überblick über die voraussichtlich auftretenden Verhältnisse zu geben. Bezüglich des Einflusses des Voreilens der Dampfblasen ist nämlich noch zu beachten, daß zwar dadurch die Reibungs- und Beschleunigungsverluste abnehmen, da das Wasser langsamer strömt; andererseits wird jedoch der Druckunterschied zwischen Steig- und Fallrohr geringer. Die wirkliche Umlaufgeschwindigkeit dürfte etwa 10—20% größer als die theoretisch ermittelte sein. Nach Münzinger, Schulte, Schmidt u. a. kann man auf Grund der Berechnungen und Versuche etwa folgende allgemeine Schlußfolgerungen ziehen:

1. Die Eintrittsgeschwindigkeit des umlaufenden Wassers in die Siederohre steigt bei niederen Drücken mit der Heizflächenbelastung schnell zu einem Höchstwert und nimmt dann wieder ab. Bei Drücken über 20 atü jedoch bleibt die Eintrittsgeschwindigkeit nach Erreichung des Höchstwertes ziemlich konstant.

2. Die Wassereintrittsgeschwindigkeit liegt bei den üblichen Bauarten und Drücken in den Grenzen zwischen 0,5 und 1,3 m/s. Die Austrittsgeschwindigkeit des Wasserdampfgemisches liegt unter denselben Voraussetzungen zwischen 4 und 20 m/s.

3. Weite Rohre sind für den Wasserkreislauf günstiger wie enge Rohre.

4. Bei gleichen Durchmessern für Fall- und Steigrohre ergibt sich aus Versuchen, daß in den Fallrohren höhere Geschwindigkeiten herrschen als beim Eintritt in die Steigrohre.

5. Bei hohen Drücken liegen unter sonst gleichen Verhältnissen günstigere Bedingungen für den Wasserkreislauf vor[1].

6. Wenn mehrere Obertrommeln vorhanden sind, ist darauf zu achten, daß die Überströmrohre nicht beheizt sind. Die Überströmquerschnitte müssen reichlich genug sein, um an dieser Stelle keine Drosselung im Kreislauf herbeizuführen; andererseits dürfen die Querschnitte nicht zu groß sein, damit nicht infolge Schlammablagerung und Dampfbildung wegen zu geringer Wassergeschwindigkeit Störungen eintreten.

7. Infolge der hohen Geschwindigkeit des austretenden Dampfwassergemisches ist eine stoßfreie Ausmündung unter jeder Vermeidung von scharfen Krümmungen der Rohre am oberen Ende wichtig.

8. Der Wasserkreislauf ist beim Anheizen bzw. bei Schwachlast nicht immer kontinuierlich, es können vielmehr Pulsationen eintreten, die mit zunehmender Beheizung in immer kürzeren Zwischenräumen aufeinanderfolgen.

9. Pendelrohre, d. h. Rohre, die je nach der Beheizung bald als Steig- und bald als Fallrohre arbeiten, bilden im allgemeinen keine Gefahr, sofern sie in einem Gebiet niederer Rauchgastemperatur liegen. Nur in besonderen Fällen, wenn das Abströmen des Dampfes für längere Zeit verhindert wird, entsteht Gefahr für das Rohr durch Dampfspaltung (vgl. folgende Beispiele).

---

[1] Überhubrohre sollten bei hohen Drücken jedoch vermieden werden, da sonst ein sicherer Wasserumlauf nicht gewährleistet ist.

Im einzelnen wäre hierzu noch folgendes zu sagen: Bei den normalen
Steil- und Wasserrohrkesseln stellt sich im allgemeinen ein genügender
Kreislauf ohne Beachtung besonderer Vorsichtsmaßnahmen ein. Etwas
anderes ist es jedoch bei solchen Rohren, die als Brennkammerkühl-
rohre z. B. bei Staubfeuerungen auf einer langen Strecke der vollen
Einwirkung der Strahlung ausgesetzt sind. Hier ist ferner aus konstruktiven Gründen die Wasserzufuhr zu diesen Rohren, die im allgemeinen in schmale Sammler eingesetzt sind, nicht ganz einfach. Bei
solchen Rohren sollte das Verhältnis von Fall-: Steigrohr nicht ungünstiger als 1 : 1,5 sein; in besonderen Fällen kann ein Verhältnis von
1 : 1 notwendig werden. Es sind auch Fälle bekannt (Großkraftwerk
Böhlen), bei denen die Fallrohrquerschnitte reichlicher als die Steigrohr-
querschnitte gewählt sind (bis zu einem Verhältnis von
2 : 1). Schwierigkeiten können auch dadurch entstehen,
daß die Fallrohre über den Sammler für die Steigrohre
nicht gleichmäßig verteilt sind. Es empfiehlt sich ferner,
durch Zwischenscheiben eine stärkere horizontale Strömung im Sammler zu unterbinden, um zu vermeiden,
daß stärker beheizte Rohrgruppen den anderen das
Wasser wegnehmen, und für diese kurzzeitig einen gegen-
läufig gerichteten Wasserlauf einstellen können. Weiterhin ist in allen Fällen, wo hinsichtlich des Wasserkreislaufes Bedenken vorhanden sind, ganz besonders
darauf zu achten, daß die Fallrohre unbeheizt sind.
Wichtig ist ferner, daß die schon früher besprochene
innige Vermischung des eingespeisten Wassers mit dem

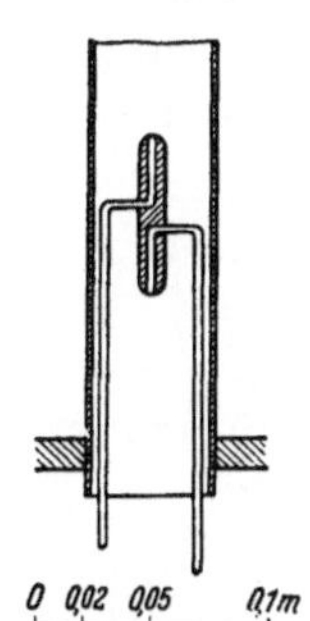

Abb. 57. Staugerät
zum Messen des
Wasserumlaufes
nach Cleve.

Trommelinhalt gründlich erfolgt, so daß das kalte Wasser keine Gelegenheit hat, unvermischt in einzelnen wenigen Rohren mit großer Geschwindigkeit in die Untertrommel abzusacken. Abgesehen davon, daß der Kreislauf
hierdurch für die wichtigen Rohre nicht verbessert wird, treten dadurch
höchst gefährliche Durchbiegungen an den Trommeln ein (s. auch S. 214 f.).

Häufig tritt an den Betriebsleiter die Aufgabe heran, bei Schäden,
die vermutlich auf Kreislaufstörungen zurückzuführen sind, Versuche
über den Kreislauf durchzuführen. Nach Cleve (68) hat sich hierfür
besonders das in Abb. 57 dargestellte Meßgerät bewährt. Es besteht
aus einem vorn und hinten angebohrten Staukörper von 70 mm Länge
und 10 mm Durchmesser der Anschlußbohrungen. Das Gerät wurde
zuerst im Großkraftwerk Franken angewandt. Die Vorzüge des Gerätes
sind vor allem seine geringe Baulänge, der große und mit der Ström-
richtung wenig veränderte Druckunterschied zwischen vorderem und
hinterem Ende des Meßkörpers. Wertvoll ist ferner die Umkehr des
Meßausschlages mit der Strömungsrichtung.

Die Eichung des Gerätes in einem Rohr von 54 mm l. W. ergab im
Steigrohr einen Ausschlag $A_1 = 1{,}53\, v_1^2/2\, g$ (m. W.S. des strömenden
Wassers), wenn v_1 die Eintrittsgeschwindigkeit im unverengten Rohr-

querschnitt in m/s und g die Fallbeschleunigung in m/s² ist. Die entsprechende Eichformel für das Fallrohr lautet $A_2 = 1,70\ v_1^2/_2\ g$. Der Unterschied beider Eichformeln ist durch die in Abb. 57 angedeuteten nach unten führenden Meßleitungen bedingt.

Der Strömungsverlust des Meßgerätes ist gleichfalls sehr gering und wurde in einem Rohr von 54 mm l. W. zu $V = 0,185\ \dfrac{v^2}{2\,g}$ m. W.S. gemessen.

Es ist wichtig, daß auch die Schwankungen der Wasserumlaufgeschwindigkeit klar zum Ausdruck kommen. Es empfiehlt sich daher, nicht zu enge Meßleitungen zu wählen, um nicht plötzliche Geschwindigkeitsänderungen in der Anzeige abzudrosseln; aus dem gleichen Grunde sollen die Innendurchmesser der Schenkel des Differentialmanometers nicht zu groß bemessen sein. Bei den Versuchen im Großkraftwerk Franken traten keine Verstopfungen der Bohrungen ein. Von Zeit zu Zeit wurden die Meßleitungen durch Öffnen eines Hahnes ins Freie abgeblasen. Zu beachten ist ferner, daß die beiden Meßleitungen durch die Kesselwand in gleicher Höhe hindurchtreten, damit das Wasser in den Meßleitungen in gleicher Höhe gleiche Temperatur hat. Vom Verfasser vorgenommene Kreislaufversuche mit diesem Gerät haben seine gute Brauchbarkeit ebenfalls erwiesen.

Im folgenden sollen einige Beispiele von Betriebskesseln angeführt werden, die infolge falschen oder ungenügenden Wasserkreislaufes zu Kesselschäden Anlaß gaben.

1. Fehlerhafte Beheizung von Fallrohren an einem Zweitrommel-Steilrohrkessel alter Bauart.

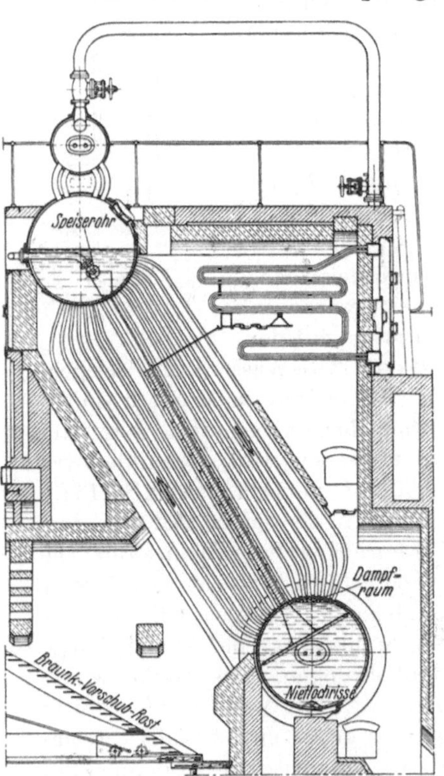

Abb. 58. Zweitrommel-Steilrohrkessel.

An zwei nach Abb. 58 gebauten Kesseln von drei insgesamt gleicher Art eingebauten Kesseln wurden nach etwa 30000 Betriebsstunden an einem Kessel starke, am anderen weniger starke Nietlochrisse vorgefunden. Gleich-

zeitig ergab sich folgende bemerkenswerte Tatsache: In der Untertrommel hatte sich in der in der Abb. 58 gekennzeichneten Weise
ein Dampfraum ausgebreitet. Die Kesselwandung zeigte in diesem
Bereich im Gegensatz zu dem übrigen Trommelumfang keinen Kesselsteinbelag. Es war dort ein teils brauner, teils bläulich staubförmiger
Belag vorhanden, wie er nur in Dampfräumen gefunden wird. Es

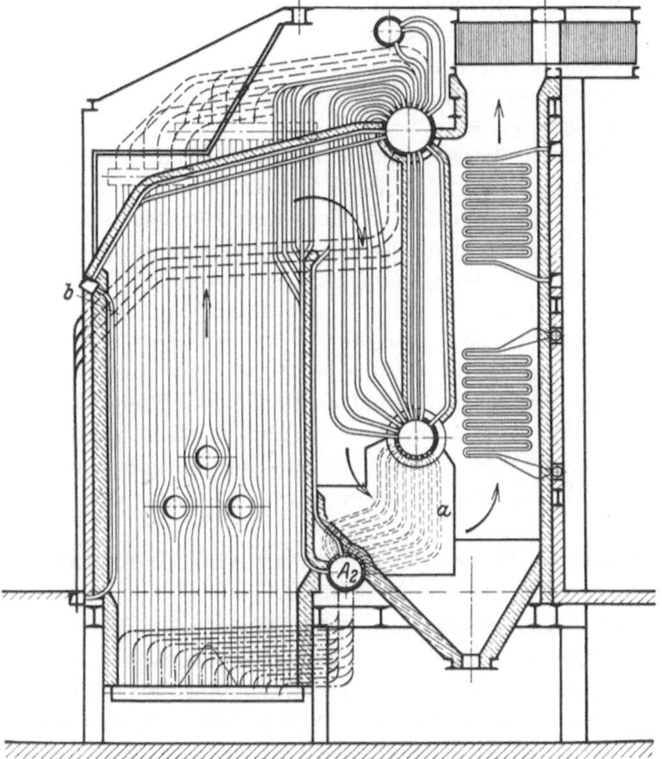

Abb. 59. Höchstdruckkessel mit 2 Trommeln.

waren zwei scharf getrennte Grenzlinien vorhanden, hinten an der
Oberkante der Innenlasche, vorn an den Rohrlöchern der 1. Steigrohr-
reihe, die Linienlage in genau gleicher Höhe. Somit hat die Konstruktion nicht im Sinne des Konstrukteurs gearbeitet, der in der Mitte
zwischen zwei Gaslenkwänden 14 Fallrohre 92×108 angeordnet hatte,
die auf $^3/_4$ ihrer Länge vor Beheizung geschützt waren. Das ganze hintere
Rohrbündel hat ebenfalls als Fallrohr gearbeitet und der dort entwickelte Dampf konnte erst nach Überschreitung der Lenkwand in
der letzten Reihe des vorderen Bündels abgeführt werden. Daß ein
solcher von den Heizgasen bestrichener Dampfraum sehr ungünstige
Temperaturverhältnisse in die große Trommel bringen mußte, liegt auf

der Hand. Die entstandenen Nietlochrisse waren daher zum großen Teil mit auf diese Verhältnisse zurückzuführen. Im übrigen gilt auch hier das im vorigen Abschnitt Gesagte (z. B. ungenügende Durchmischung von Speisewasser mit dem Umlaufwasser, zu großer Trommeldurchmesser, daher ungenügender Temperaturausgleich zwischen Trommelsohle und Trommelscheitel, Absacken kalten Speisewassers auf den Trommelboden, was gegenüber dem Dampfraum im oberen Teil der Trommel zu großen Temperaturspannungen führen mußte, schließlich zu steife Rohrbündel, die vorn und hinten verschiedene Ausdehnungen haben). Für mittlere Drücke wird ein solcher Kessel besser als Drei- oder Viertrommeltyp gebaut.

Da der Zweitrommelkessel bei Höchstdruckkesseln wieder besondere Bedeutung gewinnt, so ist in Abb. 59 ein Trommeltyp der Dürrwerke aufgeführt, bei dem die Fallrohre im Gegensatz zur obigen Konstruktion ganz nach hinten liegen und der Beheizung völlig entzogen sind, so daß sich ein Dampfpolster in der gekennzeichneten Weise nicht bilden kann. Um die Sammler für die Steigrohre der Brennkammer reichlich mit Wasser zu versorgen, ist eine besondere Untertrommel (A_2) angeordnet. Dieser Trommel werden die Fallrohre durch kalt liegende seitliche Rohrbündel a zugeführt. Das Verhältnis von Fall- : Steigrohr schwankt in den Grenzen von $1:1,6$ bis $1:1,2$. Der vordere Sammler erhält noch zusätzliche Fallrohre b, die von der Obertrommel direkt an der Außenseite des Kessels dem Sammler zugeführt werden.

2. Ungenügende Wasserversorgung von Brennkammer-Kühlrohren.

Ungenügende Wasserversorgung der Wasserrostrohre in Brennkammern von Kohlenstaubfeuerungen zeigen folgende zwei Beispiele: Im ersten Falle war das Wasserrostrohr nach Abb. 60 so angeschlossen, daß es in die erste Rohrreihe des 2. Bündels einmündete (gestrichelt). Auch hier ging der Konstrukteur von der falschen Ansicht aus, daß das direkt hinter dem Überhitzer liegende noch verhältnismäßig stark beheizte neunte Rohr (das erste Rohr des 2. Bündels) schon ohne Zuführung des Dampfes vom Kühlrohr ein Steigrohr sein müsse, und daß dies noch betont werde durch die Einführung des Kreislaufes des Wasserrostkühlrohres. In Wirklichkeit war dieses Rohr noch ein kräftiges Fallrohr und seine abwärts gerichtete Energie hob die aufwärts gerichtete des Brennkammerkühlrohres soweit auf, daß der im letzteren gebildete Dampf nicht genügend abströmen konnte. Schon nach 400 Stunden gab es einen Rohraufreißer, und zahlreiche Rohrbeulen wurden entdeckt, die durch zu langsames Abströmen des Dampfes und die dadurch gegebene Temperaturerhöhung der Rohrwand verursacht waren. Nach Einführung des Kreislaufes des Kühlrohres in die letzte Rohrreihe des vorderen Bündels war der Schaden behoben (ausgezogen).

Bei anderen Kesseln der gleichen Bauart war das Kühlrostrohr unter Umgehung der Untertrommel direkt an die Obertrommel angeschlossen. Hier zeigte sich zunächst kein Schaden, während später bei starkem Betrieb schwache Durchbiegungen der Wasserrostrohre festgestellt wurden, was jedoch für die Sicherheit der Rohre bis jetzt ohne Folgen blieb.

In einem vom Verfasser (71) erwähnten Fall ergab sich, daß die Wasserrostrohre aufplatzten, obgleich der Anschluß in der gleichen Weise ausgeführt war, wie in dem Beispiel der Abb. 60. Hier ergab sich, daß die Fallrohrquerschnitte nicht ausreichend bemessen waren. Das Verhältnis 1 : 3 wurde durch Vermehrung der Fallrohre in 1 : 2 umgeändert, worauf ebenfalls keine Schäden mehr eintraten. Auch hier zeigte sich allerdings noch eine mehr oder weniger starke Durchbiegung der schrägliegenden Wasserrostrohre, ohne daß sich bis heute (50000 Betriebsstunden) weitere Schäden daraus entwickelt hätten. Der Verfasser hat vor und nach der Umänderung Umlaufmessungen

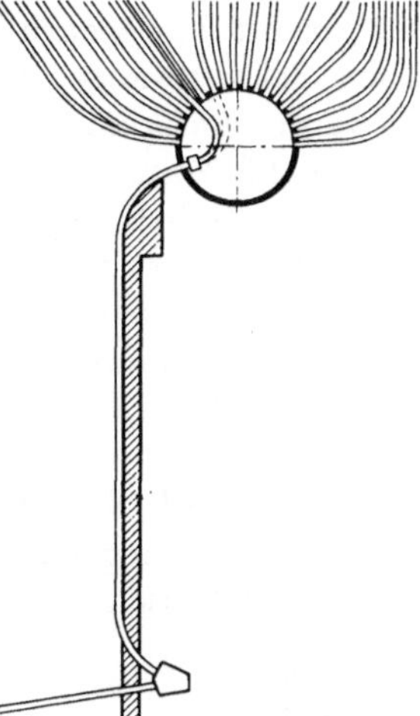

Abb. 60. Änderung der Abführung des Dampfwassergemisches aus den Rückwandkühlrohren eines Kohlenstaub-Steilrohrkessels.

vorgenommen und vor der Umänderung stoßweises Anschnellen der Eintrittsgeschwindigkeit von 0 auf 2 m/s festgestellt mit gelegentlich rasch umkehrender Bewegungsrichtung. Es hat somit jeweils ein Rohr mit starkem Dampfgehalt das Wasser aus dem danebenliegenden Rohr mit angesaugt. Nach Verstärkung der Fallrohrquerschnitte war eine Umkehr der Strömungsrichtung in keinem Rohr mehr festzustellen.

Über einen Fall ungenügender Wasserversorgung von Seitenwandkühlrohren berichtet Nikolaew [Elektritscheskije Stanzii (72)]. Die Wandkühlrohre waren nach Abb. 61 angeordnet. Der Wasserzulauf erfolgte seitlich durch die Anschlüsse E, der

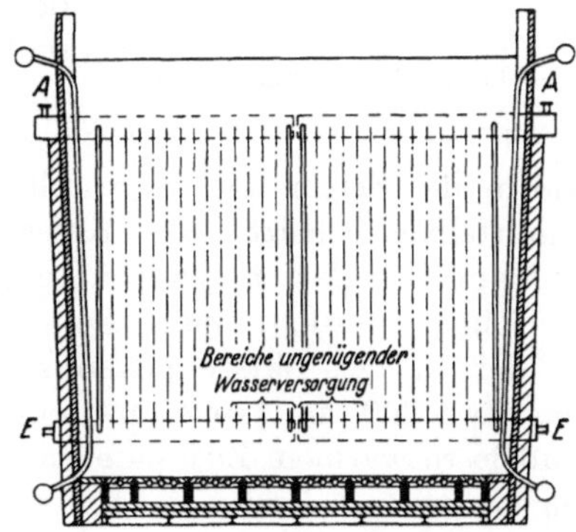

Abb. 61. Ungenügende Wasserversorgung der Seitenwandkühlrohre eines Teilkammerkessels 1592 m² 28 atü.

Ablauf des Dampfwassergemisches durch die Stutzen A. Diese Anordnung, die bei schmalen Kesseln mit nicht zu hoher Beanspruchung genügt und wohl auch vielfach ausgeführt wird, hat in dem betreffenden Falle zu schweren Rohrschäden geführt. Der Kessel ist als Teilkammerkessel gebaut, hat 1600 m² Heizfläche, 28 atü Dampfdruck und wird mit

16 Naphthabrennern beheizt. Die Wandkühlrohre waren ursprünglich durch feuerfeste Steine abgedeckt. Diese schmolzen jedoch nach kurzer Betriebszeit ab. Nun ergab sich, daß die Wasserversorgung insbesondere der zur Mitte gelegenen Rohre nicht ausreichte (vgl. Abb. 61). Dauernde Rohrdefekte zwangen die Betriebsleitung zu umfassenden Änderungen. Es wurden unter anderem die Zu- und Abläufe über den ganzen Sammler gleichmäßig verteilt. Die weiteren geplanten Maßnahmen der Betriebsleitung, nämlich die Wandkühlrohre hintereinanderzuschalten, mit Zwangsumlauf zu versehen und die Speisung aus dem Vorwärmer direkt den Wandkühlrohren zuzuführen, dürfte bei richtig bemessenem Fall- und Steigrohrquerschnitt unnötig und außerdem in ihrem Wert sehr zweifelhaft sein.

3. Dampfpolsterbildung an einem Batteriekessel.

Einen Fall ungenügender Dampfabströmung zeigt der Schadensfall an einem Batteriekessel. Es handelt sich um einen im Jahr 1921 gebauten Kessel von 200 m² Heizfläche, der aus sechs Walzen besteht, von denen je drei übereinander liegen (Abb. 62).

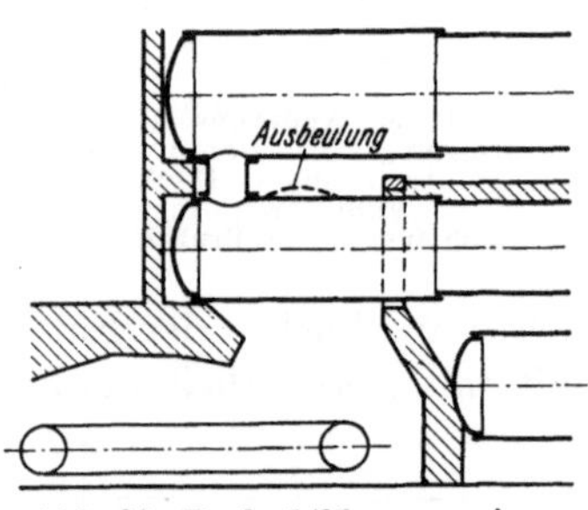

Abb. 62. Beulenbildung an einem Batteriekessel.

Die Oberkessel sind mit den Mittelkesseln durch je vier, diese mit den Unterkesseln durch je drei Stutzen verbunden. Ein querliegender Dampfsammler und ein Querverbindungsstutzen am hinteren Teil der Unterkessel verbindet die beiden senkrechten Reihen der Walzen miteinander. Der Kessel ist mit einem Wanderrost von 10 m² Rostfläche versehen, der, wie in der Zeichnung dargestellt, die vorderen Teile der Mittelkessel unmittelbar beheizt. Der Kessel soll im Tagesdurchschnitt mit etwa 30 kg/m² st belastet gewesen sein, was für diese Bauart als sehr hoch bezeichnet werden muß. Bei einer Revision des Kessels ergab sich an der in der Skizze gekennzeichneten Stelle eine erhebliche Beule von etwa 700 mm Länge und eine Ausbeultiefe von 25 mm. Die Beule muß in rotwarmem Zustande entstanden sein und hätte leicht zu einer folgenschweren Explosion führen können. Die Entstehung der Ausbeulung ist wie folgt zu erklären: Die starke Beheizung der Mitteltrommel führte zu einer sehr starken Dampfentwicklung in dieser Trommel. Dieser Dampf konnte, obgleich die Trommeln zwecks leichter Dampfabströmung mit Gefälle nach hinten verlegt sind, nicht schnell genug an den weit vorn angebrachten Verbindungsstutzen entweichen. Es bildete sich ein Dampfpolster, das bei der starken Beheizung zu einem Erhitzen des Mantelbleches führte. Selbstverständlich litt der Kessel auch unter Undichtigkeiten an den Verbindungsstutzen, was bei den ungleichen

Wärmedehnungen nicht zu verwundern ist. Eine Zurückrichtung einer solchen Ausbeulung in warmem Zustand ist nicht zu empfehlen, da hierbei eine Schädigung des Materials und der benachbarten Nietnähte nicht zu vermeiden ist. Im vorliegenden Falle begnügte man sich, den Trommelscheitel durch eine Schicht Glaswolle mit darübergelegten Chamottesteinen vor direkter Beheizung zu schützen. Auch die Nietnähte sollten bei Batteriekesseln am Scheitel in ähnlicher Weise geschützt werden. Auch im zweiten und dritten Zug sind bei solchen Kesseln schon Beulen beobachtet worden, die auf das Nachglühen von Flugasche zurückzuführen und durch die schlechte Dampfabströmung mitbegünstigt sind. Auch bei Flammrohrkesseln sind, wie bereits früher erwähnt, ungünstige Wasserumlaufsverhältnisse vorhanden, die das Undichtwerden von Nietnähten begünstigen. Eine Besserung kann bis zu einem gewissen Grade erzielt werden durch die Einleitung einer künstlichen Wasserzirkulation.

4. Wasserspiegelabsenkung in der hinteren Obertrommel von Garbekesseln.

Infolge der besonderen Ausbildung der Garbeplatte liegt das Wasserverbindungsrohr der vorderen und hinteren Obertrommel zu hoch. Wie aus Abb. 63 hervorgeht, ist bei niedrigem Wasserstand das Verbindungsrohr nur zu etwa $^1/_4$ seines Querschnittes ausgefüllt. Versuche an diesen Kesseln haben denn auch ergeben, daß in der hinteren Obertrommel eine starke Wasserabsenkung eintritt, die je nach der Belastung des Kessels bis zu einem völligen Leersaugen und Freilegen der Walzstellen der hinteren Obertrommel führen kann.

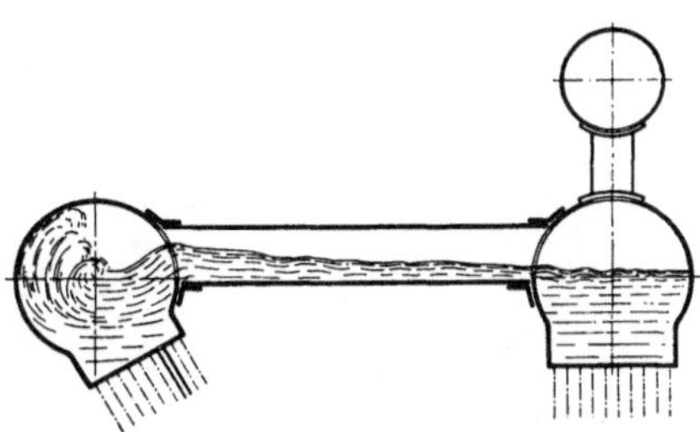

Abb. 63. Wasserspiegelbewegungen in den Obertrommeln eines Garbe-Doppelkessels.

Als Abhilfe kommt in Frage, den Wasserstand höher zu halten, sofern dadurch kein Spucken des Kessels zu befürchten ist (vgl. S. 179), ferner kann an beiden Seiten eine möglichst tiefliegende Verbindung an den Kesselböden von Vorder- und Hintertrommel angebracht werden. Auch ist empfohlen worden, die Verbindung der beiden Untertrommeln aufzuheben, wodurch sich in der Vorder- und Hintertrommel je ein eigener Kreislauf einstellt. Diese Maßnahme hält Verfasser für bedenklich, sie hat auch, wie im folgenden noch ausgeführt wird, zu Siederohrschäden infolge ungenügenden Wasserkreislaufes geführt. Wenn daher diese Maßnahme in einzelnen Fällen die Wasserentblößung der hinteren Obertrommel verhindert hat, ohne auf der anderen Seite zu Rohrschäden zu führen, so darf eine solche Änderung jedenfalls nicht kritiklos von einem Betrieb auf den anderen übertragen werden. Denn je nach den

Wasserverhältnissen, der Beheizungsart, der Beanspruchung, Lastwechsel
usw. kann eine bestimmte Konstruktion versagen, die unter anderen
Verhältnissen zu keinen Beanstandungen geführt hat.

5. Ungenügende Wasserverbindung der Untertrommeln eines Steilrohrkessels.

Abb. 64 gibt einen Viertrommel-Steilrohrkessel wieder, der von
Ziegler (74) bezüglich seiner Kreislaufverhältnisse studiert wurde.

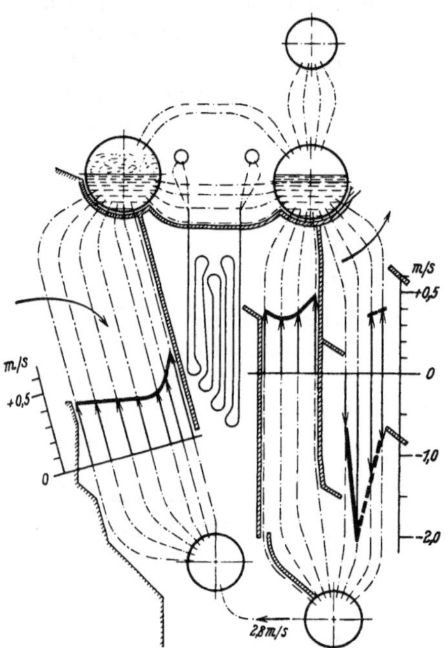

Abb. 64. Wasserumlauf im 45 atü Steilrohrkessel bei 50 t Höchstleistung.

Man erkennt die elastische Ausführung und die Eindeutigkeit des
Wasserumlaufes bei normaler Belastung. Die Verbindungsrohre der
beiden Obertrommeln liegen tief und
sind der Beheizung völlig entzogen.
Dem Verfasser sind zwar viele
Kessel bekannt, bei denen die
untersten Reihen der Verbindungsrohre zum Auflegen der Abdeckplatten verwandt sind und somit beheizt sind, ohne daß Schäden aufgetreten waren. Trotzdem ist diese
Beheizung grundsätzlich falsch,
denn es sind genügend Beispiele
bekannt, wo diese Rohre infolge
behinderter Dampfabströmung zerstört wurden. Dies gilt namentlich
für solche Fälle, wo die hintere
Obertrommel tiefer liegt als die
vordere Obertrommel.

Bei dem von Ziegler untersuchten Kessel (Abb. 64) fällt die
hohe Wassergeschwindigkeit von
2,8 m/s auf, die in den Verbindungsrohren der beiden Untertrommeln
herrscht. Es ist dies ein Beweis, daß es zweckmäßiger gewesen wäre,
diese Verbindung etwas reichlicher zu gestalten (s. auch S. 182), wenn
auch damit eine gewisse Wasserspiegelsenkung in der Hintertrommel
verbunden ist.

Interessant ist ferner die Verteilung der Fallgeschwindigkeit, die
0,5—2 m/s beträgt und anzeigt, daß die Vermischung des eingespeisten
Wassers mit dem Trommelinhalt ungenügend war. Dafür spricht auch,
daß bei Schwachlast die beiden hintersten Rohrreihen umkehren und
zu Steigrohren werden.

Ziegler berichtet über Schäden an diesen Kesseltypen, die er
aber nicht auf Kreislaufstörungen zurückführt, sondern infolge des

vorgefundenen Kesselsteines auf ungenügende Wasserverhältnisse. Dazu ist zu sagen, daß zweifellos das Speisewasser nicht einwandfrei war, daß aber die Schäden durch die für die vorderen Rohre ungenügende Eintrittsgeschwindigkeit von 0,5 m/s weitgehend mitbedingt war, denn Rohre, die verhältnismäßig wenig Wasser zugeführt bekommen, setzen mehr Kesselstein ab als Rohre, die reichlich mit Wasser versorgt sind. Nach Änderung der Speisewasserverhältnisse hat dieser Kessel zwar einwandfrei gearbeitet, es würde sich aber trotzdem empfehlen, die Wasserverbindung der Untertrommeln reichlicher zu gestalten. Bei einer scharfen Beheizung mit Steinkohle hätte, wie aus dem folgenden Beispiel hervorgeht, dieser Kessel höchstwahrscheinlich nicht mehr genügt.

6. Korrosion durch Dampfspaltung.

Während sich bei den bisher besprochenen Fällen die ungenügende Wasserversorgung der Siederohre durch starke örtliche Temperaturerhöhung (700—1000° C) und dadurch bedingtes Aufreißen der betreffenden Rohre bemerkbar machte, kommen wir nun zur Besprechung solcher Fälle, bei denen die örtliche Temperaturerhöhung nicht so hoch ist, daß dadurch die Rohrfestigkeit in Frage gestellt ist. Dies trifft in der Hauptsache auf solche Stellen im Kessel zu, wo die Gastemperatur nicht mehr hoch genug ist, um den Rohrwerkstoff durch Erniederung der Streckgrenze zu zerstören, aber doch noch hoch genug, um die stillstehende oder sich nur langsam fortbewegende Dampfblase chemisch zu zersetzen. Dies tritt nach Versuchen von Fellows u. a. bereits bei Temperaturen von 400° C ab aufwärts ein.

Die unmittelbare Reaktion von Eisen auf Wasserdampf erfolgt nach der Gleichung

$$3\,\mathrm{Fe} + 4\,\mathrm{H_2O} \rightarrow \mathrm{Fe_3O_4} + 4\,\mathrm{H_2}.$$

Die mit der Reaktion verbundene Wasserstoffentwicklung läßt sich mittels geeigneter Methoden leicht feststellen. Wir werden in einem späteren Abschnitt auf diesen Punkt zurückkommen.

Die Dampfspaltung und dadurch bedingte chemische Zersetzung der Rohrwand tritt mit Vorliebe an solchen Siederohren ein, die (entgegen der Absicht des Konstrukteurs) Fallrohre sind und gleichzeitig noch in einem Rauchgastemperaturgebiet liegen, in dem stagnierende oder sich langsam bewegende Dampfblasen auf Temperaturen von 400—500° C kommen können. Dies trifft z. B. auf die vorderen Rohrbündel von vier Trommel-Steilrohrkesseln zu, wenn die Wasserversorgung der vorderen Trommel ungenügend ist, so daß sich im vorderen Bündel ein eigener Kreislauf entwickelt. Die Korrosionen treten dann erfahrungsgemäß am stärksten in denjenigen Fallrohren auf, die bei noch verhältnismäßig starker Beheizung die stärkste Fallströmung aufweisen. Es tritt dann der Fall ein, daß die Geschwindigkeit der aufsteigenden Dampfblasen gleich wird der des abwärts strömenden Wassers, so daß sie, bezogen auf die

Rohrwand, ganz oder nahezu stillstehen. Im unteren Teile des Rohres verbessert der der Dampfbildung entgegenwirkende hydrostatische Druck, sowie die meist geringere Heizgastemperatur diese Verhältnisse. Aus diesem Grunde zeigen sich solche Korrosionen auch in überwiegendem Maße am oberen Ende des Siederohres und dort einseitig an der Stelle, wo das Dampfpolster steht. Diejenigen Fallrohre, die eben an der Grenze zwischen Fall- und Steigrohren stehen, sind aus dem Grunde nicht so gefährdet, weil der gebildete Dampf ziemlich unbehindert in dem sich langsam bewegenden Wasser emporstreben kann. Im folgenden sollen zwei typische Beispiele für solche Korrosionen gegeben werden:

Zunächst ein kohlenstaubgefeuerter Steilrohrkessel mit ungenügender Wasserversorgung des vorderen Bündels, so daß die hinteren Rohre des ersten Bündels als Fallrohre wirken.

Der in Abb. 65 dargestellte Viertrommel-Steilrohrkessel zeigte nach ungefähr 6000 Stunden beginnende Korrosionen, die zuerst die 9. Rohrreihe angriffen und allmählich auch in der 8., 7. und schließlich sogar 6. Reihe bemerkbar wurden. Die Korrosionen ergriffen die oberen Teile der

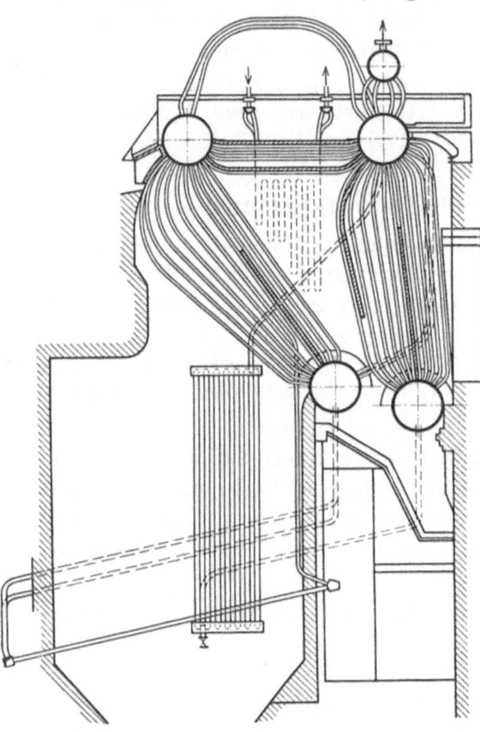

Abb. 65. Viertrommel-Steilrohrkessel 1100 m²
30 atü, Kohlenstaubfeuerung.

Siederohre, wobei von außen weder sichtbares Kennzeichen vorhanden war. Die Korrosionen durchdrangen allmählich die ganze Rohrstärke. Die Breite betrug 20—30 mm, die Länge 200—300 mm. Die Streifen lagen an der den Feuergasen zugekehrten Seite.

Die Gastemperatur betrug an diesen Stellen etwa 900° C. An vier gleichen mit Kohlenstaub gefeuerten Kesseln traten die Schäden in gleichem Umfange auf, während ein mit Wanderrost und ohne Kammerauskleidung betriebener Kessel zunächst keine Schäden zeigte. Diese traten jedoch im weiteren Verlauf in mäßigem Umfang auch an diesem Kessel auf. Der Umbau mußte sich in der Richtung bewegen, daß sämtliche Rohre des vorderen Bündels mit Sicherheit Steigrohre wurden. Im vorliegenden Falle wurde Position 8—9 des vorderen Rohrbündels entfernt und von der hinteren Obertrommel nach der vorderen Unter-trommel neu eingesetzt (Abb. 66). Nach dem Umbau haben sich an diesem Kessel innerhalb 14000 Betriebsstunden keine Störungen mehr gezeigt und es ist anzunehmen, daß der Schaden völlig behoben ist.

Über einen Fall von Kor-rosionen an Teilkammerkesseln amerikanischer Bauart sei im folgenden berichtet. Die frag-lichen Kessel sind etwa nach Abb. 67 gebaut.

Im unteren Bündel sind sie-ben, im oberen acht Rohrreihen übereinander angeordnet. Die Kammern sind zweiteilig und durch eingewalzte Rohre mit-einander verbunden. In der ersten Betriebszeit, als infolge ungünstiger Wasserverhältnisse die Rohre einen nicht unerheb-lichen Kesselsteinbelag zeigten, war von den Korrosionen nichts zu beobachten; als dann wegen der Kesselsteinschäden an den zu gleicher Zeit aufgestellten Steilrohrkesseln die Wasserver-hältnisse weitgehend verbessert wurden und neuer Steinbelag nicht mehr auftrat, begannen die Korrosionen durch Dampf-spaltung. Zur Klärung der Schadensursache wurden vom

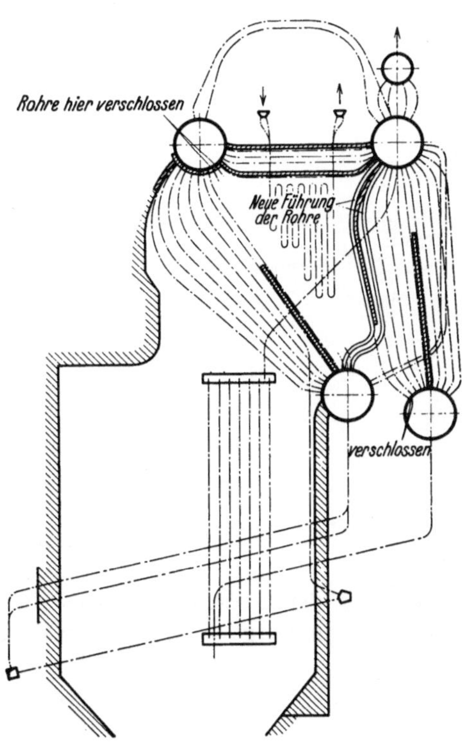

Abb. 66. Viertrommel-Steilrohrkessel nach Abb. 65 nach Änderung des Wasserumlaufes.

Betrieb eingehende Untersuchungen der Umlaufverhältnisse vorgenommen und es ergab sich folgendes Bild: Im Hauptkreislauf gelangt das Wasser von der Trommel durch die Fallrohre und die hinteren Kammern nach dem unteren Bündel, strömt durch dieses teilweise verdampfend nach vorne, steigt als Dampfwassergemisch in der vorderen Kammer hoch und läuft zum größten Teil durch die oberen Überströmrohre nach der Trommel zurück. Nach Maßgabe der vorhandenen Widerstände fließt ein Teil des Umlaufwassers in einem Nebenkreislauf durch das obere Bündel un-mittelbar wieder nach hinten und mischt sich dort mit dem großen Kreis-lauf. In Abb. 67 ist die Richtung und Größe der Geschwindigkeit des Wassers eingezeichnet. Von den acht Rohren des oberen Bündels sind sechs

Fallrohre, und zwar das oberste Rohr am stärksten, im 6. Rohr herrscht Richtungsumkehr. Die schraffierten Flächen zeigen Ort und

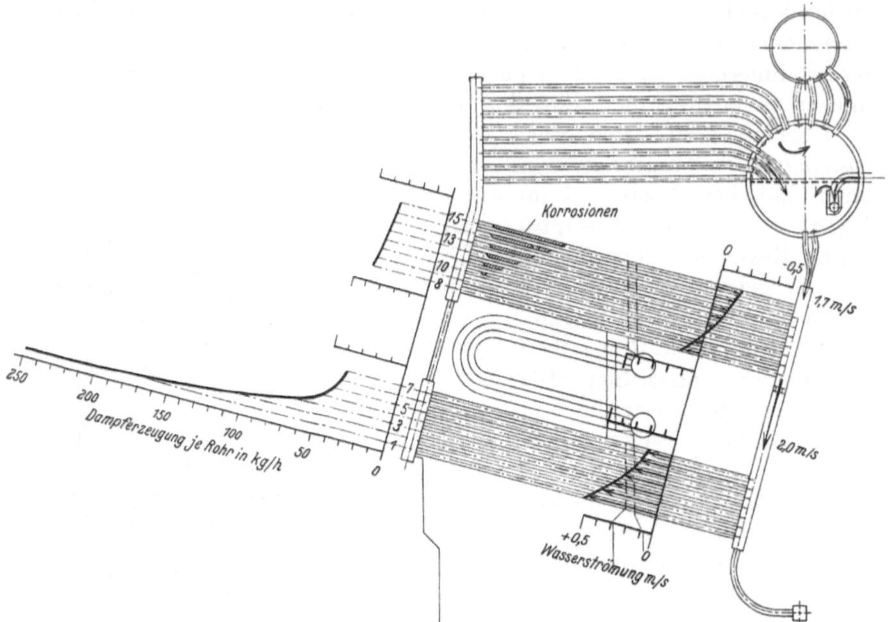

Abb. 67. Zusammenhang zwischen Korrosionslänge und Abwärtsströmung bei einem Teilkammerkessel.

Ausdehnung der Korrosionen. Der Betrieb hat an beheizten Modellversuchsrohren festgestellt, daß der gebildete Dampf durch die Gewalt

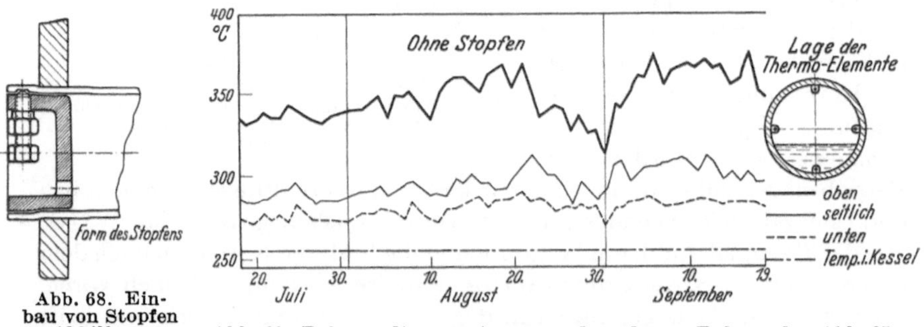

Abb. 68. Einbau von Stopfen zurAbhilfe gegen Korrosionen.

Abb. 69. Rohrwandtemperaturen an den oberen Rohren der Abb. 67 ohne Stopfen.

des in das Rohr einströmenden Wassers weitgehend an der Abströmung gehindert wird. Es wurde gefunden, daß eine Abwärtsströmung, die größer als 0,08 m/s ist, bereits Dampfstauungen verursacht. Die Dampfstauung läßt sich vermeiden, wenn die Abwärtsströmung im Rohr unterbunden wird. Da der Hauptkreislauf für die Kühlung der untersten Rohre unter den vorliegenden Betriebsverhältnissen ausreicht, so ist die Abdämmung des zweiten Kreislaufes gefahrlos. In dem betrachteten Fall wurde ein Stopfen nach Abb. 68 in jedes Rohr des oberen Bündels an der Wassereinlaufseite eingesetzt. Der Stopfen erhielt eine kleine Bohrung, die für die Wasserversorgung des Rohres völlig ausreichte. Vom Betrieb wurde ferner die Temperatur der Rohrwand im oberen Scheitel an der Stelle des Dampfpolsters nachgemessen.

Die festgestellten Rohrtemperaturen ohne Stopfen gibt Abb. 69 wieder.

Es zeigt sich die interessante Tatsache, daß die gefährlichen Rohrtemperaturen zwischen 300 und 375° C lagen, während man früher allgemein der Ansicht war, daß unter 500° C die Dampfspaltung keine erhebliche Bedeutung besitze. Die Kessel arbeiten mit den genannten Änderungen schon seit Jahren einwandfrei.

7. Rohrreißer in der dritten Rohrreihe des vorderen Rohrbündels eines Steilrohrkessels infolge fehlerhaften Wasserumlaufes beim Wiederanfahren nach kurzer Betriebspause.

Schließlich sei über einen interessanten Fall eines Kesselschadens berichtet, bei dem infolge zeitweise fehlerhaften Wasserkreislaufes Rohrreißer, bedingt sowohl durch Überhitzung wie auch durch Korrosion, auftraten.

Der in Abb. 70 dargestellte Viertrommel-Steilrohrkessel von 650 m² Heizfläche hatte einen Rohrreißer, der die sofortige Außerbetriebnahme des Kessels erforderlich machte. Der Kessel war im Jahre 1924 aufgestellt worden und hatte im ganzen etwa 60000 Betriebsstunden, seit der letzten Überholung 5100 Betriebsstunden. Das geplatzte Rohr lag in der 3. Rohrreihe. Der Schaden konnte nicht auf Kesselstein zurückgeführt werden, da bei einer Besichtigung die vordersten zwei Rohrreihen, die in diesem Falle mehr gefährdet gewesen wären, keinen nennenswerten Steinbelag zeigten, desgleichen zeigte auch das zerstörte Rohr, soweit ersichtlich, normalen Steinbelag.

Man hätte den Schaden auf einen Rohrfehler zurückgeführt, wenn nicht die Besichtigung der benachbarten Rohre ergeben hätte, daß auch hier eine Anzahl Rohre konische Erweiterungen zeigten, die bald zu einer Aufreißung führen mußten. Auffällig war, daß sich solche Schäden sogar in der 4. und 5. Reihe zeigten. Die beschädigten Rohre hatten sich außerdem gegenüber der ursprünglichen Form gelängt und verbogen. Es war daher anzunehmen, daß die Rohre infolge ungenügender Kühlung eine unzulässige Erwärmung erfahren hatten. Dies war jedoch nur möglich, wenn der Wasserkreislauf nicht einwandfrei war.

Andererseits war es erstaunlich, daß der Kessel schon viele Jahre ohne jede Störung gearbeitet hatte. Es ließ sich nachträglich noch feststellen, daß der Kessel schon bei der letzten Überholung einige krumme Rohre gezeigt hatte, die jedoch damals zu Bedenken keinen Anlaß gegeben hatten.

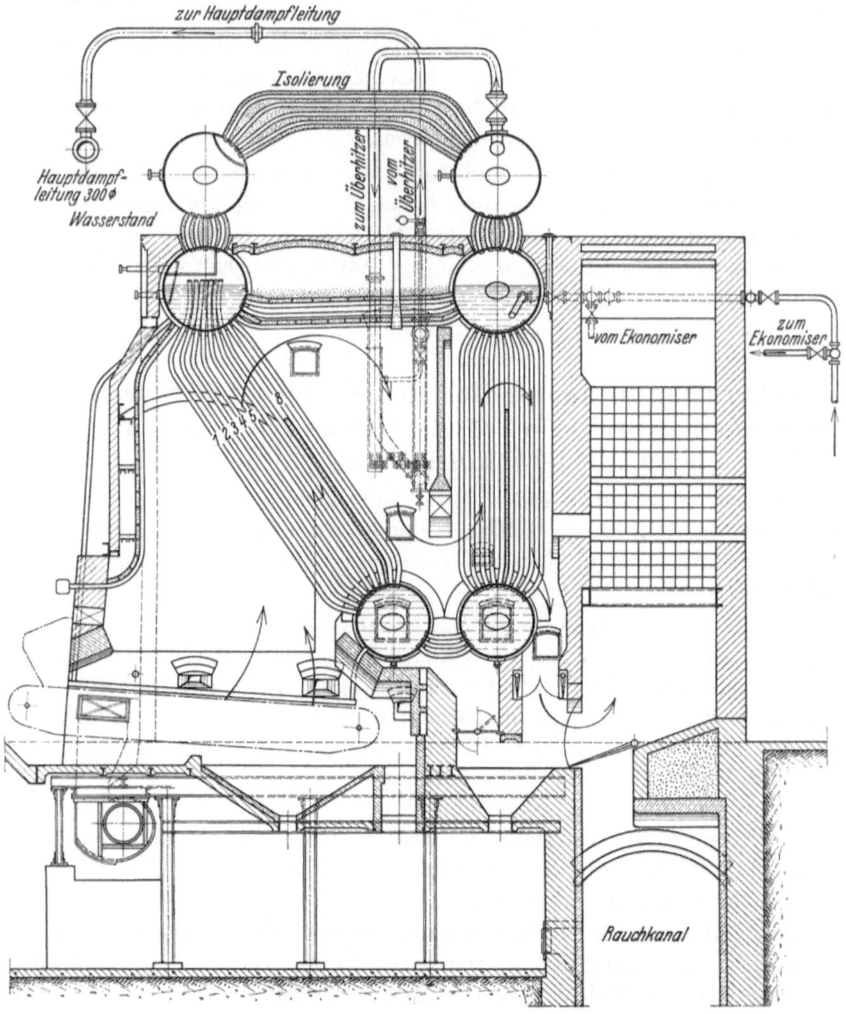

Abb. 70. Viertrommel-Steilrohrkessel 650 m².

Der Kessel ist mit zwei Unterwind-Wanderrosten ausgestattet und wird mit Ruhrförderkohle gefeuert. In den früheren Jahren ist er meistens mit Grundlast gefahren worden, in den letzten zwei Jahren dagegen war der Kessel als Spitzenkessel benutzt worden, derart, daß er oft für kurze Zeit „stationiert" wurde, d. h. es wurde der Unterwind weggenommen, wodurch die normale Kesselleistung von 20 to/st in kürzester

Zeit ($^1/_2$ Minute) auf etwa 5—6 to/st und in einigen Minuten völlig auf
Null herabfiel. Umgekehrt konnte die auf dem Rost verbliebene Kohlenschicht (am Kohlenschieber 220 cm) sehr rasch zur vollen Glut entfacht
und der Kessel wieder auf volle Leistung gebracht werden. Es war

daher zu vermuten, daß
der Kesselschaden mit dieser Betriebsweise zusammenhing.

Zunächst wurde das geplatzte Rohr 1 und ein
konisch erweitertes Rohr 2
einer Materialprüfungsanstalt zur Untersuchung überwiesen. Wie zu erwarten
war, erwies sich das Material
als einwandfrei. Kesselsteinansatz war im nicht aufgebauchten Teil kaum vorhanden, auch konnte bei
oberflächlicher Betrachtung
eine Korrosion nicht festgestellt werden. Eine ge

Abb. 71.

nauere metallographische Untersuchung ergab jedoch folgendes:

Beide Rohre haben im Betrieb eine starke Aufweitung erfahren. Sie
wiesen auf der Mantellinie durchlaufende starke örtliche Schwächung
der Wand auf, und zwar das
geplatzte Rohr 1 auf e i n e r
Mantellinie, das Rohr 2 auf
zwei einander gegenüberliegenden (Abb. 71).

Aus den metallographischen
Untersuchungen geht hervor,
daß diese Wandverschwächungen
bei Rohr 2 mit korrosiver Ab

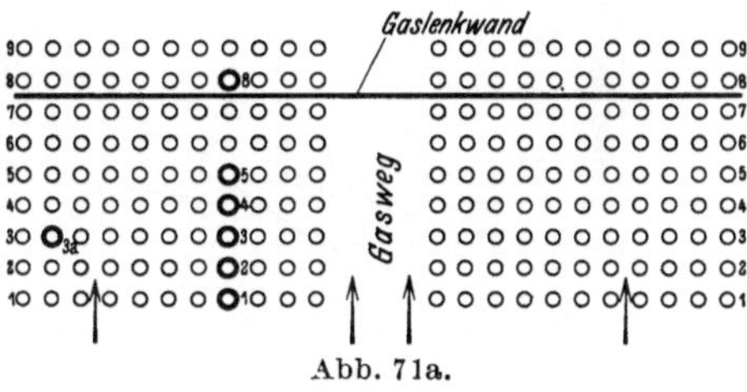

Abb. 71a.

zehrung des Materials in Zusammenhang stehen, während bei Rohr 1 hierfür keinerlei Anzeichen vorhanden sind und die Wandverschwächungen
durch bevorzugtes Fließen des Materials an dieser Stelle unter dem Einfluß höherer Temperaturen zu erklären ist. Nachdem einmal eine Aufweitung der Rohre eingetreten war, war natürlich auch die Reinigung der
Rohre von Stein an diesen Stellen erschwert, wodurch die Kühlung der
Rohre weiterhin gefährdet und der Aufweitungsprozeß unterstützt wurde.

Auf Grund der materialtechnischen Untersuchung, sowie der vorliegenden Betriebsverhältnisse war zu vermuten, daß die beim An- und
Abstellen des Kessels auftretenden Veränderungen im Wasserkreislauf

für die beobachteten Störungen verantwortlich gemacht werden müssen. Um dies zu klären, wurden vom Betrieb folgende Versuche vorgenommen:

An den in Abb. 70 und 71a bezeichneten Rohren 1, 2, 3, 3a, 4, 5 und 8 wurde mit dem von Cleve beschriebenen Meßgerät (*68*) der

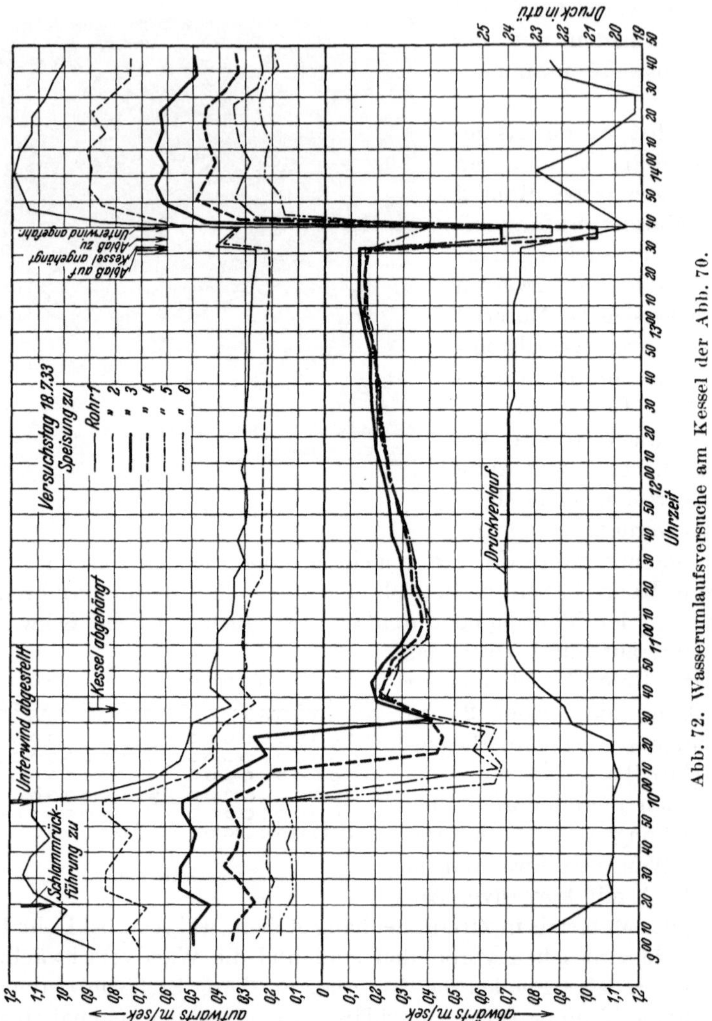

Abb. 72. Wasserumlaufsversuche am Kessel der Abb. 70.

Wasserkreislauf im normalen Betrieb sowie beim An- und Abstellen der Unterwindfeuerung beobachtet.

Schon die ersten Versuche zeigten einwandfrei, daß bei normalem Betrieb der Wasserumlauf in den untersuchten Rohren und damit auch in allen Kesselteilen einwandfrei ist. Alle Rohre vor der Gaslenkwand zeigen Aufwärtsströmung (Abb. 72) desgleichen auch das Rohr 8 hinter der Gaslenkwand; es sind also alle Rohre des vorderen Bündels Steigrohre. Um 10^h wurde die Feuerung abgestellt und nun zeigt sich, daß die hintersten Rohre fast augenblicklich die Strömungsrichtung umkehren, das Rohr 4 dagegen erst um $10^h\,14^m$, während das Rohr 3 erst um $10^h\,28^m$ umkehrende Strömung zeigt.

Die Umkehrung versucht sich zurückzubilden, da alle Rohre in der Zeit zwischen $10^h\,30^m$ bis $10^h\,40^m$ eine Tendenz zur Strömungsumkehr zeigen; es kommt jedoch nicht zur völligen Umkehr. Um $10^h\,45^m$ beginnt wieder eine allgemeine verstärkte Fallrohrströmung, die dann allmählich abklingt.

Um $13^h\,32^m$ bis $13^h\,40^m$ wurde die Feuerung wieder angestellt und es ergibt sich die merkwürdige Tatsache, daß die Rohre 3 bis 5 und 8 hierbei zunächst sehr kräftige Fallrohre wurden, um ebenso plötzlich um $13^h\,41^m$, gleich nach Anstellen des Unterwindes, wieder umzuschlagen, so daß schon etwa um $13^h\,45^m$ wieder die dem Dauerbetrieb gehörige normale Steigrohreigenschaft einsetzt. Während nun die Fallrohreigenschaft dieser Rohre um 10^h bei Abstellen der Feuerung infolge sehr schnellen Abfallens der Temperatur ungefährlich sein dürfte, verhält es sich nicht so beim Wiederanfahren. Hier trifft umkehrende Strömungsrichtung

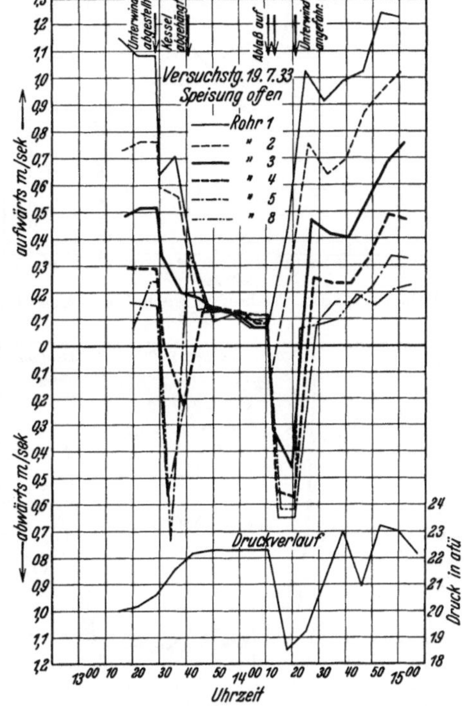

Abb. 73. Wasserumlaufsversuche am Kessel der Abb. 70.

mit schnell ansteigender Gastemperatur zusammen und es ist zweifellos, daß dieser Moment den Rohren gefährlich werden kann. Es zeigt sich auch ganz klar, daß die Zeitdauer dieser gefährlichen Betriebsweise nicht ausreicht, um sofort einen größeren Kesselschaden hervorzubringen, daß aber die öftere Wiederkehr dieser Erscheinung das allmähliche Aufblähen und schließliche Reißen des Rohres herbeiführen wird.

Derselbe charakteristische Vorgang ergibt sich bei dem Versuch am 19. 7. 33 (Abb. 73). Hier geht die erste Schwingung soweit, daß alle Rohre wieder Steigrohre werden, während beim Wiederanstellen der Feuerung alle Rohre mit Ausnahme des vordersten sehr kräftige Fallrohre werden. Dies wird unterstützt durch das gleichzeitige Fallen

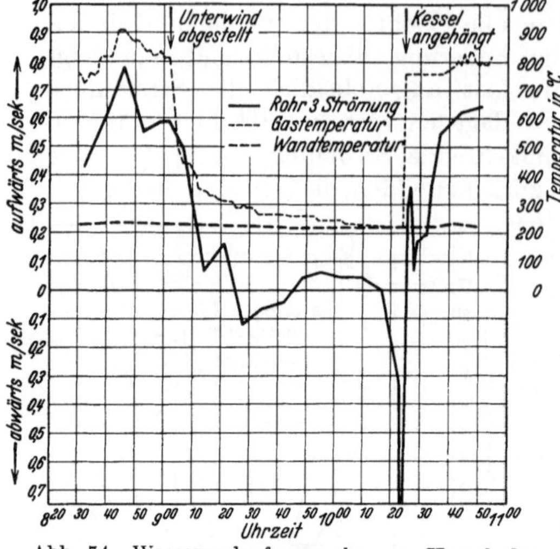

Abb. 74. Wasserumlaufsversuche am Kessel der Abb. 70.

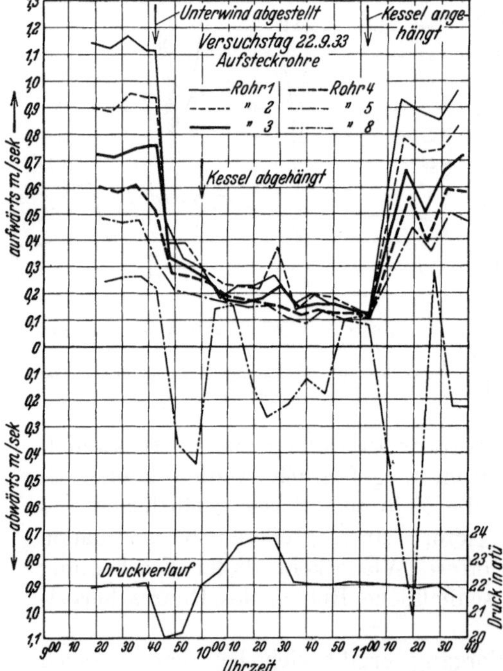

Abb. 75. Wasserumlaufsversuche am Kessel der Abb. 70.

des Druckes, das mit dem Wiederanfahren des Kessels betrieblich immer mehr oder weniger verbunden ist.

Die in den beiden Abb. 72 und 73 gegebenen Meßergebnisse sind Beispiele einer größeren Anzahl von Versuchen, die sinngemäß immer das gleiche ergeben haben, und zwar zeigte sich das Bild des langsam abklingenden Wasserumlaufes im vorderen Rohrbündel nach Art der Abb. 72 immer, wenn ohne Schlammrückführung und Speisung gefahren wurde, während die Abb. 73 aus einer Versuchsreihe stammt, bei der während des Versuches abgeschlämmt und entsprechend nachgespeist wurde.

Um zu untersuchen, inwieweit die gefundenen Strömungsvorgänge für die Siederohre gefährlich werden können, wurden zwei Thermoelemente am Rohr 3 und in den Gasstrom in der Nähe dieses Rohres angebracht, so daß sowohl Gas- wie Rohrwandtemperatur während des Versuches beobachtet werden konnten. Als Beispiel dieser Versuche sei die Abb. 74 gegeben, die den Strömungsverlauf im Rohr 3 mit dem Temperaturverlauf der Rohrwand und des Heizgases wiedergibt. Es zeigt sich eindeutig, daß das Umschlagen der Strömung nach dem Abstellen des Unterwindes so spät erfolgt, daß die dann noch vorhandene Gastemperatur dem Rohr nicht mehr gefährlich werden kann. Dagegen treten beim Wiederanfahren hohe Gastemperaturen und Abwärtsströmung gleichzeitig auf, so daß hierbei stillstehende Dampfblasen und örtliche Überhitzungen auftreten können.

Die Messung der Rohrwandtemperatur ergab immer nahezu Siedetemperaturen, so daß der direkte Nachweis einer örtlichen Überhitzung nicht gelang. Das ist auch nicht erstaunlich, da diese Überhitzungen nur zeitweise und örtlich auftreten werden.

Auf Grund der Umlaufversuche, des Betriebsbildes und der metallographischen Untersuchung ergibt sich jedoch einwandfrei, daß bei jedem Wiederanfahren des noch heißen Kessels für einzelne Rohrgruppen gefährliche Zeitabschnitte vorhanden sind, und zwar um so mehr, je kürzer die Betriebspause und je intensiver der Druckabfall war. Auch das mit dem Wiederanfahren meist verbundene Ablassen des Kessels wirkt erschwerend in dieser Richtung.

Als Abhilfe gegen die erkannte Gefährdung der Siederohre wurden alle Rohre vor der Gaslenkwand mit Aufsteckrohren versehen (in Abb. 70 gestrichelt). Es ist klar, daß nunmehr alle diese Rohre immer Steigrohre sein müssen, wie das auch aus den Ergebnissen des in Abb. 75 niedergelegten Versuches vom 22. 9. 33 hervorgeht, bei dem Abwärtsströmungen nur in dem hinter der Gaslenkwand liegenden Rohr 8 festzustellen waren, während die übrigen Rohre trotz ungünstiger Verhältnisse immer Steigrohre blieben.

Nach dreimonatiger Betriebszeit, in der der Kessel absichtlich häufig an- und abgestellt wurde, wurden die Siederohre einer genauen Untersuchung unterzogen und es ergaben sich keinerlei Anzeichen mehr für eine Gefährdung der Rohre.

D. Überhitzer.

Auf dem Gebiet des Überhitzerbaues begegnete man früher sehr weitverbreiteten Konstruktionsfehlern, die zu den bekannten Schäden an Überhitzerschlangen führten. Der Konstrukteur hatte sich bis zu einem gewissen Grade daran gewöhnt, daß einzelne Überhitzerschlangen oder ganze Überhitzer nach einer gewissen Betriebszeit ausgewechselt werden müßten. Bei einem gut konstruierten Kessel können aber die Überhitzerrohre die gleiche Lebensdauer wie die übrigen Teile des Kessels erreichen. Die durch falsche Konstruktion bedingten Schäden haben folgende Ursachen:

1. Wahl eines ungeeigneten Materials.

2. Innere Korrosion durch Dampfspaltung, äußerer Angriff durch Verzundern des Werkstoffes.

3. Fehlerhafte Auflagerung.

4. Ungeeignete Sammler und ungleichmäßige Dampfströmung.

1. Ungeeignetes Material.

Auf diesen Punkt wurde bereits eingangs hingewiesen. Ein richtig entworfener Überhitzer kann bis höchstens 425⁰ C Betriebstemperatur aus dem üblichen Kohlenstoffstahl hergestellt werden. Hierbei ist schon berücksichtigt, daß einzelne Schlangen infolge der bis zu einem gewissen Grad unvermeidbaren Ungleichheit der Beaufschlagung durch Dampf und Rauchgas und bei gelegentlicher Überlastung des Kessels Dampf-

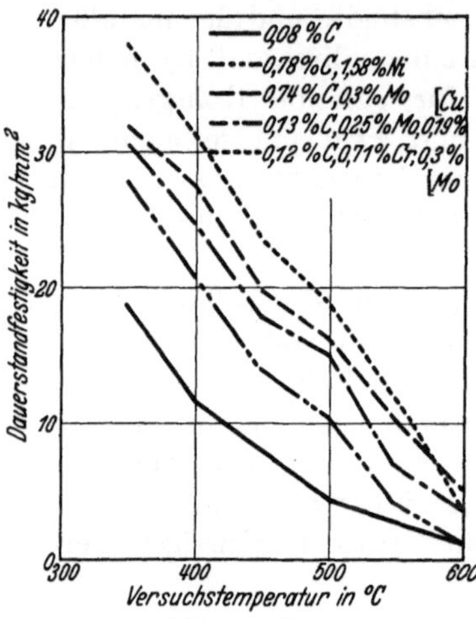

Abb. 76. Dauerstandfestigkeit für Überhitzerstähle.

temperaturen von etwa 450⁰ C annehmen können. Dies entspricht dann einer höchsten äußeren Wandtemperatur von etwa 530⁰ C und einer mittleren Betriebsaußenwandtemperatur von 480 bis 500⁰ C. Für höhere Dampfüberhitzung empfiehlt es sich in jedem Falle legierte Stähle zu verwenden (Molybdänstahl, Chrom-Molybdänstahl, auch Vanadium und Aluminium kommen als Legierungsbestandteile in Frage, z. B. beim Sicromalstahl der Vereinigten Stahlwerke). Auch die Ferrothermstähle von Krupp eignen sich für hohe Temperaturen. Bei hohen Endüberhitzungen stellt man den Überhitzer zweckmäßig aus zweierlei Material her. Wird legiertes Material mit gewöhnlichem zusammengeschweißt, so überzeugt man sich vorher durch Probeschweißung mit Schliffbildern von der Zulässigkeit dieser Verbindung.

Bei der Bemessung der Wandstärke von Überhitzerrohren ist die Dauerstandfestigkeit zu berücksichtigen, die für verschiedene Überhitzerstähle aus der Abb. 76 zu entnehmen ist (75).

Während für die Verzunderung die höchste äußere Rohrwandtemperatur maßgebend ist, ist für die Festigkeitsrechnung von der mittleren Wandtemperatur auszugehen. Die Wärmespannungen sind bei Berührungsüberhitzern mit ihrer verhältnismäßig niederen Wärmebelastung im allgemeinen ohne Bedeutung, da sie unter der 0,2%-Dehngrenze liegen und im Betrieb durch Formänderung zum Verschwinden gelangen.

Es ist zu beachten, daß die Sammler, in die die Rohre eingewalzt werden, eine höhere Kaltstreckgrenze als das Rohr besitzen müssen (vgl. S. 145).

2. Innere Korrosion durch Dampfspaltung und äußerer Angriff durch Verzundern des Werkstoffes.

Beide Angriffsarten stehen in engem Zusammenhang zueinander, da geringe Dampfströmung und hohe Überhitzung einen schlechten Wärmeübergang und somit hohe Außenwandtemperatur ergibt. Die

Wandtemperatur ist jedoch wegen der höheren Kühlwirkung des hochgespannten Dampfes sehr stark vom Druck abhängig. In Abb. 77 ist nach einer Untersuchung von O. H. Hartmann (76) die Wandtemperatur von Überhitzerrohren in Abhängigkeit von der Dampfgeschwindigkeit für verschiedene Drücke dargestellt, wobei als mittlere Feuergastemperatur 1000⁰ C, als mittlere zu erzielende Dampfüberhitzung 450⁰ C und für α_i der Wert 50 eingesetzt ist. Man erkennt sehr deutlich, daß für niedere Drücke Dampfgeschwindigkeiten, die unter 4 m/s liegen, zur Zerstörung der Rohre führen müssen, während andererseits für 100 atü solche Dampfgeschwindigkeiten noch zulässig wären. Dies muß jedoch durch weitere Versuche noch näher erforscht werden.

Im vorangehenden Abschnitt haben wir gesehen, daß bei stillstehenden Dampfpolstern eine Korrosion durch Dampfspaltung nach der Gleichung $3\,Fe + 4\,H_2O \rightarrow Fe_3O_4 + 4\,H_2$ bereits bei Temperaturen von 300⁰ C beginnt. In Überhitzern wird ein absolutes Stagnieren von Dampf, abgesehen von betrieblichen Fehlern, kaum vorkommen.

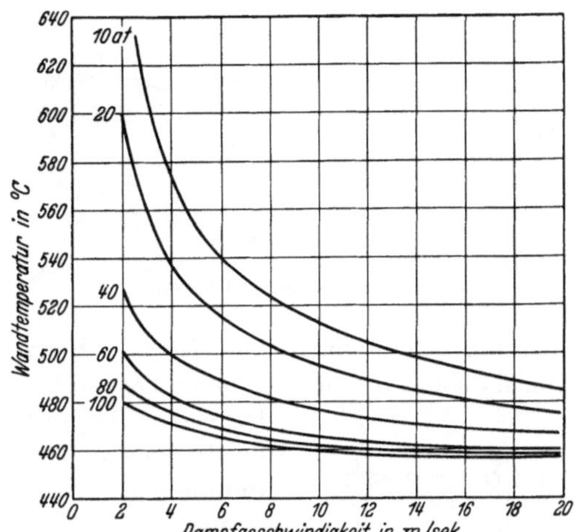

Abb. 77. Wandtemperatur von Überhitzerrohren bei verschiedenen Dampfspannungen und Geschwindigkeiten.

Dagegen wird bei ungeeigneter Konstruktion in einzelnen ungünstig gelagerten Schlangen eine sehr geringe Dampfströmung auftreten können. Münzinger (77) berichtet über Versuche, wie die Reaktion bei höheren Temperaturen und bei strömendem Dampf verläuft. Eine Spirale aus Eisendraht in einer Wasserdampfströmung von etwa 1 m/s wurde im elektrischen Ofen auf entsprechende Temperatur gebracht und ihr elektrischer Widerstand gemessen. Aus dem infolge Verzunderung sich ändernden Widerstand kann auf das Maß des Angriffes geschlossen werden. Münzinger kommt zu dem Schluß, daß die Korrosionsgefahr durch Reaktion zwischen Wasserdampf und Eisen bei 600⁰ C in zweifacher Weise größer ist als bei 500⁰ C. Einmal ist der Angriff an sich viel heftiger, zum anderen tritt selbst im günstigsten Falle erst nach langer Zeit ein Schutz gegen weitere Zerstörung ein (vgl. Abb. 78).

Im praktischen Kesselbetrieb kann sich überhaupt keine Schutzschicht bilden, da diese unter dem Einfluß des schwankenden Dampfdruckes und durch die stetigen Änderungen der Rauchgastemperaturen Risse bekommt, durch die hindurch der Angriff stets weiterschreitet.

Vor Münzinger hat bereits Fellows (*78*) ähnliche Versuche ausgeführt. Fellows führte seine Versuche bei 0,13 m/s aus. Spätere Versuche mit 4 m/s Dampfgeschwindigkeit ergaben wesentlich geringere Korrosionen und bei 15 m/s wurden überhaupt keine Angriffe durch Dampfzersetzung mehr festgestellt.

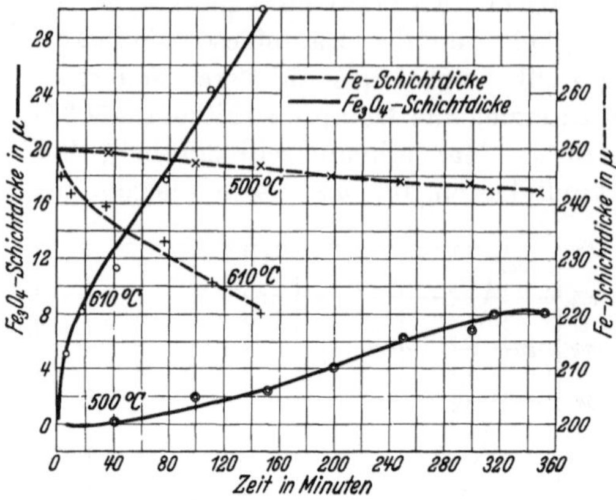

Abb. 78. Korrosionsversuche von Münzinger an dampfdurchströmten Rohren.

Selbst bei genügender Dampfströmung im Innern jeder Schlange kann jedoch eine äußere Verzunderung der Rohre dann eintreten, wenn die Schlangen zur Gasströmung ungünstig angeordnet sind. So sollten z. B. liegend angeordnete Überhitzer, bei denen die Rauchgase von oben eintreten, nicht nach Abb. 79 mit horizontalen Schlangen angeordnet sein, da sonst die oberste Schlange die höchste Rauchgastemperatur und den ersten Anprall der Rauchgase empfängt, wodurch eine sehr starke Verschiedenheit der Überhitzung in den einzelnen Schlangen auftritt, und am Endteil der Schlange höchste Innen- und höchste Außentemperatur zusammentreffen. Auch empfiehlt es sich nicht, die Rauchgase senkrecht auf die Umkehrbögen der Schlangen aufprallen zu lassen, um einen Wärmestau an dieser Stelle zu vermeiden.

Die Kesselfirmen sind geneigt, unter dem Druck des Bestellers, der Wert auf geringen Druckverlust im Überhitzer legt, diesen mit zu geringem Druckabfall zu konstruieren. Die Folge davon ist häufig ungenügende Dampfströmung im Überhitzer. Es ist besser, einen gewissen Druckabfall, der eine Mindestgeschwindigkeit garantiert, vorzusehen.

Während bekanntermaßen Gegenstrom eine bessere Ausnützung der Heizfläche ergibt als Gleichstrom, sollte trotzdem bei Überhitzern Gleichstrom angewandt werden, sofern hohe Endüberhitzung verlangt wird. In diesem Falle werden die Enden der Rohre mit der höchsten Innentemperatur mit den Heizgasen niederer Temperatur zusammentreffen, wodurch die höchsten Außenwandtemperaturen erheblich gemildert werden können.

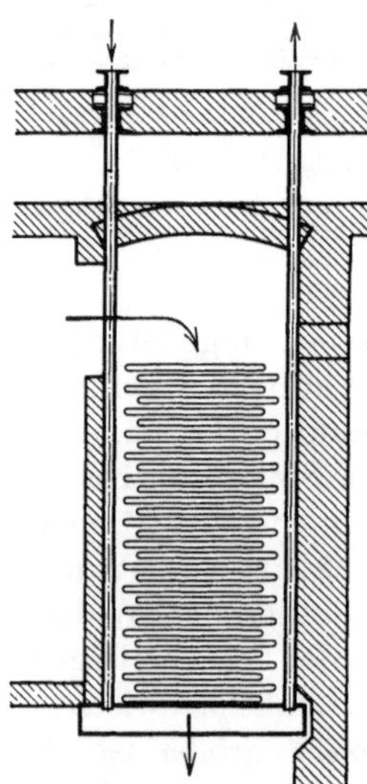

Abb. 79. Liegend angeordneter Überhitzer.

3. Ungenügende Auflagerung.

Je nach der Anordnung des Überhitzers im Kessel, der Feuerungsart und der Betriebsführung haben die Rauchgase am Eintritt in den Überhitzer Temperaturen von 600—1000° C. Danach müssen auch die Aufhänge- oder Unterstützungskonstruktionen bemessen sein. Auf diesem Gebiet wurde früher besonders viel gesündigt. Allerdings muß man den Erbauern älterer Kessel zugute halten, daß entsprechend haltbare Werkstoffe noch nicht vorhanden waren. Jedoch auch unter Verwendung hochwertigster Materialien ist dafür zu sorgen, daß diese keine unzulässigen Temperaturen annehmen können. Denn es ist kein Material vorhanden,

Abb. 80. Verbogene Überhitzerrohre.

das bis 1000° C, selbst wenn es gegen Verzunderung sicher sein sollte, noch imstande wäre, irgendeine Belastung zu übernehmen. Zuganker werden unter dem Einfluß des Kriechens des Materials gelängt und schließlich zerstört werden. Sie müssen daher dem Einfluß der Gasströmung möglichst entzogen und durch Anschweißen oder Anklemmen an die Überhitzerschlangen einigermaßen gekühlt werden. In schwierigen Fällen sind wasser- oder dampfgekühlte Anker zu verwenden, erstere sind zur Sicherheit gegen Durchrosten aus V 2 A herzustellen. Als Zwischenlage zwischen die Rohre der liegenden Überhitzer kann Sicromal oder 12—15%iges Chromgußeisen verwandt werden. Die Unterstützung der Schlangen darf nicht in zu weitem Abstand genommen werden, da sich sonst die Schlangen unter dem Einfluß der hohen Temperaturen im Laufe der Zeit durchbiegen (vgl. Abb. 80), wodurch dann beim Außerbetriebsetzen Wasser in den Schlangen stehen bleibt und diese im Laufe der Zeit durchrosten. Auch sonstige betriebliche Störungen (s. dort) sind damit verbunden.

4. Sammler.

Bei der Bemessung der Sammler ist zu bedenken, daß diese unter dem Einfluß der hohen Temperaturen leicht Formveränderungen erleiden, sofern sie nicht sehr kräftig konstruiert sind. Ovale Verschlußdeckel, die mit dem Innendruck abdichten, sollen bearbeitet, riefenfrei und maßhaltig sein und auf sorgfältig vorbereiteten, maschinell bearbeiteten

Dichtflächen aufsitzen und außerdem sehr kräftig gebaut sein, damit sie nicht bei der hohen Temperatur Durchbiegungen erleiden, die zu Undichtheiten führen. Um eine gleichmäßige Dampfverteilung auf die Rohre zu erzielen, soll der Druckabfall im Sammler gering, der in den Rohren entsprechend groß sein.

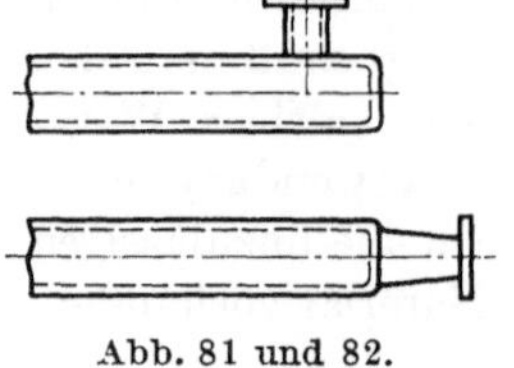

Abb. 81 und 82.

Bei langen Sammlern ist die Art der Anbringung des Stutzens von großer Wichtigkeit. Er soll senkrecht zum Sammler und nicht in Richtung des Sammlers angeordnet sein (Abb. 81 und 82), da in diesem Fall die kinetische Energie des Dampfes sich am Ende des Sammlers zum Teil in Druck umsetzt, wodurch die Schlangen in der Nähe des Einströmstutzens zu wenig, die anderen zu viel Dampf erhalten.

Im folgenden sollen einige typische Beispiele von Überhitzerschäden und ihre Verhütung beschrieben werden:

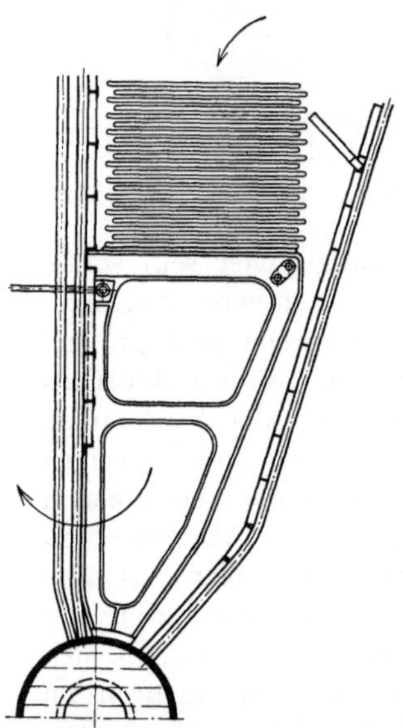

Abb. 83. Liegend angeordneter Überhitzer eines Steilrohrkessels 2000 m² Heizfläche.

Ein Großkessel amerikanischer Bauart von rd. 2000 m² Heizfläche und 40 atü hat einen liegenden Überhitzer, der auf gußeisernen Konsolen ruht (Abb. 83). Jede Schlange hat zwölf Windungen und eine gestreckte Länge von 45 m. Das Material ist gewöhnliches Flußeisen I. Da sich zeigte, daß der Überhitzer zu reichlich bemessen war und Dampftemperaturen von bis zu 475⁰ C aufwies, wurden eine Anzahl Schlangen herausgenommen, wodurch die Überhitzer-Mischtemperatur auf etwa 425⁰ C zurückging. Trotzdem mußte man feststellen, daß die obersten Schlangen dauernd rotwarm waren und schätzungsweise Wandtemperaturen von über 600⁰ C am Heißdampfaustritt aufwiesen. Eine Nachmessung der einzelnen Schlangentemperaturen ergab, wie zu erwarten war, ganz erhebliche Unterschiede in der Temperatur. Die untersten Schlangen zeigten nur rd. 300⁰ C Dampftemperatur. Diese Temperatur erhob sich schrittweise bis zu etwa 550⁰ C der obersten Schlangen.

(Da die Temperaturen durch Festbinden von Thermoelementen auf die Schlangen gemessen wurden, so ergibt sich nur ein relatives Bild. Die wahre Temperatur lag bei den heißesten Schlangen um schätzungsweise 50⁰ C höher.) Es traten auch sehr bald Überhitzerschäden an den obersten Schlangen auf. Die Schlangen verzunderten und rissen auf, meist in den letzten Windungen. Weiterhin ergab sich, daß die Auflageeisen zwischen den Schlangen ebenfalls verzunderten. Schließlich gaben auch sehr bald die gußeisernen Unterstützungsböcke nach und bogen sich stark durch, vgl. Abb. 84. Dadurch wurden die Schlangen ihrer Unterlage beraubt, bogen sich durch und hingen schließlich in wirrem Durcheinander im Kessel.

Abb. 84. Verbogener gußeiserner Unterstützungsbock.

Die gesamte Anordnung des Überhitzers muß als verfehlt betrachtet werden. Insbesondere ist die oberste Schlange infolge der Art der Gasführung stark gefährdet.
Die durch das erste Rohrbündel durchtretenden Rauchgase erleiden in dem Raum über dem Überhitzer eine kräftige Durchmischung, wobei auch Nachverbrennungen eintreten. Die Schlange unterliegt daher neben der Berührung auch einer erheblichen Gasstrahlung. Die Dampfgeschwindigkeit im Sammler beträgt bei Höchstlast am Eintritt 19 m/s, am Austritt 30 m/s. Die Geschwindigkeit in der Schlange steigt von 10 auf 15,5 m/s. Ferner ist die gestreckte Länge reichlich

Abb. 85. Verzundertes Überhitzerrohr.

groß. Nimmt man dazu die stark ungleiche Dampfverteilung über die einzelnen Schlangen, so ist es nicht zu verwundern, daß normales Material nicht standhielt.

Vom Betrieb wurden folgende Behelfsmaßnahmen vorgenommen, da ein völliger Umbau zu kostspielig gewesen wäre.

Die untere Hälfte der Schlangen erhielt Düsen, die den Dampfzufluß auf 60—75% herabdrosselten. Die oberste Schlange wurde zur

Erhöhung der Dampfgeschwindigkeit nur mit acht Windungen ausgeführt, die nächsten zwei Schlangen mit zehn Windungen. Erst dann folgten die Schlangen mit zwölf Windungen. Die letzte Windung der drei obersten Schlangen wurde mit feuerfestem Material abgedeckt. Diese Maßnahmen hatten vollen Erfolg. Späterhin wurden die obersten Rohre aus Sicherheitsgründen aus Sicromal 8, die nächsten aus Sicromal 6 ausgeführt.

Die Unterstützungsböcke wurden aus 12—15%igem Chromguß hergestellt. Für die Zwischenlagen zwischen den einzelnen Schlangen wurde ebenfalls Chromguß gewählt. Nach diesen Umbauten hat der Überhitzer bis jetzt zu Störungen keinen Anlaß mehr gegeben (etwa 20000 Betriebsstunden).

Das Beispiel eines stark verzunderten Überhitzerrohres infolge ungenügender Dampfströmung und zu reichlich bemessenen Überhitzers zeigt Abb. 85. Das Rohr lag in der heißesten Gaszone, der überhitzte Dampf hatte eine Temperatur von 450° C, während der Kessel nur für 400° C bestellt war. Das Rohr besaß nur noch die halbe Wand

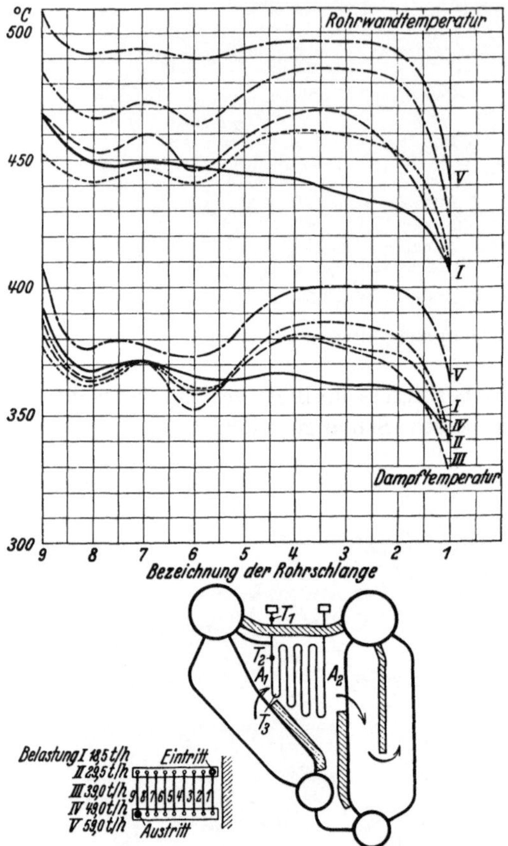

Abb. 86. Verteilung der Rohrwand- und Heißdampftemperaturen eines Überhitzers bei wechselnder Last.

stärke, die andere Hälfte bestand aus schwarzem blättrigem Eisenoxyd.

Über die Verteilung des Dampfes auf die einzelnen Schlangen von Überhitzern verschiedener Bauart sowie über die dadurch bedingte Verschiedenheit von Dampftemperaturen und Rohrwandtemperaturen an den einzelnen Schlangen hat Kritzler Untersuchungen angestellt. Ein hängender Überhitzer nach Abb. 86 mit neun Rohrschlangen am Sammler wurde bei verschiedenen Belastungen auf Rohrwand- und Dampftemperatur untersucht.

Der Überhitzer zeigt verhältnismäßig gleichmäßige Dampfverteilung. Nur die am Dampfeintritt gelagerte Schlange 1 ergab wesentlich tiefere

Dampf- und Rohrwandtemperaturen als die übrigen Schlangen. Die ungünstigste Schlange 9 zeigt bei höchster Belastung eine Rohrwandtemperatur von 500⁰ C und eine Dampftemperatur von 410⁰ C, hat also eine Wandübertemperatur von 90⁰ C und befindet sich in einem Temperaturgebiet, das hart an der zulässigen Grenze für gewöhnliches Material liegt. Die Schlange 1 weist dagegen eine höchste Wandtemperatur von nur 440⁰ C auf. Man erkennt aus diesem Beispiel, wie schwierig es ist, konstruktiv einwandfreie Verhältnisse zu schaffen. Es ist zu beachten, daß Schlange 9 im Innern des Kessels an einer Rohrgasse liegt und daher

Tabelle 16.

Leistung t/h	20	40	60
Einlaßstutzen m/s .	7	14	20
Auslaßstutzen m/s .	9	19	30
Rohrschlange m/s .	5	10	16

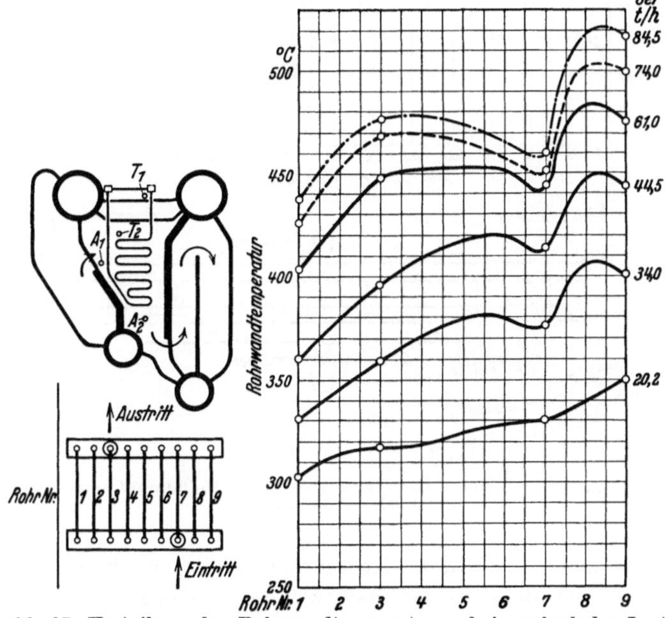

Abb. 87. Verteilung der Rohrwandtemperaturen bei wechselnder Last.

rauchgasseitig ungünstigere Verhältnisse als die übrigen Schlangen aufweist. Zweckmäßiger wäre der Dampfeintritt und Austritt vertauscht worden. Die Einströmenergie des Dampfes wäre dann in erster Linie Schlange 9 zugute gekommen und hätte dadurch den Einfluß der verschiedenen Beheizung ausgeglichen. Die Nachrechnung der Dampfgeschwindigkeit in diesem Überhitzer bei verschiedenen Belastungen zeigt Tabelle 16.

Die Geschwindigkeit im Ein- und Auslaßstutzen wäre besser etwas niederer gewählt worden, während die Geschwindigkeit in der Schlange eher etwas höher sein dürfte.

An einem nach Abb. 87 gebauten Überhitzer vorgenommenen Versuche ergaben ein ähnliches Bild. Auch hier ist deutlich zu erkennen, daß die dem Eintrittsstutzen gegenüberliegende Schlange in der Dampfbeaufschlagung bevorzugt ist. Die Verlegung von Ein- und Austrittsstutzen nach der Mitte zu erscheint danach nicht ratsam. Man wird zweckmäßigerweise wenigstens den Eintrittsstutzen an das Ende des

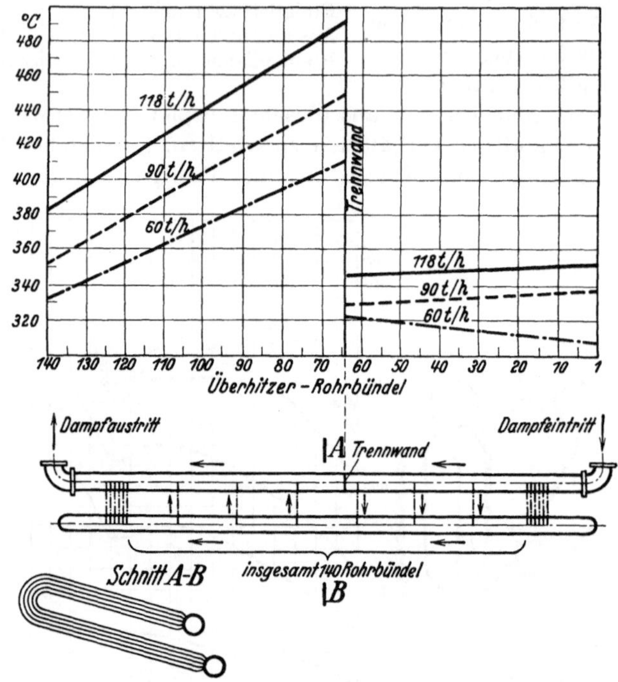

Abb. 88. Anordnung des Überhitzers und gemessene Heißdampftemperaturen bei verschiedener Belastung.

Sammlers verlegen und den Kastenquerschnitt reichlich bemessen, gegebenenfalls der dem Einströmstutzen gegenüberliegenden Schlange durch eine Drosseldüse ihre bevorzugte Lage wieder nehmen. Je höher die gewählte Überhitzertemperatur ist, um so sorgfältiger wird man sich demnach durch konstruktive Mittel gegen eine unterschiedliche Beaufschlagung der einzelnen Schlangen schützen müssen.

Eine interessante Bestätigung der Beobachtungen von Kritzler ergibt die Temperaturmessungen an dem in Abb. 88 dargestellten Überhitzer (79). Es handelt sich hier um einen Teilkammerkessel von 2100 m² Kesselheizfläche, der durch Umbau auf Staubfeuerung von einer Leistung von 100 t/h auf eine solche von 150 t/h gebracht wurde. Der ursprünglich vorhandene Überhitzer wurde von 690 auf 740 m² vergrößert. Dampfein- und -austritt befinden sich an einem Sammler, der eine Trennwand besitzt, derart, daß entsprechend dem vergrößerten Dampfvolumen der Sattdampfteil kleiner ist als der Teil für überhitzten Dampf. Nach verhältnismäßig kurzer Betriebszeit zeigten die hinter der Trennwand gelegenen Rohre starke Verzunderung. Die daraufhin durchgeführten Temperaturmessungen gaben ein anschauliches Bild der Temperaturverteilung. Die Rohre unmittelbar hinter der Trennwand sind sehr ungünstig beaufschlagt. Es ist als fehlerhaft zu bezeichnen, daß der Dampfeintritt seitlich in der Verlängerung des Sammlers angebracht ist. Der einströmende Dampf staut sich an der Trennwand und gibt den vor der Trennwand liegenden Rohren die beste Beaufschlagung. Die unmittelbar hinter der Trennwand befindlichen Rohre liegen einmal im Strömungsschatten, sodann haben sie aber auch den größten Widerstand, da der Dampf dieser Rohre einen längeren Weg im Sammler für überhitzten Dampf zu durchlaufen hat, wo die größeren Widerstände vorliegen. Die Rücksicht auf geringen Druckverlust im Überhitzer gab Anlaß zu einer falschen Maßnahme, nämlich die Trennwand unsymmetrisch verschoben nach der Sattdampfseite anzuordnen, wodurch sich dieser Fehler noch stärker auswirkte. Es wäre konstruktiv richtiger gewesen, den Sammler für Dampfein- und -austritt aus zwei Teilen verschiedenen Durchmessers herzustellen, derart, daß der Sammler für überhitzten Dampf reichlicher im Querschnitt bemessen wird. Auch wäre zu erwägen, bei solch langen Sammlern den überhitzten Dampf an zwei symmetrisch gelegenen Stellen abzuziehen.

Interessant ist folgender Fall eines Überhitzerschadens, der sich an einem kohlenstaubgefeuerten Kessel für eine Leistung von 35/60 t/h ereignete. Der früher mit Rostfeuerung betriebene Kessel war auf Kohlenstaubfeuerung umgestellt und durch Vergrößerung der Heizfläche in seiner Leistung stark erhöht worden. Nach dem Umbau zeigte es sich, daß der ausgewechselte Berührungsüberhitzer von 320 m² Heizfläche die verlangte Überhitzung von 400° C nicht sicherstellte und daneben einen zu hohen Widerstand hatte. Zur Abhilfe wurde an der Decke der Brennkammer ein zweiter Überhitzer dem anderen als Strahlungsüberhitzer parallel geschaltet, der bei 27 m² Heizfläche aus 40 etwa 3 m langen Rohren besteht, die in geradem Durchgang die beiden etwa 5,7 m langen Verteilungskästen verbinden. Bereits nach 11stündigem Betrieb mußte der wieder angefahrene Kessel wegen Rohrreißers am neuen Strahlungsüberhitzer außer Betrieb genommen werden. Dabei hatten während dieser Betriebszeit die einzelnen gemessenen Temperaturen der Dampfausgänge beider Überhitzer keine unzulässigen Temperaturen angezeigt. Der Dampf verließ vielmehr den Berührungsüberhitzer mit etwa 350° C, den Strahlungsüberhitzer mit 315° C, außerdem konnte aus der Mischtemperatur des Dampfes festgestellt werden, daß sich die gesamte Dampfmenge etwa zu gleichen Teilen auf beide Überhitzer verteilte. Demnach konnten die Rohre des Strahlungsüberhitzers nach dem Befund der Dampftemperatur keine unzulässig hohe Temperatur angenommen haben. Die Untersuchung des Kessels nach der Störung zeigte demgegenüber, daß das Rohr 20 der Abb. 89, das dem Dampfeingang am nächsten liegt, aufgeweitet und gerissen war, während das dazu symmetrisch liegende Rohr 21 ebenfalls schon eine starke Aufweitung zeigte. Beide Rohre wiesen deutlich die Merkmale starker Überhitzung auf: die Nachbarrohre waren offenbar auch schon reichlich warm gewesen, während die den Kesselwänden am nächsten liegenden Rohre vollkommen normal aussahen.

Die schadhaften Rohre 19 bis 22 wurden entfernt und der Kessel ohne sie wieder in Betrieb genommen, nachdem die übrigen Rohre mit Thermoelementen versehen waren, um ihre Wandtemperatur während des Betriebes verfolgen zu können. Bei schon geringer Leistung des Kessels (~ 30 t/h zeigte sich, die in der Abb. 89 dargestellte Verteilung der Rohrwandtemperatur, wobei die Dampfausgangstemperatur an diesem Überhitzer nur wieder 315° C betrug. Es ergab sich, daß die Rohrwandtemperatur von außen her derart anstieg, daß die mittleren Rohre gegenüber den der Kesselwand und dem Dampfausgang nächstliegenden Rohren eine um etwa 200° C höhere Wandtemperatur aufwiesen und schon bei der geringen Leistung eine unzulässig hohe Temperatur annahmen. Der Kessel mußte demnach wieder außer Betrieb genommen werden.

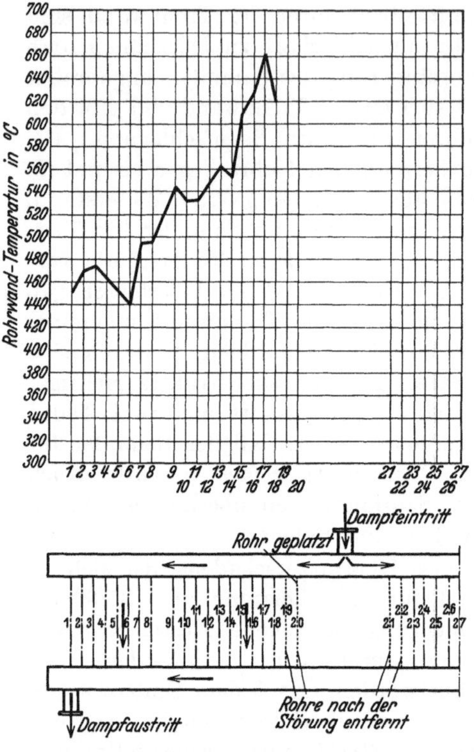

Abb. 89. Rohrwandtemperaturen an einem Strahlungsüberhitzer.

Die Ursache dieser Erscheinung ist eine außerordentlich ungleichmäßige Dampfverteilung über die einzelnen Rohre, die sich daraus erklärt. daß der mit großer Geschwindigkeit durch den verhältnismäßig engen Verteilungskasten nach beiden Seiten strömende Dampf an den inneren Rohren vorbeischießt und nur die äußeren Rohre beaufschlagt. Diese in geringem Grade bei allen derartigen Kästen beobachtete Tatsache wird im allgemeinen durch den meistens verhältnismäßig großen Widerstand der Verbindungsrohre unschädlich gemacht, der durch eine gewisse Siebwirkung die Strömung einigermaßen gleichmäßig auf die einzelnen Rohre verteilt. Im vorliegenden Falle reicht aber der sehr geringe Widerstand der Überhitzerrohre zu einer solchen Siebwirkung nicht aus. Durch die starke Wärmeeinstrahlung wird dann naturgemäß die schon vorhandene Ungleichmäßigkeit der Beaufschlagung noch stark erhöht.

Als Abhilfe wurden vom Betrieb mehrere Trennwände in die Verteilungskästen eingebaut, die den Dampf zwingen, die Überhitzerrohre im 3fach-Fluß zu durchströmen. Die Wirkung dieser Maßnahme geht aus der Abb. 90 hervor. Wie erwartet, sind die Rohrwandtemperaturen einigermaßen gleichmäßig und bleiben in zulässigen Grenzen. Am besten bestätigt wird aber die oben dargelegte Auffassung über die Ursache des Störungsfalles durch die Tatsache, daß der Widerstand des Überhitzers und auch die Dampfverteilung auf beide parallel geschalteten Überhitzer durch den Einbau

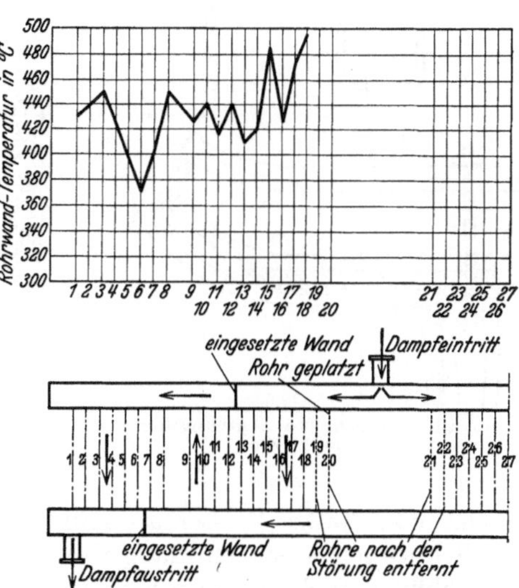

Abb. 90. Rohrwandtemperaturen nach Einbau von Zwischenwänden. in den Verteilungskästen.

der Trennwände und den doch längeren Dampfweg nicht merkbar erhöht wurde. Damit ist bewiesen, daß die mittleren Rohre vor dem Einbau der Trennwände keine nennenswerte Beaufschlagung gehabt haben können.

Man wird demnach bei der Konstruktion solcher Überhitzer darauf achten müssen, daß die möglichst gleichmäßige Beaufschlagung jedes Überhitzerrohres durch geeignete Maßnahmen gesichert ist. Dies wird um so mehr notwendig, wenn die Heizflächenbelastung, wie das bei Strahlungsüberhitzern der Fall ist, verhältnismäßig hoch ist.

Ein hängender Überhitzer für 440° C war ohne Unterstützung angeordnet worden. Schon nach 5000 Betriebsstunden zeigte der Überhitzer ein völliges Herabsacken der mittleren Teile der Schlange. Der Schaden wurde gemäß Abb. 91 beseitigt.

Der im Gasstrom liegende Anker muß aus hochhitzebeständigem Material hergestellt werden. Da es sich empfiehlt, bei hochbeanspruchten Kesseln die untersten Verbindungsrohre der beiden Obertrommeln durch eine vorgelegte Hängedecke vor direkter Beheizung zu schützen und es unpraktisch ist, Halteanker durch die Hängedecke hindurch zu stecken, so kann die Verankerung auch in der Weise erfolgen, daß oben an den Bögen ein Verbindungsstab aus hochhitzebeständigem Material entlang gelegt wird, der mit den einzelnen Schlangen durch Schweißung verbunden wird. Man kann die Schweißung auch vermeiden, wenn man die teuerere Konstruktion wählt, für jede Schlange zwei Verbindungsstäbe nach Abb. 92.

Es ist vielfach üblich, die Überhitzerschlangen auf der Mittelwand des Kessels aufzulagern. Gibt die Wand unter dem Einfluß der Beheizung nach, so sacken die Schlangen ab, hängen an der Einwalzstelle und werden undicht.

Abb. 79 gibt eine Konstruktion für eine wassergekühlte Aufhängung der Schlangen wieder. Die Ankerrohre sind in kurzen Sammlern eingewalzt. Ver-

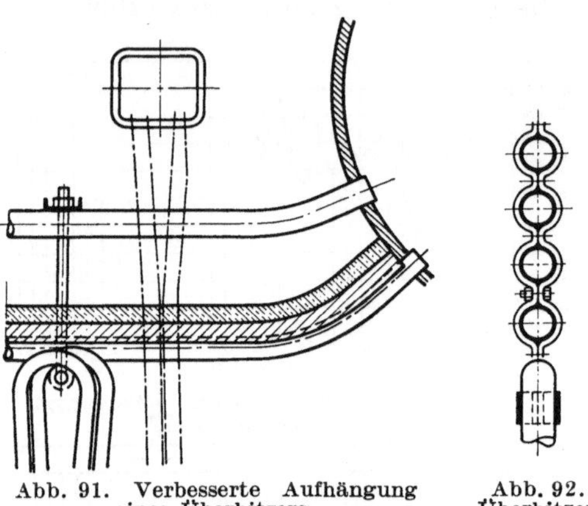

Abb. 91. Verbesserte Aufhängung eines Überhitzers.

Abb. 92. Überhitzeraufhängung.

wendet man kaltes Wasser als Kühlwasser, so müssen die Ankerrohre zum Schutz gegen Sauerstoffangriff aus V 2 A bestehen; man kann jedoch die Kühlung auch so bewerkstelligen, daß man Speisewasser über die Anker in die Wasserreinigung zurückentspannt. Diese Ausführung hat sich im Betrieb sehr gut bewährt.

Die mangelhafte Anbringung eines Stutzens am Überhitzersammler (englische Konstruktion) zeigt Abb. 103 (vgl. S. 105).

E. Einzelne Konstruktionselemente.
1. Kesselstutzen, Mannlochausschnitte.

Der für den Stutzen erforderliche Ausschnitt in der Kesseltrommel bringt, wie wir schon früher gesehen haben, eine Verschwächung der Trommel mit sich. Die Verschwächung ist verschieden, je nach der Art der Anbringung des Stutzens und ist von dem Verhältnis von Stutzendurchmesser zu Manteldurchmesser bis zu einem gewissen Grade abhängig. Bach (80) und Bücken (81) fanden für Versuchskörper aus Gußeisen bei einem Verhältnis von $\frac{200}{400}$ bzw. $\frac{350}{500}$ Stutzendurchmesser zu Manteldurchmesser einen Verschwächungsfaktor von 0,36, wenn unter Verschwächungsfaktor das Verhältnis von Beanspruchung im vollen Blech zur Beanspruchung am Ausschnitt verstanden wird (s. S. 57).

Einen gleichen Wert fand Ulrich bei Versuchen mit Dampffässern aus Aluminium. Neuere Versuche von Ulrich (*82*) über geschweißte Stutzen ergeben ähnliche Zahlen.

Demnach tragen die noch oft verwendeten Sicherheitsfaktoren der durch das Mannloch eintretenden Verschwächung nur sehr ungenügend Rechnung. Der Sicherheitsfaktor beträgt $x = 3,5$ für volle Böden ohne Ausschnitt; $x = 3,75$, wenn der Boden Durchbrechungen aufweist, deren größte Abmessung gleich oder kleiner als 4 s ist, es sei denn, daß durch aufgesetzte Verstärkungen die Verschwächung ausgeglichen wird,

$x = 4,25$ für Böden mit dem Mannloch in der Mitte, $x > 4,25$ für Böden mit seitlichem Mannloch.

Für Böden mit Mannloch ist außerdem der allgemeine Blechzuschlag um 1 mm größer, nämlich 3 mm (für volle Böden nur 2 mm). Die Bodenverschwächung wird somit durch Verstärkung der Blechdicke im Betrag von 20—25% berücksichtigt. Es sind somit alle nach der üb-

Abb. 93. Risse in einem Kesselboden mit Mannloch.

lichen Formel berechneten Böden mit Mannlochausschnitt als zu schwach zu bezeichnen. Daß infolge dieser ungenügenden Bemessung tatsächlich Kesselschäden aufgetreten sind, beweist z. B. der in Abb. 93 wiedergegebene Boden, der an einer ganzen Anzahl gleicher Kessel an der Stelle zwischen Mannloch und Speisestutzen in Form eines Ermüdungsbruches gerissen ist. Der Bruch nimmt seinen Ausgang am Speisestutzen (s. a. Siebel, S. 58).

Ulrich kommt auf Grund seiner Versuche an Hohlkörpern mit Stutzenanschlüssen für Stutzen von verschiedener Weite an einer Trommel von 500 mm Durchmesser zu einer Verschwächung nach den in Abb. 42 dargestellten Werten. Es ist daher für eingesetzte Stutzen stets eine Verstärkung anzuordnen, für einen geschweißten Stutzen z. B. nach Abb. 94 bzw. Abb. 95.

Aus Abb. 96 ergibt sich der Spannungsverlauf am Stutzen in verstärkter und unverstärkter Ausführung für verschiedene Prüfdrucke. Es ist bemerkenswert, daß im unverstärkten Stutzen das Verhältnis der höchsten Spannung in der Krempe des Stutzens zu der Spannung im Behälter mit zunehmendem Druck immer größer wird (Abb. 97).

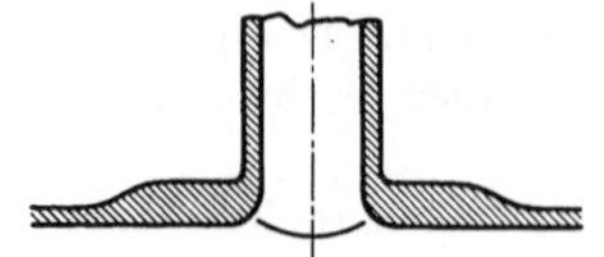

Abb. 94. Zweckmäßige Form einer
Stutzenverstärkung.

Abb. 95. Verstärkter Stutzen.

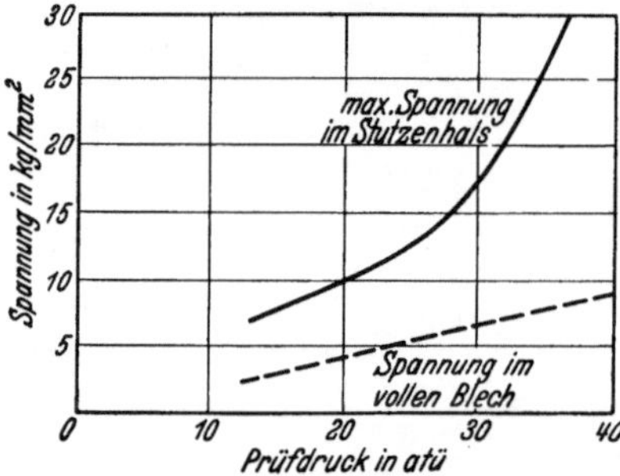

Abb. 97. Spannungsspitze im Stutzenhals
des unverstärkten Stutzens.

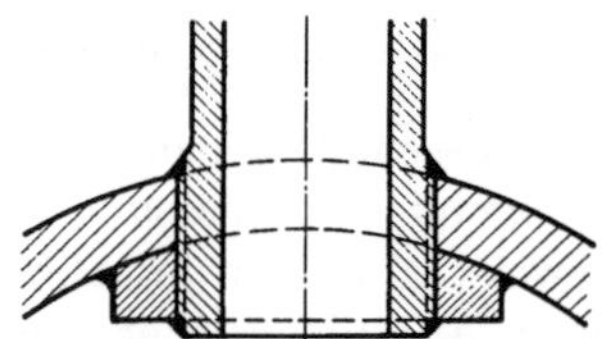

Abb. 99. Ungeeignete Stutzenausführung.

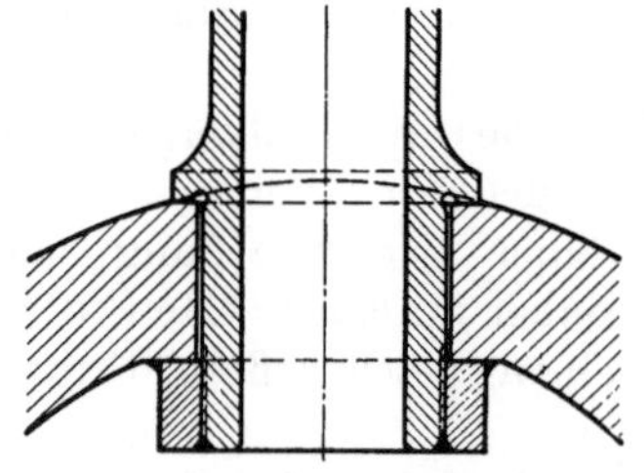

Abb. 100. Festgezogener Stutzen mit
Innenschweiße für starke Trommeln.

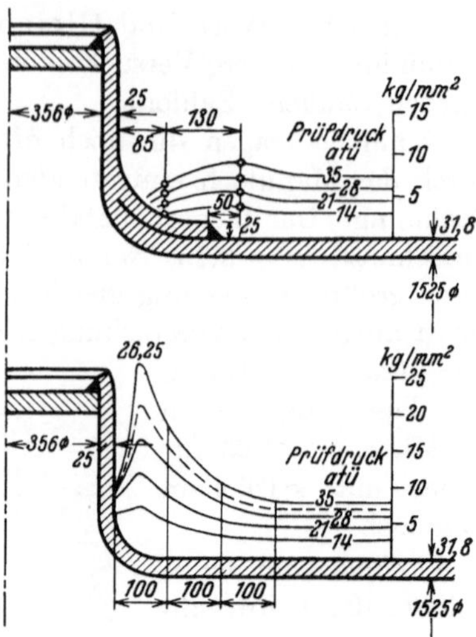

Abb. 96. Beanspruchungen am verstärkten
und unverstärkten Stutzenausschnitt.

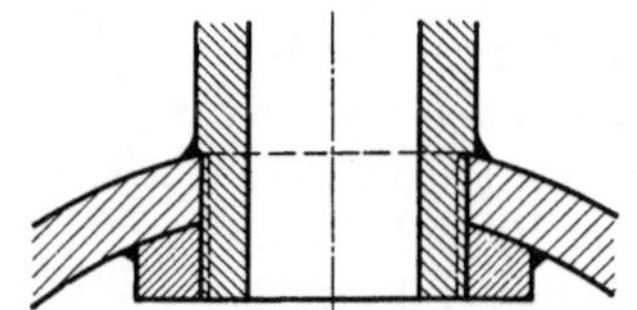

Abb. 98. Ungeeignete Stutzenausführung.

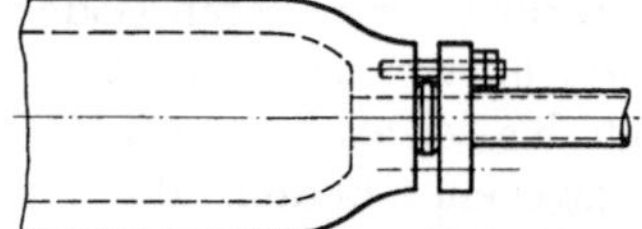

Abb. 101. Stutzenanschluß seitlich am
Hals herausgezogen mit Linsendichtung.

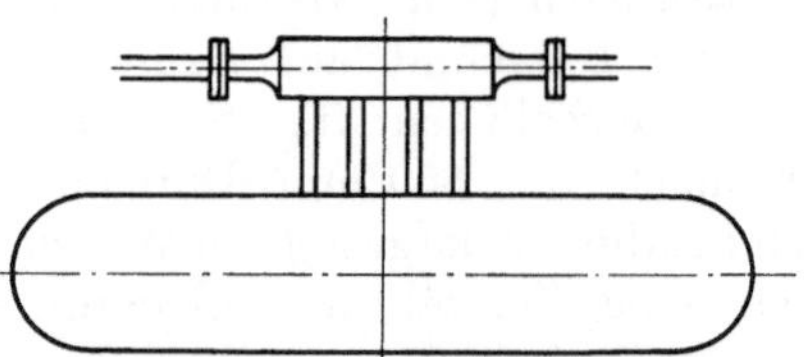

Abb. 102. Vermeidung jeden Stutzens durch
Abziehen des Dampfes an einem
Sammelstück mit eingewalzten Rohren.

Bei 35 atü beträgt die größte Spannung am unverstärkten Stutzen
345%, am verstärkten nur 121% der Spannung im vollen Blech. Es

sollte daraus die Lehre gezogen werden, daß zu hoch bemessene Probedrucke gefährliche Spannungen auslösen können und häufig den ersten Anlaß zu Anrissen und Ermüdungsbrüchen geben.

Da die Verstärkung des Stutzens im vorliegenden Falle 80% betrug, so kann ganz allgemein gesagt werden, daß durch eine Verstärkung, die die gleiche Stärke wie die Behälterwand hat, wenn sie sorgfältig angepaßt und gut verbunden ist, die höchste Beanspruchung um den Stutzen, derjenigen in der Behälterwand gleichkommen wird.

An Kesseltrommeln für hohen Druck wird man die Speise- bzw. Dampfentnahmestutzen nicht anschweißen, sondern einschrauben und nur dichtschweißen. Auch hier werden manche unzweckmäßige Ausführungen angewandt.

Abb. 98 z. B. zeigt eine Stutzenausführung, die als ungeeignet zu bezeichnen ist. Das Gewinde kann nicht sorgfältig ausgeschnitten werden und der Stutzen erleidet an der Stelle der größten Beanspruchung eine empfindliche Schwächung durch die Kerbwirkung des Gewindes. Die Dichtschweiße ist ebenfalls ungünstig angeordnet, da sie durch den Innendruck, durch verschiedene Erwärmung von Stutzen gegenüber Trommel und durch die am Stutzen befindliche Rohrleitung äußerst ungünstig beansprucht ist.

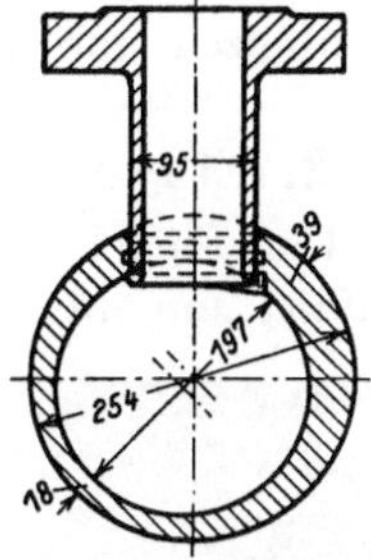

Abb. 103. Ungeeignete Stutzenausführung.

Der Stutzen nach Abb. 99 vermeidet zwar einige dieser Fehler, bringt aber insofern einen neuen Fehler, als das Gewinde nicht verspannt werden kann, auch läßt sich die äußere Dichtschweiße am Ende des Gewindes schlecht anbringen.

Besser ist eine Anordnung nach Abb. 100. Der Stutzen wird gegen eine geschliffene Fläche festgezogen und warm nachgespannt, dann erfolgt die Innenschweiße, die gut anzubringen und günstig belastet ist. Bei dünnen Trommeln, z. B. aus hochwertigem legiertem Stahl, wird man übrigens besser auf eingesetzte Stutzen mit Dichtschweißung verzichten und eine Anordnung gemäß Abb. 101 oder 102 wählen, wodurch die Schwächung der großen Trommel und Schweißarbeiten daran ganz vermieden werden können. Schweißarbeiten an Trommeln aus legiertem Material sollten übrigens nur nach vorausgegangenen Probeschweißungen ausgeführt werden. In schwierigen Fällen überzeugt man sich durch Schliffe, ob unter der Schweiße keine Spannungsrisse auftreten.

Eine fehlerhafte Stutzenanordnung an einem Heißdampfsammler ausländischer Bauart zeigt Abb. 103 (84). Der Stutzen wurde mit Rillen eingesetzt und dann festgewalzt. Bei der Druckprobe waren einige Stutzen dieser Art undicht und mußten nachgewalzt werden. Einer dieser Stutzen ist nun im Betrieb bei 48 atü herausgeflogen. Die Untersuchung ergab, daß die Walzrillen nur unvollkommen ausgefüllt waren. Auch war kein genügender Bördel vorhanden. Ganz allgemein muß diese Konstruktion für einen Heißdampfstutzen für 460° C Betriebstemperatur als unzureichend bezeichnet werden. Bei der hohen Temperatur muß damit gerechnet werden, daß sich die Walzspannung bei normalem F I-Material lockert. Dazu kommt der Einfluß der ungleich schnelleren Erwärmung des Stutzens im Gegensatz zum Sammler beim An- und Abheizen. Schließlich hat wohl auch die Rohrleitung Spannungen auf den Stutzen übertragen. Der Stutzen und die Kammer sollten bei diesen Temperaturen aus Chrom-Molybdänstahl bestehen. Der Stutzen wird zweckmäßig mit Gewinde eingeschraubt und dicht geschweißt oder mit Stehbolzen und Linsendichtungen angeflanscht.

2. Flügelrohre zur Kühlung von Feuerraumwänden.

Die Flügel- oder Flossenrohre wurden erstmalig in Amerika eingeführt, um einmal das hinter den Rohren liegende Mauerwerk möglichst einfach und billig herstellen zu können und im Betrieb geringere Mauerwerksreparaturen zu erreichen, sodann auch um den Wärmeübergang von den Heizgasen an die Rohrwand zu erhöhen und damit gleichzeitig eine Verringerung der erforderlichen Rohrheizfläche zu erzielen.

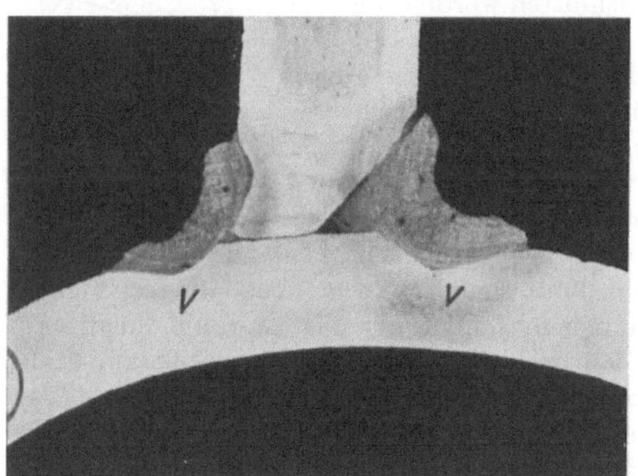

Abb. 104. Schnitt durch eine elektrisch aufgeschweißte Rippe.

Die Rippen oder Flügel bestehen aus Flacheisenstreifen von 50 × 10 mm Querschnitt und werden elektrisch an das Rohr angeschweißt.

Während der Zweck, das Mauerwerk zu schonen, zweifellos erreicht wird, tritt eine Erhöhung der Wärmeleistung des Rohres kaum ein, da durch die sich berührenden Flossen der rückwärtige Teil der Kühlrohre der Einwirkung der Flamme und des heißen Mauerwerks völlig entzogen wird und somit als Heizfläche ausscheidet. Gleichzeitig wird ein zweifelhaftes Konstruktionselement in den Betrieb eingefügt. das in vielen Fällen sehr rasch zu schweren Rohrschäden führte.

Ein durch Wärme hochbelastetes Brennkammerkühlrohr, das außerdem noch einen hohen Innendruck aushalten muß, ist Beanspruchungen ausgesetzt, die bereits nahe an die Streckgrenze heranreichen. Dazu treten nun noch Wärmespannungen am Rippengrund durch die Wärmeabfuhr von der Rippe. Am gefährlichsten sind aber die Spannungen, die die Rippe selbst durch ihren gegen das Rohr andersgearteten Wärmezustand auf dieses ausübt. Die Rippe will sich ausdehnen, wird aber durch das kältere Rohr daran gehindert und erleidet eine Verformung (Stauchung). Wird das Rohr wieder kalt, so ist die Flosse zu klein geworden und muß durch das Rohr wieder gereckt werden. Nun war sich der Konstrukteur zwar darüber klar, daß gegen die Wärmespannungen etwas getan werden müsse, und ließ je im Abstand von 75 cm die Rippe durchteilen. Damit sollte der Rippe freie Bewegungsmöglichkeit gegenüber dem Rohr gegeben werden. Dieser Zweck wäre

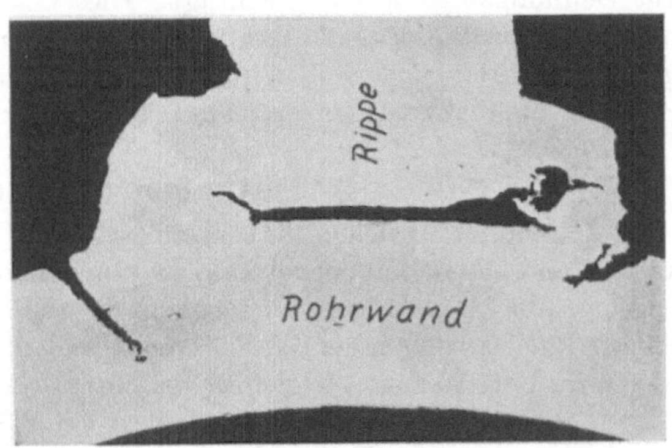

Abb. 105. Mangelhafte Auflage einer aufgeschweißten Rippe. Risse neben der Rippe.

vielleicht bis zu einem gewissen Grad erreicht worden, wenn der Wärmeabfluß am Rippenfuß völlig unbehindert hätte vonstatten gehen können. Betrachtet man nun aber die Verbindung der Rippe mit dem Rohr genauer (Abb. 104 u. 105), so sieht man, daß diese Verbindung sehr unvollkommen ist. Es wird also die Rippe im ganzen eine höhere Temperatur als das Rohr annehmen und auch der Rippengrund will sich gegenüber dem Rohr ausdehnen, woran er aber durch die Schweiße verhindert wird. Man wird sich vorstellen müssen, daß unter der wechselnden Einwirkung der Flamme und der dadurch wechselnden Höhe der Einstrahlung die Rippe gegen das Rohr in einen dauernd

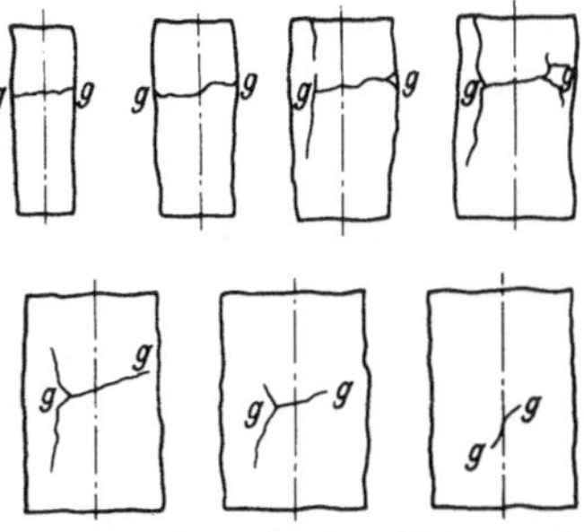

Abb. 106. Risse in einer Rohrwand, schichtweise abgehobelt.

wechselnden Spannungszustand kommt, wodurch das Rohr, sofern es sich durch die übrigen Einflüsse bereits in einem kritischen Spannungszustand befindet, nach einiger Zeit durch Dauerbruch zerstört werden muß.

Zur Feststellung des Rißverlaufes an einem gerissenen Rohr wurde die Flosse abgehobelt und es zeigte sich auf dem vollen Rohr ein Rißverlauf nach Abb. 106. Alsdann wurde das Rohr schichtenweise abgehobelt. Der Riß $g\,g$ durchbricht die Rohrwand. An den Rohrteilen in einiger Entfernung von den Dehnungsfugen wurden keine Risse beobachtet.

Der Verfasser hat an einem kohlenstaubgefeuerten Kessel von 40 atü an den Brennkammerrohren im eingebauten Zustand versuchsweise Flossen autogen anschweißen lassen, Rohrschäden sind hiernach nicht aufgetreten. Die Flossen waren allerdings nur etwa 35 mm hoch und nur 6 mm dick. Die Dehnungsfuge war abgeschrägt. Dies erscheint sehr wesentlich, da hierdurch die aufbiegende Kraft der Rippe geringer wird und auf eine größere Rohrlänge verteilt wird. Außerdem hat die schwächere Rippe eher die Möglichkeit, bei der Stauchung auszuknicken.

3. Teilkammerkästen.

Bei höheren Drücken haben zu schwach bemessene Teilkammerkästen und Verschlußdeckel infolge Verziehens, Durchbiegungen und ungeeigneter Dichtungen zu großen Betriebsschwierigkeiten geführt. So wird z. B. von einem Werk, das Kessel mit Teilkammerkästen bis 50 atü im Betrieb hatte, folgendes berichtet: Nach Ablauf eines Betriebsjahres traten erhebliche Schwierigkeiten beim Abdichten der Handlochverschlüsse an den Teilkammerkesseln auf. Die Verschlüsse waren bisher mit 1 mm starker Weichpackung (Klingerit) verpackt worden. Allmählich traten hier Undichtheiten auf und schließlich mußte fast jede Woche ein Kessel stillgelegt werden, da Dichtungen stark bliesen oder gar herausflogen. Bei den Druckproben nach den Reparaturen mußten mehrmals, oft bis zu 60 Dichtungen, erneuert werden. Auch an einem völlig neu verpackten Kessel waren dieselben Übelstände zu verzeichnen.

Als Grund für das Versagen der früher brauchbaren Dichtungen wurde folgendes festgestellt:

Zur Herstellung einer guten Dichtfläche ist im Innern der Kammer rund um die Öffnung eine Dichtfläche angefräßt. Es zeigte sich nun bei der Nachmessung, daß die Wandstärke der Kammerwand rund um die Öffnung ungleich und im ganzen etwas schwach war. Es wurde in demselben Loch bis zu 3 mm Unterschied in der Wandstärke festgestellt. Auch die Dichtflächen selbst zeigten sich bei der Nachmessung verschiedentlich uneben. Die Deckel waren ebenfalls etwas schwach und außerdem ungenau gearbeitet, so daß etwa 30% nachgearbeitet werden mußten. Die Dichtflächen hatten sich derart verzogen, daß mehr als 0,15 mm Spiel zwischen Tuschierplatte und Dichtfläche gemessen wurde. An vielen Deckeln waren die Gewindebolzen schief gezogen infolge der ungleichen Wandstärke der Kammern. Die Weichpackungen hielten die hohe Pressung beim Dichtziehen solcher Verschlüsse nicht aus. Der Betrieb ersetzte daher die Weichpackung durch eine Weicheisenpackung mit Rillen. Diese läßt sich zwar zusammendrücken, ist aber unelastisch, so daß bei Druckentlastung des Kessels infolge Stillsetzen ein Nachziehen, das im Übermaß ausgeübt die Dichtfläche der Deckel windschief zieht, nicht erforderlich ist. Gegen alkalisches Kesselwasser ist diese Dichtung ebenfalls unempfindlich. Zum Ausgleich der ungleichen Wandstärke wurde zwischen Mutter und Glocke eine kugelige Unterlagsscheibe angeordnet. Diese Ausführung hat sich bewährt.

V. Was bei der Herstellung der Kessel zu beachten ist.

A. Nieten.

Wohl die meisten Kesselschäden nehmen ihren Ausgang in den Nietnähten. Diese sind im allgemeinen die schwächste Stelle des Kessels. Denn das Blechmaterial erleidet durch den Nietvorgang, selbst wenn er so sorgfältig wie möglich ausgeführt wird, eine empfindliche Einbuße. Betrachtet man den Nietvorgang im einzelnen, so ergibt sich folgendes:

Das glühende Material des Nietschaftes wird unter großem Druck zusammengestaucht.

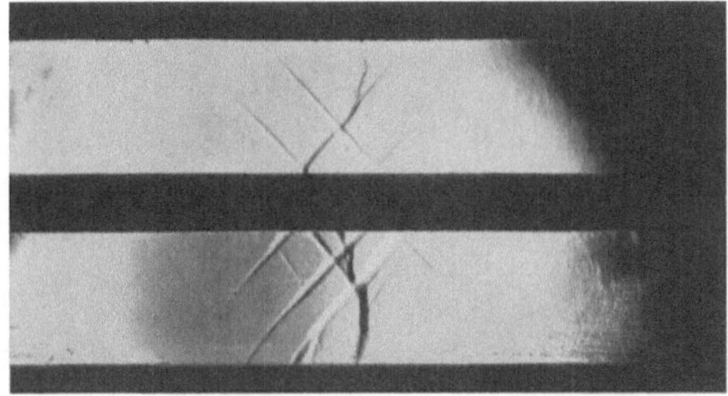

Abb. 107. Streckfiguren eines warm genieteten Bleches, P = 15 000 kg.

Hierbei verhält es sich angenähert wie eine Flüssigkeit und pflanzt den in axialer Richtung auf die Niete ausgeübten Druck in radialer Richtung fort. Das glühende Material kommt an der Lochwand zur Anlage; es sind hierbei in der Nähe des Schließkopfes Temperaturen von 500° C und in 5 mm Abstand vom Loch im vollen Blech solche von über 360° C gemessen worden. Das Material erleidet somit einerseits durch den Druck der Nietmaschine eine Verformung in der Blauwärme, andererseits kommen durch die glühende Niete beachtliche Wärmespannungen hinzu. Beim Einziehen einer Niete wird das Blech in größerem Umfange bis zum nächsten Nietloch beeinflußt. Bei Herstellung von mehrreihigen Nähten erfährt das Blech daher an jedem Nietloch wiederholte, in ihrer Richtung wechselnde Beanspruchung, wodurch seine Zähigkeit besonders stark geschädigt wird (85). Es sind somit die Voraussetzungen für eine Alterung des Materials in vollem Umfange gegeben, und man wird mit dieser Schädigung des Materials bis zu einem gewissen Grade selbst bei sachgemäßester Ausführung der Nietarbeit rechnen müssen.

Die Abb. 107 zeigt, daß selbst bei einem geringen Schließdruck, der noch nicht einmal einen gut verstemmbaren Kopf erzeugte, am Rande des

Bleches Streckfiguren auftraten, die andeuten, daß die Beanspruchung
des Materials unter dem Einfluß von Erwärmung und Nietung an dieser
Stelle die Streckgrenze überschritten hat (*86*).

Die Abb. 108 zeigt die Streckfiguren zwischen Nietloch und Blechrand. Die größte Beanspruchung des Materials tritt an den Berührungsflächen der Bleche ein, da dort die größte Erwärmung auftritt. Es ist auch eine bekannte Tatsache, daß die Nietlochrisse dort
zuerst auftreten und aus diesem Grunde so gefährlich sind, weil sie
ohne Ausbau des Nietes nicht erkennbar sind.

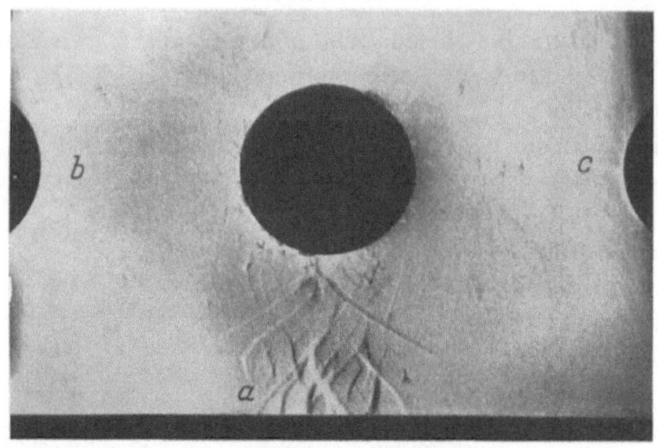

Abb. 108. Streckfiguren bei warmer Nietung. Schließkopfseite.

Zu diesen ungünstigen Vorgängen tritt nun noch der Einfluß der
Verstemmung der Blechkanten und der Nietköpfe, wodurch weiterhin
eine gefährliche Kerbwirkung erzeugt wird.

Auf S. 52f. wurde darauf hingewiesen, daß in den Lochwandungen
der Nietlöcher wesentlich höhere Spannungen auftreten, als die Rechnung unter der Annahme einer gleichmäßigen Verteilung der Spannungen über den tragenden Querschnitt ergibt. Diese Spannungsspitzen
erreichen unter Umständen das $2^1/_2$fache der errechneten Spannung.
Diese hohen Spannungen treffen nun auf ein Material, das nach Verlauf
einer gewissen Betriebszeit keineswegs mehr die Eigenschaft aufweißt,
die das unverarbeitete Material besessen hatte. Da man aber im Kesselbetrieb nicht nur mit einer ruhenden Belastung, sondern auch mit
einer veränderlichen rechnen muß, die durch Wärmespannungen, Druckschwankungen und ungleiches Speisen usw. bedingt ist, so ist es nicht
verwunderlich, daß so viele Kesselschäden in den Nietnähten ihren
Ausgang nehmen.

Es darf auch nicht vergessen werden, daß der gesetzlich vorgeschriebene Probedruck, der eine Überlastung von 30—50—100% darstellt,
in einer Nietnaht gefährliche Spannungen erzeugen kann; in diesem Zusammenhang sei auch daran erinnert, daß in den Lochausschnitten nach

Abb. 97, S. 104 die Spannungsspitzen nicht im gleichen Verhältnis wie der Prüfdruck steigen, sondern sehr viel schneller. Ist nun das an und für sich in einem ungünstigen Gefügezustand befindliche Material einmal über die Streckgrenze hinaus beansprucht worden, so treten leicht Haarrisse ein, die dann als Kerbe wirken und zum Dauerbruch führen, wenn das Material nicht unterhalb der Schwingungsfestigkeit beansprucht ist. Auch die Einflüsse des Speisewassers wirken sich unter diesen Voraussetzungen, wie wir noch später sehen werden, verderblich aus.

Besitzt schon ein sorgfältig hergestellter Kessel in seiner Nietnaht eine schwache Stelle, so trifft dies bedeutend mehr für einen Kessel zu, der schlechte Nietarbeit aufweist. Gute Nietarbeit setzt gute Anrichtarbeit voraus. Diese war nun früher bei der Handnietung weit eher gegeben als bei der Maschinennietung. Bei der Handnietung ist kein Blechhalter zum Zusammenziehen vorhanden, auch fehlt der Druck,

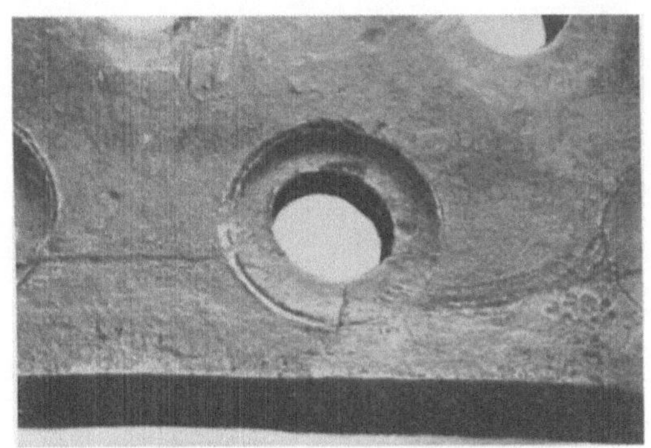

Abb. 109. 2 mm tiefe Einprägung des Nietkopfes.

der dieses Zusammenziehen bewirken könnte. Die Schädigung des Bleches ist weit geringer als bei der Maschinennietung. Der Kopf entsteht allmählich unter den Schlägen, bedeutende Drücke, die das Nietloch aufweiten würden, sind nicht vorhanden, auch die Erwärmung des Bleches fällt geringer aus infolge der weniger innigen Anlage des Schaftes an das Blech während des Nietvorganges. Bei der Maschinennietung dagegen, die beim Übergang zu höheren Drücken und größeren Blechstärken fast allgemein eingeführt wurde, werden in kurzer Zeit ganz erhebliche Schließdrücke angewandt. Auch wurde vielfach versucht, schlechte Anrichtarbeit durch entsprechend hohen Nietdruck auszugleichen. Auf das gefährliche dieser Handlungsweise hat in erster Linie B a c h und B a u m a n n (*87*) zu wiederholten Malen hingewiesen. Sie zeigten, daß die Kraft, mit der die eingezogenen Nieten die Bleche zusammendrücken — und auf diese kommt es bei der Beurteilung der Nietung allein an — von der beim Nieten verwendeten Kraft unabhängig ist. Es wurde z. B. folgendes gefunden:

Kraft der Nietmaschine bei Bildung
    des Schließkopfes . . . . . . Null   15000   45000   75000   140000 kg
Spannung im Nietschaft 3452   2554   2427   2164   2200 kg/cm²

Die zuerst angeführte Verbindung wurde durch eine rotwarm eingezogene Schraube hergestellt. Man erkennt, daß der zunehmende Schließdruck im Hinblick auf den Gleitwiderstand zwecklos ist. Bei den höheren Drücken sind die Nietköpfe in die Bleche eingedrückt worden (Abb. 109).

Bach hat nachgewiesen, daß allein schon durch zu hohen Nietdruck Nietlochrisse auftreten. An einem mit zu hohem Nietdruck genieteten Kessel, der nach kurzer Betriebszeit bei der Druckprobe in der Nietnaht aufriß, ergab sich eine Kerbzähigkeit von nur 1,2 mkg/cm² im Gebiet der Nietnaht, dagegen von 11,3 mkg/cm² im vollen Blech (*88*).

Abb. 110 zeigt Biegeproben, die am Rand von aufgedornten

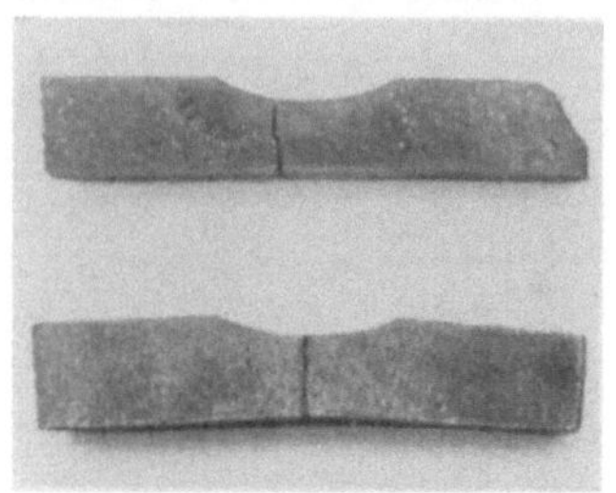

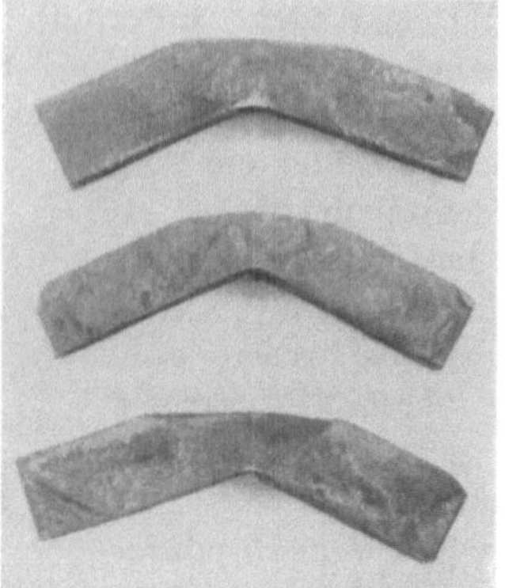

a im Einlieferungszustand.　　　　b im ausgeglühten Zustand.
a und b Stäbe tangential zu den Nietlöchern entnommen.

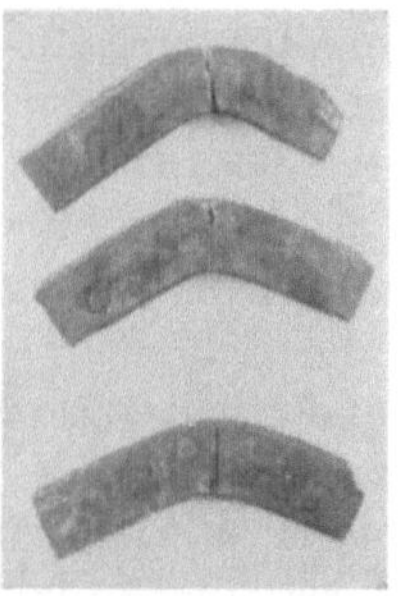

c im Einlieferungszustand.　　　　d im ausgeglühten Zustand.
c und d Stabachse parallel der Lochachse. Zugbeanspruchung bei der Biegung am
Lochrand (oben).
Abb. 110 a—d. Biegeproben am Rand von Nietlöchern mit Riefen.

Nietlöchern entnommen sind; man erkennt die Sprödigkeit des Materials, die Stäbe sind ausnahmslos ohne Dehnung glatt durchgebrochen. Es ergibt sich somit als Schlußfolgerung, daß zu hoher Nietdruck einerseits keine Verbesserung des Gleitwiderstandes ergibt, andererseits jedoch das Blech eine gefährliche Mißhandlung erfährt. Der Schließdruck der Maschine sollte daher nicht größer genommen werden, als zur Ausbildung gut verstemmbarer Köpfe nötig ist, d. h. etwa 6500—8000 kg auf 1 cm² des Nietschaftquerschnittes. Als Nebenwirkung zu hohen Schließdruckes sei noch erwähnt, daß die Bleche sich aufbiegen, wodurch die Verstemmung schwierig wird. Diese ergibt, wie aus Abb. 111

ersichtlich, gefährliche Kerbwirkung für das Blech, wenn sie mit scharfen Werkzeugen und im Übermaß ausgeführt ist. Dies ist vielfach erforderlich, weil ein so stark klaffendes Blech nur schwer dicht zu bringen ist. An der Stemmkante erfährt das Blech hierbei gleichzeitig eine starke Stauchung.

Einen Querschnitt durch eine Anzahl mangelhafter Nietverbindungen, die mit der Maschine hergestellt sind, zeigen die Abb. 112—114.

Die Abb. 112 zeigt einen Fall, bei dem das Schaftmaterial zwischen die klaffenden Bleche gedrückt wurde. Die Abb. 113 zeigt, wie infolge nichtzentrischen Nietdruckes der Nietkopf schief sitzt. Die Abb. 114 zeigt eine Nietverbindung mit gestanzten Löchern, die schlecht aufeinander passen. Das Stanzen der Nietlöcher sollte im Dampfkesselbau überhaupt nicht angewandt werden, da das Material hierdurch denkbar ungünstig beansprucht wird. Das Stanzen der Löcher mit kleinerem Durchmesser und Aufreibung mit der

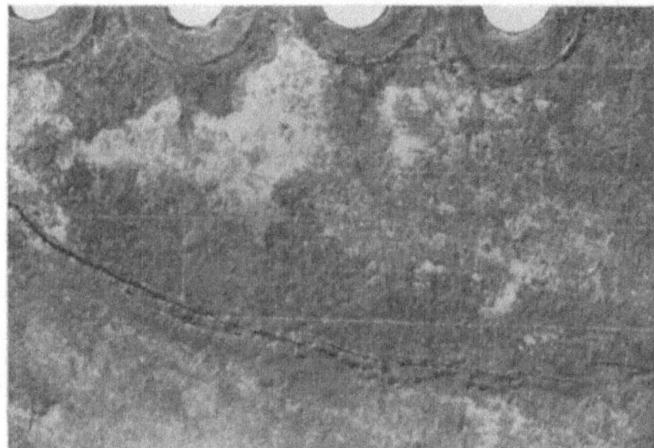

Abb. 111. Kerbwirkung infolge fehlerhaften Verstemmens.

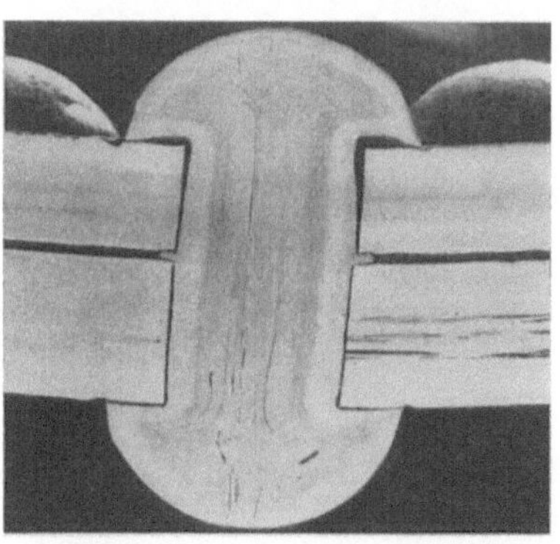

Abb. 112.

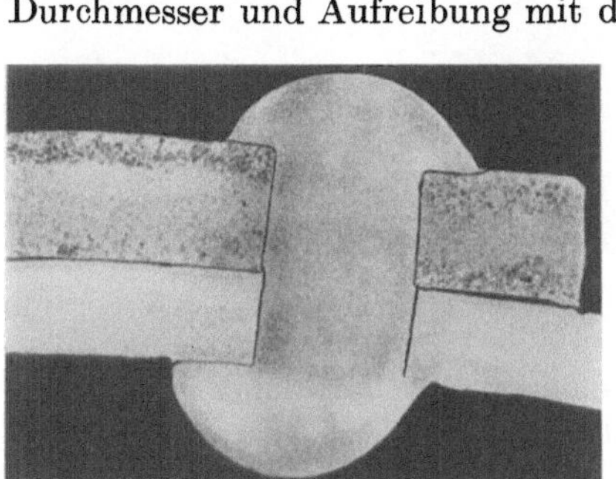

Abb. 113.

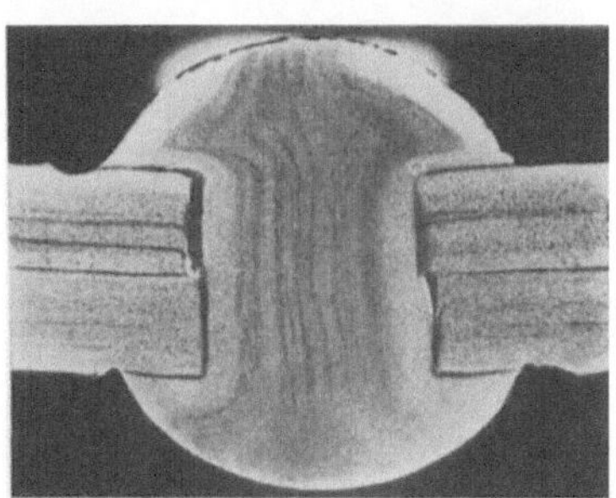

Abb. 114.

Abb. 112—114. Mangelhafte Nietverbindungen.

Reibahle sollte ebenfalls nicht ausgeübt werden, da die Schädigung des Bleches sich in eine Tiefe erstreckt, die der halben Blechstärke entspricht und ein so starkes Aufreiben teurer als das Bohren wäre.

Beim Bohren ist darauf zu achten, daß keine Bohrspäne zwischen den Blechen verbleiben, die ein gutes Passen der Bleche unmöglich machen. Bach berichtet, daß bei vielen zur Untersuchung eingelieferten Blechen ganze Bohrnester vorgefunden wurden.

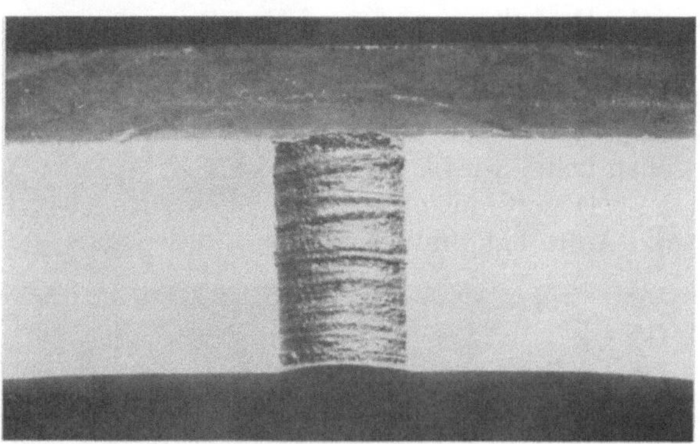

Abb. 115. Risse beim Geraderichten in der Blauwärme entstanden.

Wenn sich die Bleche schlecht bohren lassen, die Schneidekanten des Bohrers leicht stumpf werden oder der Bohrer abbricht, so handelt es sich meist um ein Material, dessen Oberfläche zu stark entkohlt ist und deshalb den Bohrer verschmiert. Man sollte daher in einem solchen Falle die Blechenden untersuchen, ob sie nicht überglüht sind und grobes Gefüge aufweisen. Notfalls sind die Bleche nochmals bei 900° C auszuglühen.

Abb. 116. Aufgeschnittenes Nietloch.

Baumann (89) weist darauf hin, daß beim Rollen der Bleche leicht eine schwere Schädigung des Materials entstehen kann, wenn es in der Blauwärme erfolgt. In Abb. 115 ist ein Beispiel gegeben, wie ein Blech beim Geraderichten in der Blauwärme verdorben wurde. Beim Zurichten der Bleche werden diese oft in rücksichtsloser Weise mit dem Dorn behandelt, um die Löcher zum Passen zu bringen (Abb. 116). An solchen Stellen treten im Betrieb bevorzugt Nietlochrisse auf, da ein solchermaßen gequetschtes Material den Nietvorgang nicht mehr aushält.

Geringfügige Versetzungen der Löcher werden richtigerweise durch Ausreiben beseitigt und nicht mittels Durchtreiben des Dornes.

Bei der Herstellung der Nietlochverbindungen mit der Maschine ist noch auf folgende Punkte zu achten:

1. Der Schließkopf muß zentrisch zum Schaft sitzen, da sonst leicht ein Durchblasen an der Niete stattfindet, wodurch bei hohem Dampfdruck sehr schnell furchenartige Anfressungen des Materials entstehen.

2. Die Niete muß ausreichend erkaltet sein, ehe der Maschinendruck aufhört, sofern die Bleche das Bestreben haben aufzufedern. Da bei nicht ganz ausgezeichneter Anrichtarbeit immer mit einer gewissen Auffederung gerechnet werden muß, so sollte die Schließzeit ausreichend bemessen werden (gegebenenfalls Probenietung).

3. Die Niete muß im ganzen genügend angewärmt werden, nur teilweises Anwärmen der Niete am Setzkopf ergibt eine Beanspruchung der Niete in der Blauwärme, wodurch es leicht zum Abspringen des Setzkopfes kommt.

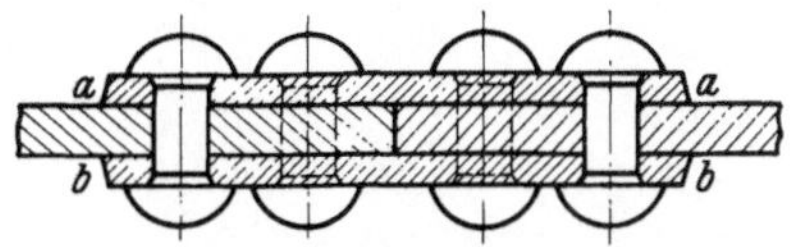

Abb. 117. Doppellaschennietung.

4. Auf ausreichende Entfernung des Zunders unter den Nietköpfen ist sorgfältig zu achten, da die Nieten sonst trotz scharfen Verstemmens nicht dicht zu bekommen sind.

5. Bei Dampfkesselnietung, bzw. bei allen Nietungen wo hohe Festigkeit und Dichtheit verlangt wird, ist für genügende Rundung zwischen Kopf und Schaft zu sorgen, da sonst Kerbwirkung eintritt und die Köpfe leicht abspringen.

Zu Punkt 3 und 5 berichtet Baumann (*89*) über Zugversuche mit Vernietungen bei 300⁰ C und kommt zu folgendem Ergebnis:

a) Nietschaft mit Übergang am Kopf, ganze Niete warm gemacht, Bruch erfolgt im Schaft bei 20110 kg.

b) Nietschaft wie bei a), beim Nieten nur das Schaftstück warm gemacht, das zur Bildung des Schließkopfes nötig ist; Bruch erfolgt im Schaft bei 19620 kg.

c) Nietschaft ohne Übergang am Kopf (also scharfe Ecke), ganz warm gemacht; Bruch erfolgt durch Abspringen des Kopfes bei 17400 kg.

d) Nietschaft wie unter c), Niete nur wie unter b) warm gemacht; Bruch erfolgte durch Abspringen des Kopfes bei 12630 kg.

Sämtliche Nietnähte des Kessels müssen sorgfältig verstemmt werden, wobei darauf zu achten ist, daß dies nicht mit zu scharfen Werkzeugen erfolgt. Bach (*90*) erörtert die Frage, ob es zweckmäßig ist, bei Doppellaschennietung (Abb. 117) inneres und äußeres Verstemmen vorzuschreiben, und kommt zu dem Schluß, daß es besser ist, wenn nur auf einer Seite gestemmt wird, da sich die Kanten *a* und *b* gerade gegenüber liegen und die doppelte Kerbwirkung des Stemmens gefährlich ist, um so mehr als im Betrieb Außenlasche, Blech und Innenlasche verschiedene Temperaturen annehmen können, wodurch Wärmespannungen hinzukommen.

B. Schweißen.

Das Schweißen wird im Kesselbau bei der Herstellung neuer Kessel bis jetzt nur wenig angewandt und beschränkt sich auf einzelne Konstruktionselemente.

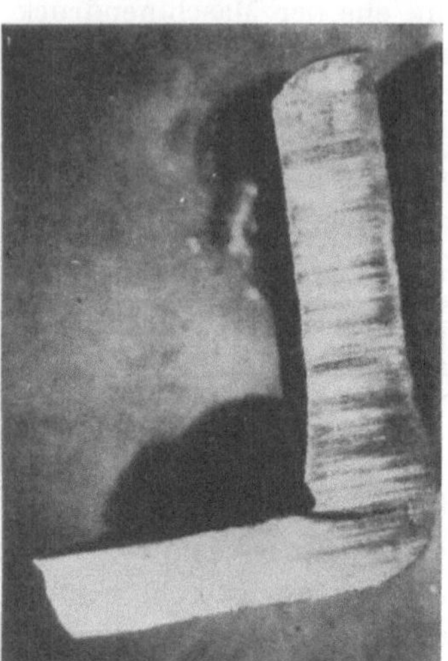

Abb. 118. Gebrochene, stumpfgeschweißte Wasserkammer.

Feuerschweißung. Diese war z. B. üblich für die Kammern von Wasserrohrkesseln. Gerade hierbei sind, soweit es sich um Stumpfschweißungen handelt, so viele schwere Kesselschäden, Explosionen und Unfälle im In- und Auslande vorgekommen, daß diese Konstruktion in Deutschland nur unter besonderen Vorsichtsmaßnahmen noch im Betrieb bleiben darf. Aus diesen Gründen wird auch die Kammer zweckmäßig in Teilkammern (Sektionen) aufgelöst. Wegen der vielen Unfälle mit ungeteilten, geschweißten Kammern — Abb. 118 gibt ein Beispiel einer im Betrieb gebrochenen, stumpfgeschweißten Wasserkammer — sind für diese Art der Schweißung sehr strenge amtliche Bestimmungen erlassen worden, wie folgt:

1. Bei neuen Kammer- (auch Teilkammer) Kesseln sollen Schweißverbindungen des Umlaufbleches mit den Rohrplatten möglichst vermieden werden. Mindestens muß dies der Fall sein im unteren Teil der vorderen Wasserkammer auf der dem Feuer zugewendeten Seite.

2. a) Die vordere Kammer (auch Teilkammer) ist mindestens bei Neuanlagen so zu lagern, daß etwa auftretende Undichtheiten der vorderen und hinteren Kante des Bodenbleches beobachtet werden können.

b) Die hintere untere Naht der vorderen Kammer (auch Teilkammer) muß sowohl bei bestehenden, als auch bei Neuanlagen durch Mauerwerk dauernd wirksam dem Einfluß hoher Temperatur und namentlich der unmittelbaren Einwirkung des Feuers entzogen werden. Das Schutzmauerwerk muß so ausgeführt sein, daß im Falle seiner Beschädigung (Einsturz) die dadurch bedingte Gefahr dem Heizer und Aufsichtsbeamten durch Einblick in den Feuerherd bemerkbar wird.

3. Wenn bei bestehenden Anlagen mit starker Beanspruchung (mehr als 24 kg pro m² Heizfläche) die Forderung der Ziffer 2 b) nicht erfüllbar

ist, muß eine ausreichende mechanische Sicherung der unteren hinteren Schweißnaht erfolgen.

Aus diesen Bestimmungen geht zur Genüge hervor, mit welchem Mißtrauen solche Schweißnähte zu betrachten sind. Ganz allgemein besagen die amtlichen Vorschriften hinsichtlich des Schweißens folgendes:

Schweißungen können als zuverlässig nur dann angesehen werden, wenn die Arbeit mit Sachkenntnis von zuverlässig arbeitenden Firmen und durch erfahrene Arbeiter ausgeführt wird, der Werkstoff gut schweißbar ist und die geschweißten Teile vor weiterer Verarbeitung ausgeglüht werden. Nur in Ausnahmefällen kann nach sorgfältiger Prüfung vom Glühprozeß abgesehen werden. (Ausbesserungsarbeiten an bestehenden Kesselanlagen, Kesselkörper, die teils geschweißt, teils genietet sind, Einschweißung kleiner Stücke.) Eckschweißungen von Böden, soweit sie erheblich auf Biegung und Zug beansprucht sind, sind

Abb. 119. Primärätzung zweier Schweißstellen.

unzulässig. Stumpf-, Keil- oder sonstige Feuerschweißungen werden daher in den Berechnungsvorschriften durchschnittlich mit der Güteziffer $v = 0,3$ bewertet, wobei allerdings bei besonders guter Ausführung bis zu $v = 0,6$[1] gegangen werden kann. Solche Nähte dürfen zudem nicht auf Biegung beansprucht sein. In Abb. 119 sind Schliffe durch Teile einer Wasserkammer dargestellt, an Stellen, an denen ein Bruch nicht eingetreten war (*91*). Im linken Bild erkennt man die schlechte Schweißung und rechts erkennt man einen Riß am Anfang der Schweißnaht, der infolge seiner Kerbwirkung im Laufe der Zeit mit großer Wahrscheinlichkeit zum Bruch geführt hätte. In neuerer Zeit werden daher die Wasserkammern vielfach so ausgeführt, daß sie an der dem Feuer zugewandten Seite keine Schweißnaht erhalten. Die Kammerrohrwände werden an dieser Stelle umgebördelt, also mit den Seitenwänden aus einem Stück hergestellt; die nach außen liegenden Kanten der Kammer werden untereinander und mit der äußeren Stirnwand der Kammer (meist autogen) verschweißt und anschließend in einem Glühofen sorgfältig ausgeglüht. Diese Art der Konstruktion ist einwandfrei. Nach der Vorschrift müssen die Schweißnähte noch entlastet werden. Dies erfolgt z. B. durch Stehbolzen. Eine neuerdings vielgeübte Art einer zusätzlichen Sicherung zeigt Abb. 120. Sie besteht aus hakenförmigen hochkantigen Klammerschuhen, die in entsprechendem Abstand

---

[1] Es liegt dem D.D.A. ein Entwurf vor, der den Wert auf $v = 0,7$ erhöht.

voneinander von der Seite her auf die Kammern in kaltem Zustand bündig aufgeschoben und mit den Wandplatten (elektrisch) verschweißt werden. Diese Konstruktion D.R.P. kann verhältnismäßig leicht an alten Kesseln, deren Schweißung verdächtig ist, angebracht werden (*92*).

Wassergasschweißung. Schweißung, und zwar überlappte, wird außerdem bei der Herstellung nahtloser Kesseltrommeln nach dem Wassergasverfahren angewandt. Da diese Art der Schweißung mit hochwertigen Maschinen und von geübten Leuten hergestellt wird und bei Prüfungen gute Ergebnisse gezeigt hat, so wird hier ein Gütefaktor von $v = 0,9$ zugelassen[1]. Da diese Art der Trommelherstellung in letzter Zeit große Bedeutung erlangt hat, so soll darüber etwas näher berichtet werden (*93*).

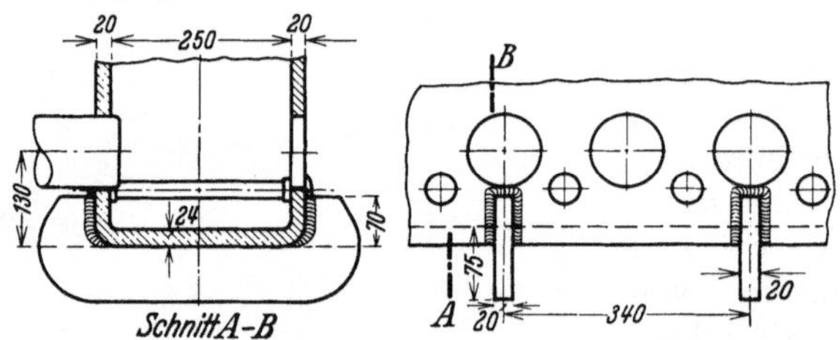

Abb. 120. Feuergeschweißte Ecknähte durch Klammerversteifung gesichert.

Die auf Maß geschnittenen Bleche werden an den Kanten behobelt, dann werden die Platten kalt oder warm unter der Walze gebogen. Ein Anbiegen der Blechkanten findet nicht statt. Sodann werden die gebogenen Bleche schweißfertig zusammengebaut und mit Schrauben aneinander geheftet.

Das Schweißen erfolgt bei dünneren Blechen unter dem Hammer, bei größeren Wandstärken unter der Rollenschweißmaschine, die eine bessere Durcharbeitung des Materials gewährleistet. Die Nähte werden erst an einigen Stellen geheftet und dann durchgeschweißt. Beim Schweißen unter der Rollenmaschine ist es nicht möglich, die Enden in zufriedenstellender Weise zu schweißen, da das Material ausweicht, es muß daher im allgemeinen von den Trommelenden soviel abgeschnitten werden, bis die Beschaffenheit der Schweißnaht einwandfrei ist. Wenn dies bei langen Trommeln nicht möglich ist, so müssen die Enden unter dem Handfeuer zugeschweißt werden. Die geschweißten Schüsse werden sorgfältig nachgesehen, festgestellte Fehlerstellen werden auf ihre Tiefe untersucht und ausgebessert. Durch Auswalzen werden die Schüsse auf genaue Durchmesser gebracht. Die Trommeln werden nunmehr geglüht und erkalten unter ständigem Drehen in der Walze.

---

[1] Es liegt dem D.D.A. ein Entwurf vor, wonach allgemein die Wassergasschweißung mit 0,7 bewertet wird. Es kann jedoch durch eine besondere Verfahrensprüfung von einer Herstellerfirma erreicht werden, daß der Wert $v = 0,9$ für die Erzeugnisse dieser Firma angenommen wird.

Als Material für solche Trommeln eignet sich in erster Linie Blechsorte 1 und 2. Aus nichtlegiertem S.-M.-Blech 3 und 4 werden wassergasgeschweißte Trommeln nicht hergestellt, dagegen sind neuerdings
mit Molybdän legierte Bleche der Sorte 3 als gut schweißbar hergestellt
worden. Die Schwierigkeit des Schweißens wächst nämlich mit zunehmendem Kohlenstoffgehalt, da es dann leichter zu einer Überhitzung des Materials kommt. Auch verliert das Material beim Schweißen leicht an Kohlenstoffgehalt, so daß unter Um-
ständen in der Naht nicht mehr
das Ausgangsmaterial vorliegt.

Trommeln mit gekümpelten
Böden erfahren beim Kümpel-
prozeß eine außerordentlich
scharfe Prüfung der Schweißnaht. Vor dem Kümpeln werden
für Prüfzwecke Ringe von den
Trommeln abgestochen. Zur Prüfung der Sicherheit der Schweißnaht ist ein eigenes Verfahren
entwickelt worden, das von der
Fa. Thyssen ausgeführt wird,
nämlich die Hochdruck-Wasser-
probe vor der Glühung. Sie
wird bei sämtlichen gekümpelten
Hochsicherheitstrommeln ausgeführt. Der Wasserdruck wird bis
zu einer Beanspruchung des
vollen Materials in die Nähe der

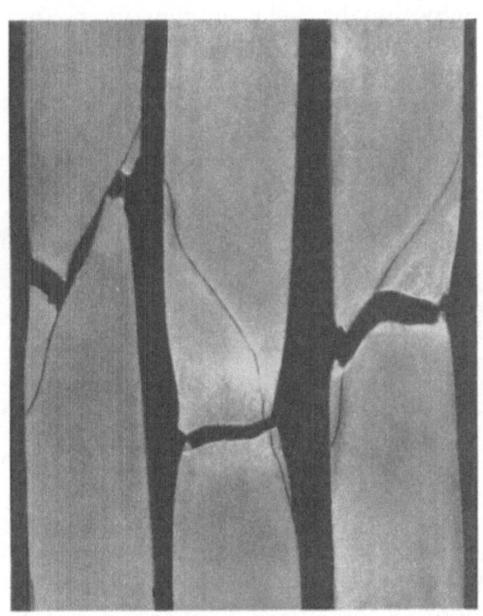

Abb. 121. Schweißzerreißproben.

Streckgrenze durchgeführt. Gleichzeitig wird die Ausdehnung durch ein
um die Trommel gelegtes Bandmaß festgestellt. Nach Ablassen des
Druckes muß dann die Ausdehnung restlos zurückgehen. Es ist dies
ein Beweis dafür, daß die Streckgrenze nicht überschritten wurde. Man
hat durch diesen Wasserdruckversuch die Gewähr, daß die Festigkeit
der Naht mindestens der Streckgrenzenbelastung des vollen Bleches
entspricht. Anschließend an die Druckprobe wird die Trommel über
dem Ac_3-Punkt ausgeglüht, zur Beseitigung etwaiger bei der Druckprobe eingetretener Gefügeveränderungen und Spannungen. Der Wasserdruck entspricht etwa dem dreifachen Betriebsdruck; es ist somit eine
weitgehende Gewähr für die Sicherheit der Trommel im Betrieb geschaffen.

Um die Güte der Schweißung noch weiter zu prüfen, werden Schweißzerreißproben ausgeführt. Da, wie bereits erwähnt, die Enden der
Trommeln die verhältnismäßig ungünstigste Schweißung zeigen, so hat man
die Sicherheit, daß die Proben aus den von den Enden abgenommenen

Ringen die ungünstigsten Werte ergeben und daß die Schweißnaht im Innern der Trommel mindestens die gleiche, wahrscheinlich aber eine höhere Festigkeit aufweist. In Abb. 121 sind drei Schweißzerreißproben dargestellt. Die Naht ist durch Ätzen sichtbar gemacht. Die Festigkeit war 96, 98 und 100% der Festigkeit des vollen Bleches, bemerkenswert sind außerdem die für eine Schweiße hohen Dehnungen.

Ferner wird noch die Schweißbiegeprobe vorgenommen, bei der die Schweißnaht sehr ungünstig beansprucht wird. Bei der geringsten Fehlstelle werden sich die überlappten Enden voneinander abheben.

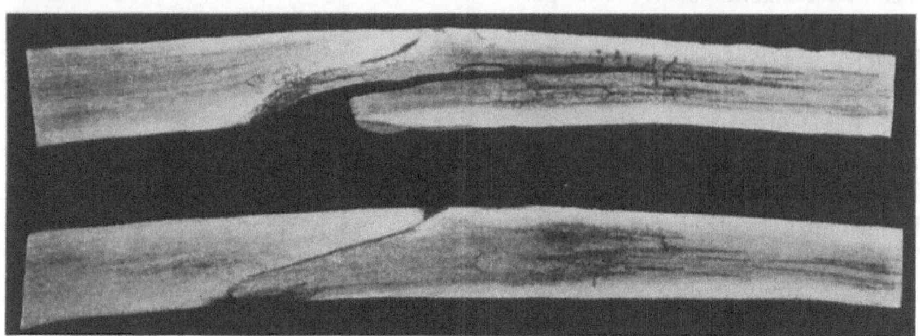

Abb. 122. Schlecht ausgeführte überlappte Schweißung.

Es empfiehlt sich ferner, in ähnlicher Weise wie dies für Rohre bereits erwähnt ist (S. 36/37), die Schweißnähte mit dem Sandstrahlgebläse zu bearbeiten und den Zunder zu entfernen. Die Oberfläche der Naht wird dadurch ohne jede Verletzung metallisch blank gemacht und das Aufsuchen von Fehlerstellen erleichtert. Gegebenenfalls kommt auch ein Beizen der Naht in Frage.

Das Beispiel einer sehr mangelhaften überlappten Schweißung gibt Abb. 122.

Bei einer Nachprüfung ergab sich in diesem Falle, daß das Material in der Seigerungszone aufgespalten war und daß die Fehlschweißung durch zu hohen Schwefelgehalt stark mitbedingt ist. Eine Untersuchung ergab 0,033% P, 0,061% Arsen, 0,085% S (*94*). Bei einer einwandfreien Schweißung soll die Schweißnaht im Schliff kaum erkennbar sein, auch soll in der Umgebung der geschweißten Stelle keine wesentliche Gefügeänderung zu erkennen sein.

Schäden infolge schlechter Wassergasschweißung treten sehr selten auf. In einem besonderen Fall berichtet Hermes (*95*) über zwei Fälle im Betrieb aufgetretener Schäden an wassergasgeschweißten Rundnähten. Rundnähte sind an und für sich nicht so leicht herzustellen, sowohl in maschineller Hinsicht, als auch bezüglich der Wärmespannungen. Die Kessel waren nach der Abb. 123 ausgeführt.

Es fällt sofort die große Länge der Trommeln von etwa 11 600 mm auf. Alle Trommeln der vier Kessel stammen aus dem gleichen Walzwerk, das aus Mangel an technischen Einrichtungen nicht in der Lage war, diese ohne Rundnaht aus einem Stück herzustellen. Die langen Trommeln

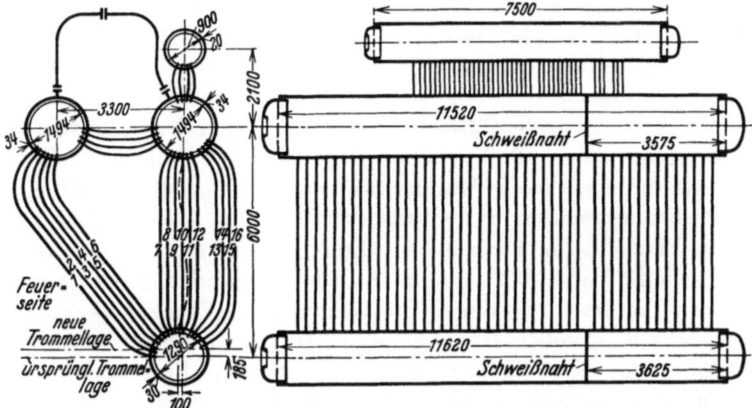

Abb. 123. Schematische Darstellung der Kessel.

hatten außerdem zwei wassergasgeschweißte Längsnähte. Weder bei der Werksabnahme, noch bei der Bauüberwachung und den ersten Wasserdruckproben wurden Schäden festgestellt. Jedoch bereits nach

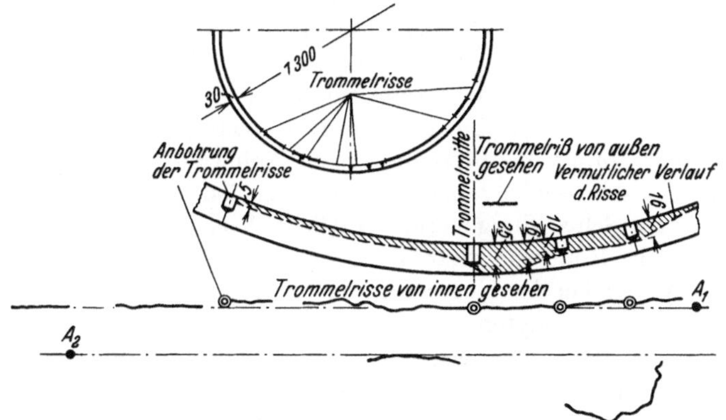

Abb. 124. Rißverlauf an der Untertrommel des Kessels der Abb. 121/122.

1300 Betriebsstunden wurden an einer Untertrommel Undichtheiten bemerkt, die bei näherer Untersuchung sich als Risse in der Rundnaht herausstellten. Der Rißverlauf wurde durch Abbohren festgestellt und zeigte ein Aussehen nach Abb. 124.

Die Risse waren zunächst sehr schwer zu erkennen. Erst durch Abheben eines Spanes durch den Meißel quer zur Schweißnaht war sie durch Abbrechen des Spanes mit Sicherheit zu erkennen. Der Meißelspan teilte sich teilweise noch bei einer Tiefe von 7 mm. Gleichzeitig wurde festgestellt, daß das Material an und in der Nähe der Schweißnaht grobes Gefüge und große Sprödigkeit besaß. Auf Grund dieses Befundes wurden auch alle anderen Trommeln der vier Kessel untersucht, und es zeigte sich überall das gleiche typische Bild.

Zwei Trommeln wurden nun zerschnitten und je ein Ring von 4000 mm Breite einer Materialprüfung zur Untersuchung übersandt. Das Ergebnis war etwa folgendes:

Die Proben am vollen Blech entsprachen den Vorschriften. Aus der Schweißnaht einer Trommel wurden über den Umfang 30 Zerreißproben entnommen, die die Rundschweißnaht in der Mitte hatten. Nur sieben Proben erreichten die vorausgesetzten 90% der Zerreißfestigkeit des vollen Bleches; vier Proben erreichten weniger als 50%, die übrigen lagen zwischen 50 und 90%. Einen ähnlichen Befund zeigten die Proben der anderen Trommel. Bei einer Untersuchung auf Kerbzähigkeit zeigten die Stäbe aus dem vollen Blech hohe Werte von 18 bis zu 26 mkg/cm², während die der Schweißnaht zunächst liegenden Proben nur Werte von 2,2 mkg/cm² aufwiesen. Als maßgebende Ursache für die Rißbildung war somit die schlechte Schweißung anzusehen. Außerdem war auch die Ausglühung der Rundnaht anscheinend nicht einwandfrei ausgeführt worden. Dazu kamen noch Einflüsse der Konstruktion, wie sie bereits früher dargestellt wurden. Der Kessel hat fünf voneinander unabhängige Feuerungen, die die einzelnen Kesselteile in einen verschiedenen Beheizungszustand versetzen können. Einzelne Rohrgruppen sind ziemlich steif, auch ist bei so langen Trommeln der guten Vermischung des eingespeisten Wassers mit dem Trommelinhalt der allergrößte Wert beizumessen. In dieser Beziehung wird noch viel gesündigt. Auch der Frage des Wasserumlaufes besonders beim Anheizen ist größte Sorgfalt zuzuwenden. In ausschlaggebender Weise ist jedoch für den Schaden die mangelhafte Schweißung verantwortlich. Von Interesse dürfte noch sein, daß nach Röntgenaufnahmen Stellen als fehlerfrei bezeichnet wurden, die später bei der Untersuchung im Materialprüfungsamt erheblich unganze Stellen zeigten.

Einzelne Trommeln, die weniger starke Risse zeigten, wurden versuchsweise zur Weiterverwendung zugelassen, wobei folgende Ausbesserungsarbeiten vorgenommen wurden: Die Rundschweißnähte wurden im ganzen Umfang abgeschliffen, bis überall mit Sicherheit gesundes Material vorgefunden wurde. Ein Nachschweißen dieser Stellen war bedenklich, infolge der teilweise festgestellten erheblichen Sprödigkeit des Materials und der Gefahr der Schrumpfrisse. Die Rundnähte wurden daher durch Höhnsche Sicherheitslaschen innen und außen verstärkt. Vor Anbringen der Laschen wurde eine Versuchsschweißung vorgenommen, und die dabei auftretende Temperaturerhöhung des Bleches gemessen (Abb. 125). Ebenso ist aus dieser Abbildung zu ersehen, in welcher Weise bei der Schweißung vorgegangen wurde. Die Kehlschweißung wurde an der ausgeschliffenen Rundnaht ausgesetzt. Die Lasche hat eine Stärke von 18 mm bei einer Stärke des Mantelbleches von 34 mm.

Schmelzschweißung. Nach den bisherigen Vorschriften ist Schmelzschweißung im Kesselbau nur zulässig, soweit die Nähte auf Zug und nicht vorwiegend auf Biegung beansprucht sind. Ferner muß die Schweißung angemeldet und bei der Ausführung, im Einvernehmen mit dem zuständigen Sachverständigen mit großer Sorgfalt verfahren werden. Die auf Zug beanspruchten Nähte müssen außerdem so verstärkt werden, daß die auf die Verbindung wirkenden Kräfte von Laschen aufgenommen werden[1]. Die Güteziffer ist $v = 0{,}5$, der Sicherheitsfaktor ist $x = 4{,}25$[2]. In den Erläuterungen zu den Bauvorschriften sind allerdings einige Einschränkungen dieser Forderung gemacht worden mit dem Hinweis, daß sich diese Vorschriften hauptsächlich auf größere Mäntel und andere größere Kesselteile bezieht. In zweifelhaften Fällen hat der Sachverständige zu entscheiden, ob die Schweißung ohne Laschen zugelassen werden kann.

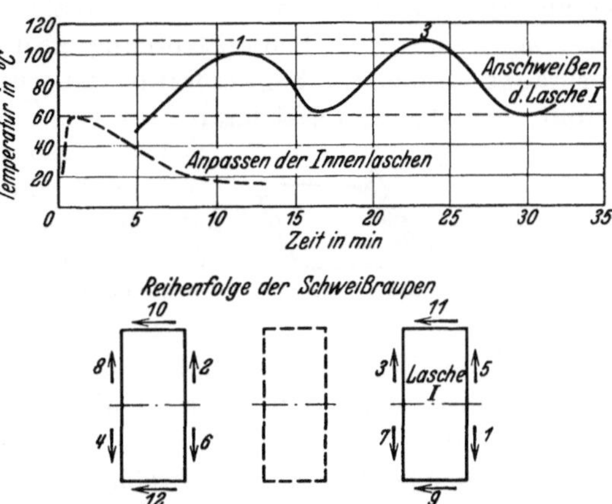

Abb. 125. Temperaturverlauf für Anpassen und Verschweißen der Innenlaschen.

Das Mißtrauen gegen die Schweißung im allgemeinen und die Schmelzschweißung im besonderen beruht darin, daß neben vielen befriedigenden

---

[1] Es liegt dem Deutschen D.D.A. ein Neuentwurf vor, der die Anwendung von Laschen nicht mehr fordert.

[2] Für solche Nähte kann bei Dampffässern im Einverständnis mit dem Sachverständigen, der für den Herstellungsort zuständig ist, der Wert von $v = 0{,}5$ überschritten werden. Der Wert von $v = 1{,}0$ darf jedoch nur in Sonderfällen zugelassen werden. Der Sicherheitsfaktor ist hier $x = 4{,}5$.

Für besonders hochwertige Schweißungen bei Dampfkesseln kann $v = 0{,}55$, bei Schmieden in erneuter Rotglut $v = 0{,}65$ gewährt werden. Unter hochwertigen Schweißungen sind solche zu verstehen, bei denen besondere Einrichtungen nachgewiesen werden und besondere Versuche vorgezeigt werden können.

Wird für bestimmte Schweißverfahren und Werkstoffe durch eine besondere Verfahrensprüfung nach den vom D.D.A. festgelegten Grundsätzen nachgewiesen, daß eine Bewertung der Schweißnähte über die vorstehend genannten Werte hinaus gerechtfertigt ist, so kann dem Hersteller solcher Schweißungen im Grenzfalle bis zu $v = 0{,}9$ zugestanden werden. (Entwurf für den D.D.A. 1934, bereits in Kraft für Preußen.)

Proben immer wieder solche zu finden waren, die Befürchtungen zu Schäden Anlaß gaben. Die Schweißung ist — wie allgemein bekannt ist — in hohem Maß von der Zuverlässigkeit und Geschicklichkeit des Arbeiters und von der Sachkenntnis und Erfahrung des Werkstattingenieurs abhängig. Die Gefahren für eine Schweißnaht beruhen kurz im folgenden:

1. Da es sich beim Schweißen um einen metallurgischen Prozeß handelt, so werden dadurch im Bereich der Schweißnaht einschneidende Veränderungen chemischer und physikalischer Art hervorgerufen; das Material kann beim Schweißvorgang grobkörnig, überhitzt oder gar verbrannt werden, die Schweißraupe kann mit Schlacken und Gasblasen erfüllt sein, das Material kann hart und spröde werden.

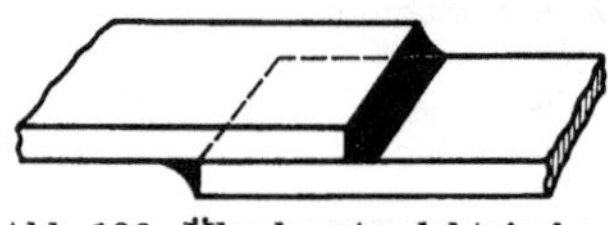

Abb. 126. Überlappte elektrische Schweißung.

2. Die Schweißung geht nicht durch; im Innern bzw. am Grunde der Schweißnaht hat das Material den umgebenden Werkstoff nicht oder ungenügend gebunden.

3. Durch die beim Schweißen entstehenden Erwärmungen einerseits und durch das Abkühlen des Schweißgutes andererseits entstehen oft gefährliche Spannungen, die häufig schon während des Schweißens zu sog. Spannungsrissen führen.

Autogene oder Lichtbogenschweißung? Die Schmelzschweißung kann als autogene oder Lichtbogenschweißung erfolgen. In vielen Fällen können beide Schweißarten gleich gut verwendet werden, jedoch dürfte die elektrische Schweißung allgemeiner verwendbar sein, z. B. ist eine überlappte Schweißung nach Abb. 126 in autogener Ausführung unsachgemäß; das Material würde sich stark verziehen und es liegt die Gefahr von Spannungsrissen vor. Andererseits ist das Überkopfschweißen (was z. B. bei Reparaturschweißungen manchmal nötig wird) in autogener Ausführung zuverlässiger auszuführen, bei elektrischer Schweißung wird das Material zu flüssig und tropft ab. Neuere Elektroden sollen jedoch auch diese Schwierigkeiten nahezu überwunden haben. Hinsichtlich der Festigkeit sind beide Schweißarten gleichwertig, doch wird der autogenen Schweißung eine höhere Dehnung nachgerühmt. Dies dürfte jedoch für die neueren elektrischen Schweißarten mit ummantelter Elektrode auch nicht mehr zutreffen.

In allen Fällen dagegen, wo Wärmespannungen die ausschlaggebende Rolle spielen und ein nachträgliches Ausglühen nicht möglich ist, ist die elektrische Schweißung am Platze, da sich infolge der großen Geschwindigkeit des Schmelzvorganges das Werkstück in viel geringerem Umfange erwärmt, als bei der autogenen Schweißung.

Besonderheiten der Lichtbogenschweißung. Beim Lichtbogenschweißen hat das Schweißgut die Neigung, Sauerstoff und Stickstoff aufzunehmen und Kohlenstoff und Mangan zu verbrennen (*96*). Der Sauerstoff tritt in der Schweiße als Eisen- und Manganoxyd auf und kann infolge der schnellen Erstarrung der Schweiße sich nur schwer abscheiden, außerdem hat der Lichtbogen eine stickstoffbindende Kraft und die Eisenstickstoffverbindungen gehen ebenfalls bis zu einem gewissen Grade in die Schweiße über. Nitriertes Eisen ist hart und mehr oder weniger spröde. Die Sauerstoff- und Stickstoffaufnahme tritt beim autogenen Schweißen in wesentlich geringerem Maße auf, und es war daher vor Einführung der umhüllten Elektrode die elektrische Schweißung im großen Durchschnitt in ihrer Güte der autogenen Schweißung unterlegen.

Um eine geringe Gasaufnahme beim Lichtbogenschweißen zu erzielen, ist man bestrebt, den Lichtbogen so kurz wie möglich zu halten, trotzdem beträgt bei blanker Elektrode der Gehalt an Eisenoxyden im niedergeschmolzenen Schweißgut im Mittel 5%.

Neuere Elektroden. Zur Verhinderung der Gasaufnahme wird nun neuerdings die Elektrode in verschiedener Weise behandelt. Man unterscheidet:

1. Getauchte Elektroden. Hierbei werden die Elektroden in eine Mischung getaucht, die beim Trocknen eine dünne Schicht hinterläßt und so zusammengesetzt ist, daß eine gewisse Schmelzmittelwirkung erzielt wird.

2. Umwickelte Elektroden. Die Umwicklung besteht in der Hauptsache aus Asbest, das ein wertvolles Flußmittel darstellt, da es mit Eisenoxyd eine Silikatverbindung eingeht, die sich verhältnismäßig leicht abscheidet und bequem entfernt werden kann. Außer Asbest kommen noch andere Bestandteile wie z. B. Kohlenstoff, Kalk, Aluminiumsilikat, Mangan, Nickel, Chrom, Phosphat usw. in Frage.

Die Umwicklung bildet einen rohrartigen Mantel um die vom Schweißstab übergehenden Metallteile, wodurch diese vor der umgebenden Luft geschützt werden. Der feine Metallstrom wird außerdem besser als beim blanken Draht zylindrisch zusammengehalten und Spritzverluste werden geringer (*96*).

Infolge des Schutzes des Schweißstabes kann unbedenklich eine Temperaturerhöhung zugelassen werden, wodurch das Schweißbad dünnflüssiger wird, das Schweißgut selbst wird durch die auf der Schmelze schwimmende Schlacke besser geschützt und Gasblasen sowie andere Verunreinigungen haben jetzt Zeit, in die an der Oberfläche schwimmende Schlacke zu steigen. Die richtige Schweißstabführung ist bei der ummantelten Elektrode noch wichtiger als bei der blanken, wegen der sich reichlicher bildenden Schlacke.

Um den Einfluß von Stromstärke, Lichtbogenlänge und Elektrodenstärke zu untersuchen, wurden folgende Schweißversuche vorgenommen (*97*):

Die Schweißungen sind mit Gleichstrom und blanker Elektrode ausgeführt. Die Naht in Abb. 127a ist mit kurzem, richtigem Lichtbogen und mit normaler Stromstärke geschweißt. In Abb. 127b wurde mit gleicher Stromstärke, aber mit zu langem Lichtbogen geschweißt. Man

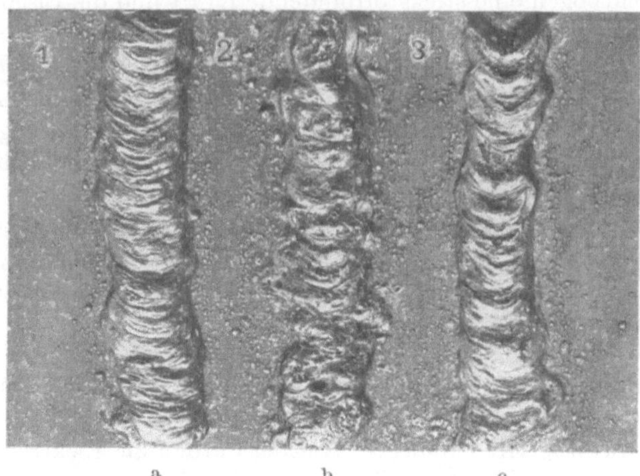

Abb. 127 a—c. Aussehen guter und schlechter Schweißnähte.

erkennt deutlich, daß die Naht unsauber ist und Oxydeinschlüsse enthält. Abb. 127c zeigt die Naht mit richtiger Lichtbogenlänge, aber mit zu

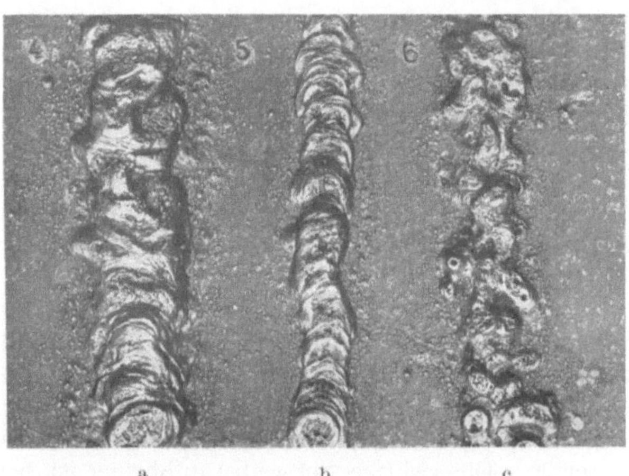

Abb. 128 a—c. Aussehen schlechter Schweißnähte.

hoher Stromstärke geschweißt. Die Naht enthält verbranntes Material, was leider im Bild nicht zur Geltung kommt.

Die Abb. 128a zeigt eine Naht mit richtiger Lichtbogenlänge, aber zu geringer Stromstärke, gleichzeitig waren zu starke Elektroden verwendet; die Naht ist sehr breit und unregelmäßig. Das Gegenstück hierzu mit zu schwacher Elektrode zeigt Abb. 128b, die Naht ist auffallend schmal und ungleichmäßig. In Abb. 128c ist die Naht eines ungeübten und unerfahrenen Schweißers dargestellt. Die normale Schweißnaht eines 15 mm starken Bleches zeigt Abb. 129.

Zubereitung der Schweiße. Die Schweißung kann als Stumpfschweißung oder Kehlschweißung ausgeführt werden.

Die Stumpfschweißung muß je nach der Blechstärke nach Abb. 130 vorbereitet werden (98). Für dünne Bleche gilt Abb. 130a, Abb. 130b gilt für Bleche von etwa 10—15 mm, Abb. 130c für noch stärkere Bleche. Schweißungen nach Abb. 130d werden auch häufig angewandt, sie sind jedoch für dicke Bleche wegen der großen ins Blech kommenden Wärmespannung weniger zu empfehlen. Der Ausschnitt an der Naht darf nicht soweit getrieben werden, daß eine spitze Blechkante entsteht, da diese sonst verbrennt.

Überlappte Schweißungen werden, wo es auf Festigkeit ankommt, mit bogenförmiger Schweiße konkav ausgeführt. Überlappte Nähte geben ein hohes Festigkeitsverhältnis von Nahtverbindung : Blech (über 90%). Die Last verteilt sich auf zwei Nähte. Dagegen sind solche Verbindungen auf Biegung beansprucht sowohl in den Nähten als auch im Blech. Dicke Bleche sollten daher nicht überlappt geschweißt werden, weil das Biegungsmoment mit der Blechstärke wächst. Deshalb ist auch die überlappte Schweißverbindung bei Kesselteilen mit Vorsicht zu behandeln; das Anrichten der überlappten Teile ist schwierig, da sie glatt aufeinanderliegen müssen. Auch kann ein zylindrischer Schuß mit überlappten Nähten nur schwer an einen kreisrunden Boden angefügt werden.

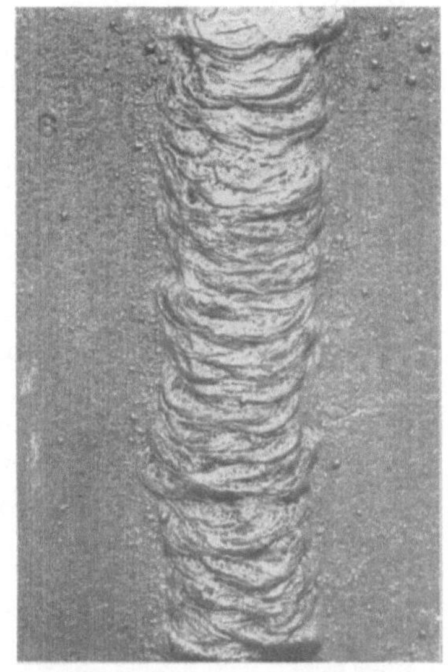

Abb. 129. Normale Schweißnaht eines 15 mm starken Bleches.

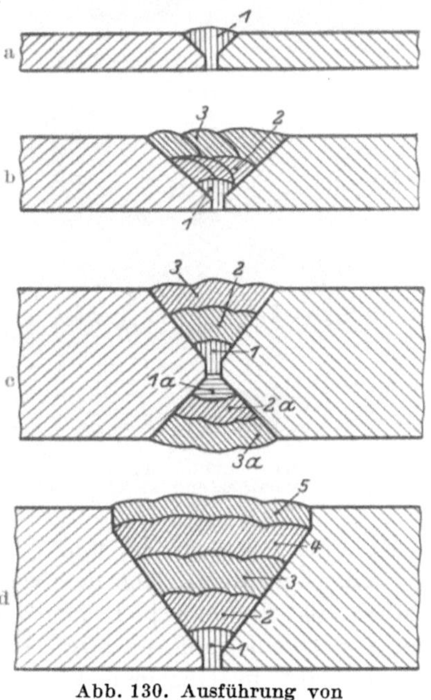

Abb. 130. Ausführung von Schweißnähten.

Höhn (*99*) empfiehlt in diesen Fällen die Verbindung als Laschen-
verbindung auszuführen, jedoch nicht nach Art der Längslasche, sondern
durch einzelne innen und außen aufgesetzte Querlaschen. Biegungsbeanspruchungen fallen dann weg. Er empfiehlt
ein Verhältnis von Länge : Breite von 2 : 1 bis 3 : 1,
wodurch die Schweißnaht eine Festigkeit über
100 % erreicht. Versuchsschweißungen an einer Anzahl Probekessel haben die günstigen Eigenschaften
dieser Verbindung erwiesen. Schaper (*100*) hat
diese Ergebnisse bestätigt und weist nach, daß
auch bei wechseln der Belastung eine Laschenver-
bindung nach Abb. 131 die Festigkeit der Naht
wesentlich steigert.

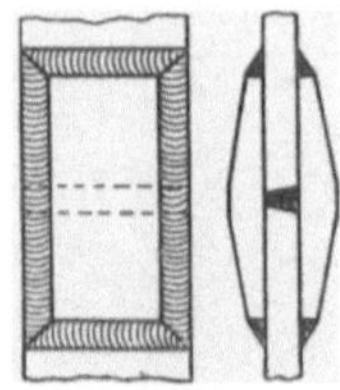

Abb. 131. Stumpfnaht in Verbindung mit Laschen.

Abb. 132 gibt die Innenansicht eines Dampfkessels, der eine durch
Höhn - Laschen verstärkte Naht zeigt (*101*).

Art der Schweißung. Dicke Bleche
werden nach Abb. 130 b—130 d in
einer großen Anzahl von Lagen geschweißt, die Dicke der Schweiße
muß die Blechdicke überschreiten.
Für die erste, gegebenenfalls noch
zweite Lage verwendet man eine
schwächere Elektrode, da sonst die
Gefahr besteht, daß der Grund der
Naht schlecht bindet. Jede Lage
muß vor Auftragung einer neuen
Schicht von Schlacke und Zunder
sorgfältig befreit werden, da sonst
infolge der isolierenden Wirkung der
Schlacke kalt verklebte Stellen mit
ihren schlechten Eigenschaften entstehen. Es ist daher auch streng
darauf zu achten, daß keine Schweiß-
perlen umherspritzen und sich auf
die demnächst zu schweißende Stelle
niederlassen, da das fortspritzende

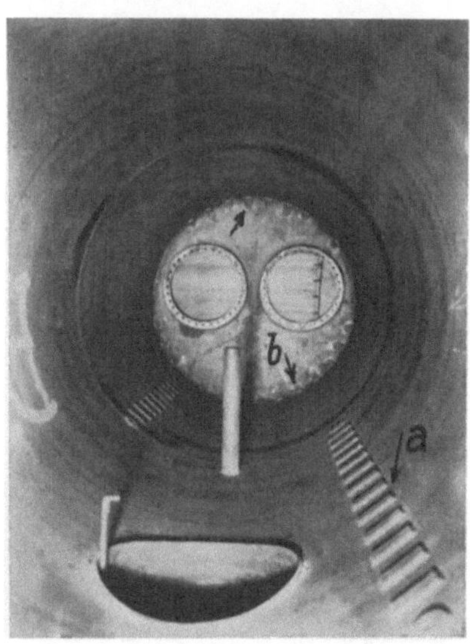

Abb. 132. Innenansicht eines durch Höhen-
laschen nahtverstärkten Dampfkessels.

Eisen stark oxydiert ist und schlechte Bindung und leicht brüchige
Schweiße hervorruft. Die mehrschichtigen Nähte ergeben ein besseres
Gefüge als die einschichtigen infolge der vergütenden Wirkung der
neuen Schweiße auf die alte. Es ist daher zweckmäßig, eine längere
Schweißnaht in einzelnen kürzeren Stücken mit allen Schweißlagen
herzustellen, dann sind die unteren Schichten noch nicht erkaltet, wenn
die neuen Schichten aufgetragen werden. Dabei ist allerdings darauf zu achten, daß die Wärmespannungen keine unzulässige Höhe

annehmen. Ferner wird vielfach empfohlen, die Naht in rotwarmem Zustand zu hämmern. Da die Bearbeitung in Blauwärme unter allen Umständen vermieden werden muß, darf namentlich beim elektrischen Schweißen von einem Hämmern bis zum anderen nur eine kurze Strecke geschweißt werden. Die Arbeit muß von einem gewandten Mann ausgeführt werden, der in der Lage ist, mit der linken Hand die Elektrode zu führen; in der rechten Hand hat er abwechslungsweise das Schutzglas und den Hammer. In neuerer Zeit besteht vielfach die Auffassung, daß das Hämmern der rotwarmen Schweiße zwecklos sei und bei Unachtsamkeit viel größeren Schaden hervorrufen kann, als auf der anderen Seite durch Hämmern an Güte gewonnen werden kann.

Ist die *V*- oder *X*-Naht einseitig fertig geschweißt, so empfiehlt es sich bei allen Schweißen, bei denen eine große Sicherheit gegen Aufreißen gefordert wird, die Wurzel mit dem Meißel auszukreuzen oder auszuschleifen, und zwar so lange, bis in jeder Beziehung vollwertiges Material vorgefunden wird. Teilt sich das Material beim Auskreuzen,

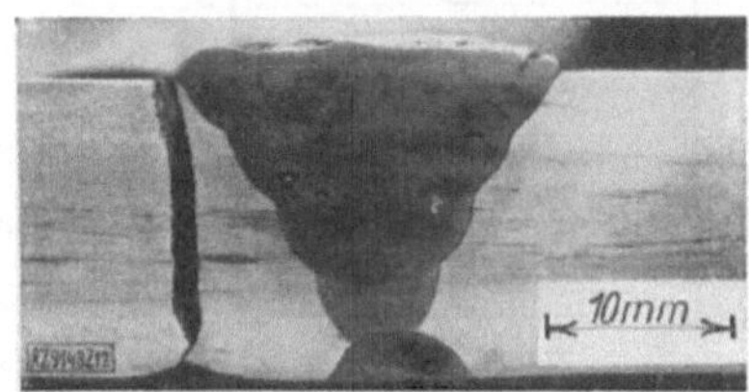

Abb. 133. Schwingungsbruch an einer *X*-Naht mit scharf abgesetzter Raupe.

so ist dies ein Zeichen, daß die Schweiße nicht einwandfrei gebunden hat. Die ausgekreuzte *V*-Naht wird dann nachgeschweißt, am besten elektrisch, um größere Wärmespannungen hintanzuhalten. Diese Ausführungen gelten sinngemäß auch für die autogene Schweißung. Bei dicken Blechen wird man jedoch die elektrische Schweißung vorziehen, da es bei autogener Schweißung schwer ist, die Bleche genügend warm zu halten.

Es ist ferner darauf zu achten, daß am Auslauf der Naht in das volle Blech keine scharf abgesetzte Raupe entsteht, da diese sonst als Kerbe wirkt und bei Schwingungsbelastung einen Dauerbruch einleiten kann (Abb. 133) (*102*).

Läßt sich eine Naht von innen nicht nachschweißen, so muß die Fuge soweit geöffnet werden, daß das niedergeschmolzene Eisen durchfließen kann. Ein solches Vorgehen erfordert zwar eine gewisse Geschicklichkeit des Schweißers, jedoch kann es nur so gelingen, die Kerbwirkung auszuschließen. Das innen etwas überstehende Material ist, sofern es störend wirkt, sorgfältig zu entfernen, zweckmäßig durch Abschleifen. Auch kann innen ein Ring eingelegt werden, um das Durchtropfen zu verhindern.

Festigkeit der Schweißung. In Tabelle 17 ist ein Vergleich gezogen zwischen der Festigkeit (1) eines vollen Bleches, (2) eines genieteten, (3) eines genieteten und elektrisch geschweißten, (4) eines überlappten und autogen geschweißten und (5) und (6) eines elektrisch und autogen geschweißten Bleches. Die Zahlen sind einer englischen Untersuchung entnommen. Es ist nicht zu ersehen, ob es sich bei den Versuchen um eine blanke oder ummantelte Elektrode handelt. Immerhin ist die Überlegenheit der elektrischen Schweißung klar zu erkennen.

Tabelle 17.

Nr.	Probe	Festigkeit		Dehnung	Bemerkung
	Art	kg/mm²	%	%	
1	—	41,0	97,66	10,0	ungeschweißtes Blech
2		24,6	58,33	—	genietet
3		37,9	90,33	1,5	genietet und elektrisch geschweißt
4		38,0	91,33	12,0	überlappte Schweißung
5		33,7	79,66	3,5	elektrisch geschweißt
6		26,0	61,33	3,0	autogen geschweißt

Werkstoff: Blech von 9,5 mm Dicke; Meßlänge 203 mm; Festigkeit = 42,2 kg/mm².

Neese (*104*) hat eine große Anzahl von Schweißen auf Festigkeit untersucht und kommt auf folgende Werte:

Die doppelte Kehlschweißung ergab mit Sicherheit eine Zerreißfestigkeit von 80—100% derjenigen des vollen Bleches. Die Stumpfschweißung als *V*- oder *X*-Naht ausgeführt kam auf 70—80%, bei guten Schweißungen bis zu 100%. Bei Proben, die ganz aus Schweiße hergestellt waren, wurden Dehnungen von 6,5—18% erzielt. Schweißungen mit kurzem Lichtbogen ergaben 38,5 kg/mm² und solche mit langem Lichtbogen nur 23,5 kg/mm² Zerreißfestigkeit, woraus die oben bereits erwähnte Vorschrift des Schweißens mit kurzem Lichtbogen zahlenmäßig ihre Bestätigung erhält.

Baumgärtel (*96*) bringt Biegeproben, Kugeldruckproben und Kerbschlagversuche von Stäben, die mit blanker und umwickelter Elektrode hergestellt wurden. Er erzielte für umwickelte Elektroden die besseren Ergebnisse. Die Kugeldruckhärte steigt in der Schweiße auf 120—140 gegen rd. 115 im Blechmaterial; die Kerbschlagwerte streuen stark etwa zwischen 2 mkg/cm² und 14 mkg/cm², im Mittel etwa 8 mkg/cm² gegenüber 17 mkg/cm² beim vollen Blech. Die Güteminderung des Werkstoffes in der Schweiße wird auch durch metallographische Untersuchungen bestätigt (Abb. 134).

Prüfung der Schweißnähte (*216*). Die zerstörungsfreie Prüfung einer Schweißnaht z. B. mittels Durchleuchten mit Röntgenstrahlen wäre für die Auffindung von etwaigen Schäden von größter Bedeutung und würde manche Bedenken, die heute noch der Schweißung im Dampfkesselbau entgegenstehen, beseitigen können. Es sind zwar auf diesem Gebiet schon beachtliche Erfolge erzielt worden (Abb. 135), aber es muß hierbei noch sehr viel Erfahrung gesammelt werden, ehe eine zuverlässige Beurteilung einer Schweißnaht möglich sein wird. Insbesondere für dickere Bleche, wie sie im Kesselbau üblich sind, dürfte diese Methode heute noch keine zuverlässigen Ergebnisse zeitigen.

Beispiele schlechter Schweißungen. Als Beispiel einer X-Naht, die im Grunde nicht durchgeschweißt ist, sei Abb. 136 wiedergegeben.

Abb. 137 zeigt eine besonders schlechte Naht, die einem Probebehälter entnommen wurde. Die Fuge besitzt weder V- noch X-Profil. Die Naht war bloß etwa zur Hälfte durchgeschweißt. Ein mehrere Millimeter breiter ungeschweißter Rand erstreckte sich die ganze Naht entlang. Äußerlich konnte der Naht ihre schlechte Beschaffenheit in keiner Weise angesehen werden.

Eine ebenfalls sehr schlechte poröse Naht zeigt Abb. 138.

Reparaturschweißung. Während die Schmelzschweißung bei der Herstellung von Kesseln bis jetzt noch wenig Verwendung findet, hat sie bei Reparaturen an Kesseln bereits eine große Bedeutung erlangt. Sie darf jedoch nur im Einverständnis mit dem Sachverständigen ausgeführt werden.

Bei Reparaturschweißungen wird man vielfach von einer Ausglühung der Schweißung Abstand nehmen müssen, um nicht gefährliche Wärmespannungen hervorzurufen. Man ist daher in diesem Falle auf eine besonders zuverlässige Ausführung angewiesen. Um Wärmespannungen möglichst einzuschränken,

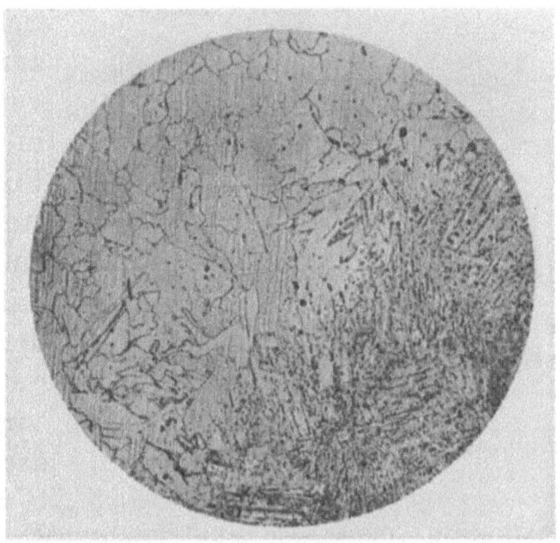

Abb. 134. Schweiße eines 6 mm dicken Bleches mit leichtumhülltem Schweißstab und Gleichstrom (*96*). Rechts Übergang zur Schweiße. Vergr. 150fach.

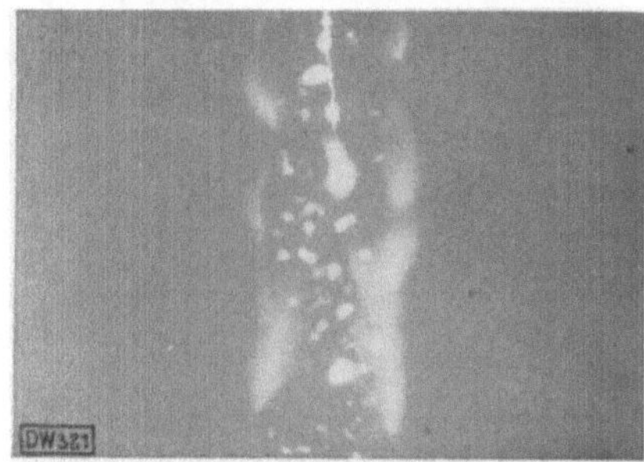

Abb. 135. Durchleuchtung der V-Naht eines 6 mm-Bleches. Es sind Schlacken und Gasblasen erkennbar.

Abb. 136. Wiedergabe einer schlechten Schweißnaht (Z. VDI 1933 S. 559).

wird man bestimmte Vorsichtsmaßnahmen treffen müssen. Der Zusammenbau der Teile ist so einzurichten, daß sich wenigstens eine Seite der zu schweißenden Bleche, und zwar diejenige, die parallel zur Schweißraupe liegt, in der senkrecht zur Raupe liegenden Richtung frei verschieben kann. Schweißt man z. B. in ein eingebeultes Flammrohr einen Flicken nach Abb. 139 autogen ein, so treten solche Schrumpfungsspannungen ein, daß die Naht bei a oder b aufreißt, wenn man nicht durch Lösen der Nietverbindung des Flammrohres mit der vorderen Stirnwand dafür sorgt, daß das Blech sich während des Schweißens frei bewegen kann. Würde man die Nietverbindung beim

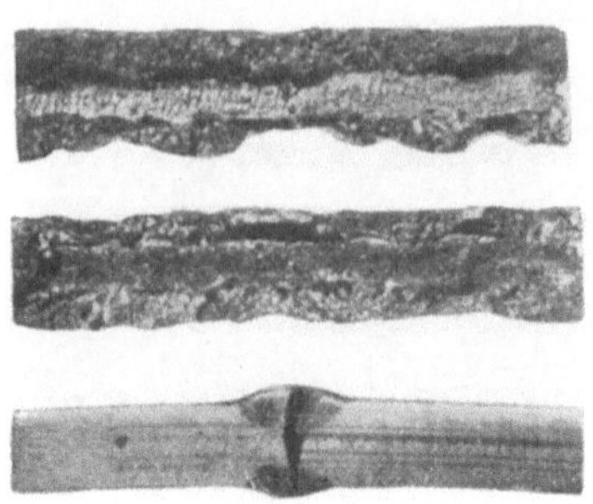

Abb. 137. Ansichten einer schlechten Längsnaht.

Schweißen belassen, so würde die Ausdehnung des Bleches verhindert und das Material gestaucht, bei der nun folgenden Erkaltung erfolgt eine Schrumpfung des Materials, die starke Zugspannungen in der Richtung der Längsachse des Flammrohres auslöst, wodurch die Schweißung bei a und b sehr stark auf Zug beansprucht wird.

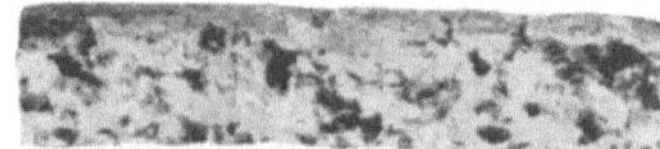

Abb. 138. Poröse Schweißnaht.

Außerdem ist zu beachten, daß sich im Flammrohr selbst im erkalteten Zustand vom Betrieb her Zugspannungen befinden.

Das Flammrohr wird nämlich oberhalb der Feuerbrücke erheblich höher erwärmt als die übrigen Teile. Es will sich an dieser Stelle mehr dehnen als der untere Teil und der umgebende Mantel. Da es daran verhindert ist, so erfährt es oben eine Druckbeanspruchung, die vielfach über die elasti-

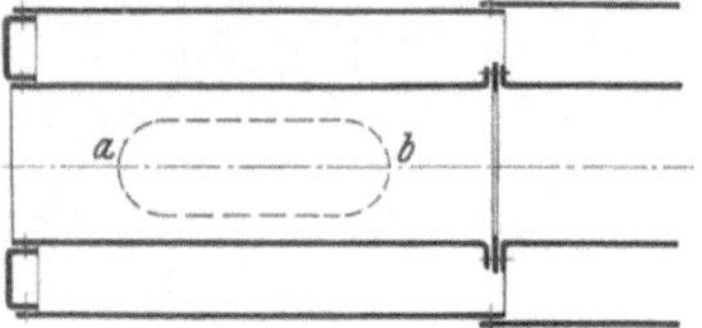

Abb. 139. Ausbesserung eines ausgebeulten Flammrohres.

sche Grenze hinausgeht, es wird also gestaucht. Wenn das Flammrohr erkaltet, so übt es infolgedessen eine Zugwirkung auf die Stirnwände aus (vgl. S. 50). Dies wird auch dadurch bewiesen, daß jedes im Betrieb gewesene Flammrohr in der vorderen Nietreihe zurückspringt, sobald die Nietverbindung gelöst wird. Nach Fertigstellung der Schweißung werden daher auch die Nietlöcher nicht mehr aufeinander passen. In ungünstigen Fällen müssen dann die alten Nietlöcher ausgeschweißt und neue Löcher gebohrt werden. Sind in dem Flicken Nietlöcher anzubringen, so dürfen diese aus dem gleichen Grunde erst nach fertiggestellter Schweißarbeit gebohrt werden, da die vorher gebohrten Löcher später nicht mehr passen würden. Um die Quernaht in einem solchen Falle zu vermeiden, ist es oft zweckmäßig, an Stelle eines Flickens einen sich über die ganze Länge des Schusses erstreckenden Streifen einzusetzen.

Hat man nur einen kleinen Flicken einzusetzen, so sollte die einzusetzende Platte nicht eben, sondern leicht gewölbt eingesetzt werden. Nach dem Schweißen wird dann der Flicken rotwarm gemacht und durch vorsichtiges Hämmern in die Blechebene gebracht. Dadurch wird ein gewisser Ausgleich der Schrumpfspannungen ermöglicht.

Zur Vermeidung von Schrumpfungsspannungen empfiehlt Lottmann (*105*) die Beachtung folgender Regeln: „Der Keilwinkel ist möglichst klein zu halten (das Durchschweißen darf dadurch natürlich nicht in Frage gestellt werden), unnötige Pausen während des Schweißens sind zu vermeiden. Die Schweißung sollte ferner in einzelne Abschnitte unterteilt werden, wobei die Schweißrichtung in kurzen Abständen gewechselt wird.“ In Abb. 140 wird das

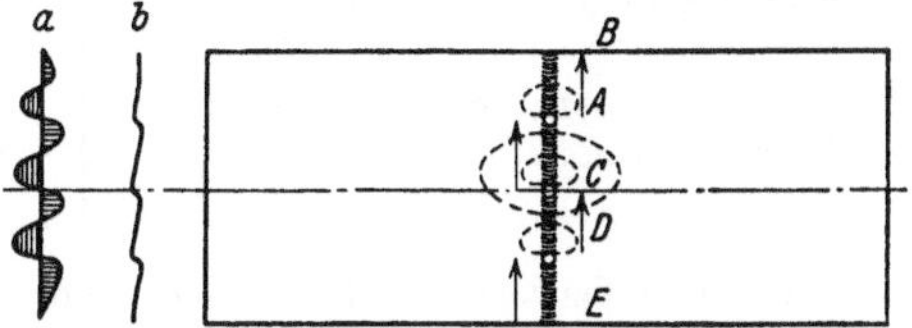

Abb. 140. Schweißen im Pilgerschrittverfahren.

Schweißen im Pilgerschrittverfahren gezeigt, hierbei treten abwechselnd Zug- und Druckspannungen im Blech auf, aber in verhältnismäßig geringem Ausmaß. Das Schweißen beginnt bei A nach B, darauf folgt die Strecke CA, hierauf DC und zum Schluß ED. Das Hämmern der Schweiße in rotwarmem Zustand ist bei elektrischer Schweißung nach Lottmann zwecklos und unter Umständen sogar schädigend. Ein eingeschweißtes Stück kann naturgemäß nur dann spannungsfrei geglüht werden, wenn der ganze Konstruktionsteil gefahrlos erwärmt werden kann. Ein Glühen in der Art, daß die fertige Schweißnaht noch einmal mit dem Brenner erwärmt wird, ist in diesem Sinne zwecklos. Die Spannungen können dadurch nicht beseitigt werden, da die Glühung die gleiche Temperaturdifferenz oder eine noch größere wie der Schweißvorgang selbst verursacht und die Spannung nach dem Erkalten in gleicher Weise wieder hervorruft.

Trotzdem kann ein vorsichtiges Glühen der Naht zweckmäßig sein, da hierdurch zwar nicht die Wärmespannungen beseitigt werden, aber das Gußgefüge der Naht vergütet wird. Buchholz (*106*) berichtet z. B. über Versuche über die Kerbzähigkeit von Schweißnähten, die in der in Tabelle 18 näher gekennzeichneten Weise behandelt worden waren.

Man erkennt hieraus, daß die einzelnen Schweißlagen vergütend aufeinander wirken. Hierdurch erscheint auch das oben geforderte wurzelseitige Nachschweißen der V-Naht besonders günstig, da es nicht nur die Festigkeit, sondern auch das Gefüge (Kerbzähigkeit) vorteilhaft beeinflußt.

Tabelle 18. Kerbschlagzähigkeit verschieden geschweißter und
behandelter autogener Schweißungen.

Schweißart und Behandlung bei V-Nähten	Kerbschlagzähigkeit in mkg/cm²			
	Rechtsschweißung		Linksschweißung	
	Einzel-wert	Mittel-wert	Einzel-wert	Mittel-wert
Geschweißt unbehandelt	2,5	2,5	3,1	3,2
	2,5	—	—	—
Geglüht durch dünne Auflage	4,9	9,4	17,1	15,1
	13,9	—	13,0	—
Geglüht durch wurzelseitiges Über-schweißen	10,2	10,5	6,0	8,4
	10,8	—	10,9	—
Warm gehämmert und geglüht durch dünne Auflage	19,4	18,2	10,8	10,7
	16,9	—	10,6	—

Die Versuchswerte sind auf den Querschnitt der Schweißraupe bezogen.

Sehr ungünstige Schrumpfspannungen treten auf, wenn es sich darum
handelt, z. B. einen Trommelausschnitt durch eingesetzte Laschen zu
verstärken. Über einen solchen Fall berichtet Müller (*107*). An einem
Kessel von 400 m² Heizfläche und 15 atü mit zwei Obertrommeln und
je einer vorderen und hinteren Vollkammer, erstere durch Sattelstücke
mit der Trommel verbunden, war der Kammerhalsausschnitt außer durch
Stehbolzen mit drei eingeschweißten Stegen verankert (Abb. 141).

Die Schweißnaht riß jedoch stets wieder an den Stegen ein, und
zwar in dem Teil, der über die obersten Stehbolzen hinausragte. Ein
Auskreuzen und Wiederverschweißen war erfolglos.

Es wurde nun eine andere Ausführungsart gewählt, bei der sieben Stege
von gleicher Stärke wie das Kesselblech in die Ebene des Kesselbleches
gelegt und eingeschweißt wurden. Die Stege hatten die Abmessungen
$300 \times 70 \times 17$ mm. Es wurde elektrisch in 5—6 Lagen geschweißt. Um
hohe örtliche Erwärmung zu vermeiden, wurden die Stege nicht der Reihe
nach geschweißt, sondern zuerst Nummer zwei, dann sechs, dann vier.
Nachdem vier oder fünf Stege beiderseitig eingeschweißt waren, riß schon
während des Abkühlens der eine oder andere Steg in der Schweißnaht durch,
infolge von Schrumpfspannungen, die durch die feste vollkommen beider-
seitige Einspannung bedingt waren. Die Temperatur am einen Ende eines
Steges war etwa 100⁰ C, während am anderen Ende geschweißt wurde;
die mittlere Stegtemperatur wurde zu etwa 300⁰ C ermittelt, woraus
sich eine Schrumpfung von etwa 0,7 mm errechnet, wenn man annimmt,
daß ein Teil der Spannungen bis 100⁰ C elastisch aufgenommen wurde.
Um dem Einfluß der Schrumpfungen zu begegnen, wurden nun die Stege
während des Schweißens soweit wie möglich gekühlt, die Schweißstelle

selbst wurde hierbei durch eine Asbestmanschette vor dem Kühlwasser geschützt. Um ferner nicht die ganze Schrumpfspannung auf einen einzelnen Steg kommen zu lassen, wurden alle Stege zunächst einseitig angeschweißt, hierauf der Reihe nach auf der anderen Seite, wobei die fertig geschweißten Stäbe mit der Lötlampe warm gehalten wurden (aus diesem Grunde wäre einpilgerschrittmäßiges Einschweißen zwecklos gewesen).

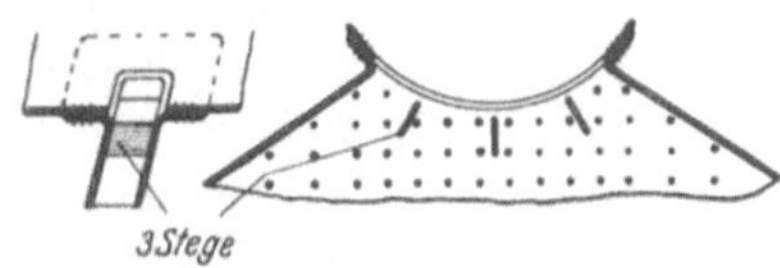

Abb. 141. Eingeschweißte Stege zur Verankerung des Kammerhalses an einem Kammerkessel.

Die *V*-Naht der stumpf geschweißten Stäbe wurde mit einer Öffnung von 3 mm verhältnismäßig steil ausgeführt, außerdem wurden die Stäbe mit einer leichten Wölbung nach unten stramm eingesetzt.

Diese Maßnahmen hatten einen vollen Erfolg. Die Wasserdruckprobe mit 20 atü wurde gut bestanden; der Kessel wurde in Betrieb genommen und als Spitzenkessel möglichst großen Schwankungen unterworfen. Eine Besichtigung nach fünfwöchentlichem Betrieb ergab, daß die Stege noch völlig in Ordnung waren.

Schweißungen an Rissen, die durch Wärmespannungen hervorgerufen wurden, sind bedenklich und bringen meist nach kurzer Zeit neue größere Schäden, wenn nicht gar schwere Kesselunfälle. Man muß in solchen Fällen stets so vorgehen, daß der rissige Teil in weitem Umfang völlig herausgeschnitten und durch einen neuen Teil ersetzt wird, der an völlig gesundes Material angeschweißt wird.

Abb. 142. Geschweißter und mit Höhnschen Laschen gesicherter Verbindungsstutzen zwischen Obertrommel und Wasserkammer.

Das Beispiel einer solchen richtig ausgeführten Reparatur zeigt Abb. 142. Der mit Krempenrissen behaftete Stutzen wurde abgenietet und durchgeschnitten (*108*). Ein neuer Stutzen wurde angeschweißt, durch Höhnsche Laschen gesichert und an die Obertrommel angenietet.

Bei einem geringen Anbruch der Krempe kann man sich wohl auch gelegentlich in einfacher Weise wie in Abb. 143 dargestellt helfen, wobei man sich aber bewußt sein muß, daß es sich hierbei um keine Dauerlösung, sondern um eine unvollkommene Flickarbeit handelt. Der Riß muß abgebohrt und sorgfältig ausgekreuzt werden, sodann wird nach

Abb. 143 geschweißt. Die Wurzel der Naht darf nicht auf Zug beansprucht sein. Die Krempe wird außerdem durch einzelne Sicherheitslaschen derart verstärkt, daß die Elastizität des Bodens bis zu einem gewissen Grad erhalten bleibt.

Zu welchen Schäden ein einfaches Ausschweißen von größeren Rissen führen kann, zeigt folgendes Beispiel (*109*):

An einem Zweiflammrohr - Glattrohrkessel mit gewölbten Böden (Abb. 144) wurden im Jahre 1920 erstmalig Krempenanbrüche am Vorderboden geschweißt. Im Jahre 1928 wurden nun in erheblichem Umfang neue Risse festgestellt, die neben den alten Schweißstellen auftraten. Außerdem wurden neue Risse an der Aushalsung für das Flammrohr und an der Verbindungsstelle der Flammrohrschüsse (Adamsonsche Versteifung) festgestellt. Alle Risse wurden in gleicher Weise nachgeschweißt. Nach zwei Jahren brachen die Bodenkrempen erneut neben den Schweißstellen, worauf nach Entfernung der alten Schweiße die gebrochenen Stellen 30 mm breit ausgekreuzt, elektrisch verschweißt und die Krempen etwa 60 mm überschweißt wurden. Die Krempenschweiße war jetzt rechts 1000 mm, links 800 mm lang. Der gut gereinigte Kessel kam nun in Betrieb und bereits nach 14tägigem Dauerbetrieb beulten sich die ersten beiden Schüsse, wie aus der Abb. 144 angedeutet, seitlich ein. Die Einbeulungen erfolgten an den Stellen stärkster Erwärmung etwa 140—270 mm über dem Rost. Die Beulen haben eine Erstreckung von etwa 550×300 mm. Im ersten Schuß liegen sie in der Mitte des Schusses, im zweiten in der Mitte zwischen Feuerbrücke und der Versteifung zwischen erstem und zweitem Schuß. Die tiefsten Einbeulungen traten an dem Flammrohr auf, welches der längsten Schweißung am nächsten liegt. Durch die Schweißung ganz allgemein und durch das Überschweißen im besonderen waren die Bodenkrempen so unelastisch geworden, daß die Wärmespannungen sich im Flammrohr selbst auslösen mußten.

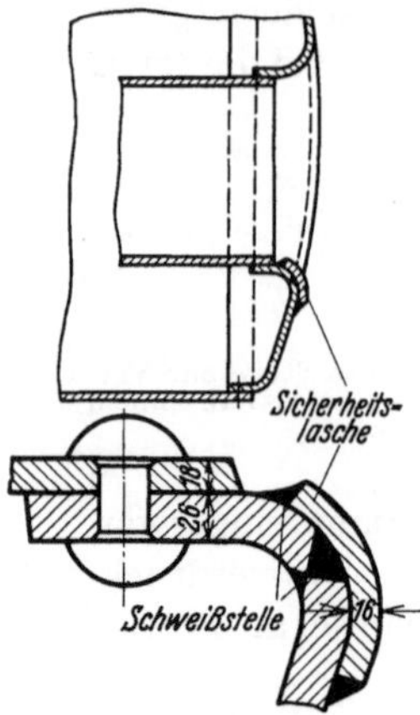

Abb. 143.
Bodenkrempenanbruch geschweißt und durch Höhn - Laschen gesichert.

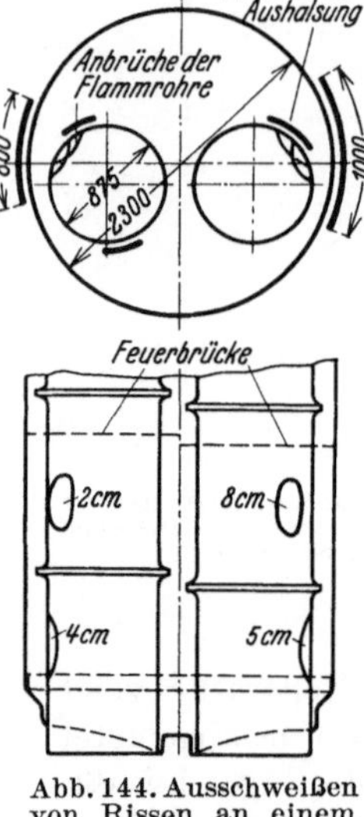

Abb. 144. Ausschweißen von Rissen an einem Flammrohrkessel.

Über eine unsachgemäße Ausschweißung eines Spannungsrisses in der Feuerbüchsenrückwand eines Schiffskessels, die im Verlauf der Jahre zu einer schweren größeren Rißbildung führte, berichtet Eckermann (*110*). Die Feuerbüchsenrückwand hatte den in Abb. 145

gestrichelt gekennzeichneten Riß bekommen, der ausgekreuzt und elektrisch verschweißt wurde. Der Kessel war dann eine Reihe von Jahren in Betrieb, ohne daß Schäden oder Undichtheiten an der Schweißung auftraten. Als anläßlich der Reinigung einige Stehbolzen nachgestemmt wurden, riß beim Anziehen der Stehbolzen-

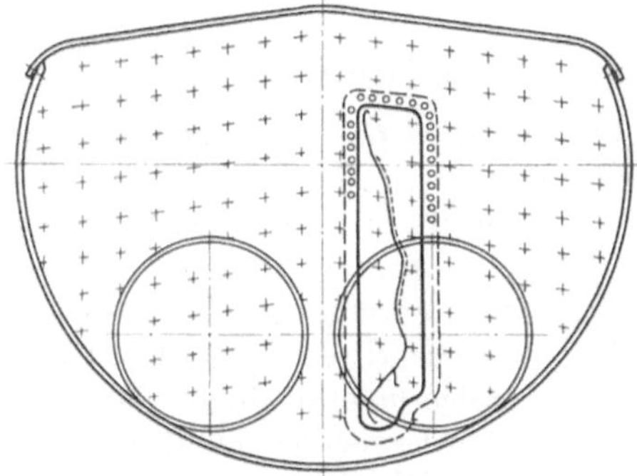

Abb. 145. Ausschweißen von Rissen an einer Feuerbüchsenrückwand eines Schiffskessels.

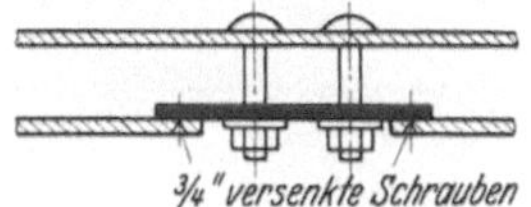

Abb. 146. Aufgeschraubter Flicken.

muttern der alte Riß unter starkem Knall auf, teilweise 2—3 mm klaffend und in einer weit über seine ursprüngliche Ausdehnung sich erstreckende Länge von 1,7 m, wobei der Riß sich im unteren Teil verästelte. Wäre dieser Schaden im Betrieb auf hoher See eingetreten, so hätte er sehr schwerwiegende Folgen nach sich ziehen müssen. Die Reparatur erfolgte nunmehr in der Weise, daß das schadhafte Stück herausgeschnitten und die Öffnung durch einen aufgeschraubten Flicken verschlossen wurde (Abb. 146).

Dichtschweißen von Einwalzstellen. Auch das Dichtschweißen von lecken Einwalzstellen ist ein Verfahren, das nicht angewandt

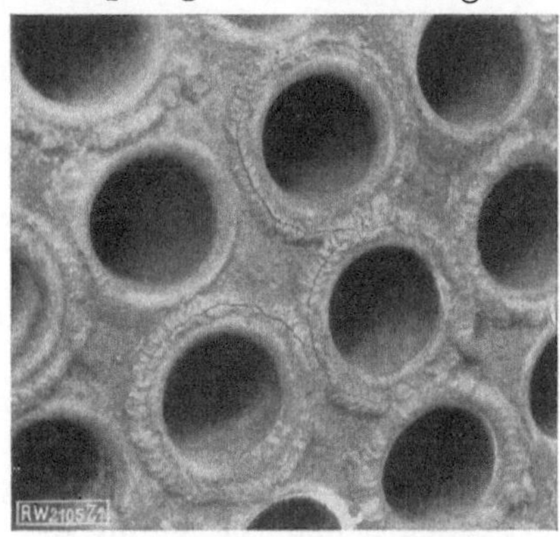

Abb. 147. Rohrboden eines Feuerbüchsenkessels mit dichtgeschweißten und nachher aufgerissenen Stellen. (Arch. für Wärmewirtschaft 1933 S. 135.)

werden sollte. Eine Konstruktion, die so ausgeführt ist, daß die Einwalzstellen nicht dicht zu bekommen sind, muß durch Konstruktionsmaßnahmen, die eine elastischere Bauart ergeben, geändert werden. Das einfache Dichtschweißen ist eine Gewaltmaßnahme, die selten zum Ziele führt, da die zu großen Wärmespannungen an irgendeiner Stelle einen Auslauf erzwingen. In der Abb. 147 ist der Ausschnitt eines Rohrbodens eines stehenden Feuerbüchsenkessels wiedergegeben, an dem die Rohre wegen mangelhaften Dichthaltens an der Bördelung verschweißt wurden. Die Schweiße riß sehr bald wieder auf, wie auf dem Bild deutlich zu erkennen ist. Sind die Rohre und der Boden zu steif, so muß man sich in der Weise helfen, daß dünnere Rohre oder ein elastischer Boden oder eine Verringerung der Rohrzahl vorgenommen wird.

C. Die Walzverbindung.

Der Walzvorgang. Vor dem Einwalzen in das Trommelblech wird das Rohr mit Spiel eingeführt und zunächst soweit aufgeweitet, bis es am Blech zum Anliegen kommt. Bei diesem Vorgang wird die Streckgrenze des Rohres bereits überschritten. Die weitere Drucksteigerung, bedingt durch die Drehbewegungen und Anpressen der Walze, erzeugt im Rohr eine tangentiale Druckspannung, während in der Richtung der Achse ein Fließen stattfindet. Gleichzeitig wird auch das Trommelblech in seinem an der Bohrung liegenden Teil über die Streckgrenze beansprucht und zum Fließen gebracht. Es bildet sich somit um das Bohrloch im vollen Blech eine plastisch verformte Ringzone, wie dies aus

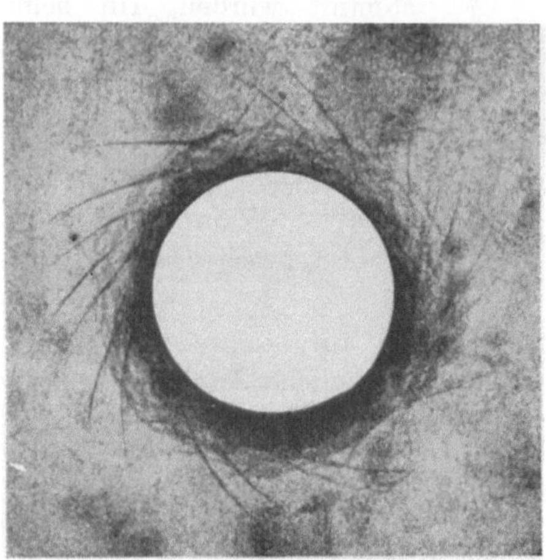

Abb. 148. Plastisch verformte Ringzone beim Walzen.

Abb. 148 deutlich durch die Verdunkelung und die Kraftlinien nach Fry zu sehen ist. Nach Beendigung des Walzvorganges besteht zwischen Blech und Rohr eine Schrumpfverbindung, bei der im Rohr vorwiegend Druck- und im Blech Zugkräfte auftreten (*111*). Bei der Walzverbindung gibt es einen kritischen Verformungsgrad von Blech und Rohr, bei dem die Festigkeit und Verbindung ihren Höchstwert erreichen. Die Gefahr eines Überwalzens der Walzverbindung liegt daher sowohl beim Blech vor, als auch beim Rohr. Beim Rohr ergibt sich durch das Überwalzen eine beträchtliche Abnahme der Wandstärke, die eine Verminderung des elastischen Widerstandes des Rohres ergibt, während die im Rohr dabei auftretende Verfestigung nicht im gleichen Maß zunimmt.

Beim Blech macht sich das Überwalzen in einer Vergrößerung der plastisch verformten Ringzone bemerkbar, die insofern nachteilig sein kann, als sich die Verfestigung des Materials nicht im entsprechenden Verhältnis erhöht. Auch ergibt sich eine Schädigung des Blechwerkstoffes, die unter gewissen Bedingungen zu Stegrissen führen kann.

Jantscha (*111*) hat in Rohr und Trommel vorhandene Eigenspannungen, wie sie durch das Einwalzen erzeugt wurden, experimentell untersucht und festgestellt, daß Rohrringe, die aus dem Bördel oder dem unteren aus der Walzstelle herausragenden Rohrteil entnommen wurden, nach dem Durchsägen kräftig zusammenfederten, daß dagegen Proberinge, die aus dem Haftsitz des Rohres herausgearbeitet wurden, stark auffederten. Ein Chrom-Nickelstahlrohr federte z. B. um 8 mm auseinander. Die Druckspannungen im Rohr können Werte von 25 bis 35 kg/mm² erreichen.

Am Trommelwerkstoff wurde die Eigenspannung in der Weise festgestellt, daß ein Rohr von 90,4 mm l. D. und 99,4 mm ä. D. in einen Flansch von 220×220 mm mit einer lichten Bohrung von 99,5 mm eingewalzt wurde. Nunmehr wurde der Flansch von außen abgedreht, wobei bei einem Flanschdurchmesser von 108 mm das Rohr eine Durchmesservergrößerung von 0,07 mm erfahren hatte. Diese Durchmesservergrößerung des Rohres bei Abtrennung der äußeren unter elastischer Zugpsannung stehender Teile beweißt, daß durch eine solche Störung des bestehenden Gleichgewicht eine Überwiegung der im Rohr vorhandenen Druckspannung eintritt, die eine Vergrößerung des Rohrdurchmessers herbeiführt. Die plastisch verformte Zone des Trommelwerkstoffes kann Spannungswerte von 10—16 kg/mm² annehmen. Die Druckspannung nimmt rasch ab, um dann mit wachsender Entfernung vom Bohrrand in eine Zugspannung überzugehen.

Rohrspiel und Haftaufweitung, Walzdorndruck und Walzkopfumläufe. Um das Rohr in die Wand einzuführen, muß ein gewisses Spiel vorhanden sein. Es müssen daher sowohl das Rohr wie die Bohrung gewisse Maße einhalten. Die zuverlässigen Durchmesser-Abmaße sind in Tabelle 19 zusammengestellt.

Tabelle 19. Zulässige Durchmesser-Abmaße bezogen auf den Soll-Außendurchmesser des (kalibrierten) Rohrendes.

Bei einem Soll-Außendurchmesser des Rohrendes in mm	bis 60	83	95	102
Rohr in mm	± 0,3	± 0,4	± 0,5	± 0,5
Rohrloch in mm bis	+ 0,5 + 0,8	+ 0,8 + 1,2	+ 0,9 + 1,4	+ 1,0 + 1,5

Es hat sich in der Praxis ergeben, daß ein Rohrspiel von 0,7 bis 1 mm die günstigsten Verhältnisse ergibt. Jedoch haben auch größere Rohrspiele keine erhebliche Verschlechterung erbracht. Wichtiger ist die Einhaltung bestimmter Werte bei der Haftaufweitung. Unter Haftaufweitung versteht man die Erhöhung des lichten Rohrdurchmessers von dem Zeitpunkt ab, da das Rohrspiel durch Anlage des Rohres an die Wand ausgeglichen ist und der eigentliche Walzvorgang beginnt. Auch hier ergibt sich, daß innerhalb bestimmter Grenzen der Haftaufweitung etwa zwischen 0,7 und 1,2 mm Durchmesservergrößerung der Bestwert erreicht ist. In Abb. 149 sind nach Versuchen von

Thum-Ruttmann (*112*) die Dauerschwingungsfestigkeitswerte abhängig von der Haftaufweitung für vier verschiedene Rohrspiele aufgetragen. Man erkennt, daß einem günstigsten Wert von 24 kg/mm² Schwingungsfestigkeit ein unterster Wert von etwa 15 kg/mm² gegenübersteht. Solange es sich um normale Kesselkonstruktionen handelt bei niederen Drucken, wird die Einhaltung der günstigsten Spiele und Haftaufweitung von untergeordnetem Einfluß sein. Sowie jedoch hohe Kesseldrücke und empfindliche Konstruktionen in Frage kommen, wird es von

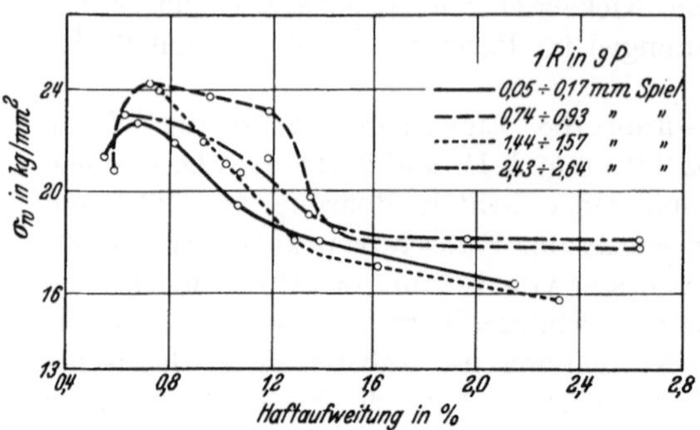

Abb. 149. Dauerschwingungsfestigkeitswerte abhängig von der Haftaufweitung.

großer Wichtigkeit sein, bei dem Walzprozeß die günstigsten Verhältnisse einzuhalten, um Rundrisse an den Einwalzstellen zu vermeiden.

Von Interesse ist auch die Feststellung, daß ein sehr geringes Rohrspiel sich ebenfalls ungünstig auswirkt. Dies hängt offenbar damit zusammen, daß das Rohr eine zu geringe tangentiale Reckung und damit eine zu geringe Verfestigung erfahren hat.

Der ungünstige Einfluß zu hoher Haftaufweitung macht sich bei der Schwingungsfestigkeit deutlich bemerkbar; Oppenheimer und Siebel (*113*) haben zwar eine Abhängigkeit der

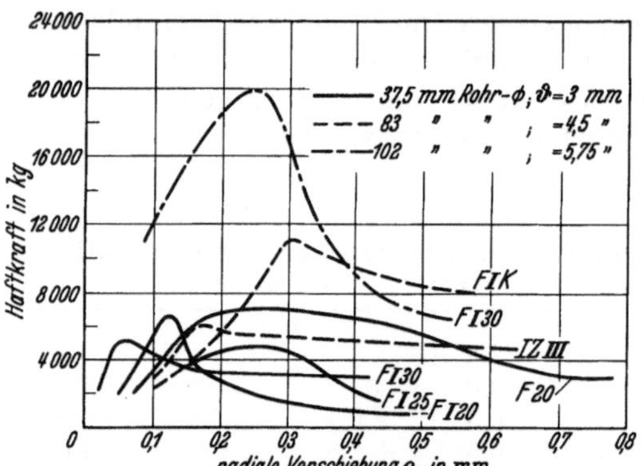

Abb. 150. Haftfestigkeit in Abhängigkeit von der radialen Verschiebung.

Haftfestigkeit von der Haftaufweitung bis zur Aufweitung von 2,5 mm nicht feststellen können. Abweichend davon und in Übereinstimmung mit Thum hat jedoch auch Jantscha bei seinen Versuchen festgestellt, daß die Haftfestigkeit der Walzverbindung bei einem bestimmten Aufwalzgrad ihren Höchstwert erreicht. In Abb. 150 ist nach Jantscha die Haftfestigkeit für verschiedene Rohrdurchmesser und Rohrbaustoffe in Abhängigkeit von der Verschiebung eines Fixpunktes ϱ_3 in 3 mm Abstand vom Rohrloch dargestellt. (Eine Verschiebung des ϱ_3-Punktes um 0,15 mm entspricht für unlegiertes Material etwa einer Haftaufweitung von 1,2%.) Man erkennt aus der Abbildung, daß für jedes Material ein Bestwert der Haftaufweitung vorliegt.

Bei allen Einwalzversuchen zeigte es sich, daß ein befriedigendes Dichthalten der Verbindung nicht zu erzielen ist, wenn die Haftaufweitung nicht mindestens 0,5% des Lochdurchmessers betrug. Ein Überschreiten des günstigsten Wertes von 0,8—1,2% vermag die Dichtigkeit nicht mehr zu erhöhen. Bei Rohren mit dünner Wandstärke empfiehlt es sich, dabei an der untersten Grenze zu bleiben. Werden diese Werte eingehalten, so dürfte eine nennenswerte Schädigung des Plattenwerkstoffes nicht eintreten.

Die Unterschiede zwischen den Versuchen von Oppenheimer und Siebel einerseits und Jantscha und Thum-Ruttmann andererseits dürften darauf zurückzuführen sein, daß, wie Thum-Ruttmann nachweisen, die Haftaufweitung allein keinen genügenden Maßstab für den Wert der Walzverbindung abgibt. Diese Verfasser weisen nach, daß die Höhe des Walzdorndruckes und die Zahl der Walzkopfläufe eine ausschlaggebende Rolle spielen. Denn die gleiche Haftaufweitung kann unter sonst gleichen Bedingungen durch hohen Walzdorndruck mit wenig Umläufen und auch durch einen verhältnismäßig niederen Walzdorndruck mit vielen Umläufen erreicht werden. Je nachdem sind die Verformungen von Rohr und Platten ganz verschieden. Z. B. erzielt ein hoher Walzdorndruck mit wenigen Umläufen bei gleicher Haftaufweitung eine weit größere Tiefenwirkung auf die Platte bei geringerer Verformung des Rohres als im anderen Fall. So können z. B. die Haftaufweitungen 0,6—1,2—1,8 % folgendermaßen erzeugt werden (Tab. 20):

Tabelle 20.

Haftauf-weitung	Walz-dorndruck	Um-läufe	oder	Walz-dorndruck	Um-läufe
0,6	750	4/5	oder	1145	4/3,3
1,2	1350	4/5	,,	1145	4/11,6
1,8	1745	4/5	,,	1145	4/18,3

Noch deutlicher spricht sich dies aus, wenn man daneben noch die Plattenlochaufweitung und die Wanddickenabnahme des Rohres betrachtet (Tab. 21):

Thum und Ruttmann kommen zu folgendem Ergebnis:

„Es ist besser, wenn die gleiche Haftaufweitung mit einem hohen Walzdorndruck — verhältnismäßig wenig Walzkopfumläufen (Maschinen-

Tabelle 21.

Haftauf-weitung %	Walz-dorndruck kg	Walzkopf-umläufe	Plattenloch-aufweitung %	Wanddicken-abnahme %
1,02	745	20	0,006	9,7
1,02	1145	7,5	0,03	8,9
1,02	1220	5	0,09	8,1
1,6	1145	17,5	0,042	15,0
1,6	1530	5	0,33	11,5

walzung) mit gleichzeitigem Auswalzen bei konstantem Walzdorndruck oder Walzkreisdurchmesser erzielt ist als umgekehrt. Der Begriff der

Haftaufweitung setzt sich zusammen aus der Verformung des Rohres und der Platte. Bei der gleichen Haftaufweitung kann in einem Falle die Plattenlochverformung auf Grund einer geringen Rohrverformung (Maschinenwalzung, wenig Umläufe, hoher Walzdorndruck) bis zu zehnmal so groß sein, wie im anderen Falle. Eine Angabe der Haftaufweitung ist nur wertvoll unter gleichzeitiger Angabe der Walzart und der Walzkopfumläufe, d. h. der Einwalzgeschwindigkeit. Besonders wichtig ist dieser Hinweis bei einem im Verhältnis zum Rohrwerkstoff weichen Trommelwerkstoff, desgleichen bei dünnwandigen Trommeln."

Auch Jantscha weist darauf hin, daß die Handwalzung aus den oben dargelegten Gründen der maschinellen Walzung unterlegen ist. Bei der Handwalzung erreicht der Steindruck bereits bei Beginn des Walzens seinen Höchstdruck. Werden nun durch Drehung des Dornes von Hand die Walzsteine in Umdrehung versetzt, so schieben diese den vor ihnen gelagerten Werkstoff des Rohres vor sich weg. Es tritt also in der Hauptsache eine Verknetung des Rohrbaustoffes ein. Dieser Prozeß wiederholt sich mehrmals und bedingt daher eine weit größere Verminderung der Rohrwandstärke, was sowohl von Jantscha als von Thum experimentell nachgewiesen wurde. Bei der Handwalzung erfolgt ferner der ganze Arbeitsprozeß bei geringerer Geschwindigkeit, wodurch die Verformungsmöglichkeit des Rohrbaustoffes weiter erhöht wird. Aus den gleichen Gründen ist es auch vorzuziehen, die Walzung mit möglichst vielen Rollen durchzuführen, um die „Dreieckswirkung" der Rollen bzw. das Unrundwerden der Rohrlöcher zu vermeiden.

Jantscha hat bei Einwalzversuchen in Kammern mit Dreirollen- und Fünfrollenwalzen folgende Ergebnisse erzielt:

Tabelle 22.

Anzahl der Nachwalzungen	Kammer		Rohr
	Aufweitung der Bohrung in %	Wandstärkenzunahme in %	Wandstärkenabnahme in %
Drei mit der Dreirollenwalze	1,53	6,10	16,35
Drei mit der Fünfrollenwalze	0,78	4,70	15,1

Man erkennt daraus, daß die Fünfrollenwalze überall dort zweckmäßig angewandt wird, wo infolge geringer Wandstärke der Kammer, Trommel usw. und bei sich nur schwach verfestigenden Werkstoffen eine Ausweichmöglichkeit des Sitzbaustoffes vorliegt, und besonders auch in den Fällen, in denen durch oftmaliges Auswechseln von Siederohren bereits beträchtliche Vergrößerungen der Rohrlöcher vorliegen.

Einfluß der Flanschstärke. Siebel (*114*) stellt fest, daß die Haftkraft proportional ist einmal der Rohrwandstärke, allerdings nur bis zu einer Wandstärke von 4 mm, andererseits auch der Plattenwandstärke.

Die Haftkraft muß demnach auch proportional dem Produkt aus Platten- und Rohrwandstärke sein. Der als Stützfläche $f = s\,(d_a - d_i)$ bezeichnete doppelte Wert dieses Produktes ist für über 50 Versuchswerte zusammengetragen und in Abb. 151 wiedergegeben. Einwalzlängen über 40 mm werden in der Praxis als unzweckmäßig angesehen. Dies wird auch durch die Schwingungsversuche von Thum bestätigt.

Einfluß von Bördel und Rille. Sowohl Bördel als Rille erhöhen die Haftfestigkeit in starkem Maße. (Ungefähr auf das 2—3fache der glatten Verbindung.)

BeideVorrichtungen haben die Aufgabe, das Rohr bei großen axialen Zugbeanspruchungen festzuhalten, auch wird das Dichthalten der Verbindungen günstig beeinflußt. Jedoch ist beim Aufdornen des Rohres sehr sorgfältig vorzugehen. Bei unsachgemäßer Ausführung löst sich das Rohr in der Nähe des Bördels von der Rohrwand, so daß ein Nachwalzen erforderlich ist. Letzteres vermindert die Güte der Verbindung. Insbesondere ist das Einstemmen der Bördelkante in die Rohrwand z. B. bei Rauchrohren unzulässig. Der Rohrüberstand soll 15—20 mm betragen, die Bördelung muß gleichzeitig mit dem Festwalzen erfolgen, wodurch ein Abheben von der Rohrwand vermieden wird. Der spitze Winkel des Bördels soll nicht über 60° betragen, bei Materialien höherer Festigkeit entsprechend weniger.

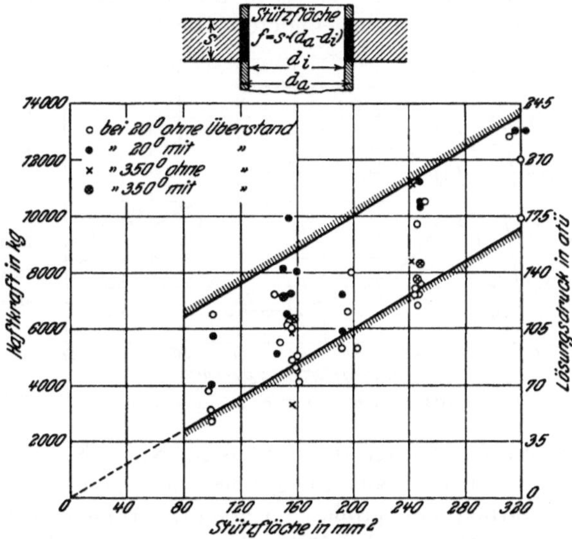

Abb. 151. Abhängigkeit der Haftkraft von der Stützfläche.

Bei Rillenverbindungen (zweckmäßig nur eine Rille etwa 3 mm breit, 2 mm tief) ist eine stärkere Haftaufweitung erforderlich, um den Rohrwerkstoff in genügender Weise in die Rille zu treiben. Man wird bei einer Haftaufweitung von 1—1,7% ein Eindringen des Rohrwerkstoffes von etwa 1 mm erreichen; solche Verbindungen haben nach Siebel bei 125 atü Abpreßdruck zu keinen Beanstandungen Anlaß gegeben. Bei legierten Materialien wird man erst durch Probewalzungen ein Bild über die zweckmäßigste Art der Einwalzung erhalten. Eine größere Haftaufweitung als 1,7% dürfte zur Vermeidung von Schäden für Rohr und Platte nicht zweckmäßig sein. Die Rille hat gegenüber dem Bördel den

Vorteil, daß die Verbindung auch gegen Druckkräfte höhere Sicherheit bringt. Jedoch dürfte die Rille eine teuerere Konstruktion darstellen und empfindlicher gegen Schwingungsbeanspruchungen sein. Für sehr hohe Drücke empfiehlt es sich, dort wo Maschinenwalzung nicht möglich ist (z. B. bei Sammelkästen), sowohl Bördel, als auch Rille vorzusehen, da der Bördel allein unter Umständen gegen Herausziehen nicht genügend Sicherheit bietet.

Versuche des Verfassers haben ergeben, daß ein Rohr mit einem unvollkommen ausgebildeten Bördel bereits bei 100 at ins Rutschen kommt und sich bei einem Druck von 150 at aus dem Sitz herauszieht (Rohr und Platte aus Cr-Mo-Stahl), daß dagegen ein gut ausgebildeter Bördel in Verbindung mit einer Rille noch bei 450 at kein Rutschen zeigte.

Einfluß der Werkstoffe. Jantscha (*111*) untersucht die Haftfestigkeit von normalen Flußstahl-

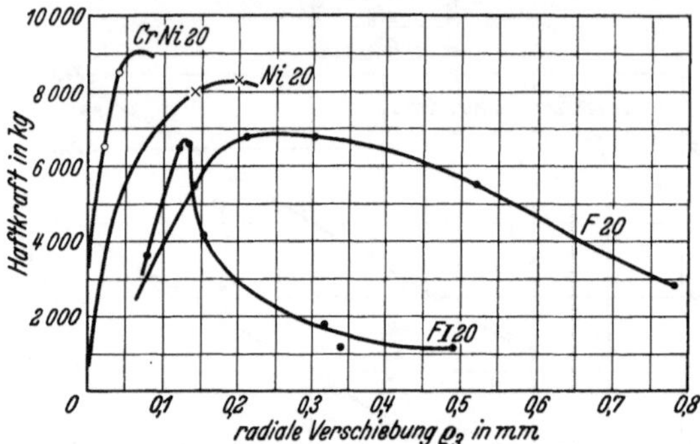

Abb. 152. Haftfestigkeit für verschiedene Baustoffe.

rohren in Platten aus Flußeisen, Ni, CrNi und einem weichen Flußstahl von ebenfalls 20 kg/mm² Streckgrenzenwert, der bei hoher Einschnürung ein großes Formveränderungsvermögen zeigt. In diesem Falle hatte also das Rohr eine höhere Streckgrenze als der Flansch. In Abb. 152 ist die Haftfestigkeit in Abhängigkeit von der Verschiebung des ϱ_3-Punktes (ein Fixpunkt in 3 mm Abstand vom Rohrloch) wiedergegeben. Man erkennt, daß auch der weiche Baustoff F_{20} hohe Haftfestigkeit ergibt und vor allem gegen Überwalzen viel weniger empfindlich ist, als z. B. Flußstahl I. Jedoch ist der Flanschbaustoff durch Alterung mehr gefährdet (vgl. S. 151).

Eine sehr hohe Haftkraft bei geringer Verformung des Flansches ergeben die legierten Stähle. Bezüglich der Formänderung des Rohres ergab sich, daß die Wandstärkenabnahmen des Rohres bei gleichem Aufwalzgrad bei den Flanschbaustoffen, die eine hohe Streckgrenze besitzen, bedeutend größer ist als bei denen, deren Streckgrenze im Verhältnis zu derjenigen des Rohres einen geringeren Wert hat. Der günstigste Aufwalzgrad liegt also beim Cr-Ni-Stahl bei kleineren Formänderungen des Flansches, während z. B. der Baustoff F_{20} einen wesentlich größeren Aufwalzgrad für den Bestwert der Einwalzung erfordert. Das Überwalzen, das in einer starken Abnahme der Rohrwandstärke zum Ausdruck kommt, ist somit bei legierten Baustoffen gefährlicher. Es sei noch darauf hingewiesen, daß die Werkstoffe beim Einwalzvorgang eine Verfestigung erfahren, die durch die Kaltverformung bedingt ist, die ihrerseits eine Erhöhung der Streckgrenze und eine Verminderung der Kerbzähigkeit ergibt. Die Verfestigung des Rohres beim Einwalzen ist sehr wichtig, um eine hohe Elastizität im Flansch zu erhalten. Es ist demnach nicht gleich, ob man ein weiches oder ein hartes Rohr verwendet. Denn es ist ein Unterschied, ob die Verhärtung verbunden ist mit der Bildung des für die Einwalzung erforderlichen Schrumpfmaßes oder nicht. Bei im Verhältnis zum Trommelwerkstoff übermäßig harten Rohrwerkstoff wird diese Schrumpfmaßbildung viel weniger möglich sein, da einmal der Trommelwerkstoff ausweicht und auf der anderen Seite ein solches Rohr mehr zurückfedert. Die Bildung des vom Rohr ausgehenden Schrumpfmaßes ist nur bei gleichzeitiger Verfestigung und Verfestigungsfähigkeit des Rohres möglich.

Es ist demnach verkehrt, z. B. legierte Rohre von hoher Festigkeit in einen verhältnismäßig weichen Trommelwerkstoff einzubauen; zu legierten Rohren gehört ein legierter Trommelbaustoff, möglichst von höherer Streckgrenze als derjenige des Rohrwerkstoffes. Man kann auch härtere Rohre in einen etwas weicheren Trommelwerkstoff befriedigend einwalzen, wenn dafür gesorgt wird, daß der Unterschied in der Streckgrenze durch die während der Einwalzung eintretende Verfestigung ausgeglichen wird. Zu erstreben ist jedoch immer, daß von vornherein der Trommelwerkstoff eine höhere Streckgrenze als das Rohr besitzt.

Selbstverständlich sinkt die Kerbzähigkeit sowohl des Rohres im Haftsitz, als auch des Flanschbaustoffes in unmittelbarer Nähe des Rohrloches. Rohre geringer Alterungsbeständigkeit haben bei den Schwingungsversuchen von Thum, wie zu erwarten war, eine um rund 50% geringere Schwingungsbeanspruchung ertragen, als Rohre von weniger alterungsanfälligem Material. Dies ist von besonderer Wichtigkeit, wenn die Gefahr von Rundrissen in den Einwalzstellen vorliegt.

Einfluß der Oberflächenbeschaffenheit. Versuche von Thum zeigen, daß glatt abgedrehte Rohre bezüglich der Haftfestigkeit den abgestrahlten Rohren unterlegen waren, und zwar ergaben abgestrahlte Rohre doppelt so hohe Werte. Jedoch waren die abgedrehten Rohre bis zu höheren Drücken dichter als die abgestrahlten. Man muß daher von Fall zu Fall entscheiden, welchem Umstand man bei einer bestimmten Konstruktion den höheren Wert beimißt. Ob Abstrahlen oder Abfeilen günstigerere Verhältnisse schafft, ist noch nicht erforscht.

Werkstattechnische Gesichtspunkte. Die Rohrenden müssen vor dem Einwalzen sachgemäß ausgeglüht werden (Flußeisenrohre bei etwa 900° C). Das Schmiedefeuer eignet sich hierzu nicht. Zweckmäßig sind Glühöfen, die eine Einstellung und Beobachtung der erforderlichen Temperatur zulassen. Das Abkühlen der Rohre geschieht an der Luft. Zugluft ist zu vermeiden. Um die Rohrenden bis zum Einwalzen vor Rost zu schützen, werden sie mit einem Firnisüberzug versehen, der vor dem Einwalzen nicht entfernt zu werden braucht, während Öl beseitigt werden muß.

Anrostungen der Lochwand müssen vor dem Einziehen der Rohre entfernt werden. Die Rohrlöcher müssen ferner innen und außen entgratet sein. Quer- und besonders längslaufende Riefen dürfen nicht vorhanden sein. Schräg, konisch oder ballig gebohrte Rohrlöcher sind fehlerhaft und verursachen eine ungleichmäßige Verformung des Rohres beim Einwalzen. Beim Herausschlagen von Rohren aus den Löchern können sich leicht Längsriefen bilden, diese müssen sorgfältig entfernt werden, zweckmäßig durch Ausdrehen. Beim Einziehen langer Rohre ist zu beachten, daß nicht Ablagerungen von Rost und Zunder auf der Lochwand hängen bleiben können.

Wichtig ist ferner eine sorgfältige Ausrundung der Walzsteine, da sonst beim Walzen scharfe Kanten entstehen, die an hochbeanspruchten Stellen zu Rundrissen an den Einwalzstellen führen.

Die Schrägstellung der Walzsteine soll im allgemeinen 1^0 betragen. Eine stärkere Schrägstellung erfordert zu große Kraft und ergibt unvollkommene Auswalzung.

Das Einwalzen über Eck ist zu vermeiden. Für Höchstdruckkessel ist es auf alle Fälle unzulässig, da über Eck nicht genügend Kraft

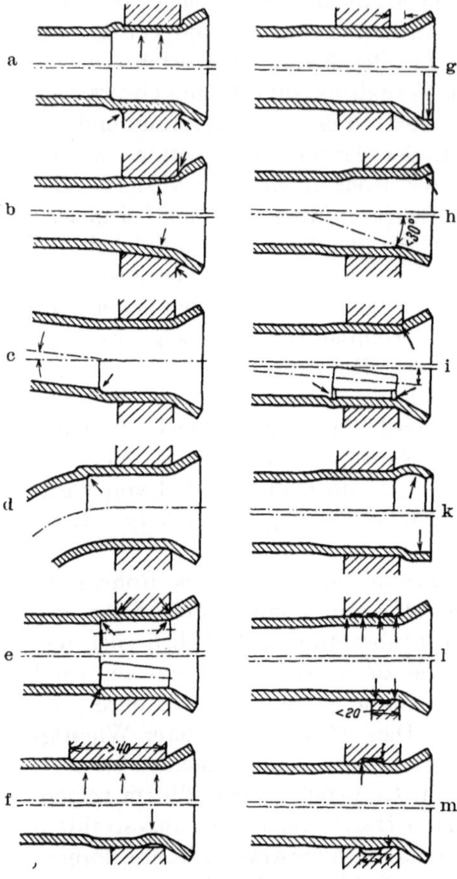

Abb. 153a—m. Einwalzungen.

aufgewandt werden kann, um eine sichere Walzverbindung zu erzielen.

Das Festwalzen und Bördeln muß in einem Arbeitsgang erfolgen, da das nachträgliche Bördeln eines festgewalzten Rohres die Verspannung in der Walzstelle wieder lockert. Der Bördel muß gut ausgebildet sein und am Lochrand satt anliegen.

Nachstehend ist eine Zusammenstellung von Elsässer (*115*) wiedergegeben, in der die beim Einwalzen vorzugsweise auftretenden Fehlermöglichkeiten übersichtlich an Hand von Skizzen zusammengestellt sind (Abb. 153 a—m).

Einwalzungen.

a Streckgrenze von Lochwand > Rohrwand. Walzdruck und Aufweitung zu groß. Verquetschung der Rohrwand. Undichtheiten. Rißbildung in der Rohrwand. Verminderte Haftkraft.

Streckgrenze von Rohrwand > Lochwand. Walzdruck und Aufweitung zu groß. Ballige Verquetschung der Lochwand. Undichtheiten. Rißbildung in der Lochwand. Verminderte Haftkraft.

b Rohrwalze war schräg im Loch. Streckgrenze von Lochwand > Rohrwand. Rohr innen zu stark, außen zu schwach verformt. Undichtheiten, Risse im Rohr. Verminderte Haftkraft.

Rohrwalze war schräg im Loch. Streckgrenze von Rohrwand > Lochwand. Loch innen verquetscht, außen ungenügend festgewalzt. Undichtheiten, Stegrisse. Verminderte Haftkraft.

c Das Rohr war schräg im Loch. Einseitige, zu starke Verformung des Rohres. Undichtheiten, Rißbildung im Rohr an dieser Stelle.

d Rohrkrümmung bis in das Loch. Einseitige, zu starke Verformung. Undichtheiten und Rißbildung im Rohr an dieser Stelle.

e Ränder von Walzstein und Lochwand sind scharfkantig. Kerbenartige Eindrücke im Rohr. Rißbildung im Rohr. Ränder von Walzstein abgerundet. Trotzdem scharfkantiger Übergang. Rißbildung im Rohr.

f Lochwanddicke > 40 mm. Rohr auf die ganze Wanddicke festgewalzt. Zu starke Verquetschung des Rohres in der Mitte. Rißbildung im Rohr.

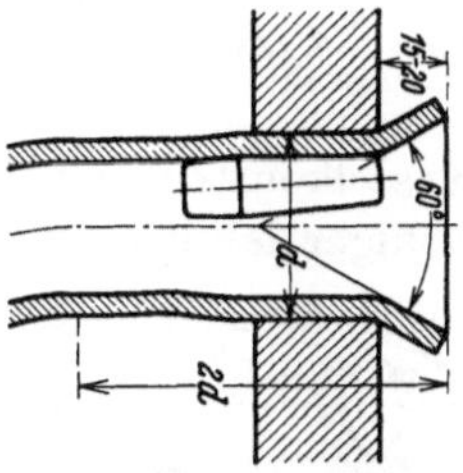

Bördeln nach dem Festwalzen. Rohr löst sich wieder. Undichtheiten und verminderte Haftkraft.

Abb. 154. Sachgemäß eingewalztes Rohrende.

g Rohrüberstand zu groß. Bördel zwecklos. Verminderte Haftkraft.

Rohrüberstand zu groß. Kürzen mit Fräser und nicht mit Meißel und Hammer.

h Rohrüberstand zu klein. Bördeln schwierig. Verminderte Haftkraft.

Aufweitwinkel zu klein. Verminderte Haftkraft.

i Bördeldruck zu groß. Bördel wird abgeschert. Rißbildung am Bördel. Verminderte Haftkraft.

Drallwinkel zu groß. Hohle Auflage der Walzsteine. Statt Einziehen der Walze Riefen in Rohrwand. Rißbildung.

k Kugelbördel. Scharfe Kante. Ungünstige Strömungsverhältnisse.

Zylindrischer Bördel. Ungünstige Strömungsverhältnisse.

l Anzahl der Rillen zu groß. Lochleibungen zwischen den Rillen und zwischen den Lochrändern zu schmal. Sie werden verquetscht. Undichtheiten und verminderte Haftkraft.

Lochwanddicke < 20 mm. Bei Anordnung einer Rille wird Lochleibung verquetscht. Undichtheiten. Verminderte Haftkraft.

m Rechteckige Rille. Kanten scharf. Kerbwirkung bei Rohr- und Lochwand. Rißbildung.

Trapezförmige Rille. Form richtig, jedoch Breite und Tiefe zu groß.

In Abb. 154 ist die richtige Art der Einwalzung wiedergegeben.

Rundrisse an Einwalzstellen. Bei den modernen Hochleistungskesseln mit Drücken von 30 atü und mehr treten gerade in den letzten Jahren vielfach Rundrisse an den Einwalzstellen auf. Die Erforschung der Ursache der Rißbildung kann sich natürlich nicht allein auf den Walzvorgang richten, denn es sind eine ganze Reihe von Ursachen vorhanden, die bezüglich der Höhe dieser Einflüsse im einzelnen untersucht werden müssen. Daß der Einfluß einer ungenügenden Walzarbeit nicht allein ausschlaggebend bei gewissen Schäden war, geht daraus hervor, daß einzelne Rohrgruppen und unter Umständen einzelne Rohre bevorzugt von diesen Schäden befallen wurden. Auch ergab sich in einzelnen Fällen, daß trotz Beachtung aller Regeln bezüglich sachgemäßen Einwalzens wieder Rundrisse, wenn auch nach längerer Zeit, auftraten. Es spielt daher die ungenügende Elastizität des Kessels bei solch wiederkehrenden Schäden wohl die ausschlaggebende Rolle. Immerhin befindet man sich bei den modernen

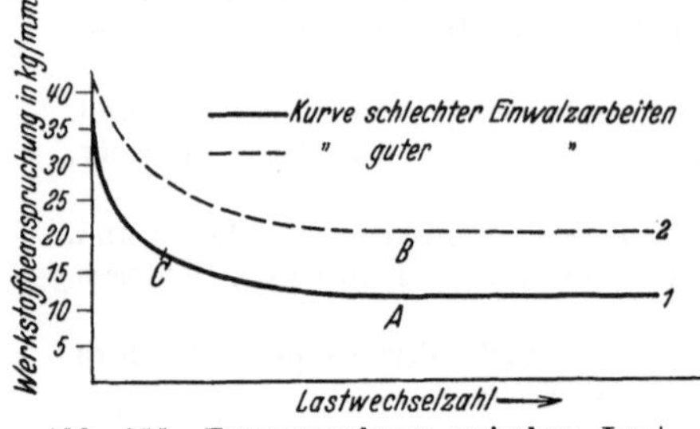

Abb. 155. Zusammenhang zwischen Lastwechselzahl und Werkstoffbeanspruchung.

Kesselkonstruktionen und Kesselleistungen vielfach in einem mehr oder weniger labilen Grenzgebiet derart, daß eine sorgfältige Einwalzarbeit die Konstruktion eben aus dem Bereich des Schwingungsbruches heraushebt, während eine sorglosere Ausführung der Walzverbindung nach einer bestimmten Betriebszeit den Schwingungsbruch auslösen kann. Daß es sich bei solchen Rundrissen um Dauerbrüche unter dem Einfluß von Lastwechseln handeln dürfte, hat Thum (*112*) experimentell nachgewiesen, indem er durch Schwingungsbeanspruchung der Walzstelle typische Rundrisse, wie sie in der Praxis auftreten, künstlich erzeugte. In Abb. 155 ist nach Wöhler der Zusammenhang zwischen Werkstoffbeanspruchung, die zum Bruch führt, und der Lastwechselzahl dargestellt. Wenn

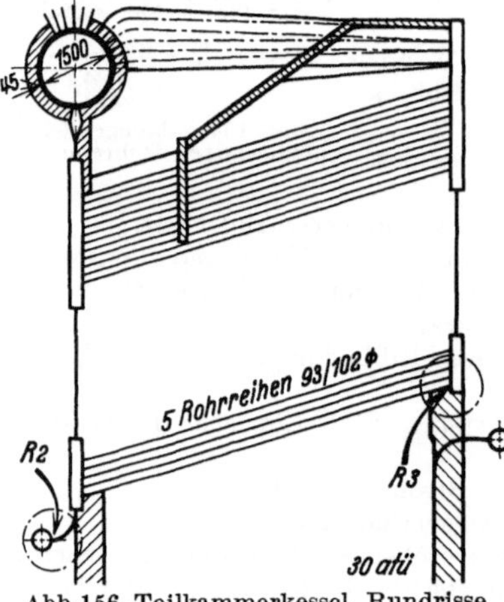

Abb. 156. Teilkammerkessel. Rundrisse an Walzstellen.

es sich auch beim Kesselbetrieb nicht um einen Lastwechsel von einem positiven bis zu einem negativen Höchstwert handelt, sondern um eine Schwingung, die einer bestimmten positiven Grundlast überlagert ist, so ändert das nichts an der grundsätzlichen Betrachtungsweise. Bleibt die Beanspruchung einer Walzstelle unter der Kurve, so entsteht kein Bruch. Bei normalen Kesseln mit geringen Drücken liegt die Beanspruchung, z. B. bei *A*, bei einem hochbeanspruchten Hochdruckkessel liegt die Beanspruchung bei *B*. Ist die Einwalzung gut ausgeführt, so hält sie eine Lastwechselzahl nach Kurve 2 aus und bleibt gut, ist sie weniger gut ausgeführt, so hält sie nur Beanspruchungen nach Kurve 1 aus. Bei einer

Beanspruchung von beispielsweise 17 kg/mm² würde eine gute Einwalzung dauernd halten, während eine schlechte Arbeit nach einer bestimmten Zahl von Lastwechseln zum Bruch führt. Wollte man den Schaden vermeiden, so müßte man die Zahl der Lastwechsel bis zum Punkt C zurücknehmen, d. h. der Kessel müßte mit möglichst konstanter Last und möglichst konstantem Druck gefahren werden. Da dies im allgemeinen nicht möglich ist, so muß eben die Entwicklung der Einwalzarbeit mit der Entwicklung des Kesselbaues Schritt halten, und man muß dieser bisher rein handwerksmäßig hergestellten Verbindung erhöhte Beachtung schenken und die besten Bedingungen hierfür festlegen, um Schäden zu vermeiden.

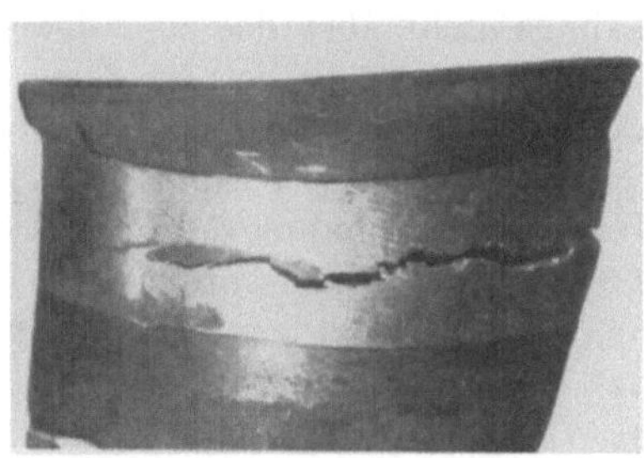

Abb. 157. Abb. 158.

Abb. 157 u. 158. Gerissene Rohre aus dem Kessel Abb. 156.

Im folgenden sollen nun einige praktische Fälle von Rundrissen an Einwalzstellen einer näheren Betrachtung unterzogen werden (*116*).

In Abb. 156 ist ein Teilkammerkessel ausländischer Bauart dargestellt, an dem bei R_2 und R_3 nach kurzer Betriebszeit Rundrisse an den Einwalzstellen an drei Rohren auftraten. Auch einige weitere Rohre waren undicht, ohne direkt Risse zu zeigen. Den Rißverlauf an den Einwalzstellen zeigen die Abb. 157 u. 158.

Die Aufweitung der Rohre bei der Montage hatte 2—2,2 mm betragen; dieses Maß entspricht nicht genau der Haftaufweitung, da der Rohrinnendurchmesser nach dem Anwalzen nicht gemessen, sondern mit dem Solldurchmesser des Rohrloches und der Sollwanddicke des Rohres gerechnet wurde. Hierbei verursachen die zulässigen Abmaße gewisse Ungenauigkeiten. Die wirkliche Haftaufweitung dürfte etwa 0,6—0,5 mm geringer gewesen sein.

An dem in Frage stehenden Kessel waren die unteren Rohrreihen teilweise nach oben gebogen, während die Rundrisse an den Einwalzstellen sich an der Unterseite befanden. Solche Rohrverbiegungen entstehen mit Vorliebe dann, wenn die Erwärmung der unteren gegenüber der oberen Faser eines Rohres beträchtliche Unterschiede aufweist. Dies tritt dann ein, wenn das Rohr nicht genügend durch Wasserumlauf gekühlt ist, also z. B. beim Anheizen, bei Bereitschaftsstellung des Kessels ohne Dampfabgabe, bzw. beim Hochfahren nach Bereitschaftsstellung.

Die Wärmespannungen im Rohr wirken sich natürlich auch entsprechend an der Walzstelle aus. Da der Kessel als Spitzenkessel vorgesehen war, so war außerdem seine Schwingungsbeanspruchung höher als normal.

Abb. 159. Rundrisse am Übergang zum verwalzten Teil der Siederohre.

Eine Untersuchung der Brinellhärte im Haftsitz zeigte, daß diese von 127 normal auf 177 zugenommen hatte. Dies entspricht einer Zerreißfestigkeit von 70 kg/mm² und beweist, daß das Rohr im Haftsitz erheblich verfestigt worden ist, allerdings nicht über das zulässige Maß. Nach Thum-Ruttmann beträgt nämlich die normale Verhärtung des Rohres bei Haftaufweitungen von 0,8—1,5% rund 50%. Jedoch ist die Wanddickenabnahme des Rohres zwischen 22 und 33% gemessen worden, was darauf hinweist, daß von Hand gewalzt wurde mit vielen Walzkopfumläufen und verhältnismäßig geringem Walzdorndruck und daß eine erhebliche Überwalzung stattgefunden hat, da die Wanddickenabnahme Werte von 8—12% nicht überschreiten sollte. An dem Schaden dürfte daher neben anderen Umständen (Bauart, Betriebsweise usw.) auch die Einwalzarbeit eine gewisse Rolle gespielt haben.

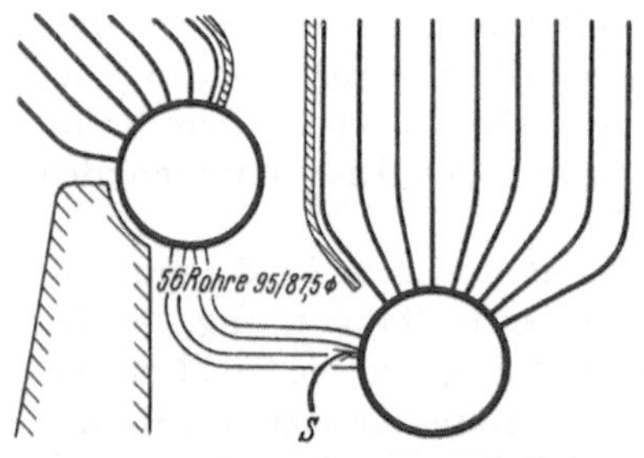

Abb. 160. Verbindungsrohre zweier Untertrommeln eines Viertrommel-Steilrohrkessels-Stegrisse bei S.

An einem amerikanischen Hochleistungskessel von 2800 m² und 28 atü traten nach 1—2jähr. Betriebsperiode Rundrisse an den Einwalzstellen auf, und zwar lagen diese am Übergang vom aufgeweiteten zum nichtaufgeweiteten Teil des Rohres. Die Abb. 159 zeigt ein solches Rohr von innen, an welchem deutlich zu sehen ist, daß die Walzsteine einen sehr scharfen Eindruck hinterlassen haben, in dessen Grund der Anbruch *R* begann (*116*).

Einen Fall von Rohrloch-Stegrissen an der Untertrommel eines Viertrommel-Steilrohrkessels zeigt folgender Fall:

Die beiden Untertrommeln waren nach Abb. 160 durch zwei Rohrreihen miteinander verbunden. Die Rohre hatten einen lichten Durchmesser von 87,5 mm und 3,75 mm Wandstärke. Je zwei Rohre sitzen direkt übereinander mit einer Teilung von nur 140 mm, so daß also die

Stegbreite nur 45 mm betrug. Die Teilung in der Längsrichtung dagegen betrug 340 mm. In etwa zehn Rohrlöchern wurden Risse gefunden. Diese liefen meist als feine Haarrisse in großer Zahl innerhalb der Lochleibung. In einem einzigen Loch wurden 96 Risse gefunden. Einige Risse klafften bis 1 mm und sind bis auf die Hälfte der Stegbreite in den Steg hineingebrochen.

Eine Untersuchung des Trommelbleches und der Rohrlochdurchmesser ergab folgendes: Die Rohrlöcher, die bei 95 mm Rohrdurchmesser auf 96 mm gebohrt worden waren, waren stark aufgeweitet, sie

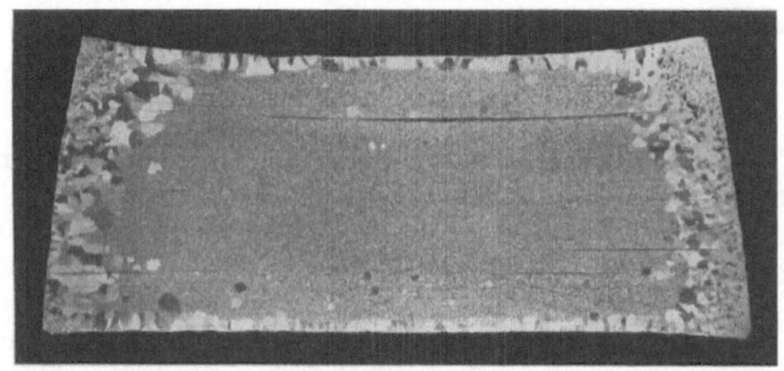

Abb. 161. Steg zwischen Rohrloch 1 und 2 des Kessels der Abb. 160.

sind ferner teils konisch, teils ballig geworden. Das Blech in der Umgebung der Löcher war verdickt. Es hat also beim Einwalzen der Rohre eine starke Kaltverformung der Trommelbleche stattgefunden, insbesondere in den schmalen Verbindungsstegen. Die Verbindungsrohre waren von 95,6 bis auf teilweise 99,5 mm aufgeweitet worden. Die mittlere Aufweitung betrug 3,5 mm und die Haftaufweitung 2,5 mm, das Trommelblech war von 21 mm am Lochrand auf 23 mm verdickt worden. Ein Steg wurde herausgeschnitten und auf 730° C erwärmt. Man erkennt aus der Grobkornbildung (Abb. 161), daß das Material zwischen dem Steg weitgehend über die Streckgrenze beansprucht worden war. Das Trommelblech zeigte im Anlieferungszustand eine Zugfestigkeit von nur 32 kg/mm², das Blech war also viel zu weich und unterlag daher in besonders hohem Maße der Alterung unter dem Einfluß der Kaltverformung durch das Walzen. Da das Rohrmaterial eine wesentlich höhere Streckgrenze als das Blech besaß (rd. 42 kg/mm² Zugfestigkeit), so war, um Dichtigkeit zu erzielen, ein starkes Überwalzen nötig, das sich besonders auf das weiche Trommelblech ungünstig auswirkte. So fiel z. B. die Kerbzähigkeit von 10—27 mkg/cm² am Lochrand bis auf 1,5 mkg/cm². Der Schaden war also bedingt einmal durch zu weiches Material, die wassergasgeschweißte Trommel wies eine zu geringe Festigkeit auf und war der Alterung stark unterworfen, sodann durch die Konstruktion, weil die Rohrteilung zu gering und die

Wanddicke zu knapp bemessen war; Wanddicken unter 25 mm sollten für hochbeanspruchte Konstruktionen aus walztechnischen Gründen nicht gewählt werden. Auch müssen die Rohrlöcher möglichst gleichmäßig über die Trommel verteilt werden, damit diese den wechselnden Beanspruchungen, die durch die Wärmespannungen hervorgerufen werden, besser gewachsen ist. Die Herstellung (Walzarbeit) ist an dem Schaden ebenfalls beteiligt, da die Ausführung der Walzverbindung nicht ganz einwandfrei war, allerdings in erster Linie bedingt durch konstruktive und materialtechnische Gesichtspunkte. In diesem Zusammenhang sei auch nochmals auf die Wichtigkeit einer gut verteilten Einspeisung hingewiesen.

D. Das Biegen der Siederohre.

In den Richtlinien der V.G.B. für den Werkstoff und Bau von Heißdampfrohrleitungen(*117*), Entwurf Mai 1932, ist bezügl. der Siederohre folgendes vorgeschrieben:

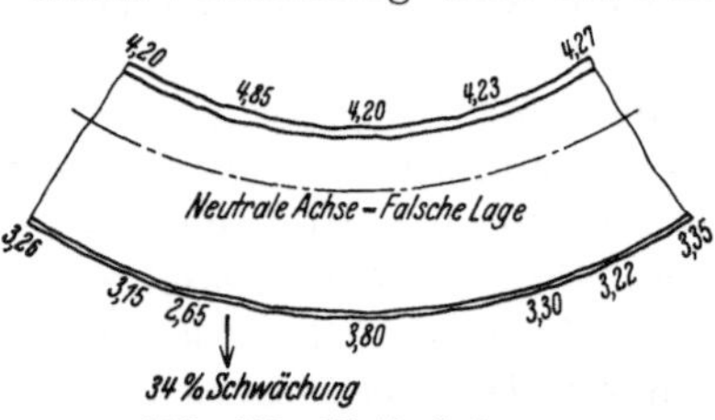

Abb. 162. Rohrbiegemaschine.

„Rohre kleineren Durchmessers bis etwa NW 100 können auf Sondermaschinen kalt gebogen werden. Hierbei wird das Rohr außen vollkommen von Formen umfaßt, die dem Außenradius entsprechen (Abb. 162). Innen gleitet nahe der Biegestelle ein Dorn, der der Nennweite abzüglich der zulässigen Abmaße etwa entspricht. Bei dieser Vorrichtung wird ein Ovaldrücken des Rohres an der Biegestelle und eine Faltenbildung an der Innenseite vermieden. Solche Rohrbogen sind nach Ziff. 29—32 dieser Richtlinien auszuglühen, zum mindesten dann, wenn erhebliche Nacharbeiten vorgenommen worden sind."

Abb. 163. Glattrohrbogen.

Durch das Biegen der Rohre wird bekanntlich der auf der Innenseite der Rohrkrümmung liegende Teil auf Druck beansprucht und gestaucht, der auf der Außenseite wird auf Zug beansprucht und gestreckt. Aus der Abb. 163 ist ersichtlich, wie sich hierbei die neutrale Achse verlagert und wie die normale Wanddicke von z. B. 4 mm stellenweise an der gezogenen Faser bis auf 2,65 mm herunter und an der gedrückten bis auf 4,85 mm hinauf geht (*118*). Abgesehen von dieser sehr unerwünschten Wandstärkenveränderung wird aber auch das Rohr bei unsachgemäßem Biegen stark unrund. In der Abb. 164 ist der Querschnitt eines Bogens von einem Rohr wiedergegeben, das als Wandkühlrohr in einer Kohlenstaubfeuerung Verwendung gefunden hatte (Baujahr des Kessels 1926). Der normale Innendurchmesser des Rohres von 76 mm l. W. ist durch

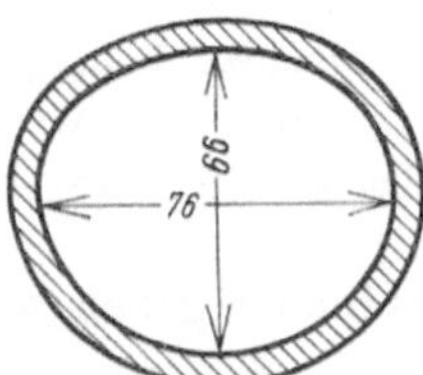

Abb. 164. Querschnitt eines unsachgemäß gebogenen Rohres.

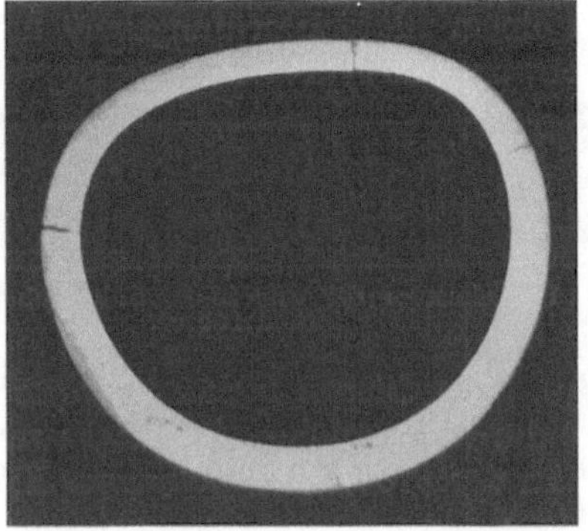

Abb. 165. Querschnitt eines schlechten Rohrbogens mit Risse.

das Biegen und Ovalwerden des Rohres teilweise auf 66 mm herabgedrückt worden. Das Rohr ist nach etwa 20000 Betriebsstunden

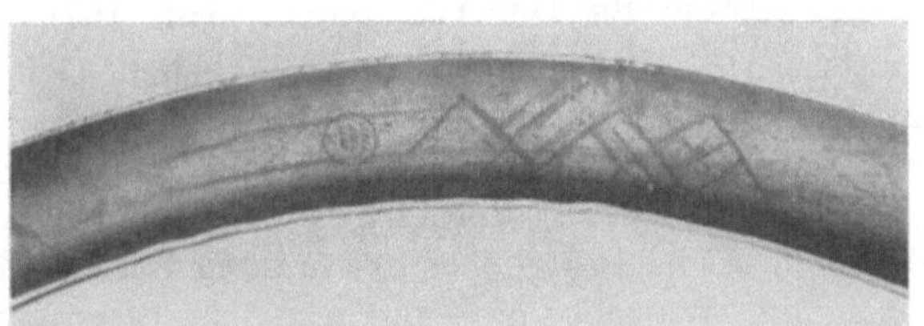

Abb. 166. Falten in der Krümmung eines gebogenen Rohres.

infolge Kesselsteinablagerung aufgerissen. Der Stein konnte bei den regelmäßigen Überholungen mit dem Bohrer nicht genügend entfernt werden, da wegen des Durchfahrens der Krümmung ein wesentlich kleinerer Bohrkopf als normal genommen werden mußte. An dem gleichen Kessel mußten aus diesem Grunde etwa zwölf Rohre ausgewechselt werden.

Das Beispiel eines schlechten Rohrbogens eines Überhitzerrohres an einem Kessel für 40 atü Betriebsdruck zeigt die Abb. 165. Das Rohr war beim Biegen nicht nur stark unrund geworden, sondern hatte offenbar auch hierbei eine Gefügeverschlechterung erfahren. Daß durch das Kaltverformen ein alterungsempfindlicher Werkstoff im Laufe der Zeit spröde wird, haben wir ja bereits früher eingehend erörtert.

Durch das unsachgemäße Rohrbiegen können weiterhin auf der Stauchseite Falten entstehen (Abb. 166), die sich betrieblich sehr unangenehm auswirken. Denn diese Stellen lassen sich ebenfalls nur sehr mangelhaft reinigen, wodurch zu den verschlechterten Materialeigenschaften noch Wärmespannungen und verminderte Festigkeit hinzutreten.

Der in Abb. 166 dargestellte Rohrbogen wurde im Auftrag der V.G.B. von einem Materialprüfungsamt untersucht. Man sieht an der Rohrinnenwand die typischen Streckfiguren (unter 45⁰ kreuzweise verlaufende dunkle Linien), die erkennen lassen, daß der Werkstoff an dieser Stelle über die Streckgrenze beansprucht worden ist, was allerdings beim Biegen nicht zu vermeiden ist. Diese Einflüsse können nur durch Ausglühen beseitigt werden.

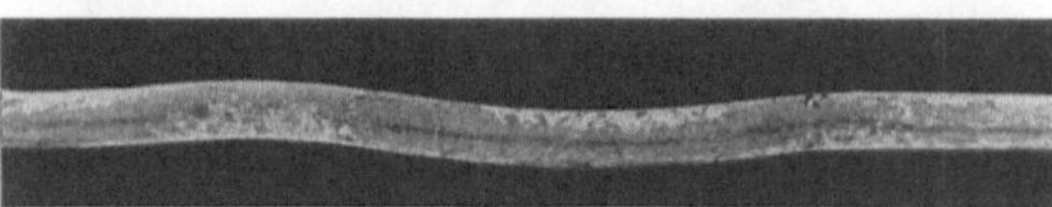

Abb. 167. Kornvergrößerung in den Falten eines gebogenen Siederohres.

An der Probe vorgenommene Kugeldruckversuche ergaben folgende Zahlen:

Tabelle 23.

Bezeichnung der Druckstelle	Brinellhärte	
	außen	innen
Äußere Krümmung .	131 —134	144—151
Neutrale Faser . . .	97,5—109	113—119
Innere Krümmung .	121 —138	130—148

Zur Untersuchung der Gefügebeschaffenheit des Materials der Rohrwand in ihrem welligen Teil wurde ein Stück der Schnittfläche geglüht, geschliffen und geätzt (Abb. 167).

Die hellen Gebiete in den Wellentälern sind Stellen erheblicher Kornvergrößerung.

Rohre aus Material bestimmter Legierungen, z. B. Sicromalstähle höherer Zunderfestigkeit (8—12), werden zweckmäßig nur warm gebogen, da beim Kaltbiegen bei nachträglicher Erwärmung Rekristallisation auftritt, die durch eine Wärmebehandlung nicht zu beseitigen ist.

Durch diese Beispiele dürfte erwiesen sein, daß es sich empfiehlt, die oben angeführten Richtlinien der V.G.B. sorgfältig zu beachten.

VI. Was bei der Betriebsführung der Kessel zu beachten ist.

A. Einfluß des Speisewassers.

Das Speisewasser bildet in vielfacher Beziehung den Ausgangspunkt für Kesselschäden. Es ist für den Kessel gefährlich durch Bildung von Niederschlägen aus Stein, Schlamm, Öl u. dgl., ferner durch Korrosionen. Diese werden durch den Gehalt des Wassers an Salzen, Laugen, Gasen und organischen Stoffen bedingt; schließlich gehören hierher die Schäden durch Ermüdungskorrosionen, die auf den Gehalt des Wassers an Natronlauge zurückzuführen sind.

1. Gefahren für den Kessel durch Steinbildung.

Schlamm und Stein, die vom Wasser abgeschieden werden, sind nicht nur unangenehm, bringen Wärmeverluste, Betriebsausfälle und Unkosten für Reinigung mit sich, sondern es sind auch eine große Zahl von Kesselschäden und auch Explosionen darauf zurückzuführen. So berichtet z. B. Freymann (*119*) über eine schwere Einbeulung und Rißbildung an zwei Flammrohren dadurch, daß, wie aus Abb. 168 hervorgeht, die Anschlußstutzen für den Wasserstand völlig durch Kesselstein verstopft waren.

Im vorliegenden Falle waren die Filter der Wasserreinigung nicht in Ordnung, so daß der ganze Schlamm in den Kessel gelangte, wo er durch starke Wallung der Wasserfläche auch in den dampfführenden Anschluß gelangte, diesen so verstopfte, daß das Wasser vom unteren Anschluß her ins Glas hineingesaugt wurde, wodurch dem Heizer ein höherer Wasserstand als der tatsächliche vorgetäuscht wurde.

Aus einer Zusammenstellung der Schäden in einem

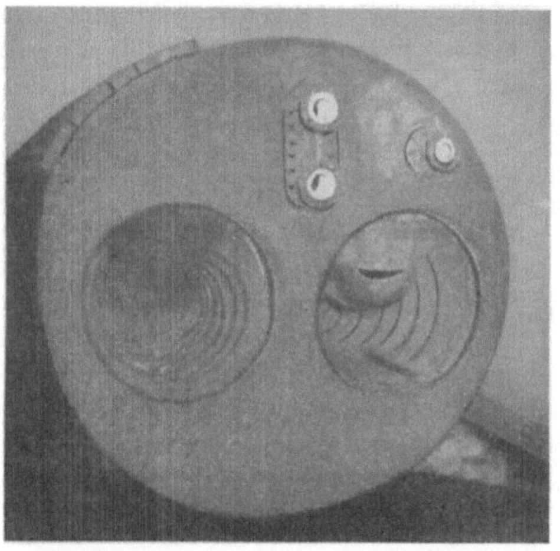

Abb. 168. Einbeulung und Risse an 2 Flammrohren.

Bezirk deutscher Dampfkesselanlagen aus den Jahren 1926 und 1927 geht ferner beispielsweise hervor, daß 1926 16 der gemeldeten Schadensfälle, im Jahre 1927 sechs durch Stein und Schlammablagerungen entstanden sind.

Durch den Schlamm wird auch sehr leicht das Abschlämmorgan des Kessels verstopft, so daß sich durch die Eindickung des Kesselwassers ein zu hoher Salzgehalt einstellt, was Überschäumen und Mitreißen von Wasser in Überhitzer und Dampfleitungen mit sich bringt. Hierdurch entstehen u. a. Undichtigkeiten an den Verschlußdeckeln, Durchbrennen von Überhitzerschlangen und Wasserschläge in den Leitungen.

Bevorzugt setzt sich Stein an den von den Feuergasen bestrichenen Stellen ab, wo er je nach seiner Stärke örtliche Temperaturspannungen, Überhitzungen, Einbeulungen und gegebenenfalls Risse (Explosionen) hervorzurufen vermag. Der Stein setzt sich an den Heizflächen ab, obgleich das Kesselwasser noch weit vom Zustand der Sättigung entfernt ist. Man erklärt dies auf folgende Weise: Zunächst beginnt sich eine kleine Dampfblase „*b*“ an der Heizfläche festzusetzen. Diese haftet mit einer

Fläche, die in der Zeichnung (Abb. 169) mit pq angedeutet ist, an der Heizfläche. Beim Anwachsen der Blase auf die Größe B wird der ringförmige Flüssigkeitskörper (in der Zeichnung im Schnitt durch die Flächen $pp'r$ bzw. $qq's$ dargestellt) völlig verdampft, wobei die Verdampfungsrückstände als feine Kruste an der Heizfläche hängen bleiben. Die leichter löslichen Salze werden beim Nachfolgen des Wassers nach Ablösung der Blase wieder gelöst, während die schwer löslichen Bestandteile (Sulfate, Karbonate, Silikate) an der Heizfläche haften bleiben.

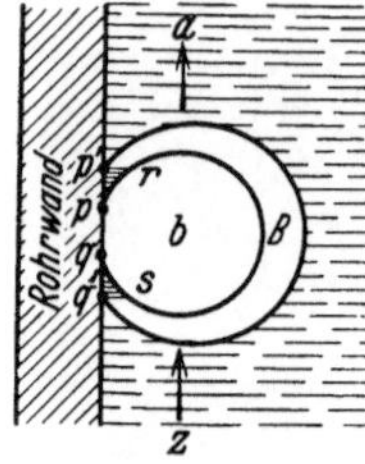

Abb. 169. Entstehung der Dampfblase an Siederohren.

Es ist daher ein guter Wasserumlauf auch von diesem Gesichtspunkt aus zu erstreben.

Während die als Karbonate ausgeschiedenen Härtebildner in der Hauptsache bereits im Vorwärmer und in den hinteren weniger beheizten Kesselteilen also beim Eintritt des Speisewassers in den Kessel ausfallen, lagern sich die als Sulfate oder Silikate ausgefällten Härtebildner erst beim eigentlichen Verdampfungsvorgang an den Heizflächen nach dem oben gekennzeichneten Vorgang ab. Dies wird dadurch noch erleichtert, daß diese Stoffe mit zunehmender Temperatur eine abnehmende Löslichkeit besitzen, während umgekehrt Kalzium-Karbonat und Kalzium-Phosphat mit steigender Temperatur steigende Löslichkeit besitzen. Dies ist auch durch praktische Versuche bestätigt. Man fand z. B. in der Ablagerung eines Wasserrohrkessels folgende Zahlen (Tab. 24):

Tabelle 24.

Ablagerung	Nähe der vorderen Wasserkammer %	Nähe der hinteren Wasserkammer %
Gips, Silikate und org. Subst.	72,5	22,0
$CaCO_3$, Na_2SO_4, $NaCl$, $Mg(OH)_2$	27,5	78,0

Es ist bekannt, daß Gips einen sehr wärmestauenden Stein bildet. Untersuchungen über seine Leitfähigkeit ergaben Werte von 1 bis 3 kcal/m² h °C. Wesentlich gefährlicher ist jedoch der Silikatstein. Hochbelastete Siederohre sind bereits gefährdet, wenn die Steinschicht 1 mm Dicke aufweist. Versuche über die Leitfähigkeit von Stein, der nur 3,5—15,6% SiO_2 aufwies, ergaben eine Leitfähigkeit von nur 0,7—0,8 kcal/m² h °C. (Die Versuche von Eberle mit trockenem Stein zwischen zwei Glasplatten dürften den Bedingungen der Praxis nicht entsprechen, die Zahlen von 0,13—0,15 kcal/m² h °C bedürfen daher noch der Nachprüfung.) Jedenfalls kann der Verfasser aus eigener Praxis bestätigen, daß ein Stein, der zu 50% aus Kalziumsilikat besteht, eine schwere Bedrohung für den Betrieb darstellt. An einem 600-m²-Steilrohrkessel ergab sich z. B., daß bei etwa 1 mm Steinbelag dieser Art fast schlagartig sämtliche vorderen Siederohre des Steilrohrkessels Beulen bekamen. Auch aus einem Bericht des Verfassers (120) geht hervor, daß der dort beschriebene Großkessel in den Jahren 1927—28 sechsmal infolge Ausbeulens von Siederohren außer Betrieb kam. Es handelte sich hierbei um einen mit Kieselsäure stark angereicherten Stein, der bis zu 42% SiO_2 enthielt.

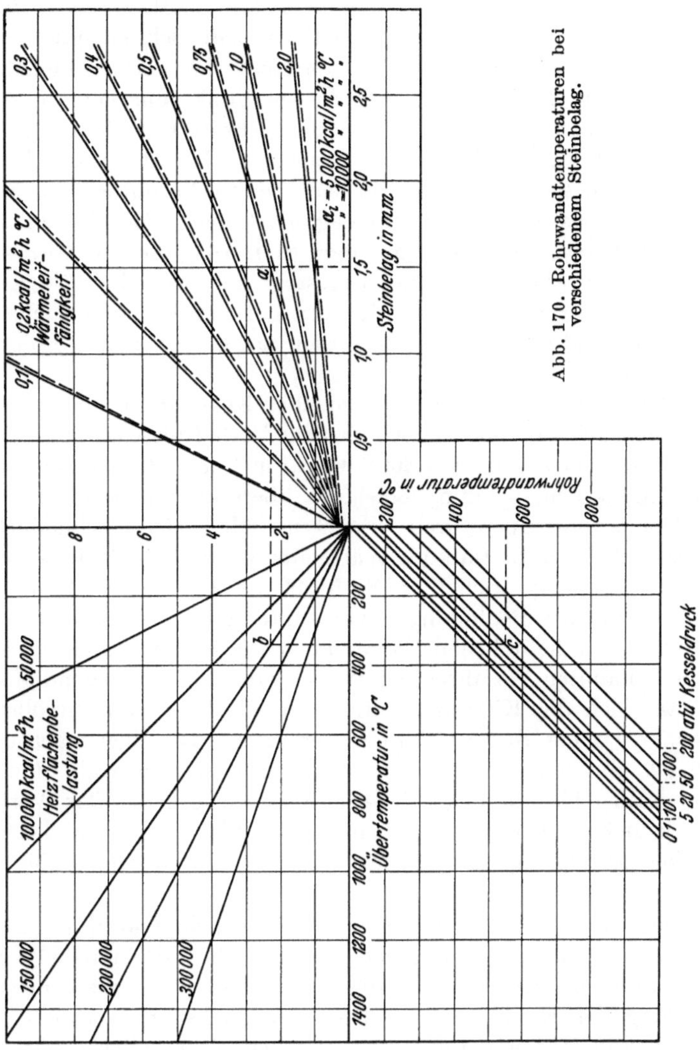

Abb. 170. Rohrwandtemperaturen bei verschiedenem Steinbelag.

In vielen Fällen ist es wichtig, sich rasch ein Bild über die etwa auftretenden Außenwandtemperaturen von Siederohren zu bilden bei Steinbelägen verschiedener Dicken und verschiedener Zusammensetzung. In der Abb. 170 ist der Einfluß des Kesselsteins nach Dicke und Leitfähigkeit bei verschiedenen Feuerraumbelastungen und verschiedenen Kesseldrücken dargestellt.

Nimmt man z. B. an, daß die Rohrwandtemperatur 550° C nicht überschritten werden darf, so geht man bei dieser Temperatur im Abschnitt III der Abbildung waagrecht bis zu dem vorliegenden Kesseldruck, also z. B. 20 atü. Von diesem Schnittpunkt c aus geht man senkrecht in die Höhe zum Abschnitt II bis zum Schnitt mit der Linie, die die Wärmebelastung des Rohres darstellt, im vorliegenden Beispiel 150000 kcal/m²h, Punkt „b". Von diesem Punkt aus geht man waagrecht herüber zum Abschnitt I bis zum Schnitt mit dem Strahl, der die Wärmeleitfähigkeit des Steines darstellt. Ist dieser ein Kalzium-Silikatstein mit $\lambda = 0{,}75$, so ergibt sich senkrecht unter dem Schnittpunkt a der höchst zulässige Steinbelag mit 1,5 mm. Man kann natürlich auch umgekehrt vorgehen und aus dem Steinbelag die zugehörige Rohrwandtemperatur ablesen. Reiner Gipsstein mit einer Leitfähigkeit von beispielsweise $\lambda = 2$ könnte bereits etwa 4 mm Dicke erreichen, ehe 550° C Rohrwandtemperatur unter den angenommenen Verhältnissen erreicht würde.

Umgekehrt sieht man, wie zunehmender Kesseldruck und wachsende Kesselbeanspruchung sehr rasch gefährliche Verhältnisse schaffen können. Bei einer Wärmebelastung von 300000 kcal/m²h und 100 atü Dampfdruck darf der Silikatstein 0,5 mm keinesfalls überschreiten, ohne daß unzulässige Rohrwandtemperaturen eintreten. Man sieht schließlich aus Abschnitt I, daß der Einfluß des Wärmeüberganges von Rohr an Kesselwasser $\alpha_i = 5000$, gestrichelt $\alpha_i' = 10000$ im Falle eines Steinbelages unter gewöhnlichen Bedingungen von untergeordneter Bedeutung ist.

Während sich die üblichen Härtebildner wie Kalzium und Magnesium durch die bekannten Verfahren der Wasserreinigung weitgehend ausfällen lassen, läßt sich die Kieselsäure durch Ausflockung nur unvollständig ausfällen. Zwar hat Seyb (*122*) ein Verfahren angegeben, nach dem es möglich ist, durch entsprechenden Mehrverbrauch an Kalk und Soda die Kieselsäure bis auf etwa 2—4 mg/l zu entfernen. Das Verfahren benötigt jedoch ein getrenntes Arbeiten mit Kalk und Soda und erfordert daher eine kostspielige Apparatur und sorgfältige chemische Überwachung.

Eine gewisse Ausfällung von Kieselsäure erreicht man durch Beigabe von Aluminiumsulfat zur Reinigung, etwa 20% bis höchstens 30% lassen sich hierdurch beseitigen. Im allgemeinen ist man gezwungen, die Anreicherung der Kieselsäure im Kessel möglichst zu verhindern und andererseits die Bedingung für seine Löslichkeit möglichst günstig zu gestalten. Als solche Bedingungen sind zu nennen: Weitgehende Enthärtung und Einhaltung einer entsprechend hohen Alkalität. Haupt (*123*) weist ferner nach, daß in Gegenwart von Kohlensäure, Kieselsäure leicht grob ausflockt, wodurch sich an den Heizflächen feste Niederschläge bilden. Bikarbonathaltiges Wasser ist somit zu vermeiden. Natronlauge dagegen flockt Kieselsäure in feinster Form aus und verhindert, daß die Kieselsäure kristallin in den Stein geht. Sie geht in diesem Falle in unschädlicher Form in den Kesselschlamm.

Als wirksamstes Mittel jedoch gegen die Neigung der Kieselsäure zur Steinbildung ist die Zugabe von Phosphat zu nennen. Phosphat bildet je nach den Temperaturverhältnissen, je nach der Gegenwart anderer Salze, je nach der Konzentration und anderen Umständen eine Zufallsverbindung (*124*), die nicht kristallisiert und daher auch nicht zu Stein zusammenbackt; sie schiebt sich sozusagen als Verunreinigung zwischen die einzelnen Kristalle von Kalziumsilikat und verhindert deren Zusammenbacken, so daß es in Schlammform verbleibt.

Wir haben hier die gleiche Erscheinung wie bei Verwendung von Kesselsteingegenmitteln (*125*).

Nach den Untersuchungen von Wesly (*126*) wird das Phosphat dem Wasser zweckmäßig vor den Filtern zugesetzt. Es genügt hierbei eine sehr geringe Menge. Jedoch muß das Kesselwasser noch eine Phosphatkonzentration von 10—20 mg/l nachweisen lassen. Welche Gefahren selbst dann noch in einer zu hohen Anreicherung der Kieselsäure liegen, mag durch folgende Betriebserfahrung erläutert werden.

Der schon obenerwähnte Großkessel war mit dem mit Phosphat behandelten Wasser und einer Resthärte von 0,1 d. H. ein ganzes Jahr (rd. 7500 Betriebsstunden) ohne jede Störung in Betrieb gewesen. Beim Öffnen des Kessels fand sich nur eine ganz unbedeutende Menge Schlamm und Stein vor. Nach Wiederinbetriebnahme des Kessels ergab sich bereits nach vier Wochen eine Betriebsstörung durch Platzen eines Siederohres. Die Ursache war folgende: Der das Rohwasser liefernde Fluß führte in diesem Monat dauernd Hochwasser. Dadurch war eine unverhältnismäßig hohe Menge Kieselsäure teilweise in Form kleinster Sandkörperchen in den Kessel gelangt. Dieser feine Sand wurde durch kein Kiesfilter zurückgehalten und bot sich dem Auge nur als eine leichte Trübung des Wassers dar. Der Sand wird nun im Kessel unter der Einwirkung der Natronlauge zu Natriumsilikat aufgeschlossen. Dadurch erreichte die Kieselsäurekonzentration im Kessel das 6—7fache des normalen Wertes. Es hatte sich nun ein Verbindungsrohr der Obertrommeln, in dem nur geringe Strömung war, völlig mit fast reiner amorpher Kieselsäure verstopft. Auf Grund dieser Erfahrung wird der Kessel nunmehr mit einer Entsalzungsanlage gefahren, d. h. Kesselwasser wird zu einem gewissen Prozentsatz laufend über Wärmeaustauscher ins Freie entspannt und die etwaige Anreicherung von Kieselsäure im Kessel wird in größeren Zeiträumen durch chemische Kontrolle untersucht.

Über die Höhe der zulässigen Konzentration läßt sich schwer eine allgemeine Angabe machen, da dies sowohl vom Dampfdruck, der Kesselkonstruktion, der Betriebsweise, der Art der Feuerung als auch (*217*) von der Anwesenheit anderer Salze im Kessel abhängt. Bei dem obenerwähnten Kessel wird nun schon seit Jahren eine durchschnittliche

Konzentration von 100—300 mg/l Kieselsäure gefahren, ohne daß sich damit Anstände ergeben hätten. Wo eine ständige chemische Kontrolle der Wasserverhältnisse des Kesselbetriebes fehlt, empfiehlt es sich von Zeit zu Zeit den vorgefundenen Stein analysieren zu lassen.

2. Öl im Speisewasser.

Es ist bekannt, daß Öl im Speisewasser noch gefährlicher als Stein ist, da die Wärmeleitfähigkeit des Ölfilms sehr gering ist. Kleinsteuber (127) gibt die Leitfähigkeit des Öles zu 0,1 an, es hat also $^{1}/_{20}$ der Leitfähigkeit eines gewöhnlichen Kesselsteines. Ein Ölfilm von 0,1 mm entspricht somit einem Steinbelag von 2 mm.

Schäden durch Öl sind z. B. an Schiffskesseln bekannt geworden. Die Verwendung von überhitztem Dampf zwingt zu einer guten Schmierung der Kolbenmaschinen mit Heißdampfzylinderöl. In einem Falle war zur Entfernung des Öles aus dem Kondensat bereits ein Stoßkraftentöler angeordnet. Außerdem war der Speisewassertank durch eine Trennwand in zwei Teile geteilt, wovon der eine mit Filtereinsatz ausgerüstet war. Als Filter diente Koks und Kokosfasern. Die Filterfüllungen wurden in bestimmten Zeiträumen erneuert. In die Speisedruckleitung war außerdem noch ein sog. Patronenfilter eingebaut. Das Speisewasser mußte dort ein über eine Metallwand gespanntes Filtertuch passieren. Diese Filtertücher wurden alle 2—3 Tage ausgewechselt. Trotz dieser dreifachen Reinigung wurden folgende Schäden an den mit Öl gefeuerten Flammrohrkesseln festgestellt.

Auf einem Dampfer wurden an einem Hauptzylinderkessel an zwei Seitenflammrohren, System Morison, Einbeulungen festgestellt. Die Beulen saßen auf der oberen Hälfte der Flammrohre und zeigten eine größte Tiefe von 18 und 22 cm, über eine Länge von 6—8 Wellen (120 bzw. 160 cm). Beim Befahren des Kessels zeigte sich in Höhe des normalen Wasserstandes ein geringer Fettrand. Auf den Flammrohren befand sich eine nur 0,5 mm starke harte Schicht. Die Rauchkammerdecken waren rein. Die Ölfilteranlagen waren in Ordnung und die Revision ergab, daß keine abnormalen Ölmengen im Kessel vorhanden waren. Nach Ausbesserung des Schadens wurden bei einer zweiten Reise wieder geringe Einbeulungen festgestellt. Das Flammrohrmaterial erwies sich bei einer Nachprüfung als einwandfrei. Ein anderer Dampfer zeigte ebenfalls eine Einbeulung über acht Wellen auf beiden Seiten. Die pro Flammrohr und Stunde verbrannte Heizölmenge betrug 165 kg, was bei solchen Kesseln für Flammrohrdurchmesser von 1200—1300 mm als durchaus zulässig angesehen wird. Eine Untersuchung der in den Kesseln in Höhe des Wasserstandes vorgefundenen Rückstände ergab einen Ölgehalt von 35—40%. Aus der Abb. 170 ergibt sich, daß bei einem Belag von 0,5 mm, bei einer Leitfähigkeit von 0,2 und einer Wärmebelastung von 200000 WE (Ölfeuerung) das Flammrohr eine Temperatur von

750° C erreichen wird, woraus sich die Einbeulungen zwanglos erklären.

DerBetrieb half sich im vorliegendenFalle durch folgende einfacheWeise: Das Ergebnis der Untersuchung ließ darauf schließen, daß die Ölmengen in der Hauptsache auf der Wasseroberfläche schwimmen. Es wurde daher angeordnet, daß die Kessel jeden zweiten Tag abgeschlämmt wurden. Es wird hierbei folgendermaßen verfahren: Vor Beginn des Abschlämmens wird der Wasserstand im Kessel etwas höher als die Oberkante des in die Kessel eingebauten Abschaumtrichters eingestellt. Alle vorhandenen Siebbleche (zur Erzielung trockenen Dampfes) wurden entfernt. Das Abschaumventil wird nun voll geöffnet, um ein kräftigeres Ausströmen der mit Öl vermengten obersten Wasserschicht herbeizuführen. Der entstehende Strudel, der sich über eine große Oberfläche ausbreitet, wirkt hierbei sehr gut für die Entfernung des Ölschaumes.

Daß gerade die Seitenflammrohre von dem Schaden betroffen wurden, dürfte sich dadurch erklären, daß infolge des scharfen Auftriebs der Dampfblasen an den Flammrohren eine starke Abwärtszirkulation am Kesselmantel einsetzt, wobei nicht alle Ölteile an der Wasseroberfläche stehen bleiben, sondern zum Teil mit nach unten gerissen werden, hier auf die Seitenflammrohre treffen und dort festbacken.

Neben dem Abschlämmen wurde noch in bestimmten Zeitabschnitten etwas Seewasser in die Kessel gepumpt. In diesem Wasser waren 3,5 kg Soda pro Kubikmeter aufgelöst worden. Durch die Soda wurden die im Wasser enthaltenen Härtebildner in kohlensauren Kalk verwandelt, welcher die Eigenschaft hat, Öl und Fett begierig aufzunehmen. Die Ölteilchen werden daher mit dem Kalk als Schlamm niedergeschlagen. Da sich in diesen Kesseln der Schlamm am unbeheizten Kesselboden absetzt, so ist er verhältnismäßig harmlos.

Die Entfernung des Öles aus dem Kondensat kann auf mechanischem, chemischem und elektrolytischem Wege erreicht werden.

Die mechanische Entölung ist, wie aus der vorbeschriebenen Schiffskesselanlage ersichtlich, noch unvollkommen.

Weitverbreitet sind die Einzel-Stoßkraftentöler hinter den Kolbenmaschinen, sie nehmen etwa 25—30% Öl aus dem Dampf. Die Dempewolf-Abscheider, die als Einbau ein vibrierendes Kettensystem haben, ergeben Werte von 30—60% des in die Dampfmaschine geschmierten Heißdampf-Zylinderöles. Bei Einzelölabscheidern ist Wert auf genügende Größe und stabile Bauart zu legen.

Besser als der Einzelabscheider ist die zentrale Entölung, derart, daß der gesamte Abdampf einer Fabrik in einem großen Ölabscheider gereinigt wird. Der Dampf soll hierbei möglichst wenig überhitzt in den Abscheider gelangen. Bühring baut unter Berücksichtigung dieses Gesichtspunktes Ölabscheider mit eingebautem Dampfsättiger; auch Seiffert hat eine entsprechende Konstruktion, bei der der Dampf durch eine Art Dampfwäscher in einen Absitzbehälter strömt. Am wirksamsten scheint der Abscheider der M.A.N. zu sein; dieser ist wie ein Ruthsspeicher eingerichtet, derart, daß der ölhaltige Dampf durch Düsen unter Wasser kondensiert wird und reinen Dampf aus der entstehenden Wasser-Ölemulsion an der Oberfläche ausdampft. Es sind jedoch verhältnismäßig große Behälter nötig, da das Ausdampfen der Wasseroberfläche mit Rücksicht auf das Mitreißen von flüssigen Teilchen nur bis zu einem bestimmten Betrag gesteigert werden kann.

Man verwendet neben Stoßkraftentölern und den eben beschriebenen Apparaten noch regelrechte Absitzbehälter, in denen bei mindestens $^1/_2$stündiger Aufenthaltszeit eine mechanische Trennung eintritt in eine untenstehende Wasserschicht und eine darüberstehende Ölschicht, die abgeschöpft werden muß. Eine Erleichterung der Trennung bringt Erwärmung, höherer Druck, eventuell auch Belüftung. Anschließend muß das Wasser gefiltert werden, als Filtermaterial wird empfohlen: Holzwollfilter, Metalltuchfilter, Filterplatten aus Na-Ca-Al-Silikat, während Koks sich nicht bewährt hat. Trotz der Filterung ist jedoch das Wasser nicht als ölfrei zu bezeichnen, im allgemeinen rechnet man, daß ein solchermaßen behandeltes Wasser immer noch zwischen 15 und 80 mg, im Durchschnitt 30 mg/l Öl aufweist. Wie weit der Ölgehalt heruntergebracht werden muß, damit er mit Sicherheit keine Schäden mehr hervorruft, ist nicht ohne weiteres anzugeben, da auch hier wieder Kesselkonstruktionen und Betriebsverhältnisse eine ausschlaggebende Rolle spielen. Bis zu einem Druck von 15 atü gibt Splittgerber (*128*) die Zahl 5 mg/l an. Auch Schöne (*129*) berichtet, daß die 34-atü-Kesselanlage der Grube Ilse mit 5 mg/l Restölgehalt ohne Schaden gelaufen sei. Er gibt an, daß das Öl sich in der Wasserstandsebene anreichert, zum Teil auch vom Dampf mitgenommen wird (eine Abschäumung dürfte sich daher in jedem Falle, da ölhaltiges Wasser gespeist wird, empfehlen). Auch andere Werke geben an, daß 1—15 mg/l Öl im Dampfkondensat gefunden wurden. Zum Teil vermengt sich das Öl auch mit den im Wasser enthaltenen Schwebestoffen, die sich infolge Nachreaktion durch das Zusatzwasser im Kessel bilden. Die ausgeschiedene Mischung ballte sich je nachdem zu kleineren oder größeren Kugeln zusammen, die etwa zu 20% aus Kesselschlamm und zu 80% aus Öl bestehen. Auf Grube Ilse sind durch solche Kugeln, die dort die Größe von 3—10 mm Durchmesser erreichten, keine Störungen eingetreten. Bodler (*130*) dagegen hat im Heizkraftwerk Schwabing bei München Ölkugeln von Durchmessern von 10—70 mm (!) vorgefunden, die durch die Gefahr von Verstopfungen Schäden hervorrufen können. Immerhin scheint die Gefahr durch Ölbelag bei Flammrohrkesseln erheblich größer als bei Wasserrohrkesseln zu sein.

Ergeben sich trotz des geringen Restölgehaltes von 5 mg/l noch betriebliche Schwierigkeiten, so wird man zur chemischen oder elektrolytischen Reinigung greifen müssen. Diese Reinigungsarten haben den Vorteil, daß sie in der Lage sind, das Öl praktisch restlos aus dem Wasser zu entfernen, was allerdings mit einem größeren Aufwand an Betriebskosten erkauft werden muß. Die restlose Entfernung dürfte z. B. für Höchstdruckkessel in Frage kommen, die ein vollkommen einwandfreies Wasser haben müssen, so daß ein Niederschlagen der Ölmengen mit dem Schlamm in der oben bezeichneten Weise hier nicht in Frage kommen kann. Da man vielfach die Ausflockung des Öles mit Aluminiumsulfat und Soda praktisch betreibt (*131*), untersuchten Seyb (*132*) und Ammer (*133*) dieses Verfahren eingehend und stellten dessen Eignung ebenfalls fest. Von Ammer wird z. B. der Ölgehalt nach der chemischen Entölung zu 0,8 und 1,6 mg/l und die erforderlichen Kosten an Löhnen und Chemikalien zu 1,6 Pf./m³ ermittelt.

Mit der elektrolytischen Entölung System Hanomag-Reubold liegen in Deutschland eine größere Menge von Betriebserfahrungen vor. Sie lauten durchweg günstig (*134*). Hierbei wird das zu entölende Wasser durch ein Holzgefäß geschickt und an eisernen Elektroden vorbeigeführt. An der Anode bildet sich hierbei ein Eisensalz, welches die im Wasser enthaltenen Öltröpfchen abfängt. Der ölhaltige Eisenschlamm läßt sich gut filtrieren. Eine nachfolgende Kiesfiltration hält den grobflockigen Rückstand zurück. Unter Umständen muß das Leitvermögen des salzfreien Kondensats durch Zusätze erhöht werden. Dies geschieht am besten durch Alkalien, da hiermit zugleich ein alkalisches Speisewasser erzielt wird. Auch bei dieser Art der Entölung wird der Wirkungsgrad durch Erwärmung verbessert. Der Restgehalt des Wassers an Öl liegt bei gut geführten Anlagen unter 1 mg/l.

Der Verbrauch an Gleichstrom beträgt etwa 0,2 kWh für 1 m³ Wasser.

3. Kohlensäure und Sauerstoff im Wasser.

Wasserstoff-Ionenkonzentration, p_H-Wert. Sowohl Kohlensäure als auch Sauerstoff, besonders aber beide Gase vereint, sind imstande, schwere Korrosionen im Kessel, Vorwärmer und Speiseleitungen hervorzurufen. Dies gilt besonders dann, wenn infolge Speisung mit Kondensat oder sehr weichem Wasser die Heizflächen von Stein entblößt sind. Ganz allgemein hat chemisch reines Wasser auch ohne Gegenwart von Gasen wie Kohlensäure und Sauerstoff ein gewisses Lösungsvermögen auf Eisen. Es wird solange Eisen aufgelöst, bis eine bestimmte Konzentration der Flüssigkeit an gelöstem Eisen erreicht ist. Maßgebend hierfür ist die Wasserstoff-Ionenkonzentration (*135*), die man allgemein mit dem Ausdruck p_H bezeichnet. Neutrales Wasser (Abb. 171) hat den p_H-Wert 7 (*136*). Saures Wasser hat einen niederen, alkalisches einen höheren p_H-Wert. Die Ionisierung des chemisch reinen Wassers steigt mit steigender Temperatur. Über 300° C hat chemisch reines Wasser stets eine stark korrodierende Wirkung. Jedoch hört nach Erreichung der dem p_H-Wert zugeordneten Konzentration jede weitere Eisenauflösung auf, wenn der Beharrungszustand nicht gestört wird. Dieser Fall tritt z. B. bei reiner Destillatspeisung auf, wenn monatelang kein Wasser aus dem Kessel abgeblasen wird. So berichtet z. B. Schöne von seiner 120-atü-Höchstdruckanlage und ebenso Marguerre von der 100-atü-Anlage in Mannheim, daß das Wasser eine sehr geringe Alkalität besitzt und trotzdem Korrosionen nicht auftreten.

Da aber im allgemeinen diese Bedingungen nicht eingehalten werden können, empfiehlt es sich, wie aus Abb. 171 hervorgeht, eine gewisse Alkalität im Kesselwasser einzuhalten. Bei einem p_H-Wert von 9,6 ist eine untere Schutzgrenze erreicht; erst bei einem p_H-Wert von nahe an 13—14 beginnt auch alkalisches Wasser, das keine Schutzsalze enthält, wieder Eisen aufzulösen (218). Man hält daher im Kesselwasser zweckmäßig eine Alkalität entsprechend einem Natronlaugegehalt von 200—400 mg/l. Man berechnet bei Kesselwasser, das Soda und Natronlauge enthält. eine auf Natronlauge bezogene Gesamtalkalität nach der Formel Natronzahl $= \dfrac{\text{Soda}}{4,5} +$ Ätznatron (NaOH) in Milligramm/Liter und bezeichnet die Schutzzahl als Natronzahl.

Abb. 171. Einfluß des Wassers auf die Kesselwandungen.

Die Natronzahl kann jedoch bei vollkommen aufbereitetem Wasser aus praktischen Gründen im Kessel nicht so niedrig gehalten werden, wie es einem p_H-Wert von 9,6 entspricht, und es hat sich in der Praxis gezeigt, daß in diesem Falle z. B. die Nichteinhaltung der oberen Grenze von 400 mg/l keine Gefahr bedeutet. Es kann bei gänzlich aufbereitetem Wasser durch Eindickung des Kesselwassers unbedenklich eine Natronzahl von 2000 mg/l eingehalten werden. Pfleiderer (71) hat den schon oben erwähnten Großkessel längere Zeit mit Natronzahlen bis 4000 gefahren, ohne daß bei einem Sauerstoffgehalt von 2—3 mg/l Korrosionen aufgetreten wären; das spätere Herabsetzen der Natronzahl war dort durch andere Ursachen bedingt, hauptsächlich durch das Mitreißen von Salzen in die Turbine, deren Leistung dadurch langsam zurückging.

Wichtig ist dagegen bei Kondensatspeisung die Einhaltung der unteren Grenze (200 mg/l), da man nur hierdurch sich in genügend sicherer Entfernung von dem Punkt hält, wo das Wasser angreifend wirkt und dann namentlich im Verein mit Sauerstoff und Kohlensäure gefahrbringende Korrosionen hervorruft.

Bei Höchstdruckanlagen treten allerdings wieder andere Gesichtspunkte in den Vordergrund, so daß dort — unter genauer Überwachung des Wassers — unter Umständen mit Natronzahlen zwischen 20 und 50 mg/l gefahren wird, sofern Kondensat gespeist wird.

Gefährlich wird die Auflösung des Eisens jedoch, wie bereits erwähnt, erst dann, wenn durch Störung des Gleichgewichtes die Korrosion ständig neue Nahrung erhält. Dies tritt besonders dann ein, wenn Kohlensäure oder Sauerstoff, hauptsächlich letzterer, oder beide Gase vereint dem Kesselwasser laufend zugeführt werden.

Angriff durch Kohlensäure. Im allgemeinen ist Kohlensäure allein nicht so gefährlich, jedoch weist Splittgerber (*137*) darauf hin, daß auch Kohlensäure allein den Auflösungsprozeß des Eisens zu unterhalten vermag. Sie bildet mit dem Eisen Ferrobikarbonat [$Fe(HCO_3)_2$]. Bei Abwesenheit von Sauerstoff tritt jedoch keine sichtbare Rostausscheidung auf; unter Rost versteht man ja die unlöslichen Oxyde des Eisens, die erst bei Gegenwart von Sauerstoff aus dem gelösten Eisen gebildet werden.

Man findet im Kesselwasser CO_2 infolge der Zersetzung der Bikarbonate (bei fehlender Wasserreinigung oder bei Permutitreinigung), ferner bei Kalk-Sodareinigung infolge der Aufspaltung der überschüssigen Soda in Natronlauge und Kohlensäure. Unter den üblichen Wasserumlaufverhältnissen im Kessel ist bei niederen und mittleren Drücken wenig bekannt über Kesselschäden durch die angreifende Wirkung von Kohlensäure ohne Gegenwart von Sauerstoff.

Pfleiderer und Wesly (*138*) haben jedoch nachgewiesen, daß bei Temperaturen, die einem Dampfdruck von 100 atü entsprechen, die aus der Spaltung der Soda entstehende Kohlensäure bei der Entstehung sehr erhebliche Korrosionen hervorruft. Zur Untersuchung dieser Frage wurde in einem 100-atü-Versuchskessel reinem Kondensat in Abständen von je 24 Stunden die in der Tabelle 25 aufgeführten Stoffe zugeführt.

Tabelle 25.

Ion		Salz		Beobachtung	
mg/l	Art	mg/l	Art		
—	—	1000	NaOH	keine Gasentwicklung	
180	Cl′	300	NaCl	,,	,,
20	PO_4'''	80	$Na_3PO_4 \cdot 12\ H_2O$	,,	,,
335	SO_4''	1000	$Na_2SO_4 \cdot 10\ H_2O$	,,	,,
250	SiO_2	510	Na_2SiO_3	,,	,,
1	Ca··	4,3	$CaSO_4 \cdot 2\ H_2O$	,,	,,
1	Mg··	10,1	$MgSO_4 \cdot 7\ H_2O$	,,	,,
74	SO_3''	200	$Na_2SO_3 \cdot 7\ H_2O$	,,	,,

Der entwickelte Dampf wurde in einer Teilprobe abgeführt, kondensiert und hierbei in einer pneumatischen Wanne die im Dampf etwa enthaltenen Gase aufgefangen. Bei einem Natronlaugegehalt von 1000 mg/l trat keine Gasentwicklung auf, ebenso bei dem Zusatz der vorstehenden Tabelle 25 enthaltenen Stoffe. In dem Augenblick jedoch, da Soda dem Wasser zugesetzt wurde, trat eine starke Gasentwicklung auf (Abb. 172). Die Soda wurde zweistündlich entsprechend einem Anfangsgehalt von 100 mg/l bezogen auf Kesselwasser zugegeben. Die Gasentwicklung verschwand vollständig, sobald die Menge der zugegebenen Soda zersetzt war, um bei erneutem Zusatz von Soda wieder zu beginnen. Die Gase bestanden in der Hauptsache aus CO_2 (etwa 50—60%), H_2 (etwa 10—15%), N_2 (etwa 25—40%), Sauerstoff war nicht nachweisbar. Die Entwicklung von Wasserstoff deutet darauf hin, daß eine Korrosion stattgefunden hatte, die nur auf die aus Soda oder Bikarbonat entstehende Kohlensäure zurückgeführt werden kann. Die auftretenden Reaktionen verlaufen nach den Gleichungen:

1. $Na_2CO_3 + H_2O = 2\,NaOH + CO_2$.
2. $Fe + 2\,CO_2 + 2\,H_2O = Fe(HCO_3)_2 + H_2$.

Das Ferrobikarbonat seinerseits zersetzt sich wieder unter Freiwerden von Kohlendioxyd und Bildung von Ferrokarbonat, so daß die Hälfte des entstandenen Kohlendioxydgases für neue Angriffe frei wird.

$$Fe(HCO_3)_2 = FeCO_3 + H_2O + CO_2.$$

Tatsächlich wurde auch auf den Siederohren ein Belag festgestellt, der zum großen Teil aus Ferrokarbonat bestand.

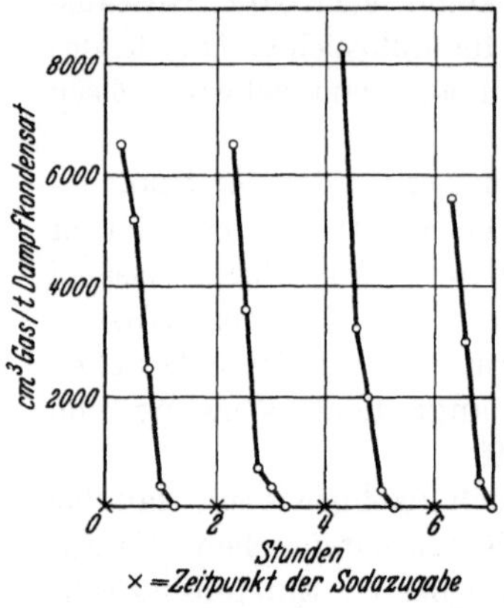

Abb. 172. Gasentwicklung nach Zugabe von Soda zum Kondensat.

Daß in den Gasen Stickstoff vorgefunden wurde, während bei den vorherigen Untersuchungen mit Kondensat und entsprechenden Salzzusätzen kein Gas aus dem Dampf abgeschieden wurde, erklärt sich daraus, daß die unter der Einwirkung der Sodaspaltung entstandenen Gase den im Wasser gelösten Stickstoff mit aus dem Kondensat herausrissen. Sauerstoff war im Speisewasser nicht vorhanden, da er durch die Umsetzung von Natriumsulfit zu Natriumsulfat verbraucht war. Die Entfernung des Sauerstoffes aus dem Speisewasser erfolgte durch Zugabe von SO_2.

Es zeigte sich ferner, daß die Bedingungen für die Entwicklung von Wasserstoff stark vom Druck bzw. der Temperatur beeinflußt waren. Bei 40 atü zeigte sich trotz Sodaspaltung kein Wasserstoff, bei 50 atü begann die erste schwache Wasserstoffentwicklung, die sich bei 100 atü zu einem erheblichen Betrag gesteigert hatte. Es ist somit darauf zu achten, daß Höchstdruckkessel kein soda- oder bikarbonathaltiges Speisewasser zugeführt bekommen.

Angriff durch Sauerstoff. In weit höherem Maße als Kohlensäure ist jedoch Sauerstoff für die Kesselwandungen gefährlich. Durch den Sauerstoff wird nämlich das in Lösung gegangene kolloidale Eisenoxydul zu wasserunlöslichem Eisenoxyd oxydiert. Hierdurch wird das Gleichgewicht gestört, so daß wiederum so viel Eisen neu in Lösung gehen muß, als dem in unlöslicher Form ausgeschiedenen Eisen entspricht, damit wiederum Sättigung eintritt. Je mehr Sauerstoff also mit dem Speisewasser in den Kessel gelangt, desto mehr Eisen wird schließlich in Lösung gehen. Hierbei spielen außerdem elektrolytische Vorgänge einen maßgebenden und erhöhenden Einfluß (*139*). Es treten nämlich unter dem Einfluß von Gefügeverschiedenheiten und anderer noch nicht genau erkannter Ursachen örtliche elektrische Ströme auf, die die Eisenauflösung an solchen Stellen bevorzugt bewirken. Hierdurch werden Unebenheiten in der Metalloberfläche gebildet, die durch die Einwirkung der Rostbildung dann stärker werden und die Sauerstoffbläschen festhaften lassen. Dadurch entstehen die für Sauerstoff charakteristischen lochartigen Anfressungen, mit den bekannten Rosthäufchen.

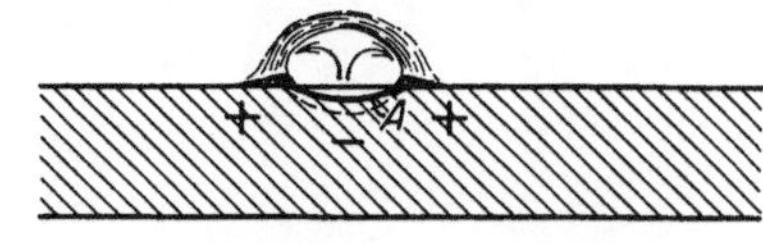

Abb. 173. Entstehung der Anfressungen bei Anwesenheit von Sauerstoff im Kesselwasser.

Man denkt sich den Vorgang folgendermaßen:

Ein Stück Eisen (Abb. 173), das im übrigen ganz homogen ist, besitzt an der Stelle A ein anderes Potential infolge irgendeiner Gefügeverschiedenheit beispielsweise durch andere Kräftebeanspruchungen, Kaltverformung, Einschlüsse, Seigerungsgefüge usw. Nach Pollit-Kreutzfeld kann das Potential dieser Stelle edler oder unedler sein, eine Regel läßt sich hierfür nicht aufstellen. Ist die Stelle unedler, so wird sich ein Minuspol dort ausbilden und Eisenionen gehen in Lösung. Sie vereinigen sich mit den OH-Ionen des Kesselwassers zu $Fe(OH)_2$ (Ferrohydroxyd). Tritt nun aus dem Kesselwasser frischer Sauerstoff hinzu, so wird das Ferrohydroxyd zu Ferrihydroxyd $Fe(OH)_3$ oxydiert, das unlöslich ist und sich auf den edleren benachbarten Teilen niederschlägt. Der Vorgang geht weiter und es häuft sich ein Rostwall um die unedlere Stelle. In der Abbildung sind die Verhältnisse übertrieben vergrößert dargestellt, in Wirklichkeit sind die Häufchen schon gebildet, ehe man sie deutlich erkennen kann.

Ist die Stelle A positiv z. B. durch eine Rostschicht (die Oxyde haben ein höheres Potential als die Metalle), so tritt der Vorgang umgekehrt ein, das Ferrihydroxyd häuft sich auf der Roststelle (A) an und das umgebende Material geht in Lösung. Wie durch Versuche festgestellt ist, kann sich der Vorgang durch Wechsel der Polarität im Betrieb selbst umkehren. Ein solcher Vorgang der elektrolytischen Korrosion liegt auch vor, wenn zwei verschiedene Metalle wie Eisen und Kupfer vom Kesselwasser bespült sind. Der Fall tritt z. B. ein bei kupfernen Feuerbüchsen, die durch eiserne Stehbolzen verbunden sind. Hier tritt sehr rasch eine Zerstörung der eisernen Stehbolzen ein (*140*)

(Abb. 174). Es sind jedoch auch Fälle bekannt, wo der Vorgang umgekehrt verlief und das Kupfer angegriffen wurde (*141*). Diese Erscheinung ist nur so zu erklären, daß infolge Vorhandenseins von vagabundierenden Strömen das Kupfer zur Anode wurde, so daß ein Vorgang entstand, der dem Laden einer Batterie entspricht. Stumper (*142*) erklärt den Vorgang durch einen Wechsel der Polarität im alkalischen Wasser.

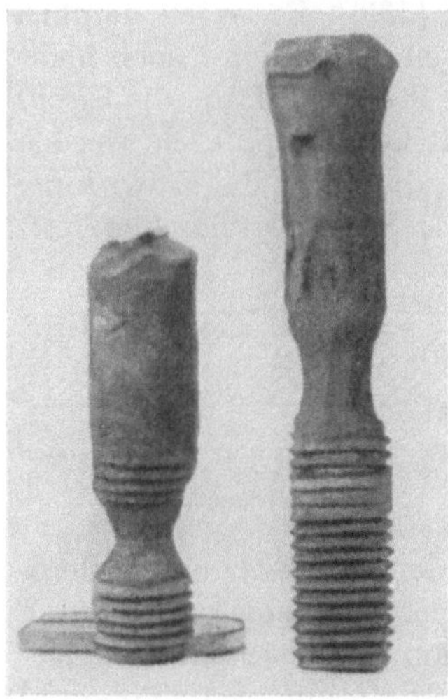

Abb. 174. Elektrolytische Korrosion von Stehbolzen.

Da die Oxyde edler sind als das Metall, so wird durch den Rost die Korrosion beschleunigt infolge der eben beschriebenen elektrolytischen Vorgänge. Auch ist der Rost hygroskopisch und sammelt daher den Sauerstoff aus der Luft zu der Feuchtigkeit in seinem porösen Gefüge; dementsprechend wird auch in einer Dampfatmosphäre, die auf rostfreies Eisen nicht einwirkt, Korrosion einsetzen, sobald sich Rost auf der Eisenoberfläche befindet.

Löslichkeit des Sauerstoffes. Für den Kesselbetrieb ist von Wichtigkeit, wieviel Sauerstoff und Kohlensäure im unbehandelten Wasser löslich sind. Die Löslichkeit des Sauerstoffes nimmt ab mit steigender Temperatur und steigender Salzkonzentration. Da hauptsächlich die Zahlen für höhere Temperaturen von Interesse sind, so sei hier die Tabelle 26 von Splittgerber (*143*) wiedergegeben.

Da die Gefährlichkeit des Sauerstoffangriffes mit der Temperatur wächst, andererseits mit steigender Temperatur die Löslichkeit abnimmt, so ist bei einer bestimmten Temperatur ein Höchstwert des Angriffes zu erwarten, er liegt bei drucklosen Behältern bei etwa 80° C. Es scheint jedoch, daß kein ausgesprochener Höchstwert vorhanden ist, so daß bei 70 bzw. 90° C kein nennenswerter Rückgang in der Stärke der Korrosion zu beobachten ist.

Das Freiwerden des Sauerstoffes im Kessel erfolgt in der Hauptsache in der Speiserinne bzw. hinteren Obertrommel, wie aus Abb. 175 hervorgeht.

Tabelle 26.

°C	in gewöhnlichem Wasser mg/l O_2
100	0
95	0,9
90	1,6
85	2,2
80	2,8
75	3,3
70	3,8
65	4,3
60	4,7

Löslichkeit des Luftsauerstoffes bei atmosphär. Druck und verschiedener Temperatur

Liegt eine schlechte Durchmischung des eingespeisten Wassers vor, so wird wohl auch ein Teil des Sauerstoffes in die Untertrommel mitgerissen, wo er bei ungenügendem Wasserumlauf erhebliche Korrosionen anzurichten vermag. So sind z. B. Kesselkonstruktionen gemäß Abb. 183 dann zu verwerfen, wenn kein vollkommen sauerstofffreies Wasser vorhanden ist, da in dem hinteren als Vorwärmer wirkenden Teil bei sehr weichem Wasser schon bei geringen Sauerstoffgehalten Korrosionen festgestellt wurden.

Einsler und Tietz (*144*) haben für weiches, permutiertes Wasser von 0,08° d. H. den Einfluß des Sauerstoffes auf flußeiserne Versuchsrohre systematisch unter den verschiedensten Bedingungen untersucht; es wurde hierbei die Höhe des Sauerstoffgehaltes, die Höhe des p_H-Wertes, der Strömungsgeschwindigkeit und die Einflüsse der Beheizung in den Bereich der Untersuchungen gezogen und es ergab sich folgendes:

1. Zur Erzielung eines einwandfreien Rostschutzes muß für blanke Rohre bei Verwendung weichen z. B. permu-

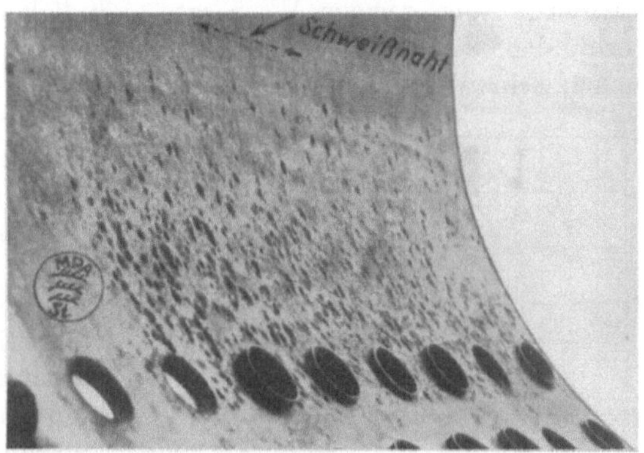

Abb. 175. Anfressungen durch Sauerstoff an der Rückwand einer Obertrommel.

tierten Wassers bei p_H-Werten unter 9 das Wasser völlig entgast sein.

2. Für niedrige Sauerstoffgehalte im Wasser bis etwa 0,5 mg/l wurde in Übereinstimmung mit den Beobachtungen aus der Praxis gefunden, daß ein Schutz von einer p_H-Zahl von etwa 9,8 ab eintritt, aber nur solange durch die Eisenoberfläche keine Wärme hindurchgeht.

3. Ein ausreichender Schutz auch für Sauerstoffgehalte im Wasser von etwa 1,0 mg/l und für beheizte Flächen ist erst bei einer p_H-Zahl von etwa 12,4 zu erwarten. Da aber eine derartig hohe p_H-Zahl einem Natronlaugegehalt von 780 mg/l entspricht, ist dieser Schutz für schmiedeeiserne Vorwärmer und Rohrleitungen, also für nicht eingeengtes Speisewasser im Gegensatz zum eingeengten Kesselwasser praktisch nicht mehr anwendbar. Der Rostangriff verstärkt sich in allen den Fällen, da Wärme durch die rostende Fläche strömt.

4. Bei p_H-Werten unter 9,5 verstärkt sich der Angriff mit zunehmender Strömungsgeschwindigkeit des Wassers, während sich bei p_H-Werten oberhalb 9,5 das Bild umkehrt und der Angriff mit abnehmender Geschwindigkeit stärker wird.

Die Tatsache, daß der Sauerstoffgehalt dann besonders gefährlich ist, wenn das Wasser keinen festhaftenden Stein mehr bildet, zeigt folgendes Beispiel: In einem Betrieb wurde mit Rücksicht auf einen 40-atü-Kessel dauernd an der Verbesserung der Enthärtung gearbeitet, so daß schließlich eine Resthärte unter 0,1 d. H. erreicht wurde. Während nun an den Kesseln und Vorwärmern der 40-atü- und 21-atü-Anlage keine besonderen Schäden durch Sauerstoff auftraten, war dies in um so größerem Maße bei den mit diesem Wasser gespeisten Abhitzekesseln der Fall. Diese Kessel, die an und für sich eine geringe Dampfleistung hatten, besaßen zur Vorwärmung des Kesselwassers schmiedeeiserne Vorwärmer, bei denen die Rauchgase durch die Rohre, das Wasser um die Rohre geführt wurde. Aus diesem Grunde waren in den Vorwärmern ganz geringe Wassergeschwindigkeiten von unter 1 mm/sec vorhanden. Früher hatten sich diese Rohre mit Stein bedeckt, bei dem neuen, sehr weichen Wasser jedoch, das außerdem noch Phosphatzusatz

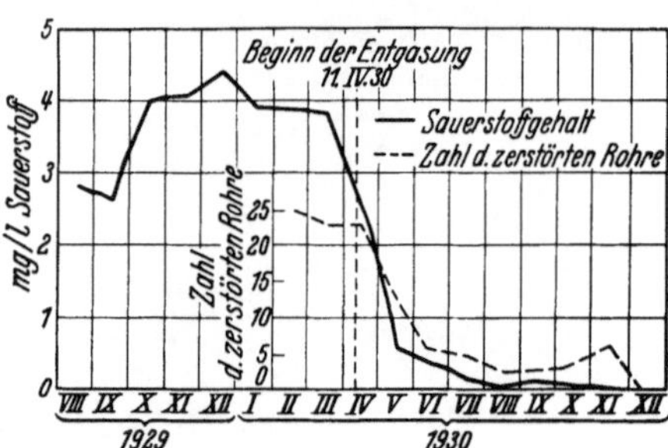

Abb. 176. Abnahme des Sauerstoffgehaltes des Speisewassers und Abnahme der zerstörten Rohre nach Inbetriebnahme der Entgasung.

besaß, wurde kein am Rohr haftender Stein mehr gebildet und der alte Stein zum Teil aufgelöst. Die Folge war ein rapides Anwachsen von Rohrschäden. Manche neueingebauten Rohre hatten bereits nach drei Monaten Betriebszeit Löcher bekommen. An den zwölf Abwärmekesseln des Werkes mußten bis zu 25 Rohre pro Monat ausgewechselt werden. Der Sauerstoffgehalt des Wassers betrug damals 3—4 mg/l. Es wurde nun eine chemische Entgasung eingeführt und der Sauerstoffgehalt nach Ausmerzung einiger Kinderkrankheiten allmählich bis auf Null gebracht (Abb. 176).

In dem gleichen Maße gingen auch die Schäden an den Rohren zurück, so daß schließlich $^1/_2$ Jahr nach Einführung der Entgasung die Schäden an den Vorwärmerrohren völlig aufhörten. Das Speisewasser hatte früher einen p_H-Wert von etwa 11, es war also die von Einsler und Tietz festgestellte Schutzalkalität nicht vorhanden. Auch ist in Übereinstimmung mit obiger Arbeit der Angriff entsprechend der geringen Wassergeschwindigkeit verhältnismäßig stärker. Aus Abb. 176 ist die Wirkung der Entgasung auf die Rohre deutlich erkennbar.

Die Versuche von Einsler und Tietz sind unter Atmosphärendruck durchgeführt. Für höhere Drücke sind zwar keine Versuchsergebnisse vorhanden, aber es zeigt sich auf Grund von Betriebserfahrungen, daß der Sauerstoff mit wachsendem Kesseldruck gefährlicher wird. Dies rührt daher, daß der Sauerstoff mit steigender Temperatur immer aggressiver wird und außerdem solche Kessel sehr reine Heizflächen und ein Wasser von geringem Salzgehalt verlangen. Man kann sagen, daß es bei hohen Drücken keine untere Grenze gibt, von der ab Schäden nicht mehr auftreten; jeder Sauerstoffgehalt wirkt dann korrodierend, und es ist nur eine Frage der Zeit und der Menge, bis wann merkbare Schäden auftreten. Für höhere Drücke wird daher die Entgasung des Speisewassers notwendig. Das Buch Kesselbetrieb (*145*) gibt darüber an:

„Bei Sauerstoffgehalten im Speisewasser von mehr als etwa 0,5 mg/l ist bei Niederdruckkesseln (bis etwa 20 atü) eine Entgasung des gesamten Speisewassers notwendig.

Bei Kesseln höheren Druckes können Sauerstoffgehalte von 0,1 mg/l bereits schädlich wirken, besonders, wenn die Heizflächen vollkommen frei von Belag sind. Man entgast daher derartige Speisewässer vorsichtshalber vollständig.‟

Entgasung. Die Entgasung des Wassers kann

a) mechanisch,
b) thermisch,
c) chemisch erfolgen.

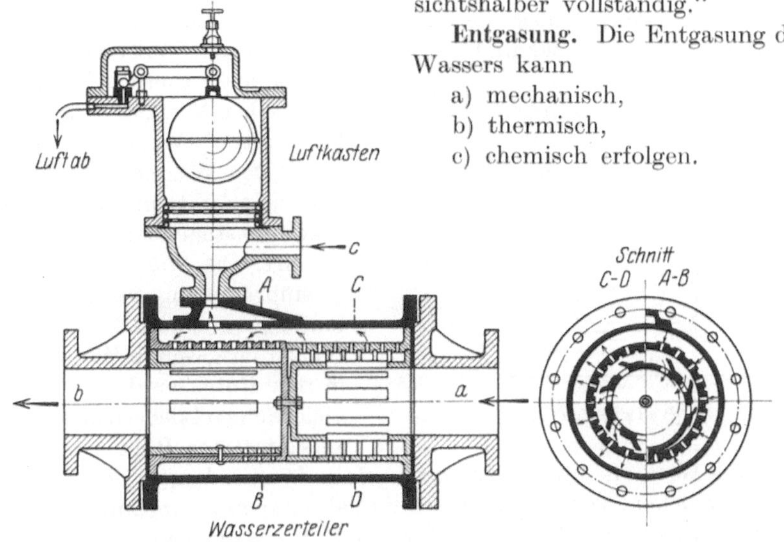

Abb. 177. Spuhrscher Wasserentlüfter.

a) Die **mechanische Entgasung** beruht darauf, das Wasser in Vorrichtungen zu zerstäuben bzw. in einen feinen Wasserschleier aufzulösen, wodurch die Gase sich ausscheiden können. Sie werden dann in Windkesseln angesammelt und meist automatisch, z. B. durch Schwimmertopf, ins Freie abgeblasen. Als Beispiel eines solchen Apparates sei der Spuhrsche Wasserentlüfter (Abb. 177) wiedergegeben.

Der Apparat arbeitet folgendermaßen: Das Wasser tritt bei *a* ein, wird durch die spiralig angeordneten Prallbleche umhergewirbelt, wobei die Löcher, Kanten und Vorsprünge eine Gasausscheidung bewirken. Die Gase sammeln sich in dem Luftkasten, von wo ein selbsttätiges Ventil sie ins Freie abbläst. Wird durch Temperaturerhöhung und durch die damit verbundene Verminderung der Löslichkeit ein Teil der Gase bereits vorher in Freiheit gesetzt, so können sie durch die Zweigleitung *c* dem Luftkasten direkt zugeführt werden.

Hofer (*146*) hat an einem solchen Entgaser folgende Ergebnisse festgestellt:

Tabelle 27.

	Sauerstoff in mg/l	Kohlensäure in mg/l
Rohwasser	3,2	7,0
Brunnenwasser	2,5	7,0
Pumpe (50⁰ C)	1,95	—
Vor dem Entlüfter . .	1,1	—
Nach dem Entlüfter . .	—	—

Ähnliche Apparate werden auch von Bühring und den Atlaswerken ausgeführt.

b) Eine thermische Entgasung ist die Vakuumentgasung. Sie benützt das Gesetz, daß mit abnehmendem Druck die Gase eine geringere Löslichkeit besitzen. Es ist ein Verfahren, das im Gegensatz zu anderen mit hoher Temperatur wirksamen thermischen und chemischen Verfahren, sich auch für kaltes Wasser ausführen läßt. Das Wasser wird hierbei fein zerstäubt in einen unter Vakuum stehenden Raum eingeführt. Die Abb. 178 zeigt eine Ausführung von Balke in Verbindung mit einem Kondensator. Das zu entgasende Wasser wird in den Entgaser durch ein mit vielen feinen Löchern oder Düsen ausgestattetes Rohr eingeführt,

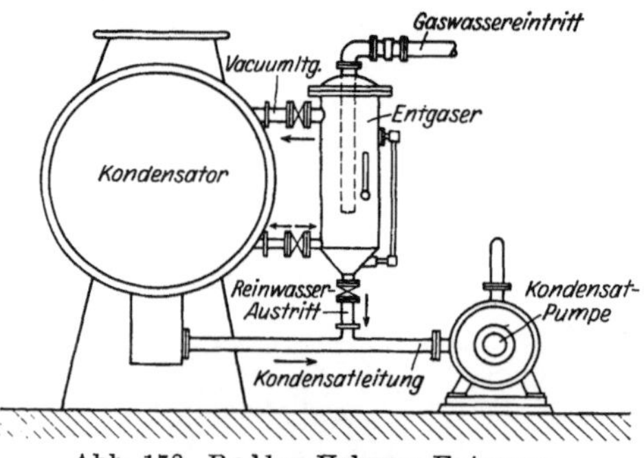

Abb. 178. Balke-Vakuum-Entgaser.

wobei die Gase, die durch das Druckgefälle frei werden, in den Kondensator entweichen, von wo sie durch die Vakuumpumpe abgeführt werden.

Die Atlaswerke benützen für ihre Entgasungseinrichtung eine Anordnung, bei der das zu entgasende Wasser über einen Strahlapparat in einen Entmischer und von dort dem eigentlichen Entgaser zufließt. (Abb. 179). Tabelle 28 (*138*) gibt die Sauerstoffmengen an, die beispielsweise bei einem Vakuum von *5 m* Wassersäule entsprechend einem Sauerstoffpartialdruck von *0,13 at* noch im Wasser bei verschiedenen Temperaturen vorhanden sind (*147*).

Tabelle 28.

Temperatur	mg/l		Temperatur	mg/l	
	bei Vakuum von 5 m Wassersäule	bei Atmosphärendruck		bei Vakuum von 5 m Wassersäule	bei Atmosphärendruck
10	5,6	11,25	60	2,37	4,76
20	4,5	9,0	70	1,93	3,9
30	3,75	7,5	80	1,45	2,9
40	3,23	6,5	90	Spuren	1,65
50	2,78	5,6	100	—	—

Unter besonderen Umständen kann eine Entgasung dadurch ausgeführt werden, daß ein als Abgas zur Verfügung stehendes Gas, z. B. Stickstoff, zur Austreibung von Sauerstoff und Kohlensäure benützt wird.

Eine andere thermische Entgasung macht sich den Umstand zunutze, daß mit zunehmender Temperatur die Löslichkeit des Sauerstoffes im Wasser immer geringer wird. Das Wasser wird daher möglichst hoch erwärmt und gleichzeitig wird durch Vorrichtungen, die den bei der mechanischen Entgasung beschriebenen ähnlich sind, das Austreiben der Gase erleichtert. Am bekanntesten sind die Kaskadenentgaser, bei denen Dampf und Wasser im Gegenstrom fließen. Das Wasser wird hierbei über ebene oder spiralig angeordnete Bleche geleitet (Abb. 180). Das Wasser breitet sich in dünner Schicht auf den Kaskadenblechen aus und läuft in feinem Strahl

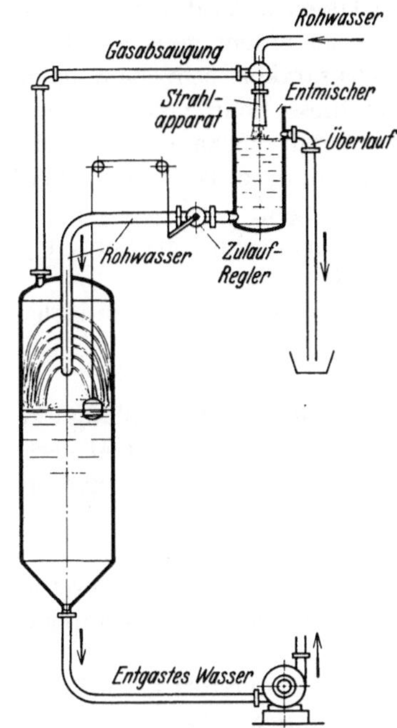

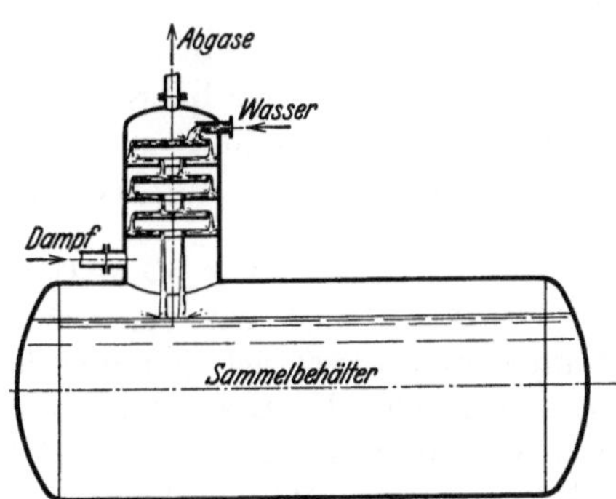

Abb. 179. Entgasungsanlage der Atlaswerke.

Abb. 180. Kaskadenentgaser.

am Rande über auf das nächste Blech. Der Dampf wärmt das Wasser auf und wird allmählich niedergeschlagen. Die gelösten Gase ziehen oben ab. Geht man im Anwärmer bis auf 100° C, so empfiehlt es sich, um Wärmeverluste zu vermeiden, die Schwaden über einen Schwadenkondensator zu führen. Ein Vorteil dieses Verfahrens ist es, daß die etwa vorhandenen Bikarbonate (z. B. bei Permutitreinigung) je nach Zeitdauer der Einwirkung mehr oder weniger weitgehend zersetzt werden und die Kohlensäure mit ausgetrieben wird.

In manchen Fällen ist es unzweckmäßig, mit so heißem Wasser auf die Pumpen zu gehen. In diesem Falle kann das Rohwasser über Gegenstromvorwärmer geführt werden, um das aufgeheizte Wasser wieder herunterzukühlen.

Auch kann unter Umständen darauf verzichtet werden, das Wasser bis auf Siedetemperatur zu erwärmen, man vereinigt dann zweckmäßig das Vorwärm- mit dem Vakuum-Verfahren (z. B. Entgaser, Bauart Balke).

c) **Chemische Entgasung.** Die Entgasung durch Eisenspäne, Manganstahlwolle und ähnliches erfüllt ihren Zweck nur unvollkommen. Lästig ist vor allem die erforderliche ständige Überwachung und öftere Auswechslung nach der Erschöpfung. Auch lassen z. B. die Eisenspäne durch die sich bildende Rostschicht, die bis zu einem gewissen Grad als Schutz für die Späne wirkt, in ihrer Wirksamkeit sehr bald nach. Infolge des hohen Späneverbrauches kommt diese Schutzart auch nur dort in Frage, wo reichlich Eisenspäne als Abfall vorhanden und die zu entfernenden Restsauerstoffmengen gering sind, z. B. von 0,5 mg/l abwärts, bzw. für Entgasung geringer Zusatzmengen.

Größere Bedeutung hat in neuerer Zeit die chemische Entgasung mit Schwefeldioxyd und Natriumsulfit erlangt (*148*).

Das ins Speisewasser eingeleitete Schwefeldioxyd löst sich zunächst zu schwefeliger Säure:

$$SO_2 + H_2O = H_2SO_3.$$

Diese wird dann von der im Speisewasser enthaltenen Natronlauge zu Natriumbisulfit und weiter zu Natriumsulfit (Na_2SO_3) neutralisiert: Letzteres nun bindet den im Wasser gelösten Sauerstoff und oxydiert zu Natriumsulfat:

$$2\,Na_2SO_3 + O_2 = 2\,Na_2SO_4.$$

Die Reaktion zwischen Sulfit und im Wasser gelösten Sauerstoff geht um so rascher vor sich, je reiner das Wasser, je höher seine Temperatur und je größer der Überschuß an Sulfit ist.

Das Verfahren hat den Vorteil, daß man den Sauerstoff quantitativ aus dem Wasser entfernen kann, wobei infolge des Überschusses an Natriumsulfit in einfacheren Fällen von einem Gasschutz der Vorratsbehälter abgesehen werden kann, da etwa dort oder an den Pumpen noch eindringender Sauerstoff auf dem Weg bis zum Kessel durch überschüssiges Sulfit wieder gebunden wird. Das Verfahren wird neuerdings mit Vorteil an der Mannheimer 100-atü-Anlage verwendet, die ursprünglich große Schäden durch Sauerstoffkorrosionen aufzuweisen hatte. Auch einige Werke der Großindustrie verwenden dieses Verfahren für ihre Kessel mit vollem Erfolg.

Gasschutz. Es genügt nicht, nur das zusätzlich erforderliche Wasser von Gasen zu befreien, ebenso wichtig ist es auch, daß dem gesamten Wasser auf dem Weg zum Kessel keine Gelegenheit geboten wird, erneut Luft aufzunehmen. Das entgaste Wasser nimmt begierig den Sauerstoff wieder auf, es genügt, das Wasser nur den Bruchteil einer Sekunde lang mit Luft in Berührung zu bringen, um eine erhebliche Gasaufnahme hervorzurufen. Bei der Verwertung von Destillat ist hierauf ganz besonders zu achten. Die Pumpenstopfbüchsen und Saugleitungen sind in dieser Beziehung gut zu überwachen, da dort erfahrungsgemäß Luft eingesaugt wird. An Pumpen wurde selbst bei einem Überdruck an der Saugseite von 0,8 atü ein Einschnüffeln von Luft beobachtet. Töller will sogar an Flanschen von Druckleitungen das Eindiffundieren von Luft beobachtet haben und hat diese mit Asphaltüberzug gedichtet. Sind Sammelbehälter für entgastes Wasser erforderlich, so muß Luftzutritt durch ein Dampf- oder Gaspolster, das einen geringen Überdruck besitzt, verhindert werden.

Bei stark schwankenden Wasserspiegeln arbeiten diese Schutzpolster meist ungenügend; man ordnet daher auch Oxydationsschutzfilter an, die z. B. mit Manganstahlwolle gefüllt sind, wobei beim Nachsaugen von Luft der Sauerstoff oxydiert wird. Immerhin ist die zeitweilige Erneuerung des Filterinhaltes für viele Betriebe unangenehm. Es empfiehlt sich daher, besser das gesamte Speisewasser nach einem der oben beschriebenen Verfahren zu entgasen, wobei der Entgasungsbehälter unmittelbar vor die Pumpe geschaltet wird.

Bei der Untersuchung des Wassers auf Sauerstoffgehalt sei darauf hingewiesen, daß die Methode von Winkler dann falsche Ergebnisse bringt, wenn das Wasser Sulfit enthält.

Wesly (*149*) hat eine Methode angegeben, wonach Restsauerstoffmengen in sulfithaltigem Wasser bestimmt werden können.

Als Beispiel für die stark korrodierende Wirkung, die Kohlensäure zusammen mit Sauerstoff ausüben können, seien die Erfahrungen an einer Ferndampfheizungsanlage wiedergegeben.

Von einer Heizzentrale wird ein weitausgedehntes Netz mit Heiz- und Kochdampf versorgt, der sich zu 80% als Kondensat wieder einfindet. Das Zusatzwasser wurde ursprünglich durch Permutit aufbereitet.

Man ging dabei von der Überlegung aus, daß das aus der Permutitreinigung kommende Wasser die Bikarbonate in Form von Natriumbikarbonat in den Kessel bringt, wo dann nach Austreiben des Kohlendioxyds Soda entsteht. Die dadurch erreichte Alkalität sollte sich bis zu einem gewissen Grade anreichern und so die erforderliche Natronschutzzahl gegen Korrosionen ergeben. Die Permutierung ergab ein sehr weiches Zusatzwasser und einen einfachen Betrieb, eine chemische Überwachung wurde nicht für nötig erachtet. In Wirklichkeit zeigten sich bald nach Inbetriebnahme schwere Korrosionen; sowohl das dem Speisewasserbehälter zufließende Kondensat als auch das Kesselwasser selbst enthielten in außerordentlich starkem Maße Rost. Als Gehalt des Kesselwassers an Eisenoxyd wurden z. B. 1500 mg/l, bezogen auf metallisches Eisen, festgestellt. Die Untersuchung des Falles ergab folgendes:

Das Zusatzwasser enthielt eine Bikarbonathärte von etwa 11° d.; da nun beim Permutieren die ganze Kohlensäure als Natriumbikarbonat in den Kessel gelangt, so wird dort Kohlendioxyd zweifach in Freiheit gesetzt nach der Gleichung:

$$2\,NaHCO_3 = Na_2CO_3 + H_2O + \underline{CO_2}$$
$$Na_2CO_3 + 2\,H_2O = 2\,NaOH + H_2O + \underline{CO_2}.$$

Die letzte Umsetzung von Soda in Natronlauge erfolgt allerdings nicht vollkommen, sondern bei dem geringen Kesseldruck von 10 at nur zu etwa 20%.

Das entwickelte Kohlendioxyd geht mit dem Dampf fort und wird im Heizkörper vom Kondensat gelöst wieder mitgenommen. In den Kondensatleitungen löst die freie Kohlensäure das Eisen zu Ferrohydrokarbonat $[Fe(HCO_3)_2]$. Da aber in die einzelnen Kondensatbehälter durch die Entlüftungen Sauerstoff eindringen kann, so setzt sich der Sauerstoff mit dem Hydrokarbonat zu unlöslichem Ferrihydroxyd $[Fe(OH)_3]$ unter Freiwerden von Kohlendioxyd um, wodurch die Korrosion stets von neuem eingeleitet wird.

Eine weitere Korrosion durch Sauerstoff setzte im Kessel ein, denn der Sauerstoffgehalt des Speisewassers wies 4,1 mg/l auf, während das Kondensat des Frischdampfes nur noch 0,8 mg/l enthielt, ein Beweis, daß der fehlende Sauerstoff die reinen Heizflächen des Kessels korrodiert hatte.

Von den Kondensleitungen wurde nach kurzer Betriebszeit ein Stück herausgeschnitten und untersucht. Es zeigte sich ein brauner Belag von etwa $^1/_4$ mm Stärke, der von zahlreichen Pocken und Vertiefungen durchsetzt war. Der Belag erwies sich zu 91,5% als Fe_2O_3. Eine Nachprüfung des p_H-Wertes des Speisewassers ergab 5,8!, es war also erheblich sauer, an dem einen der beiden Kessel ergab sich nach 70 Betriebsstunden eine Natronzahl von nur 60, nach 360 Betriebsstunden von 318. Es hatte also auch bei dem Kessel eine erhebliche Zeit gedauert, bis sich eine ausreichende Alkalität gebildet hatte.

Die Abhilfemaßnahmen mußten sich darauf richten, das Speisewasser stärker alkalisch zu machen, zu entgasen und den nachträglichen Zutritt von Sauerstoff auf ein Mindestmaß herabzusetzen.

Es gab zwei Wege zu diesem Ziele:

Man konnte das vom Permutitfilter kommende Zusatzwasser über einen Entgaser führen, der mit 102° C betrieben wird. Hierbei konnten die Bikarbonate thermisch in Karbonate überführt werden und somit das Kohlendioxyd ausgetrieben werden. Gleichzeitig konnte das Wasser von Sauerstoff befreit werden. Da jedoch das Speisen von heißem Wasser im vorliegenden Fall ungünstig war (tiefliegender Kondensatbehälter) und besondere kostspielige Maßnahmen hierfür nötig gewesen wären, so wurde vom Betrieb die Permutitanlage, die anderweitig zu verwenden war, in eine Kalk-Sodareinigung umgebaut.

Hierbei wird die gebundene und freie Kohlensäure des Rohwassers niedergeschlagen:
$$2\,Ca(HCO_3) + Ca(OH)_2 = 2\,CaCO_3 + 2\,H_2O + CO_2$$
$$\text{(unlöslich)}$$
$$Mg(HCO_3)_2 + 2\,Ca(OH)_2 = 2\,CaCO_3 + Mg(OH)_2 + 2\,H_2O$$
$$\text{(unlöslich)   (unlöslich)}$$
$$CO_2 + Ca(OH)_2 = CaCO_3 + H_2O.$$
Lediglich der für die Enthärtung erforderliche Sodaüberschuß kann im Kessel CO_2 abspalten.

Ferner kann auf diese Weise das Zusatzwasser stärker alkalisch als früher gehalten werden.

Die Durchführung dieser Maßnahme ergab folgendes (Tabelle 29):

Die Hauptursache der Korrosion war hiermit beseitigt, Kondensatsammelleitung und Kessel waren hinreichend geschützt.

Jedoch waren noch die Leitungen von den einzelnen Sammelbehältern der Kondensate bis zum Hauptbehälter der Gefahr der Sauerstoffkorrosion ausgesetzt. Es wurden daher Rostex-Filter, System Hülsmeyer, aufgestellt (Abb. 181), die mit aktivierter Stahlwolle gefüllt sind. Das Kondensat der Untersammelbehälter wird durch Pumpen, die sich beim höchsten Wasserstand selbsttätig einschalten, nach dem Hauptbehälter gedrückt. Die Größe des Filters wurde nun so bemessen, daß sie jeweils die bei einem Pumpspiel anfallende Kondensatmenge speichern, so daß der Sauerstoff genügend Zeit hat, mit der Stahlwolle zu reagieren. Vor bzw. nach Einbau der Filter ergab sich folgender Sauerstoffgehalt des Kondensates eines Gebäudes (Tabelle 30):

Man erkennt die befriedigende Wirkung der Filter.

Schließlich wurde auf den Kondensat-Hauptsammelbehälter ein Dampfpolster gelegt und dem Kondensat-Zwischenbehälter selbsttätig eine geringe Menge Natronlauge zugesetzt, so daß keine freie Kohlensäure und kein Bikarbonat mehr anwesend war. Die Anlage arbeitet seitdem durchaus einwandfrei.

Tabelle 29.

		mg/l Fe als Fe_2O_3
Alte Betriebsweise	Zusatzwasser und Kondensat	21,4
	Kesselwasser	1424
Neue Betriebsweise	Zusatzwasser und Kondensat	0,4
	Kesselwasser	9

Tabelle 30.

		Temperatur	mg/l O_2
Vor Einbau	des Hülsmeyer-Filters	57	2,48
		55	2,28
Nach Einbau		34	0,098
		33	0,00
		40	0,00
		35	0,00
		46	0,065

Korrosionen können ferner verursacht werden durch den Gehalt des Kesselwassers an Magnesium- und Natriumchlorid. Besonders ersteres ist im Kesselwasser gefährlich, da es sich im Kessel aufspaltet:

$$MgCl_2 + 2\,H_2O = Mg(OH)_2 + 2\,HCl$$

und freie Salzsäure bildet. Diese greift das Eisen stark an unter Bildung von Wasserstoff und Eisenchlorid.

Aus dem gebildeten Eisenchlorid entsteht wiederum Magnesiumchlorid unter Bildung von Eisenhydroxyd:

$$FeCl_2 + Mg(OH)_2 = Fe(OH)_2 + MgCl_2,$$

wodurch der Kreisprozeß geschlossen wird und das Magnesiumchlorid zu neuer Korrosion bereit steht.

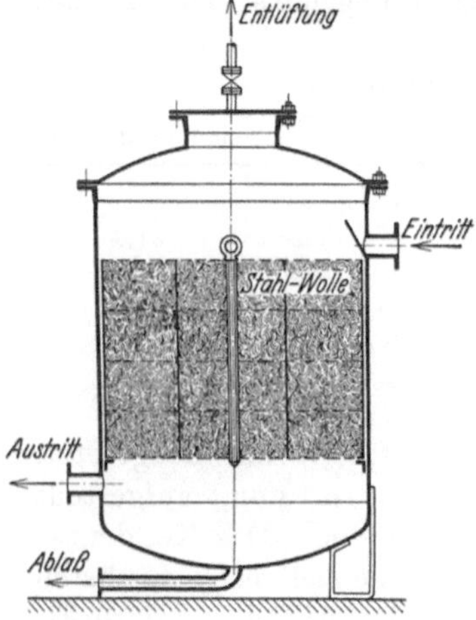

Abb. 181. Rostex-Filter.

Ein Schutz gegen diese Korrosion bildet jedoch die auch aus anderen Gründen geforderte Einhaltung der Natronzahl, da bei Gegenwart von OH-Ionen das Magnesiumchlorid in Magnesiumhydroxyd und Natriumchlorid gespalten wird:

$$MgCl_2 + 2\,NaOH = Mg(OH)_2 + NaCl.$$

Das Magnesiumchlorid kann sowohl bei fehlender Wasserreinigung als auch bei Kondensatspeisung dann in den Kessel gelangen, wenn die Kondensatoren undicht sind und das Wasser keine Alkalität aufweist.

Auch Natriumchlorid kann sich mit Magnesiumsulfat zu Magnesiumchlorid umsetzen.

Dewrance (150) gibt noch eine andere Erklärung für den Angriff von Chlormagnesium. Es greift nämlich das Eisen nur als trockenes Salz an, nicht dagegen, wenn es sich in Lösung befindet. Es kann aber als trockenes Salz an das Eisen gelangen, wenn es sich bei der Bildung einer Dampfblase abscheidet in gleicher Weise, wie dies oben für den Stein ganz allgemein dargestellt wurde. In der Zeit, da das Chlorid in festem Zustand auf der Heizfläche vorhanden ist, spaltet sich durch die Erwärmung Salzsäure ab.

Korrosionsfördernde Humine und Humussäuren gelangen gelegentlich in das Kesselwasser, z. B. bei Verwendung von Grubenwasser. Bei Übergang zu einem unbekannten Wasser empfiehlt es sich daher in jedem Falle, zuerst ein Gutachten über die Wasserbeschaffenheit einzuholen.

Auch ist Vorsicht bei der Verwendung von Kondensat in chemischen und anderen Fabriken geboten. Z. B. können in Zuckerfabriken korrodierende Säuren auf dem Wege über das Kondensat aus Brüdendämpfen durch Zersetzung des Zuckers in Ameisensäure bzw. Essigsäure entstehen. Auch durch zu hohen Gehalt des Rohwassers an Eisen können Schäden im Kesselbetrieb auftreten (*151*).

Bei hohen Wandtemperaturen der beheizten Flächen, sei es durch Stein, Zirkulationsstörungen oder sonstige Umstände, tritt, wie bereits früher erwähnt, eine Spaltung des Wassers ein; es bildet sich Eisenoxyd und Wasserstoff, wobei die bekannte Art der Eisenkorrosion auftritt. Mohr (*152*) hat nun nachgewiesen, daß der aufgetretene Wasserstoff im Kessel vorhandenes $CaSO_4$ oder Na_2SO_4 zu Kalziumsulfid (CaS) bzw. Natriumsulfid (Na_2S) reduziert.

$$\frac{Na_2SO_4}{CaSO_4} + 8\,H_2 = \frac{Na_2S}{CaS} + 8\,H_2O\,.$$

Tatsächlich wurde auch bei Nachprüfungen von Schäden im Dampf Schwefelwasserstoff nachgewiesen und an zerstörten Siederohren und Überhitzern Ansätze von Reduktionsprodukten des Natrium- und Kalziumsulfates vorgefunden. Auftretender Schwefelwasserstoff zeigt somit an, daß im Kessel Korrosionen vor sich gehen.

4. Schäumen und Spucken.

Kesselschäden können ferner auftreten, wenn das Kesselwasser zum Schäumen oder Spucken neigt.

Unter Schäumen versteht man die Eigenschaft des Kesselwassers, den Dampfraum des Kessels mit einer Schaummasse auszufüllen, die dann dauernd mit dem Dampf bis zu einem gewissen Grade mitgeht. Dadurch entsteht ein mehr oder weniger stark verunreinigter nasser Dampf. Die Folge sind schlechte und schwankende Überhitzung, allmähliches Versalzen und Durchbrennen der Überhitzer, Ausblühungen von Salzen an Flanschen und Ventilen, Belegung der Turbinenschaufeln. Meist ist auch der Wasserstand unruhig, das Glas wird leicht trüb und der Wasserstand ist dann schwer erkennbar.

Die Absperrorgane am Kessel verschmutzen derart, daß ein dichtes Abschließen zur Unmöglichkeit wird.

Während das Schäumen bis zu einem gewissen Grade einen Dauerzustand darstellen kann, ist das Spucken in der Hauptsache ein durch Siedeverzug bedingtes plötzliches Aufwallen des Wassers, wobei plötzlich erhebliche Wassermengen aus dem Kessel gerissen werden. Die Überhitzung geht schlagartig auf Sattdampftemperatur zurück. Die Handlochdeckel der Überhitzer fangen an zu tropfen, die Flanschen der Dampfleitungen werden undicht, es können Wasserschläge entstehen, die leicht zu Zerstörungen von Leitungen und Absperrorganen führen.

Die angeschlossenen Maschinen sind selbstverständlich in hohem Maße gefährdet durch Wasserschlag und schroffen Temperaturwechsel; zum mindesten nehmen die Stopfbüchsen und Reglerorgane Schaden.

Meist sind die eingebauten Wasserabscheider gegen die mit großer Wucht und Geschwindigkeit ankommenden Wassermassen gänzlich ungenügend.

Bevor wir auf die Ursachen der eben geschilderten Vorgänge näher eingehen, müssen wir uns noch klar machen, daß Dampf, der in einem Kessel mit salzhaltigem Wasser gebildet wird, nach physikalischen Gesetzen immer einen gewissen kleinen Betrag an Salz mitführen muß, ohne daß man hierbei etwa vom Schäumen sprechen kann. Der Salzgehalt des in einem Kessel erzeugten Dampfes muß mit der Sattdampftemperatur steigen. Das verdampfende Salz hat die Temperatur des Kesselwassers; mit steigender Temperatur wächst der jeweilige Sättigungs-

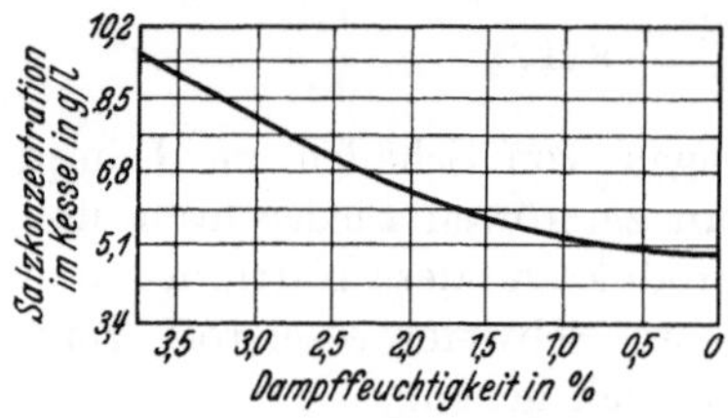

Abb. 182. Dampffeuchtigkeit abhängig von der Salzkonzentration des Kesselwassers.

druck des Salzes und damit sein Partialdruck, der den anteiligen Salzgehalt im Dampf bestimmt. Mit steigendem Kesseldruck muß also ein steigender Salzgehalt im Dampf vorhanden sein.

Dieser Salzgehalt muß scharf unterschieden werden von dem Salzgehalt, der zusätzlich durch mechanisches Mitreißen von gelöstem Salz in Form von Wassertröpfchen in den Dampf übergeht.

Die Ursachen des Schäumens und Spuckens sind sehr mannigfaltig. Als solche kommen in Betracht:

Die Wasserbeschaffenheit, die Kesselbauart und die Betriebsverhältnisse.

Über die Wasserbeschaffenheit ist zu sagen, daß die Salzkonzentration, der Gehalt an Schwebestoffen und der Gehalt an organischer Substanz eine ausschlaggebende Rolle spielen.

Den Einfluß der Salzkonzentration an einem Stirlingkessel zeigt folgende Untersuchung: Ein Kessel wurde während des Versuches mit einer konstanten Belastung von 37,5 kg/m² st gefahren und die Feuchtigkeit des Dampfes in Abhängigkeit von der Salzkonzentration festgestellt (Abb. 182). Man erkennt, wie mit zunehmendem Salzgehalt der Dampf stetig feuchter wird, d. h. das Mitreißen von Kesselwasser bzw. die Neigung zum Schäumen und Verunreinigung des Dampfes erhöht sich mit steigender Salzkonzentration. (Die Zahlen der Abb. 182 gelten natürlich nur für die betreffende Kesselbauart und die besonderen Betriebsbedingungen.)

Im allgemeinen sind Flammrohrkessel am unempfindlichsten, Hochleistungs-Steilrohrkessel am empfindlichsten gegen hohe Salzkonzentration, es lassen sich jedoch hierbei schwer allgemein gültige Angaben machen, da dies zu sehr von der besonderen Konstruktion des einzelnen Kessels abhängt. Als Grenzwert, bis zu dem ein anstandsloses Arbeiten des Kessels erwartet werden kann, dürften 2° Bé gelten.

Knodel (*153*) hat z. B. an einem Kammerkessel bei der maximal möglichen Leistung von 52 kg/m² st keine Unruhe im Wasserstand und kein Schwanken der Dampftemperatur festgestellt. Selbst ein Hochfahren des Wasserstandes auf die obere Grenze ergab keine Nachteile. Der Dampf wurde auf seine Reinheit nachgeprüft, hierbei wurde durch Abstellung der Schlammrückführung eine höhere Kesselwasserdichte als normal, nämlich 2⁰ Bé bei einer Natronzahl von 1600 mg/l eingestellt. Die Dampfproben wurden mittels besonderer Kühlvorrichtung entnommen. Das Kondensat lieferte hierbei einen Abdampfrückstand von 12—16 mg/l, wovon die Hälfte organische Substanz war. Ein besseres Kondensat wird auch bei 0,5 Bé und schwacher Belastung nicht erhalten. Es werden jedoch auch höhere Bé-Grade von den Betrieben gemeldet, ohne daß unreiner Dampf aufgetreten wäre. Knodel berichtet, daß ein Werk sowohl Steilrohr-, als auch Schrägrohrkessel mit einer Dichte von 4—5⁰ Bé betreibt, bei Belastungen von 36—40 kg/m² st (der erstere Wert gilt für Steilrohrkessel), ohne daß unreiner Dampf aufgetreten war. Auch der Verfasser (*71*) hat einen 42-atü-Großkessel (Dreitrommeltyp) mit Natronzahlen von 4000 und einem Bé-Gehalt von etwa 2,5⁰ anstandslos bei Belastungen von 50 kg/m² st gefahren.

Tritt bei geringeren Bé-Gehalten schon ein Schäumen oder Spucken ein, so müssen die Ursachen in anderen Umständen gesucht werden.

Als stark begünstigend für das Schäumen ist allgemein der Gehalt des Wassers an Schwebestoffen und organischen Substanzen erkannt worden. Als solche kommen in Frage: Kesselschlamm infolge ungenügender Wasserreinigung, Staub, z. B. Braunkohlenstaub aus der Brüdenkondensation und Ölbestandteile, die im Kessel verseifen. Es wurde festgestellt, daß die Schwebestoffe dann besonders schaumbildend sind, wenn gleichzeitig Natriumsalze im Kessel vorhanden sind. Besonders das Öl wirkt schaumbildend. Man beobachtete beim Speisen von ölhaltigem Wasser Salzkonzentrationen im Dampf von 20—40 mg/l, die bei ölfreiem Speisewasser fast auf Null zurückgingen. Müller (*154*) hat durch versuchsweise Zugabe von Braunkohlenstaub zum Speisewasser festgestellt, daß bei stärker alkalischem Wasser (z. B. 1400 mg/l Soda) dieser die Schaumbildung stark begünstigt. Ist die Alkalität des Wassers dagegen verhältnismäßig niedrig (etwa 500 mg/l Soda), so sind auch bei Zugabe von solchen Mengen Staub, wie sie praktisch nicht vorkommen, keine Schäumungserscheinungen beobachtet worden.

Was die organischen Substanzen betrifft, so ist durch Versuche nachgewiesen, daß Humat, gewonnen aus Braunkohle, das Schäumen stark begünstigt. Knodel (*153*) macht ferner darauf aufmerksam, daß die noch vielfach angewandten Holzwollfilter, sofern sie nicht behandelt sind, organische Substanz ins Kesselwasser bringen und stark schaumbildend wirken.

Allgemein wird beobachtet, daß erst das Zusammenwirken mehrerer Umstände, z. B. Salzkonzentration und Schwebestoffe, oder Schwebestoffe und Humate gefährliche Schaumbildung hervorruft.

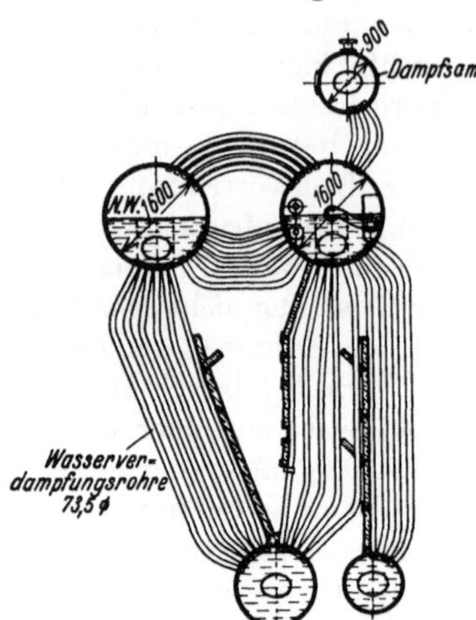

Abb. 183. Kessel 750 m² Heizfläche, 16,5 atü.

Von ausschlaggebender Bedeutung für das Schäumen und Spucken sind ferner die Kesselkonstruktionen und die Betriebsbedingungen. Wie bereits oben erwähnt, sind Flammrohrkessel weitgehend unempfindlich gegen Schäumen und Spucken, dann folgen die Kammerkessel, am empfindlichsten scheinen die Steilrohrkessel zu sein, wobei allerdings bestimmte Konstruktionstypen besonders zum Schäumen neigen.

Der Dreitrommeltyp, der eindeutige Wasserumlaufverhältnisse besitzt, ist z. B. gegen Schäumen nicht empfindlicher als ein Kammerkessel. Kreyssig (*156*) berichtet, daß der Kessel Abb. 183 eine wesentlich größere Neigung zum Schäumen besaß als derselbe Kessel, wenn die Untertrommeln durch Rohre miteinander verbunden waren. Im ersteren

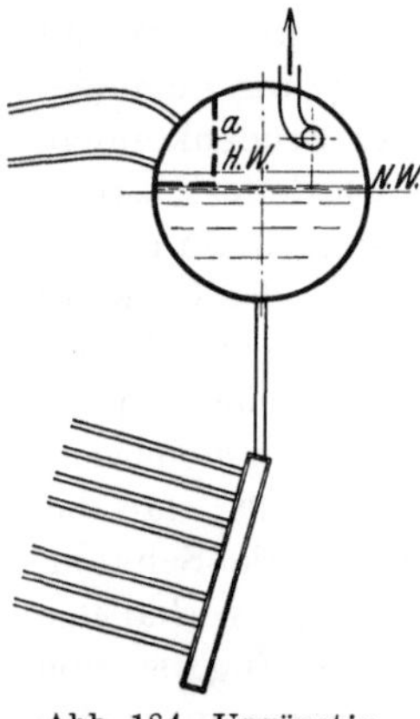

Falle ertrugen die Kessel nur eine Konzentration von 1,2° Bé, im zweiten Falle war selbst bei 2° Bé noch keine Unruhe im Wasserstand oder sonstige Anzeichen für Schäumen vorhanden. Auch hat Kreyssig beobachtet, daß die einzelnen gleichen

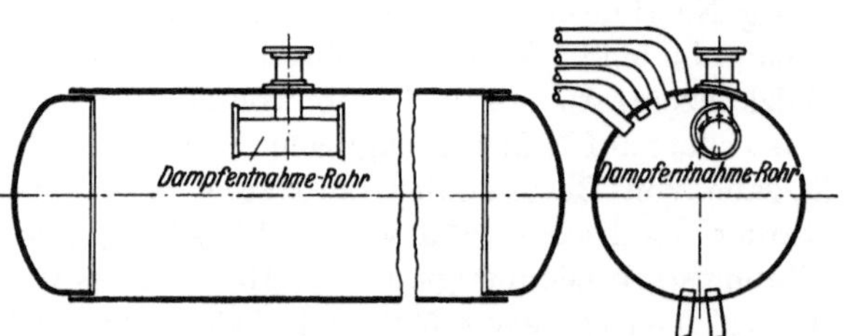

Abb. 184. Ungünstig wirkender Ausströmkasten.

Abb. 185. Unzweckmäßige Ausführung der Dampfentnahme.

Kessel unter sich verschiedene Neigungen zum Schäumen zeigten, selbst bei gleichem Zug. Es stellte sich bei näherer Untersuchung heraus, daß einzelne Kessel bei gleichem Zug, gleicher Bauart und gleichem Reinigungszustand bis zu 20% höhere Leistung ergaben. Auf diese Weise erklären sich manche sonst unverständliche Unterschiede im Verhalten der Kessel. Manchmal ist auch die bevorzugte Lage eines Kessels zur Hauptdampfleitung der Grund für Schäumen und Spucken, weil bei plötzlicher Steigerung im Dampfverbrauch dieser Kessel eine erheblich höhere Spitzenleistung ergibt als die anderen Kessel. Wichtig ist ferner, daß die Kessel genügend große Ausdampfräume und reichliche Dampfsammler besitzen. Kreyssig führt das bessere Verhalten der Garbekessel gegenüber

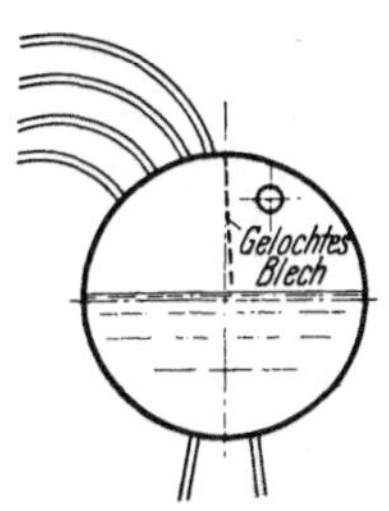

Abb. 186. Verbesserte Dampfentnahme.

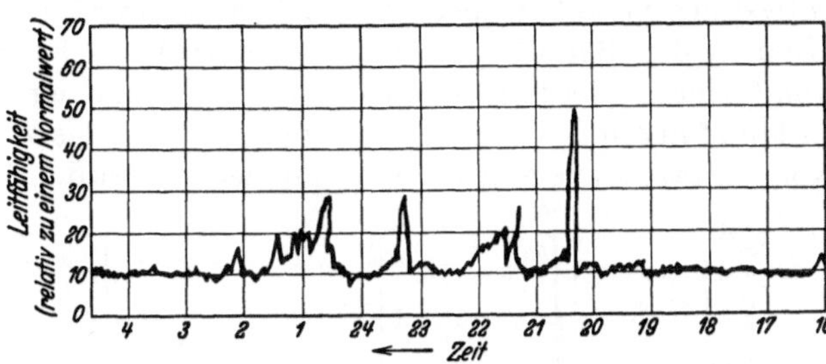

Abb. 187. Leitfähigkeit des Dampfkondensates. Kessel ohne Siebblech. Leistung 50—60 kg/m² st.

den Hanomagkesseln auf diesen Umstand zurück, auch eine falsch angelegte Speisung begünstigt das Schäumen.

Häufig sind für das schlechte Verhalten der Kessel unzweckmäßige Einbauten bzw. Dampfentnahmerohre verantwortlich. So hat sich z. B. gezeigt, daß der in Abb. 184 dargestellte Ausströmkasten a seinen Zweck völlig verfehlte. Bereits bei einer Belastung von 25 kg/m² st begann der Kessel, verunreinigten Dampf zu liefern. Nach Entfernung der Ausströmkästen war der Übelstand völlig verschwunden und der Kessel lieferte selbst bei den höchsten Beanspruchungen reinen Dampf.

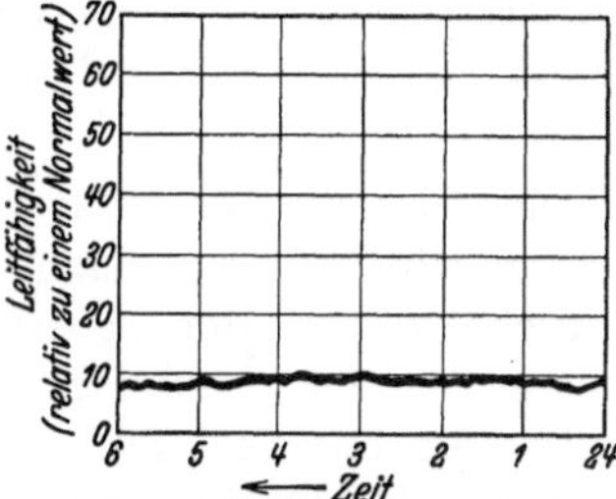

Abb.188. Leitfähigkeit des Dampfkondensates. Kessel mit Siebblech. Leistung 50—60 kg/m² st.

Eine ähnliche Beobachtung wurde mit einem unzweckmäßig gebauten Dampfentnahmerohr gemacht (Abb. 185). Das kurze Schneckenrohr begünstigte wegen der dort großen Geschwindigkeit das Mitreißen von Wasser. Es wurde dann das Entnahmerohr als gelochtes Rohr ausgeführt, das sich über die ganze Länge der Trommel erstreckt; später wurde noch ein Siebblech nach Abb. 186 eingebaut. Obgleich dieses Siebblech ähnliche Verhältnisse ergab, wie der oben beschriebene Ausströmkasten, so war in diesem Falle doch ein großer Erfolg eingetreten. Sowohl bei einer Höchstleistung von 50—60 kg/m² st (Abb. 187 bzw. 188), als auch besonders bei einer plötzlichen Leistungssenkung von 60 kg/m² st auf Null (Abb. 189 bzw. 190) trat mit Siebblech keine Erhöhung der Leitfähigkeit des Dampfkondensats ein, während ohne das Blech starke Spitzen auftraten.

Das Siebblech teilt offenbar einen erheblich größeren Raum ab als der oben erwähnte Ausströmkasten, wahrscheinlich waren auch die

Löcher im zweiten Falle größer, auch liegt die Ausströmrichtung der Dampfrohre wesentlich günstiger als im ersten Falle. Man erkennt aus diesem Beispiele, daß oft vernachlässigte Kleinigkeiten den Wert einer Konstruktion in das Gegenteil verkehren können.

Wie bereits erwähnt, ist für das Spucken in erster Linie eine plötzliche Entlastung verantwortlich zu machen, während ein plötzliches Hochgehen in der Belastung nicht so gefährlich erscheint. Die Entlastung bringt eine Änderung des Wasserumlaufes und eine gesteigerte Nachverdampfung in den vorderen Rohren, wodurch das Wasserdampfgemisch explosionsartig aus den Rohren geschleudert wird.

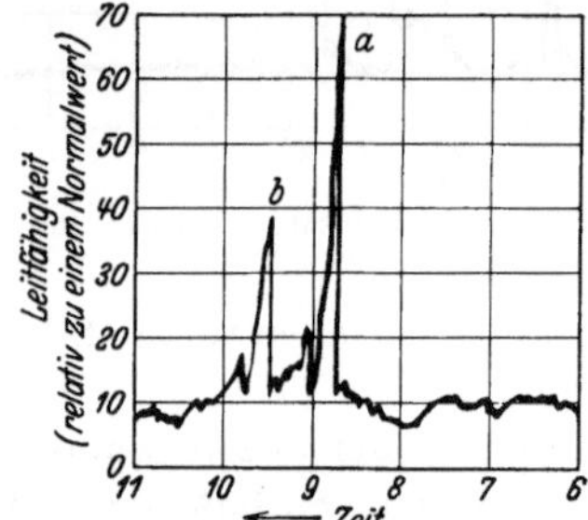

Abb. 189. Leitfähigkeit des Dampfkondensates. *a* Plötzliche, *b* langsame Leistungssenkung von 60 auf 0 kg/m² st. Kessel ohne Siebblech.

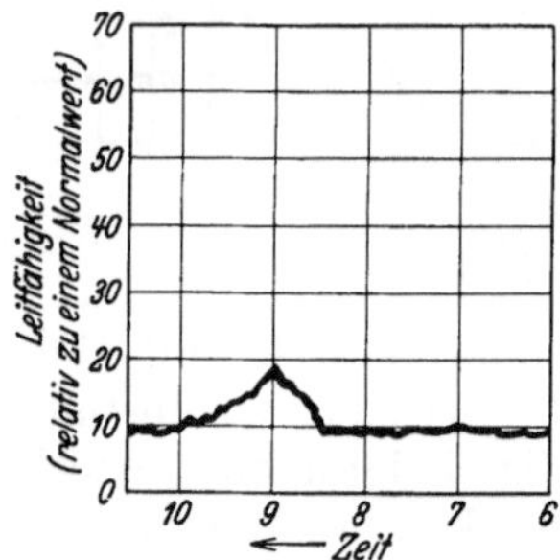

Abb. 190. Leitfähigkeit des Dampfkondensates. Plötzliche Leistungssenkung von 60 auf 0 kg/m² st. Kessel mit Siebblech.

Die Tatsache, daß das Spucken durch zu hohen Wasserstand mitbedingt wird, ist eine bekannte Erscheinung. Es hängt jedoch auch hier weitgehend von der sonstigen Konstruktion des Kessels ab, ob ein Überspeisen leicht oder gar nicht zum Spucken führt. Verfasser hatte lange Zeit an Drei-Trommelkesseln gegen verunreinigten Dampf zu kämpfen. Als die Wasserstände dann um 100 mm niederer gelegt wurden, waren die Schwierigkeiten verschwunden.

Bei Steilrohrkesseln mit mehreren Obertrommeln wird meist die hintere, bei drei Obertrommeln auch die mittlere Trommel als Maß für die Speisung genommen, d. h. es wird der Wasserstand nach dem Stand in dieser Trommel einreguliert. Steht nun der Wasserstand in dieser Trommel normal, so wird er in der vorderen Trommel je nach der Konstruktion und der Belastung gleich, höher oder tiefer stehen.

Wird der Dampf von der vorderen Trommel nach der hinteren geleitet und erst von dort aus in den Dampfsammler, so ist der Wasserstand in der vorderen Trommel weitgehend beeinflußt von dem Widerstand, den die Dampf- bzw. Wasserabströmung verursacht.

Ist der dampfseitige Widerstand verhältnismäßig hoch, der wasserseitige nieder, so entsteht je nach der Belastung in der vorderen Trommel ein Überdruck gegenüber der anderen Trommel, wodurch der Wasserstand heruntergedrückt und der Ausdampfraum erhöht wird.

Ist dagegen der wasserseitige Widerstand hoch und der dampfseitige gering, so wird der Widerstand des Wasserumlaufes durch die Differenz der Wasserstandshöhe der vorderen gegen die hintere Trommel gedeckt, und es entsteht in der vorderen Trommel ein erheblicher Aufstau. Dies kann so weit gehen, daß die stark dampfführenden Rohre der ersten Reihe nicht mehr über den Wasserspiegel ausgießen, sondern in diesen hineinstoßen, wodurch der Wasserspiegel stark aufgewühlt wird. Dies führt dann bei dem an sich stark verkleinerten Ausdampfraum leicht zum Beginn eines starken Schäumens des Kessels. Abhilfe kann in solchen Fällen leicht dadurch geschaffen werden, daß durch Verkleinerung des Querschnittes der Dampf führenden Rohre ein Überdruck in der Vordertrommel hervorgerufen wird. Michel (*157*) berichtet über einen Fall, bei dem durch diese Maßnahme die Leistung eines Kessels, der früher bei 55 t Leistung zu schäumen anfing, auf 68 t gesteigert werden konnte, ohne daß ein Schäumen eintrat.

Diese Maßnahme muß natürlich mit Vorsicht vorgenommen werden, da sonst bei plötzlich einsetzender Entlastung des Kessels der Wasserstand der VOT (Vordere Obertrommel) hinaufschnellt. Umgekehrt kann bei sehr starker Belastung unter Umständen eine zu starke Entleerung der VOT die Folge sein. Aus diesen Gründen wurden auch bei dem schon mehrfach erwähnten 2000-m²-Kessel die Haupttrommeln von vornherein 300 mm höher gelegt. Man erreichte dadurch, daß bei der größten Belastung der Wasserspiegel in der Haupttrommel auf Mitte steht, der Ausdampfraum somit voll zur Verfügung ist. Die Trommeln sind der Einwirkung der Feuergase entzogen, können also auch beim Anheizen, wenn die Haupttrommel mit dem Wasserstand 300 mm unter Mitte liegt, keinen Schaden leiden.

Diese Maßnahme hat sich sehr gut bewährt.

Bei Kammerkesseln sind auch vielfach nach Verminderung der Zahl der Dampfüberströmrohre wesentlich günstigere Verhältnisse erzielt worden. Wichtig ist vor allem genügender Ausdampfraum, während die Ausdampffläche, die vielfach als Maßstab angenommen wird, weniger wichtig ist.

Ähnlich wie eine plötzliche Entlastung des Kessels wirkt ein starker und plötzlicher Druckabfall, es treten hierbei dieselben physikalischen Verhältnisse ein, d. h. die Nachverdampfung wird stark erhöht und es tritt ein starkes Aufwallen in der Verdampfertrommel ein.

5. Lehren aus dem Studium der Laugenbrüchigkeit.

Am 9. März 1920 erfolgte in dem im Jahre 1917/18 erstellten Kesselhaus des E. W. Reisholz eine folgenschwere Explosion, die 27 Menschen das Leben kostete; 20 Personen wurden außerdem schwer verletzt. Es handelte sich um einen Garbekessel von 660 m² Heizfläche und 20 m² Rostfläche von 15 atü Betriebsdruck. Der Kesselkörper bestand aus zwei Oberkesseln von je 1500 mm Ø, die je durch ein Wasserrohrbündel mit zwei Unterkesseln von je 1200 mm Ø verbunden waren. Bei der Explosion riß die Längsnaht der linken Hälfte des an der Feuerseite liegenden Unterkessels in der ganzen Länge der ersten beiden Lochreihen des 16,5 mm starken Bleches auf (*158*) (Abb. 191).

Die Garbeplatte hatte eine Stärke von 22 mm und blieb unversehrt. Die Rißlinie ging teilweise durch die Mittellinie der unteren Nietreihe, teils innerhalb derselben.

Die Wirkung der Explosion war ungeheuer.

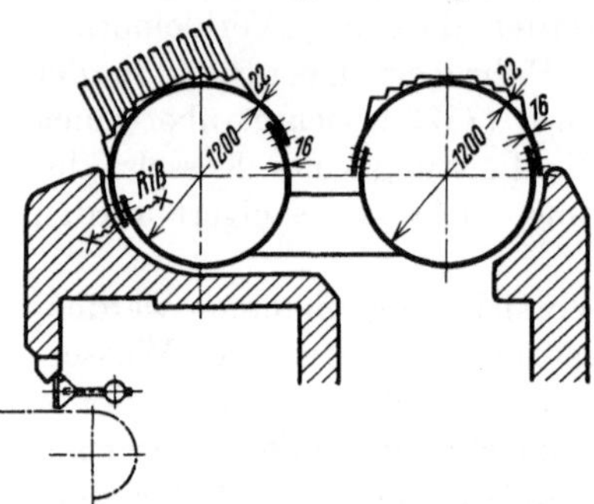

Abb. 191. Rißstelle am linksseitigen vorderen Unterkessel eines 660 m² Garbekessels.

Aus den Berichten der damaligen Zeit über die Explosion sind noch folgende Einzelheiten erwähnenswert. Sickel (*159*) schreibt: „Die Ursache des Zerknalls ist nicht einwandfrei festgestellt. Bekannte Veranlassungserscheinungen wie Wassermangel, Drucküberschreitung, Bedienungsfehler u. dgl. kommen nicht in Frage, da sich hierfür bei der Untersuchung keine Anhaltspunkte ergeben haben. Das gerissene Blech bestand laut Werkbescheinigung aus S.-M.-Flußeisen (FI) von 35,4 kg/mm² Festigkeit und 28 % Dehnung. Den Bedingungen wurde also entsprochen. Auch eine genügende Sicherheit in der Beanspruchung war vorhanden, die Zugbeanspruchung der Nietreihe betrug 7,3 kg/mm².“

Die Sicherheitsziffer ergibt sich demnach zu $\frac{35,4}{7,3} = 4{,}85$. Es hat also eine fast fünffache Sicherheit bestanden [1]. Der Zerknall ist, so schrieb Sickel weiter, durch das Zusammentreffen von zwei ungünstigen Umständen eingeleitet worden. Die radial verlaufenden Risse in den Nietlöchern scheinen durch überhöhten Nietstempeldruck und durch zu große Schnelligkeit beim Nieten entstanden zu sein. Sie dehnten sich weiter aus infolge des Wechsels der Beanspruchungen, wie sie bei starken Belastungsschwankungen und namentlich bei Außerbetriebsetzung eintreten. Der zerknallte Kessel hatte nämlich in den zwei Jahren seines Betriebes außer etwa acht Reinigungen nicht weniger als drei große Rohrreparaturen und zehn Ausbesserungen an den Ober- und Unterkesseln aufzuweisen. Weiterhin wird noch berichtet (*160*), daß der Kessel nach seiner Hauptüberholung im November 1919 einer amtlichen Wasserdruckprobe von 20 at unterzogen worden war, ohne daß auffällige Beobachtungen irgendwelcher Art gemacht wurden. Ferner wurde beobachtet, daß sich von dem aufgerissenen Kesselblech

---

[1] Natürlich nur bezogen auf die Berechnungsformel.

am Rande handgroße Scherben ohne jede Formveränderung herausschlagen ließen. Das Material war also hochgradig spröde.

Der Kessel war frei von Kesselstein. Das Zusatzwasser wurde mit Kalk und Soda gereinigt.

Das Explosionsunglück in Reisholz war das Signal für eine mit großer Energie einsetzenden Forschertätigkeit zur Aufklärung dieses Kesselschadens. Sofort liefen von allen Richtungen des In- und Auslandes

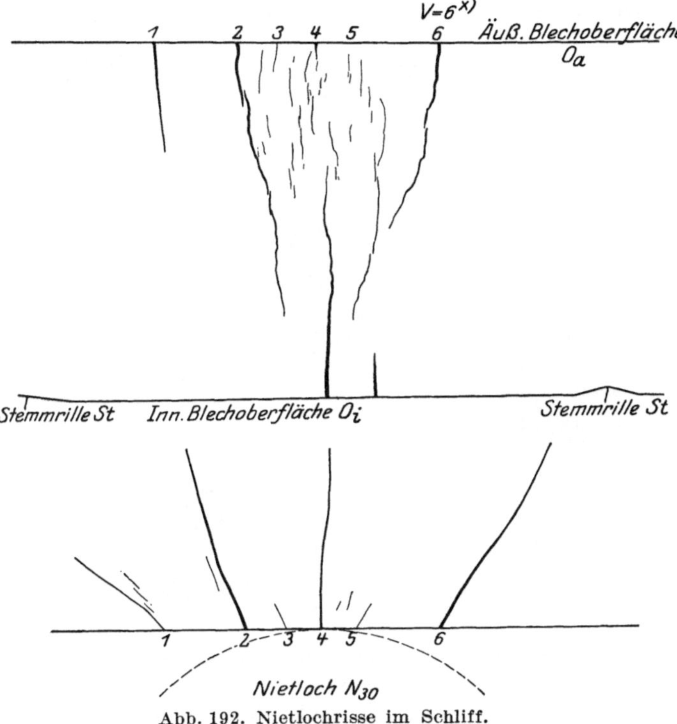

Abb. 192. Nietlochrisse im Schliff.

Berichte über vorgefundene Rißschäden in Nietlöchern ein. Bald darauf erfolgte die Gründung der Vereinigung der Großkesselbesitzer, die es sich unter anderem zur besonderen Aufgabe gestellt hatte, die Frage der Nietlochrisse zu studieren und aufzuklären. Man erkannte sehr bald, daß die Erscheinung sehr verwickelt und eine einzige klarumrissene Ursache nicht aufzufinden war. Man hatte schon immer im Kesselbau gelegentlich Risse an einzelnen hochbeanspruchten Kesselteilen feststellen können, so z. B. an den Krempen der Flammrohre und an den Verbindungsstutzen der Wasserrohrkessel usw. Jedoch traten diese Schäden erst nach vielen Jahren und verhältnismäßig harmlos auf; man war sich darüber klar, daß es sich hier um Dauerbrüche infolge Ermüdung des Materials unter hoher, teils ruhender, teils auch wechselnder Beanspruchung handelte, meist war auch in solchen Fällen das Material bezüglich Schwefel- und Phosphorgehalt nicht ganz einwandfrei. Jetzt handelte es sich aber um eine überraschend auftretende Rißbildung, oft innerhalb beängstigend kurzer Betriebszeit.

Merkmale der Rißbildung bei Nietlochrissen. Die wesentlichen Merkmale dieser Rißbildung sind folgende:

Die Richtung der Risse entspricht nicht eindeutig der Richtung, in der die höchste Beanspruchung erfolgt; die Risse beginnen an der inneren

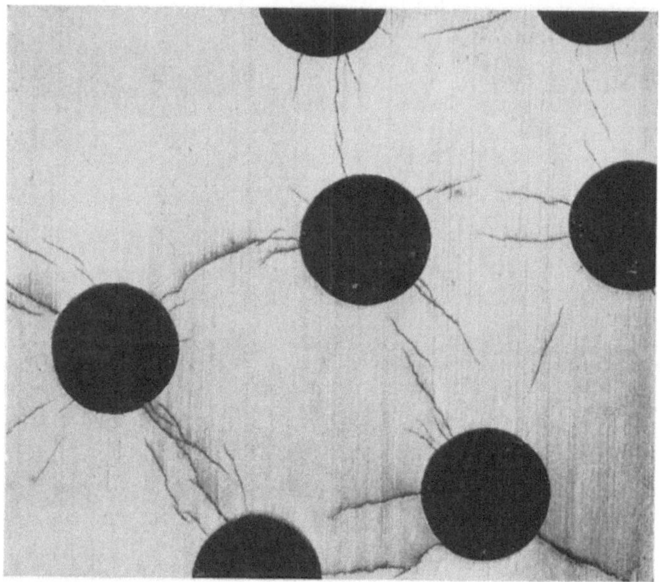

Abb. 193. Starke Nietlochrisse in einem Mantelblech.

Oberfläche der zusammengenieteten Teile, bzw. gehen von irgendeiner im Innern des Nietloches gelegenen Stelle aus. Sie bestehen im allgemeinen aus einigen stärkeren Rissen, die von einer großen Zahl kleiner und kleinster Risse nach Abb. 192 umgeben sind.

Die Risse sind stets interkristallin, d. h. sie folgen den Korngrenzen.

Feststellung der Risse ohne Zerstörung der Nietnaht. In vielen Fällen macht sich eine fortgeschrittene Rißbildung dadurch bemerkbar, daß die Stemmkanten der Bleche und Nietköpfe undicht werden. Es sind jedoch auch genügend Fälle bekannt, wo selbst schwerste Rißbildung erst erkannt wurde, nachdem man in Erkenntnis der Gefahr aus Vorsicht eine Anzahl Nieten entfernte und die Nietlöcher untersuchte. Ein typisches Beispiel über den Lauf der Risse gibt Abb. 193. Hier sind die

Risse durch Abhobelung der Berührungsfläche zweier Bleche erkennbar gemacht.

Man erkennt, wie die Risse vom Nietloch ausstrahlen und wie magnetische Kraftlinien dem benachbarten Nietloch zustreben. Ein Erstrecken der Risse ins volle Blech über die Nietnaht hinaus tritt vor Eintreten einer völligen Zerstörung der Trommel nicht auf. Bevorzugt werden Risse dort gefunden, wo Nietköpfe entweder während des Betriebes oder beim Nachstemmen abplatzen.

Abb. 194. Gerissene Längsnaht einer Trommel.

An der in Abb. 194 dargestellten Trommel einer Anlage in USA, die in der ganzen Länge der Naht aufriß, sind z. B. 26 Nietköpfe durch kräftigen Hammerschlag abgesprungen.

Die Entfernung der Nieten muß zur Untersuchung einer verdächtigen Nietnaht mit größter Vorsicht durchgeführt werden, um eine Beschädigung des Bleches durch Kaltreckung möglichst zu vermeiden. Am besten wird der Kopf vor dem Abschlagen erst zweimal vorsichtig durchkreuzt, damit die Schläge bei der endgültigen Entfernung möglichst schwach sein können.

Das Loch wird sodann von Hand oder mittels einer Luftbohrmaschine vorsichtig aufgerieben bis alle Unebenheiten und Versetzungen der beiden Bleche völlig beseitigt sind. Es ist darauf zu achten, daß keine größeren Riefen hierbei auftreten, da hierdurch das nachfolgende

Polieren der Löcher sehr mühsam und erschwert wird. Beim Handpolieren, das naturgemäß in der Lochrichtung erfolgen muß, erfolgt auch die letzte Feinbearbeitung in der gleichen Richtung wie die Risse verlaufen. Beim maschinellen Schleifen verläuft dagegen die Polierung im Umfang der Nietbolzen, also senkrecht zur Richtung der zu suchenden Risse. Hierdurch treten diese deutlicher hervor.

Nach dem Polieren werden die Löcher zum besseren Sichtbarmachen der Risse geätzt. Man braucht hierzu eine Mischung von 96% Alkohol und 4% Salpetersäure. Man reibt etwa $^1/_2$ Min. mit dem völlig befeuchteten nicht ausgedrückten Wattebausch leicht die blanke Fläche und wischt dann mit einem sauberen Tuch trocken. Die Säure wirkt auf die Risse stärker ein als auf das blanke Material und gibt diesem ein mattes Aussehen, wodurch die Beobachtung erleichtert wird. Beim Absuchen verwendet man eine mattierte Lampe, die von der dem Auge des Beobachters entgegengesetzten Seite herangeführt wird. Die Lampe muß bewegt werden, damit die Risse nicht durch Blendwirkung und Überstrahlung verloren gehen. Die Beobachtung wird unterstützt durch Anhauchen des Loches, weil sich beim Verschwinden des Feuchtigkeitsbelages die Risse zuerst als blanke Linien abheben und sich außerdem feine Tröpfchen dort ansetzen. Die meist zackig verlaufenden Risse können nach einiger Übung leicht von den durch die Bearbeitung bedingten Riefen unterschieden werden.

Aus der sichtbaren Breite der Risse wird man im allgemeinen auf ihre Gefährlichkeit schließen können. Doch sind hierbei auch Täuschungen möglich. Wesentlich ist ferner die Zahl der erhaltenen Risse und ihre Verteilung in der Nietnaht. Man wird also die zu untersuchenden Löcher so auf eine Naht verteilen, daß man einen Überblick darüber bekommt, ob die ganze Naht rissig geworden ist, oder nur Teile von ihr. In diesem Falle wird man durch Untersuchung weiterer Löcher die Ausdehnung des rissig gewordenen Stückes zu bestimmen suchen. Aus der Zahl der in jedem Loch auftretenden Risse und der Betriebszeit des Kessels wird man sich ein Urteil bilden können, ob das betrachtete Blech stark zum Rissigwerden neigt oder nicht. Bei einer größeren Zahl von Rissen in jedem Loch nach einer verhältnismäßig kurzen Betriebszeit ist mit Sicherheit anzunehmen, daß das gesamte Material in der Nietnaht keine vollwertigen Eigenschaften mehr hat, und der betreffende Konstruktionsteil wird zu verwerfen sein. Treten andererseits die Risse nur schwach und sehr vereinzelt auf, so ist kein Grund zur Beunruhigung vorhanden. Man wird die betreffenden Löcher durch Nietlochschrauben verschließen und nach einer angemessenen Betriebszeit (10000 bis 30000 Betriebsstunden) sich ein Bild über den Fortgang des Rissigwerdens zu verschaffen suchen. Dies gilt besonders dann, wenn nach den weiter unten behandelten Erkenntnissen der Betrieb entsprechende Vorsichtsmaßnahmen getroffen hat.

Erforschung der Ursachen der Rißbildung. Bei der Untersuchung des Materials des in Reisholz zerknallten Kessels ergab sich zunächst als einzige greifbare Ursache, daß das Material in der Nietnaht eine gefährliche Sprödigkeit besaß. Auch aus der Abb. 195, die von einer brüchigen Nietnaht des Kessels eines Werkes der Großindustrie stammt, erkennt man, daß in einzelnen Fällen das Kesselblech ohne jede Dehnung einen ganz spröden Bruch aufweist. Man sieht auch, daß die Risse teilweise das Blech in seiner vollen Stärke durchsetzten und die Gefahr eines Aufreißens bereits in sehr greifbare Nähe gerückt war.

Hier setzte nun von deutscher Seite aus die Untersuchung ein, während die Amerikaner das Problem von der Seite des Speisewassers anpackten. Baumann wies auf die Untersuchungen von Bach und ihm selbst hin, wonach bei überhöhtem Nietdruck in der Nietnaht eine

Abb. 195. Gerissene Nietnaht.

gefährliche Mißhandlung des Bleches eintritt, was zu Sprödigkeit und Rißbildung Anlaß gibt. Es wurde daher sowohl das Material, als auch besonders die Kesselherstellung kritisch unter die Lupe genommen. Materialtechnisch wurde festgestellt, daß das Material, sofern es über die Streckgrenze beansprucht wird — und dieser Fall liegt sowohl bei der Herstellung der Nietnaht, als auch meistens im Betrieb vor —, der Alterung unterliegt und spröde wird. Wird das Material gleichzeitig auf höhere Temperatur erwärmt (Nietlochrand beim Nieten), so tritt Kornvergröberung ein. Die Kerbzähigkeit des Materials, das im Anlieferungszustand Werte von mindestens 8 mkg/cm² erreicht, zeigt in schlecht hergestellten Nietnähten Werte von 1,5 und weniger. Es wurde ferner in diesem Zusammenhang aufgezeigt, daß z. B. überlappte Nietnähte (Fall Reisholz) gleichzeitig auf Biegung beansprucht sind und daß die Verbindung eines dünnen Bleches (16,5 mm) mit der dicken Garbeplatte (22 mm) bei wechselnder Belastung einen ungünstigen Verlauf des Kraftlinienflusses ergibt, daß ferner bei der Festigkeitsrechnung die Annahme einer ruhenden Belastung nicht zutrifft, da der Kessel im Druck schwankt, durch das Speisewasser und die Feuergase eine dauernde Schwankung von Wärmeangebot und Wärmeabgabe erfährt, daß die Trommeln „atmen" und dauernden Verbiegungen ausgesetzt sind, daß ferner die üblichen Kesselsysteme sehr starr sind (starre Rohre, starre Verbindungsstutzen) und zu gefährlichen Wärmespannungen Anlaß geben. Man wies darauf hin, daß durch die in den ersten Kriegsjahren einsetzende Steigerung der Kesseldrücke und Kesselleistungen es sich jetzt erweise, daß diese Konstruktionen den neuen Anforderungen, vor allem den beim Anheizen auftretenden Beanspruchungen, nicht mehr gewachsen sind; schließlich war es auch erwiesen, daß die in den letzten Kriegsjahren erstellten Kessel in der Eile erbaut und dementsprechend, namentlich infolge Fehlens von sachverständigem Personal, minderwertig hergestellt worden seien.

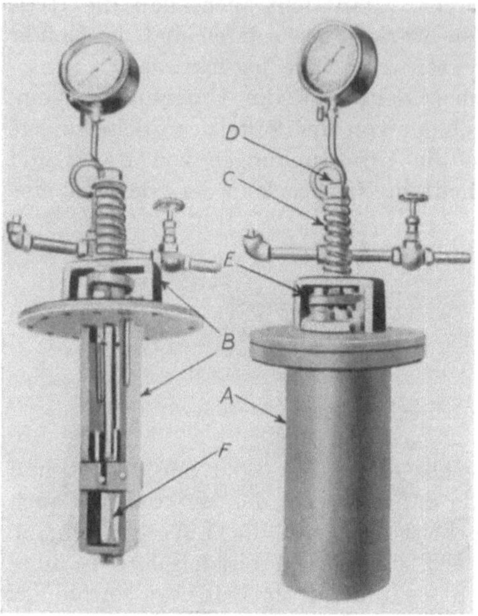

Durch die Erkenntnisse dieser Art, die sich im Laufe der Jahre Bahn brachen, empfing der Kesselbau die wertvollsten Anregungen, und man war in Deutschland vielfach der Ansicht, das Problem der Nietlochrisse hiermit vollständig gelöst zu haben. Demgegenüber mußte man aber darauf hinweisen, daß den zerstörten Kesseln ganz gleichartige Konstruktionen, die auch im Krieg erbaut waren und unter ähnlichen Verhältnissen arbeiteten, keine Spur von Rißbildung zeigten. Auf der anderen Seite zeigten die Kessel, die als Ersatz für die gerissenen Kessel hergestellt waren, und die ein Material bekamen,

Abb. 196. Apparat zur versuchsmäßigen Erforschung von Brüchigkeit.

das unter genauester Beachtung der von der V.G.B. herausgegebenen Richtlinien (Studienprobe) unter Aufwendung hoher Kosten hierfür und sorgfältigster Bauüberwachung beim Nieten hergestellt worden waren, trotzdem wieder Risse, allerdings in ganz wesentlich verlangsamtem Ausmaß.

Es mehrten sich daher die Stimmen, daß für die Rißbildung noch etwas anderes, bis jetzt Unbekanntes mitverantwortlich sein müßte.

In den Vereinigten Staaten hatten sich gleichfalls schwere Schäden an Nietnähten gezeigt, und dort begann man das Problem von der chemischen Seite her anzugreifen. Es ist das Verdienst von Parr, darauf hingewiesen zu haben, daß die im Speisewasser enthaltene Lauge, und zwar Soda bzw. Ätznatron für die Rißbildung verantwortlich zu machen ist. Parr belegte seine Ansicht durch umfangreiche Versuche. Seine ersten Versuche brachten ihn zu der Ansicht, daß das Ätznatron für die Rißbildung voll verantwortlich sei, daß also jeder genietete Kessel, der mit ätznatronhaltigem Wasser gefahren werde, im Laufe der Zeit rissig werde. Die besonders aus Deutschland her einsetzende Kritik seiner Ansicht[1] brachte ihn im Verlauf weiterer Versuche zu der heute allgemein anerkannten Schlußfolgerung, daß Eisen, das über die Streckgrenze beansprucht, einer hochprozentigen Lösung von Ätznatron (350 g im Liter) ausgesetzt wird, unter der Einwirkung der Lauge brüchig, bzw. schneller brüchig wird, als dies ohne Einwirkung von Lauge der Fall wäre.

Da die Versuche von Parr richtunggebend für alle weiteren Versuche auf diesem Gebiet waren, seien sie im nachstehenden kurz geschildert (*161, 162*). Seine Arbeitsweise gestattet es, die Brüchigkeit beliebig herbeizuführen. Dadurch war es möglich, die Umstände, die zur Brüchigkeit führen, sowie die Mittel zur Verhinderung kennenzulernen. Parr und Straub benutzten einen Apparat zur versuchsmäßigen Erzeugung von Brüchigkeit, wie ihn Abb. 196 darstellt.

In dem Behälter A befindet sich die Lauge. Der Probestab F wird durch die Feder C auf Zug beansprucht; die Übertragung erfolgt durch eine Zugstange, die durch den aufgeflanschten Deckel und eine Stopfbüchse führt. Der Behälter wird elektrisch geheizt. Die Versuchsstäbe wurden jeweils der Einwirkung verschiedener Laugenkonzentrationen bei

Tabelle 31. Einfluß von Zugspannung und Lösungskonzentration auf die Laugenbrüchigkeit von Flanschenstahl.

Lösung NaOH g/l	Zugspannung in kg/cm²	Zeit		Manometerdruck in kg/cm²
		Tage bis zum Bruch	Tage ohne Bruch	
415	2110	—	22	4,6
400	2220	—	18	4,6
400	2320	—	16	4,9
415	2420	—	27	6,3
410	2490	$1^1/_2$	—	4,2
400	2760	2	—	3,9
400	3110	30h	—	3,5
400	3240	$1^1/_2$	—	3,2
400	3550	27h	—	3,5
40	3520	—	17	3,9
200	3300	—	16	2,8
210	3350	—	21	4,6
345	3240	$14^1/_2$	—	4,6
405	3520	$4^1/_2$	—	3,5
400	2760	2	—	3,9
455	3660	$2^3/_4$	—	6,7
575	3280	$8^1/_2$	—	3,5

[1] Kessel zur Eindampfung von Natronlauge waren erwiesenermaßen viele Jahre schon in Betrieb, ohne rissig geworden zu sein.

35 atü bis zum Bruch ausgesetzt. Die Versuchsbeanspruchung der Stäbe betrug im allgemeinen etwa 80% der Zugfestigkeit, so daß die Streckgrenze überschritten war. Den Einfluß der Laugenkonzentration und der Höhe der Zugspannung zeigen die Tabelle 31 sowie die folgenden Abbildungen.

Man erkennt, daß bei Überschreitung einer Spannung von 2420 kg/cm² der Bruch in sehr kurzer Zeit eintritt, sofern die Lösung eine Konzentration von über 350 g/l besitzt.

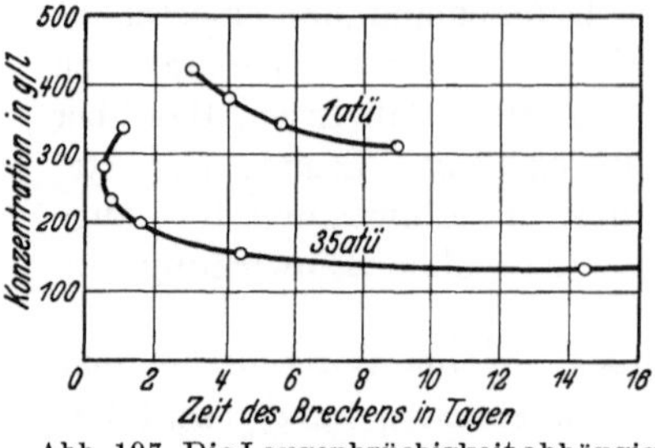

Abb. 197. Die Laugenbrüchigkeit abhängig von der Konzentration.

Aus der Abb. 197 geht hervor, daß für einen Druck von z. B. 35 atü die kritische Konzentration bei 250—350 g/l liegt; sie führt den Bruch bereits in weniger als 24 Stunden herbei (bei der hohen Belastung von 90% der Zugfestigkeit).

Die Abb. 198 zeigt den Einfluß der Laugekonzentration 300 g/l bei 35 atü auf verschiedene Werkstoffe.

Eine wichtige Versuchsreihe veranschaulicht den Einfluß der Zugbeanspruchung auf die Belastungsdauer bis zum Bruch (Abb. 199). Die Lauge besitzt wiederum eine Konzentration von 300 g/l.

Es zeigt sich, daß innerhalb der Versuchszeit kein Bruch mehr eintritt, wenn die Streckgrenze unterschritten wird, daß dagegen die Widerstandsfähigkeit in dem Gebiet zwischen Streckgrenze und Zugfestigkeit von sehr geringer Dauer ist.

Eine ähnliche Untersuchung von Thum (163) über die Einwirkung der Natronlauge (drucklos, Zimmertemperatur) auf einen gekerbten Stab zeigt,

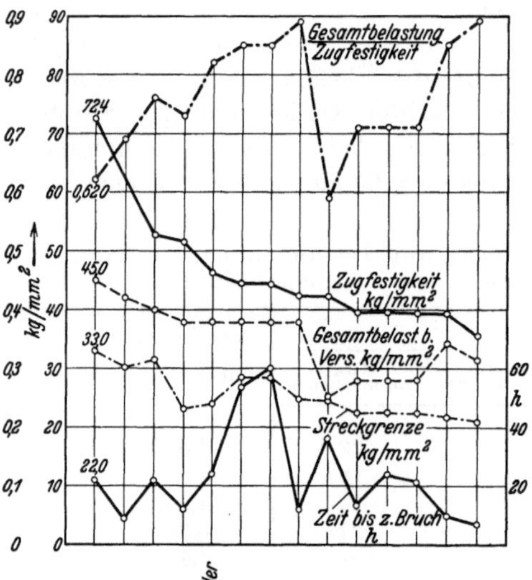

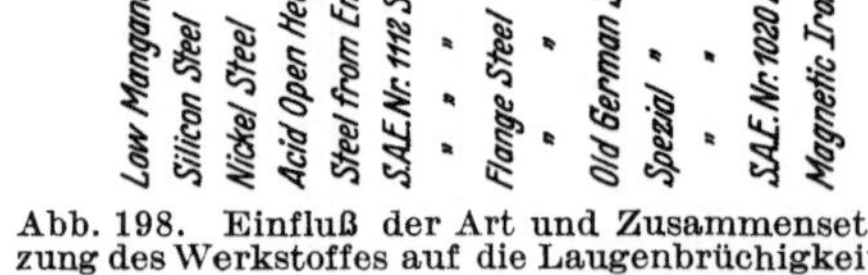

Abb. 198. Einfluß der Art und Zusammensetzung des Werkstoffes auf die Laugenbrüchigkeit nach Parr. p = 35 atü. Laugengehalt 300 g/l.

daß bei der kritischen Konzentration von 280 g/l dieser Stab nur eine Schwingungsfestigkeit von 12 kg/mm² besitzt, während er in reinem Wasser eine solche von 21 kg/mm² und in Wasser mit einem

Natronlaugegehalt von 0,7 g/l sogar eine solche von 22,5 kg/mm² besitzt.

Die Versuche von Parr und Straub wurden durch Wyszomirski (*164*) und Ulrich (*165*) nachgeprüft und in der Hauptsache bestätigt. Ulrich stellt außerdem fest, daß ganz bedeutende Unterschiede in den Ergebnissen gezeitigt werden, je nach der Oberflächenbeschaffenheit der Probestäbe. Dadurch werden auch gewisse Streuungen in den Versuchsergebnissen der anderen Forscher erklärlich. Aus Abb. 200 geht der Einfluß der Oberflächenbeschaffenheit klar hervor.

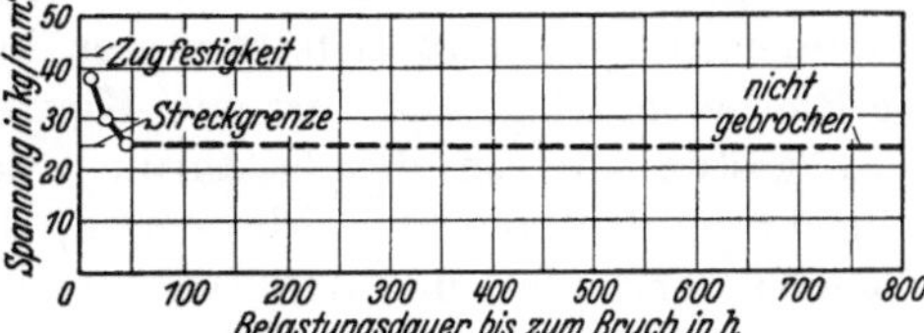

Abb. 199. Einfluß der Zugspannung auf die Belastungsdauer bis zum Bruch nach Parr. Laugengehalt 300 g/l. p = 35 atü. Streckgrenze 24,8 kg/mm², Zugfestigkeit 42,5 kg/mm².

Hier wird auch die Erklärung zu suchen sein, daß Parr für I.Z.-Stahl keine besseren Werte der Brüchigkeit findet, während Ulrich für diesen Stahl eine bedeutende Überlegenheit gegenüber dem von Parr verwendeten Flange Steel feststellt. Letzterer brach z. B. mit Körnermarke nach 1¹/₂ Tagen, ohne Körnermarken nach 28 Tagen, während z. B. I.Z.-Stahl nach 20 bzw. 56 Tagen nicht gebrochen war. Bei der mikroskopischen Untersuchung der I.Z.-Stäbe wurden keine Risse beobachtet.

Zusammenfassend kann aus den Versuchen folgendes geschlossen werden:

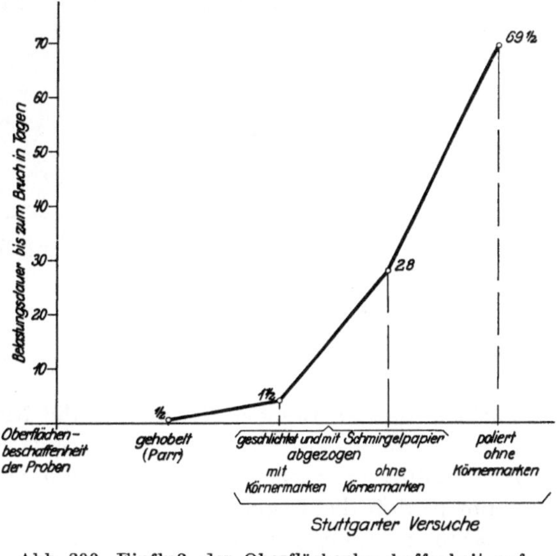

Abb. 200. Einfluß der Oberflächenbeschaffenheit auf die Belastungsdauer.

1. Die Rißbildung im Kesselblech wird verursacht durch die vereinigte Wirkung von Beanspruchung und chemischem Angriff. Die Beanspruchung muß hierbei die Streckgrenze des betreffenden Materials überschreiten. Der chemische Angriff wird durch die Gegenwart von Natronlauge im Kesselwasser verursacht.

2. Eine gewisse Konzentration der Lauge ist erforderlich, um den Angriff in einer meßbaren Zeit wirksam zu machen.

Wie liegen nun demgegenüber die Verhältnisse im Dampfkessel? Daß die Beanspruchungsverhältnisse in der Nietnaht ungünstig sind und

13*

mit Sicherheit in vielen Fällen die Streckgrenze überschreiten, dürfte keinem
Zweifel unterliegen (s. S. 52 f.). Die erste Bedingung wäre also erfüllt.
Weniger sicher ist es, ob und wie die Lauge in die Nietnähte gelangt.
Versuche, eine Konzentration der Lauge in schlecht genieteten Nähten
zu erzeugen, führten zu keinem Ergebnis (*166*). Trotzdem wird man sich
vorstellen müssen, daß in bestimmten Fällen das Kesselwasser zwischen
die Bleche eindringt und dort eine Konzentration erfährt. Diese Ansicht
wird gestützt durch die Erfahrung, daß Nietlochrisse bevorzugt an
schlecht gearbeiteten (d. h. klaffenden) Nietnähten eintreten; ferner wird
allgemein berichtet, und der Verfasser kann es auch aus eigener Praxis

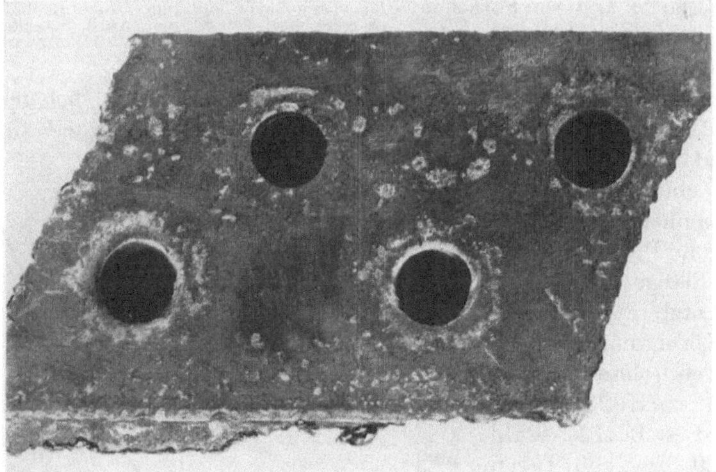

Abb. 201. Korrosionsstelle zwischen Trommelblech und Laschen eines Garbekessels.

bestätigen, daß an rissigen Nietnähten die Nietköpfe leicht abspringen.
Oft werden auch zwischen den Blechen rissiger Nähte lösliche Salze und
fein verteiltes schwarzes Eisenoxyd gefunden. Man kann aber auch
annehmen, daß die Lauge die innere Verstemmung der Nietköpfe und
Nietnähte korrodiert, wodurch feine Kanäle zum Nietschaft geöffnet
werden. Die Korrosion wird durch die große mechanische Beanspruchung
der Naht weiterhin erleichtert. Auf jeden Fall wird man vom Standpunkt
der Kesselherstellung fordern müssen, daß der Zutritt der Lauge nach
aller Möglichkeit verhindert wird. Dies geschieht durch die Herstellung
gut gearbeiteter dichter Nietnähte. Die Anpaßarbeit muß aufs sorgfäl-
tigste erfolgen, die verbindenden Blechstücke müssen ohne Fugen überall
dicht aufeinander liegen. Die überlappte Nietung muß daher, da dies
dort schwierig ist, bei höheren Drücken ausscheiden. Die Flächen, die
aufeinander passen müssen, sind möglichst maschinell zu bearbeiten
(Abdrehen der Schüsse, genaues Einpassen der Böden usw.). Zu hoher

Nietdruck muß unbedingt vermieden werden. Je weniger Stemmarbeit zu leisten ist, um so besser ist die gute Anpassung der Bleche. Dornen, Hammerschläge, Formveränderungen beim Zusammenbau sind um so mehr zu vermeiden, je höher Druck, Temperatur und Leistung des Kessels steigen.

Nach den Erfahrungen der Praxis kann allerdings durch noch so gute Kesselschmiedearbeit der Zutritt der Lauge zur Naht in jedem Falle nicht verhindert werden. Auch nach dem Stand der heutigen Technik zeigen gutgearbeitete Kessel trotzdem nach längerer Betriebszeit unter dem Einfluß alkalischen Speisewassers wieder Rißbildung, worauf wir später noch zurückkommen.

Abb. 202. Wellenförmige Korrosion im Kesselblech des Garbekessels der Abb. 201.

Zur Klärung der Frage, ob Kesselwasser auch in gut genietete Nähte eindringt, hat der Verfasser von einem unter sorgfältiger Bauüberwachung hergestellten Kessel, System Garbe, der 45000 Betriebsstunden aufwies und wegen Betriebseinschränkung und gänzlicher Aufgabe dieses Kesselhauses als Schrott verkauft wurde, einige Nietnähte untersucht. Beim Herausnehmen der Nieten wurde eine Niete völlig feucht vorgefunden. Es handelte sich um eine Doppellaschennietung. Zwischen dem Trommelblech und einer der beiden Laschen fanden sich, wie aus der Abb. 201 ersichtlich, eine große Anzahl Korrosionsstellen, die pustelartig aussahen und eine gelbe Farbe hatten. Das Kesselblech selbst zeigte eine wellenförmige erhebliche Korrosion (Abb. 202).

An der Stemmkante erkennt man streifenförmige Korrosion entlang den Kraftlinien. Zwischen dem Trommelblech und der anderen Laschenniete war eine größere Menge eines schwarzen feinen Pulvers (Eisenoxyd) vorhanden. An einzelnen Stellen zeigte es sich, daß

Blech und Lasche satt aufgelegen hatten, in der Hauptsache war jedoch metallische Berührung nur an den Stellen vorhanden, wo außen der Nietkopf auflag. Man muß nach dem Befund annehmen, daß an irgendeiner Stelle der Stemmkante das Wasser eindringt und stromartig in Schlangenlinien zwischen den Blechen strömt, um an irgendeiner anderen Stelle den Ausweg entweder in den Kessel zurück oder nach außen zu finden. Je nach der Ausführung der Nietung (Nietdruck, Zunderbildung), oder nach der Beschaffenheit des Bleches (Unebenheit, Riefen, Schlackeneinschlüsse, Bohrspanrückstände) tritt dann Kesselwasser während des Betriebes auch in das Nietloch, wobei beide Köpfe trotzdem dicht sein können. Das in das Nietloch derartig eingeschlossene Wasser kann dann eine beliebig hohe Konzentration annehmen.

Abb. 203. Salzaustreibungen an einer durchgeschnittenen Nietnaht.

Auch Rösing (*167*) hat diese Frage studiert und sehr wichtige Feststellungen gemacht. In Abb. 203 ist die Nietnaht eines Kessels vom Kraftwerk E. W. Düsseldorf wiedergegeben. Die Naht wurde in der Mitte der Niete durchgeschnitten und dann poliert. Nach einigen Tagen zeigten sich nun Austreibungen, wie sie im Bild schwarz sichtbar sind. Diese Austreibungen, die auch zwischen den Blechfugen heraustraten und aus Glaubersalz und Soda (aus NaOH zurückgebildet an der Luft) bestanden, erzeugten einen ganz gefährlichen, intensiv fressenden Rost.

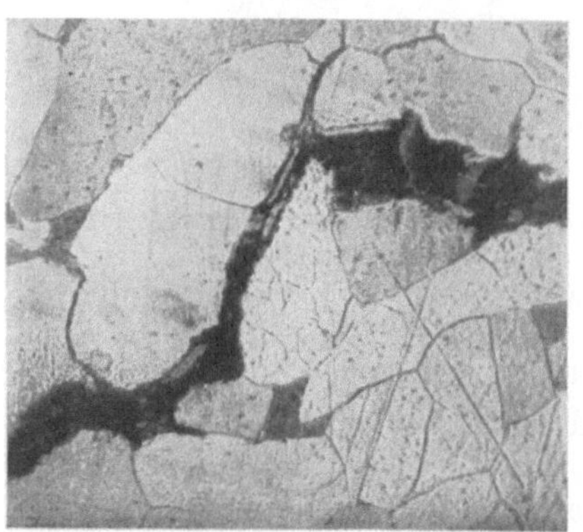

Abb. 204. Eindringen des Salzes in die Korngrenzen.

In Abb. 204 erkennt man, wie die Salze in die Korngrenzen, die unter hoher Spannung stehen, eindringen, man erkennt auch die durch Alterung und Rekristallisation bewirkte Kornvergröberung. Auch Holle (*168*) machte ähnliche Feststellungen an Versuchsplättchen, die unter Druck mit konzentrierten Kesselwasserproben behandelt wurden. Die Plättchen trieben nach 14tägigem Lagern an der Luft eigenartige Gebilde aus, welche stark fressende, rostfördernde Eigenschaften zeigten und alkalisch reagierten.

Abhilfemaßnahmen.

Eine Möglichkeit, die Rißbildung zu verhindern, liegt naturgemäß darin, das Speisewasser so zu ändern, daß die Lauge verschwindet, oder, falls dies nicht möglich ist, die Zusammensetzung des Speisewassers derart zu ändern, daß der Natronlauge ihre Gefährlichkeit genommen wird. Parr und Straub fanden bei der Erforschung von Abhilfemaßnahmen, daß die Brüchigkeit des über die Streckgrenze beanspruchten Materials vermieden wurde, wenn die Lauge eine ausreichende Menge Natriumsulfat enthielt. In der nachstehenden Tabelle sind die Versuchsergebnisse enthalten, die sich bei der Behandlung von Probestäben mit Lauge und steigendem Natriumsulfatgehalt bzw. Natriumkarbonatgehalt ergaben.

Tabelle 32.

Die Wirkung der Steigerung der Verhältnisse $\dfrac{Na_2SO_4}{NaOH}$ und $\dfrac{Na_2CO_3}{NaOH}$.

Lösung NaOH	Verhältnis		Spannung	Zeit in Tagen		Manometerdruck
g/l	$\dfrac{Na_2SO_4}{NaOH}$	$\dfrac{Na_2CO_3}{NaOH}$	kg/cm²	bis zum Bruch	kein Bruch	kg/cm²
455	0	—	3520	$2^3/_4$	—	6,3
447	0,7	—	3520	$4^1/_2$	—	6,3
365	1,2	—	2820	$6^1/_2$	—	6,3
500	1,8	—	2820	$10^1/_2$	—	6,3
430	2,1	—	2820	—	41	7,0
398	—	0	2820	$2^1/_2$	—	6,3
415	—	0,3	2820	5	—	7,0
430	—	0,7	2820	11	—	7,0

Mit zunehmendem Sulfat- bzw. Karbonatgehalt steigt die Zeit bis zum Bruch dauernd an. Es trat in der Beobachtungszeit kein Bruch ein, wenn das Verhältnis von Natriumsulfat zu Lauge größer als 3 : 1 war.

Auf Grund dieser Versuche und vor allem einer mehr als 10jährigen, praktischen Erfahrung schrieben Parr und Straub zur Verhütung der Laugenbrüchigkeit bestimmte Verhältnisse zwischen dem Natriumsulfatgehalt des Kesselwassers und der Alkalität vor (Tab. 33).

In der Tabelle ist nicht die schädliche Lauge, sondern Soda eingesetzt worden. Nun ist die Soda an sich zwar nicht für die Laugenbrüchigkeit verantwortlich zu machen; in unzersetztem Zustand ist sie sogar, wie oben bewiesen, ein Schutzmittel.

Tabelle 33.

Kesseldruck in atü	$Na_2SO_4 : Na_2CO_3$
0—10	1:1
10—18	2:1
über 18	3:1

Jedoch geht die Soda im Kessel unter dem Einfluß der dort herrschenden hohen Temperatur in Lauge über:

$$Na_2CO_3 + H_2O = 2\,NaOH + CO_2.$$

Je höher die Temperatur ist, desto vollständiger geht diese Reaktion vor sich. Bei 50 atü dürfte die Umsetzung vollständig sein. Daher ist nicht nur die Lauge, sondern auch die Soda, d. h. die gesamte Alkalität, als gefahrbringend zu betrachten, und man drückt daher bei der Berechnung des Verhältnisses die Gesamtalkalität des Kesselwassers in Form von Soda aus. Der korrosionshemmende Einfluß des Natriumsulfates ist von Neumann (*169*), sowie von Berl und van Taack (*170*, *171*) nachgeprüft und bestätigt worden. Die Forscher kommen u. a. zu dem Ergebnis, daß Natriumsulfat die stark angreifende Wirkung der Lauge bis zu einer Konzentration von 50 g/l völlig aufhebt. Bei Laugegehalten von über 50 g/l wächst der Schutz mit steigender Sulfatmenge. Die Laugenbrüchigkeit wird somit durch Natriumsulfat abgebremst.

Als Ursache der günstigen Wirkung von Natriumsulfat wurde gefunden, daß dieses eine Schutzschicht bildet, indem es das entstandene, kolloidale Ferrohydroxyd — $Fe(OH)_2$ — ausflockt und auf dem Eisen niederschlägt.

Chloride hemmen die ausflockende Wirkung des Sulfates, vermögen aber eine einmal erzeugte Schutzschicht nicht zu zerstören.

Weitere Untersuchungen über die Laugewirkung und -bekämpfung wurden im Materialprüfungsbetrieb des Ammoniakwerks Merseburg von Wyszomirski (*164*) ausgeführt. Sie ergaben, daß verdünnte Lauge eine geringe, allgemeine Korrosion des Eisens hervorruft. Diese Korrosion erstreckt sich über die ganze Oberfläche des Materials, wobei das Eisenkorn und die Korngrenzen gleichmäßig abgetragen werden. Am kleinsten ist der Natronlaugenangriff beim Schwellenwert, der bei einer 1%igen Lösung erreicht wird. Von da ab steigt der Angriff wieder mit steigender Laugenkonzentration. Diese Beobachtungen stimmen mit denen von Heyn und Bauer (*172*) überein. Bei Konzentrationen zwischen 30 und 40% wirkt die Lauge passivierend auf das Eisen; hierbei werden die passivierten Körner nicht angegriffen, wohl dagegen die Korngrenzen. Es findet also ein selektiver Angriff statt, der sich durch interkristalline Risse äußert. Sulfatzusatz hebt die passivierende Wirkung der Lauge auf. Bei Einhaltung des vorgeschriebenen Verhältnisses unterblieb die Brüchigkeit völlig. Aus den Versuchsergebnissen wurde gefolgert:

Korrosion bricht Sprödigkeit, d. h. der selektive Angriff auf die Korngrenzen wird vermieden, wenn die passivierende Wirkung der Lauge durch genügenden Zusatz von Natriumsulfat aufgehoben und so der lokale Angriff in eine allgemeine, abtragende, jedoch geringe Korrosion verwandelt wird, die durch das Niederschlagen einer Schutzschicht beendet wird. Die Schutzwirkung des Sulfates wurde ferner von Taussig (*173*) untersucht. Er ließ auf Werkstoffproben bei gleichzeitiger Beanspruchung Lauge von wachsender Konzentration einwirken und ermittelt die Zeit bis zum Bruch. An einem mit 85 kg/mm² belasteten Probestück aus Kesselblech trat bei einem Mindestgehalt von 100 g/l

Natriumhydroxyd eine Schädigung ein. Durch Natriumsulfatzusatz verlängerte sich die Zeit bis zum Bruch, und zwar um so mehr, je höher das Verhältnis Sulfat : Alkalität war. Die Probe brach nicht, wenn sich Natriumsulfat ausschied, bevor der Mindestgehalt von 100 g/l Natriumhydroxyd erreicht wurde.

Die praktische Anwendung des Sulfatsodaverhältnisses ist einfach, wenn das zur Kesselspeisung aufbereitete Rohwasser einen ausreichenden Gehalt an Sulfaten aufweist. Ist das nicht der Fall, so muß man Schwefelsäure oder Natriumsulfat zum Roh- oder Reinwasser zusetzen. Das bedingt jedoch eine einwandfreie, chemische Betriebsüberwachung. Auch wird durch den Sulfatzusatz der Salzgehalt des Kesselwassers erhöht, was in manchen Fällen unerwünscht ist.

Auf Grund von Laboratoriumsversuchen schlossen Parr und Straub (*174*), daß der gleiche Zweck, den das Sulfat erfüllt, von Alkaliphosphat erreicht werden könne, und zwar mit einer Menge, die nur $^1/_{500}$ des erforderlichen Sulfates entspricht.

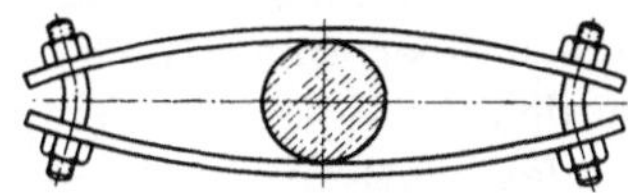

Abb. 205.

Von Wyszomirski (*164*) wurden Versuche ausgeführt, um diese Angaben zu überprüfen und festzustellen, ob Phosphate in der Tat imstande sind, die passivierende Wirkung der Lauge aufzuheben.

Dünne Kesselblechstreifen wurden nach der Abb. 205 um einen Bolzen zusammengezogen und bei Atmosphärendruck der Einwirkung von Natronlauge, Natriumsulfat und Trinatriumphosphat bzw. Mischungen dieser Chemikalien ausgesetzt. Die Lösungen wurden anfangs jede Woche, später täglich erneuert.

Nach den Versuchen ergibt sich, daß die Wirkung des Phosphates — abgesehen von der Ausfällung der im Speise- und Kesselwasser noch befindlichen Resthärte — nur eine nachteilige sein kann, da es die Laugenbrüchigkeit nicht etwa verhindert, sondern im Gegenteil begünstigt und die Grenzen der gefährlichen Laugenkonzentration erweitert.

Praktische Erfahrungen. Naturgemäß sind alle im Laboratorium gewonnenen Erkenntnisse in der Frage der Laugenbrüchigkeit nicht derart, daß man damit die im Betrieb auftretenden Brüchigkeitsschäden vollkommen erklären könnte. Wie schon oben erwähnt, bestehen zwischen dem Versuch und der Praxis grundsätzliche Unterschiede. Beim Versuch muß innerhalb endlicher Zeit ein Ergebnis erzielt werden; es muß also die Konzentration der Lauge so hoch gewählt werden, daß der Angriff möglichst stark wird. Ob eine solche Konzentration im Betrieb eintritt, ist nicht bewiesen, sondern nur wahrscheinlich. Auch wurden beim Versuch keine Nietnähte der Lauge ausgesetzt, sondern nur unter Spannung stehende Stäbe und Bügel. Es wäre daher sehr zu begrüßen, wenn aus der Praxis einwandfreie Beobachtungen vorliegen würden.

In dieser Beziehung sind nun folgende Beobachtungen wertvoll. Parr berichtet: „Die Wirkung eines Sulfat-Sodaverhältnisses in einer in Betrieb befindlichen Anlage wurde in einem Zeitraum von zehn Jahren studiert. Diese Anlage, die Kraftstation der Universität Illinois, hatte bereits eine Zeitlang Erfahrungen in den Störungen durch Brüchigkeit gesammelt. Als 1915 drei neue Trommeln nach nur fünf Dienstjahren ersetzt werden mußten, wurde folgendes System der Speisewasserbehandlung eingeleitet: Das Sulfat-Sodaverhältnis im Speisewasser wurde auf zwei gehalten. Dies geschah durch Neutralisierung von etwa 70% der Alkalität durch Schwefelsäure. Das Wasser wurde in Absitzbehältern von je 15 m³ behandelt. Etwa 50 kg Kalk wurden in jeden Behälter gegeben und dazu nach genügendem Umrühren und Absitzen die notwendige Menge Säure. Von jedem Behälter wurden täglich nach der Kalkbehandlung Analysen gemacht, desgleichen nach Hinzufügung der Säure, zur Bestimmung der totalen Alkalität. Die Alkalität der Kessel wurde täglich überprüft. Nach zehnjährigem Betrieb bei dieser Behandlung wurden die Kessel im Februar 1926 vollständig untersucht. Probenieten wurden entfernt und eine eingehende Untersuchung in bezug auf Anzeichen von Undichtigkeiten um die Nietlöcher herum angestellt. Der Inspektor der Hartforder Dampfkesselüberwachungs- und Versicherungsinspektion erklärte dann, daß die Trommeln in vollkommen gutem Zustande seien. Die Nieten wurden wieder eingezogen, und die Kessel sind seitdem wieder in Betrieb.

Ein Behandlungssystem mit dem Prinzip kontinuierlichen Zuflusses wurde ausgearbeitet und ist jetzt in verschiedenen Kraftzentralen im Bezirk Chikago in Gebrauch. Das Wasser ist zeolithaltig mit niedrigem Sulfat-Sodaverhältnis. Dieses Verhältnis wird erhöht, indem man eine bestimmte Menge verdünnter Säure in ein Mischgefäß eintreten läßt, durch welches eine bestimmte Menge Wasser durchläuft. Dazu wird eine regelmäßige chemische Analyse des Kesselwassers in diesen Anlagen angefertigt.

Eine Kraftanlage in Champaign stellte 1916 Kessel in Dienst, die dasselbe Wasser gebrauchten wie die Universität Illinois, ohne aber die Säurebehandlung anzuwenden. Im Jahre 1925 erlitt das Werk eine beträchtliche Störung infolge der Brüchigkeit. Die Abb. 194 zeigt eine der gerissenen Trommeln dieser Anlage. Zwei andere Anlagen, die neun und zehn Jahre lang mit einem bis auf 1,4 atm gleichen Dampfdruck und mit nahezu dem gleichen Wasser arbeiteten, die eine aber mit Sulfatbehandlung des Wassers, die andere ohne diese, dienen als langfristiger Versuch mit Ergebnissen, die vollständig mit denen des Laboratoriums übereinstimmen. Die Kessel mit behandeltem Wasser sind in vorzüglichem Zustand, die anderen wurden nach neunjähriger Dienstzeit als unbrauchbar verworfen.“

Ferner gibt Parr die Analysen des Speisewassers von sieben verschiedenen Anlagen, woraus hervorgeht, daß die ersten drei Anlagen mit einem niederen Sulfatgehalt unter Laugenbrüchigkeit zu leiden haben.

Schließlich wird von ihm über eine Anlage berichtet, die acht Jahre in Betrieb war und als das Beispiel einer Kesselanlage angeführt wurde, die trotz alkalischen Wassers keine Brüchigkeit aufwies. Sechs Monate

Tabelle 34. Analysen des Speisewassers verschiedener Kessel
in Milligramm pro Liter.

Umgerechnet mit 1 g pro Gallon entsprechen 0,0271 g pro l oder 27 mg pro l	Versprödet			Nichtversprödet			
	Denver, Colo	Champaign Ill	Universität Illinois nicht-behandelt	Blooming-ton Ill 1925	Chikago Ill behandelt	Universität Illinois behandelt	Illinois Central Railroad Champaign Ill
Ätznatron NaOH .	4760	860	1620	54	761	594	890
Natriumkarbonat Na_2CO_3	596	270	865	270	144	243	1540
Totale Alkalität als Natriumkarbonat	6920	1400	3300	352	1150	1015	4700
Natriumsulfat Na_2SO_4.	1890	483	0,0	5400	2420	2430	297
Verhältnis: Natriumkarbonat zu Ätznatron . .	0,12	0,31	0,52	5,0	0,19	0,4	1,7
Verhältnis: Na-Sulfat zu Ätznatron	0,4	0,55	0,0	100,0	3,2	4,0	0,33
Verhältnis: Na-Sulfat + Na-Karbonat zu Ätznatron	0,52	0,87	0,52	105,0	3,4	4,5	2,06
Verhältnis: Na-Sulfat zu Total-Alkalität als Na-Karbonat . . .	0,27	0,34	0,0	15,4	2,1	2,4	0,63

später entdeckte man die Zerstörung der Anlage, die sich als ein besonders schwerer Fall von Brüchigkeit erwies. Der Betrieb war sehr erstaunt darüber, daß besonders ein Kessel nicht explodiert war, so übel war er gerissen.

Der Verfasser möchte aus seinen eigenen Erfahrungen folgendes berichten:

In einem Werk A, das in der Hauptsache in den Kriegsjahren 1916 und 1917 gebaut worden war, kamen überwiegend Garbekessel zur Aufstellung von der Konstruktion und Größe wie der in Reisholz zerknallte Kessel. Der einzige Konstruktionsunterschied war der, daß die Kessel für 21 atü gebaut waren (gegenüber Reisholz ein erschwerender Umstand) und an der Untertrommel Doppellaschennietung aufwiesen.

Es kamen etwa 30 Kessel zur Aufstellung (davon etwa 22 Garbekessel). Genau zur gleichen Zeit gelangten im benachbarten Werk B ebenfalls acht Steilrohrkessel zur Aufstellung, davon sechs Garbekessel. Die Garbekessel im Werk B unterschieden sich in nichts von den im Werk A aufgestellten. Beide Werke beziehen ihr Rohwasser aus dem gleichen Fluß. Die Wasserreinigung im Werk A wurde mit Kalk-Soda durchgeführt, die Resthärte betrug in der Anfangszeit etwa $0,3^0$ und ist jetzt bis unter $0,1^0$ gesenkt worden, das Sulfat-Sodaverhältnis war und ist heute noch dauernd unter 1. Die Wasserrreinigung im Werk B war eine reine Sodareinigung mit Schlammrückführung. Die Resthärte betrug in der ersten Zeit 2^0 und ist allmählich im Laufe der Jahre bis auf etwa $0,3$—$0,4^0$ herabgedrückt worden. Das Sulfat-Sodaverhältnis schwankt in den Grenzen von 2,8—5.

Die im Werk A aufgestellten Kessel wurden restlos laugenbrüchig und im Laufe der Jahre sämtlich ausgewechselt und durch eine andere Bauart der Trommeln ersetzt. Die Untertrommeln wurden aus einem nahtlosen Schuß mit eingesetzten Böden hergestellt. Die Böden und Trommeln wurden genau auf Maß gedreht und die Böden passend eingesetzt. Die Obertrommeln bestehen aus zwei Schüssen mit einer Rundlaschennietung und entsprechend wie bei den Untertrommeln eingesetzten Böden.

Die in den Kriegsjahren erbauten Kessel waren dauernd undicht. Es mußte eine Kesselschmiedkolonne von 20 Mann fortlaufend von einem Kessel zum andern wandern, um Nachstemmarbeiten auszuführen. An einem Kessel (kein Garbekessel) platzten bei einer Überholung über 100 Nietköpfe ab.

Die Kessel im Werk B dagegen erforderten so gut wie keine Nachstemmarbeiten und sind heute mit 90—100000 Betriebsstunden noch anstandslos im Betrieb. Untersuchungen auf Nietlochrisse verliefen bis jetzt negativ.

Der Vergleich der beiden Anlagen, die sich in nichts voneinander unterscheiden, als daß Werk A niederen Sulfatgehalt und niedere Resthärte, Werk B hohen Sulfatgehalt und verhältnismäßig hohe Resthärte im Speisewasser besitzt, dürfte einwandfrei den Einfluß der Lauge auf die Nietnähte beweisen. Jedoch dürfte der Schutz durch Kesselstein hierbei auch eine Rolle spielen.

Die ersten vier Ersatzkessel im Werk A wurden seinerzeit unter Beibehaltung der alten Konstruktion nach den Richtlinien der V.G.B. bezüglich Material und Bauüberwachung (Nietdruck 8 t) hergestellt. Diese Kessel zeigten nach etwa 25000 Betriebsstunden ebenfalls wieder die ersten Anzeichen von Nietlochrissen, die sich nach weiteren 20000 Betriebsstunden nicht wesentlich verstärkt hatten. Infolge Rückgangs der Produktion einerseits und Aufstellung eines kohlenstaubgefeuerten Großkessels andererseits kam dieses Kesselhaus außer Betrieb. Die anderen Ersatzkessel mit Kesselschüssen ohne Längsnaht und maschinell eingesetzten Böden zeigten keine Undichtheiten irgendwelcher Art. Auch wurden keine Nietlochrisse festgestellt, wodurch die Auffassung von Baumann, Guilleaume (*175*) und anderen bestätigt wird, daß bei guter Nietarbeit und vor allem bei gutem Zusammenpassen aller Teile unter Vermeidung hoher Beanspruchungen (die Rundnähte haben nur rund die halbe Beanspruchung der Längsnähte), auch ein alkalisches Speisewasser keinen Schaden anzurichten vermag. Aus diesen Gründen hat auch der Betrieb im Werk A von einer Sulfatzugabe zum Speisewasser abgesehen.

In einem anderen Werk, wo vielfach keine neuen Kessel aufgestellt, sondern nur Ersatztrommeln eingebaut wurden, ergab sich ebenfalls ein allerdings stark verschwächtes Rissigwerden der Nietnähte (Längsnähte, Rundnähte und Speisestutzen an den Ersatztrommeln). Dieses Werk hat daher nach der Erkenntnis der Gefährlichkeit des alkalischen Speisewassers sein Sulfat-Sodaverhältnis, das bislang 0,84 im Mittel betragen hatte, durch Zusatz von Schwefelsäure auf 3,6 gebracht.

Untenstehend ist je eine Kesselanalyse aus der Zeit vor und nach der Einführung dieses Verhältnisses angegeben.

Interessant ist nun festzustellen, welche Ergebnisse das Werk damit erzielte.

Im ganzen wurden 20 Trommeln einer Untersuchung unterworfen. Davon waren vier erst eingebaut worden nach Änderung des Sulfat-Sodaverhältnisses; diese hatten bis 33 000 Betriebsstunden und zeigten

Tabelle 35.

	Vor Einführung des Schwefelsäurezusatzes	Nach Einführung des Schwefelsäurezusatzes
mg/l NaOH . .	6 852	3 944
mg/l Na_2CO_3 . .	2 660	1 208
mg/l Cl	5 076	5 609
mg/l SO_3 . . .	5 552	12 893
$Na_2SO_4 : Na_2CO_3$	0,84	3,6

keine Risse, die restlichen 16 Trommeln waren einen Teil ihrer Betriebszeit (und zwar zwischen 20 000 und 30 000 Betriebsstunden), mit unbehandeltem Wasser, die übrige Zeit (15 000—20 000 Betriebsstunden) mit dem mit Sulfat angereicherten Wasser betrieben worden. Davon waren fünf rißfrei, die übrigen wiesen Nietlochrisse auf. Dieser Beweis ist zwar nicht zwingend, aber im Zusammenhang mit den früher geschilderten Fällen gewinnt er doch eine grundsätzliche Bedeutung.

Zusammenfassend wird man folgendes sagen können:

1. Die Gefährlichkeit alkalischen Speisewassers für unter hoher Spannung stehende Konstruktionsteile ist bewiesen.

2. a) Das Eindringen und Konzentrieren alkalischen Speisewassers in schlecht gearbeitete Nietnähte unterliegt keinem Zweifel.

b) Das Eindringen in gut gearbeitete Nietnähte muß mit großer Wahrscheinlichkeit als gegeben angenommen werden.

3. Das Einhalten des von Parr angegebenen Sulfat-Sodaverhältnisses ist bei Kesselkonstruktionen, deren Nietnähte unter hoher Spannung stehen, dringend zu empfehlen.

4. Phosphat ist im Gegensatz zu Sulfat kein Schutzmittel, im Gegenteil zwingt die Zugabe von Phosphat zu erhöhter Vorsicht.

5. Für höhere Kesseldrücke (über 30 atü) und starker Beanspruchung ist, wenn nicht besondere Verhältnisse vorliegen, die Nietung zu vermeiden.

B. Schäden an Kesseln durch Stillstandskorrosion und äußere Verrostung.

Häufig liegen die Verhältnisse im Betrieb derart, daß eine Anzahl von Kesseln oft monatelang bereitstehen muß, um dann bei Ausfall von größeren Einheiten oder bei plötzlichem Energiespitzenbedarf für kurze Zeit in Betrieb zu kommen, worauf wieder eine längere Stillstandszeit folgt. In einem Werk müssen z. B. für den Fall eines Versagens des dortigen 100-t-Großkessels sechs Kessel von 20 t Leistung Jahr und Tag bereitstehen, um in kürzester Zeit als Ersatz einspringen zu können. Ein Entleeren dieser Kessel kommt nicht in Frage, da im Augenblick des Bedarfs mit der Füllung zu viel Zeit verloren gehen würde. Die Tatsache, daß solche Bereitschaftskessel einer dauernden Korrosion unterliegen, sofern nicht durch besondere Mittel diese Gefahr abgewendet wird, mögen einige Beispiele erläutern (*176*).

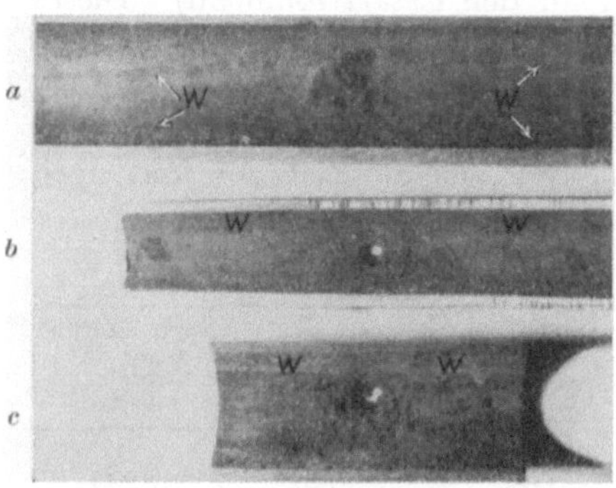

Abb. 206. Anfressungen an Überhitzerrohren.

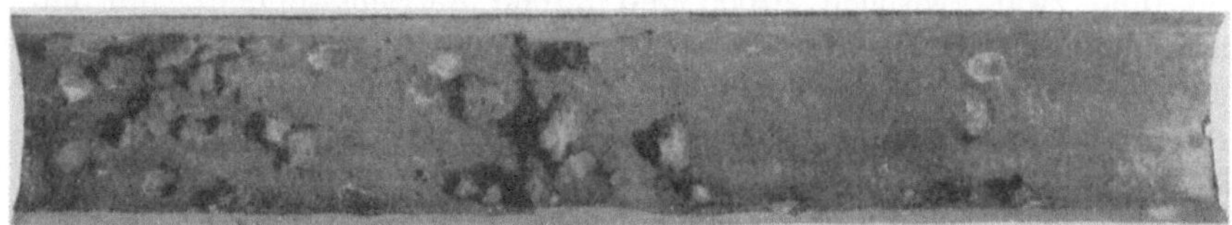

Abb. 207. Schmiedeiserne Rohrschlange mit Rostnarben.

In der hinteren Obertrommel eines Vier-Trommelkessels nahe unter der Wasserlinie und in den hinteren Siederohren traten Rostnarben auf. Die Rostungen sind während eines siebenmonatigen Stillstandes der Kessel mit nichtentgastem, sehr schwach alkalisch gehaltenem Speisewasser entstanden. Die Kessel standen sieben Monate mit der Füllung still, wurden hierauf zeitweise 110 Spitzen-Betriebsstunden lang zur Dampferzeugung verwendet und standen nachher wiederum sieben Monate. In der Abb. 206 sind Durchrostungen an einer liegenden Überhitzer-

schlange eines stillstehenden Schrägrohr-Teilkammerkessels wiedergegeben. Die Anrostungen finden sich in der unteren Hälfte der mit
Dampfkondensat halb angefüllten Rohrschlange.

Beim häufigen Ab-
stellen des Kessels ist in
dem liegenden Überhitzer
jedesmal Wasser stehen
geblieben, das begierig
Sauerstoff aufnimmt, wo-
bei dann der bekannte
Lochfraß eintritt. Das
Loch in Abb. 206*b* ist
schon nach einigen 100
Betriebsstunden aufge-
treten. Die Zerstörung
nach Abb. 206*c* stammt
aus einem Rohr mit
einem dreimonatigen
Stillstand infolge Streiks.
In Abb. 207 erkennt man
ein flußeisernes Vorwär-
merrohr, die Rostnarben
sind während eines mehr-
monatigen Stillstandes

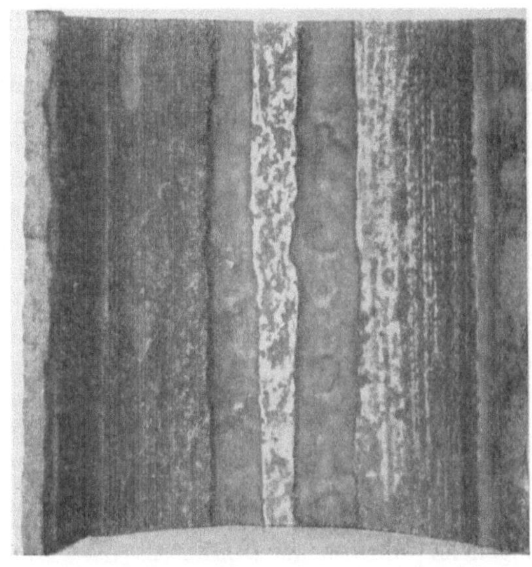

Abb. 208. Gußeisernes Vorwärmerrohr mit nutenförmiger
Anfressung.

bei Füllung mit Betriebswasser entstanden. Das Füllwasser war nicht
genügend alkalisch. Man sieht aus dem Bild, daß die Rostungen an der
Schweißnaht gehäuft auftreten (Lokalelement).
Abb. 208 zeigt Innenanrostungen an einem
gußeisernen Vorwärmerrohr. Die Vorwärmer
waren lange Zeit mit nichtentgastem Wasser
gefüllt außer Betrieb gestanden. Die Innen-
rostungen verlaufen bezeichnenderweise in
abgegrenzten Längsnuten gleichgerichtet mit
dem von den Rußschabern bestrichenen
Längsbahnen an der beheizten Rohrseite.
Das Füllwasser besaß einen CO_2-Gehalt von
3,2 mg/l, einen O-Gehalt von 6,1 mg/l.

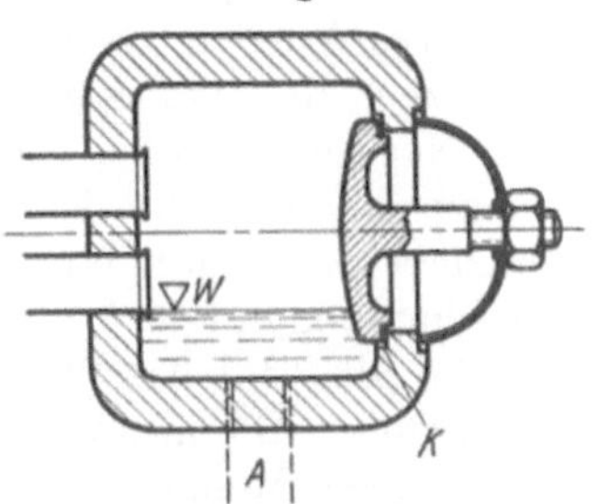

Abb. 209. Oberer Überhitzersammler mit angesammeltem
Wasser.

Aber auch Kessel, die entleert stehen, sind
der Korrosion ausgesetzt, die entweder durch stehengebliebene Wasserreste oder durch Schwitzwasserbildung bedingt ist. Auch waagrecht
liegende Überhitzersammelkasten sammeln im oberen Kasten Wasser
an, das am Sammler und den Verschlußdeckeln Korrosion hervorruft
(Abb. 209). Man muß daher am oberen Sammelkasten ebenfalls eine
Entwässerung anordnen.

Über einen ähnlichen Fall einer Wassersackbildung an einem Lokomobilkessel berichtet die Zeitschrift des Bayerischen Revisionsvereins (*177*). Die Verbindung des unteren Randes einer Feuerbüchse mit dem äußeren Feuerkasten war durch zwei aufeinander genietete Winkeleisen hergestellt (Abb. 210). Das hatte zur Folge, daß in der vom abgerundeten Ende des oberen Winkeleisens gebildeten Rinne bei Betriebsunterbrechungen Wasser stehen blieb, das zu starken Abrostungen Anlaß gab. Dieser Schaden wurde erst dadurch bemerkt, als gelegentlich einer inneren Revision des Kessels der äußere Feuerbüchsenkasten abgehämmert wurde, wobei das Blech an der bezeichneten Stelle schon bei leichten Hammerschlägen durchbrach.

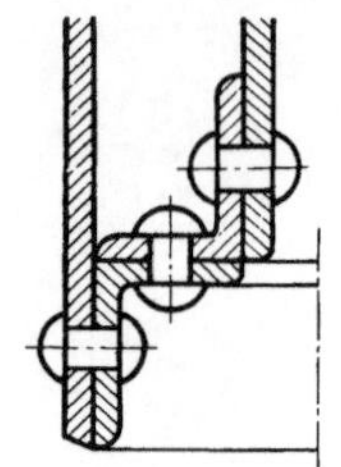

Abb. 210. Wasseransammlung an der Verbindungsstelle der Feuerbüchse mit dem Feuerkasten.

Besondere Gefahren durch Wassersäcke bestehen für hängende Überhitzer, da für diese keine Entwässerungsmöglichkeiten vorhanden sind (s. auch S. 210).

Um Bereitschaftskessel gegen Verrostungen zu schützen, gibt es eine größere Zahl von Verfahren, die je nach den vorliegenden Betriebsverhältnissen ihre besondere Bedeutung haben. Praktisch kommen folgende drei Methoden in Frage: 1. Das Naßkonservierungsverfahren, das von Splittgerber (*178*) eingehend untersucht wurde, 2. das Trockenluftverfahren, das von Mass (*179*) und 3. das Schutzgasverfahren, das von Seyb (*180*) besonders erforscht und ausgebildet wurde.

1. Nasse Kesselkonservierung (*178, 181*).

Diese Art der Konservierung kommt hauptsächlich für solche Kessel in Frage, die stets betriebsbereit sein müssen. Für andere Fälle hat sie den Nachteil, daß bei Kälte besondere Vorsichtsmaßnahmen gegen Einfrieren getroffen werden müssen, dies ist aber im Falle der sofortigen Betriebsbereitschaft ohnehin erforderlich. Richter (*181*) hat in Übereinstimmung mit der V.G.B. wertvolle Versuche gemacht, um festzustellen, welche Alkalität das Wasser besitzen muß, um einen wirksamen Schutz zu ergeben. Die in Abb. 211 dargestellten Proben aus Kesselblech waren etwa einen Monat in offenen Bechergläsern mit einer Flüssigkeit in Berührung gekommen, die bei

Blech 1 . . . . 400 mg/l NaOH
Blech 2 . . . . 1000 mg/l NaOH
Blech 3 . . . . 800 mg/l $Na_3PO_4 \cdot 12\ H_2O$
Blech 4 . . . . 500 mg/l NaOH + 300 mg/l $Na_3PO_4 \cdot 12\ H_2O$

enthalten hat.

Man erkennt die gute Wirkung der Alkalität bei Blech 2 und 4, während Blech 1 und 3 durch die geringe Alkalität nur sehr ungenügend geschützt war.

Ein nach Versuch 4 praktisch geschützter Kessel hat nach sechsmonatigem Stillstand bei der Besichtigung keine Spur von Korrosion gezeigt. Der Kessel hatte seinerzeit nach dem Abstellen seine ursprüngliche Wasserfüllung behalten und war nach Zusatz der Chemikalien mit gewöhnlichem Berliner Leitungswasser ganz aufgefüllt worden.

Der Verfasser konserviert die Bereitschaftskessel derart, daß sie nach Außerbetriebnahme mit durch Sulfit entgastem Wasser ganz hochgespeist werden. In die Kessel wird mit der Speisepumpe etwa 10 atü Druck gegeben, dann läßt man die Kessel ihren Druck allmählich bis auf einige Zehntel Atmosphären verlieren, worauf wieder etwas entgastes Wasser nachgepumpt wird.

Dies Verfahren genügt auch, wenn die Kessel nach Überholung mit gewöhnlichem Speisewasser gefüllt werden, ein besonderer Zusatz von Chemikalien ist in diesem Falle unnötig. Die Kessel könnten nach Ablassen auf normalen Wasserstand ohne Wasserwechsel in Betrieb genommen werden. Jedoch werden sie ohnehin zur Entfernung des kalten Wassers aus den Untertrommeln beim Anheizen solange durchgespeist, bis ein etwa einmaliger Wasserwechsel eintritt.

Abb. 211. Kesselbleche nach längerem Liegen in alkalischen Lösungen bei Luftzutritt.

2. Konservierung durch Trockenlüftung.

Die Trockenlüftung kommt an solchen Stellen in Frage, wo die Frostgefahr eine ausschlaggebende Rolle spielt und eine sofortige Betriebsbereitschaft nicht Bedingung ist. Das Verfahren besteht darin, daß durch die gesamten Hohlräume der zu schützenden Anlage ein Luftstrom gesaugt wird, der die gleiche Temperatur und möglichst auch den gleichen relativen Feuchtigkeitsgehalt hat wie die Raumluft, in der die Anlage steht, damit ein Schwitzen der Eisenteile vermieden werden kann. In besonderen Fällen, in denen größere Feuchtigkeitsmengen in die zu schützenden Anlagen eintreten können, ist ein verstärkter Luftwechsel, unter Umständen Anwendung künstlich getrockneter Luft erforderlich. Da die Lüftung sich auf die Zeit feuchter und kalter Witterung beschränken kann, so sind die hierfür notwendigen Aufwendungen gering. Wesentlich ist, daß die mehr konstante Raumluft und nicht die sehr veränderliche Außenluft zur Lüftung verwendet wird.

In ungeschützten und ungelüfteten Kesselhäusern sind schon erhebliche Feuchtigkeitsniederschläge mit Rauhreifbildung und daraus verursachte Schäden bekannt geworden (*182*).

Statt der Luftumwälzung kann in einfachen Fällen auch die Aufstellung von Kokskörben in den Feuerungen Anwendung finden. Die Rohre müssen so stark geheizt werden, daß sie wärmer sind als die das Innere des Kessels durchstreichende Luft.

Man kann auch das Innere des Kessels beheizen durch elektrische Heizkörper im Unterkessel, Schlammsammler usw.

Die Schwitzwasserbildung ist bekanntlich dann besonders heftig, wenn nach einer längeren starken Frostperiode plötzlich Tauwetter eintritt.

Kessel, die trocken konserviert werden sollen, müssen selbstverständlich vorher sorgfältig von allen Wasserresten befreit werden, z. B. mittels Durchblasen von Preßluft durch die Rohre, die Wassersäcke bilden (Wasserverbindungsrohre von Obertrommeln, Überhitzer usw.) oder durch vorsichtiges Trockenheizen, hängende Überhitzer werden zweckmäßig dampfseitig abgeblindet und die Ablaßleitung geöffnet, solange das Kesselmauerwerk noch so warm ist, so daß das Restwasser ausdampfen kann.

3. Konservierung mit Ammoniak (*180*).

Ammoniak hat den Vorteil, daß es etwa auftretendes Schwitzwasser und kleine Wasserreste unschädlich macht, da die sich bildende wässerige Lösung des Ammoniaks (Salmiakgeist) das Eisen nicht angreift und einen niedrigen Gefrierpunkt besitzt. Größere Wassermengen sind aber mit Rücksicht auf den Gasverbrauch zu entfernen, weil ein Raumteil Wasser bei 0^0 C 1050 Teile NH_3 zu lösen vermag. Armaturen aus Kupfer, Messing, Bronze und V 2 A werden von Ammoniak stark angegriffen und sind daher vom Kessel zu entfernen. Die Beseitigung des Ammoniaks bzw. des Salmiakgeistes vor der Wiederinbetriebnahme des Kessels ist grundsätzlich durchzuführen, weil sonst der ammoniakhaltige Dampf Korrosionen in den nachgeschalteten Maschinen herbeiführt.

Vor dem Einfüllen des Ammoniaks wird der Kessel lufttrocken gemacht, sodann wird eine mit Ammoniak gefüllte Stahlflasche derart auf den Kessel gelegt, daß der Auslauf etwas tiefer als der Boden der Flasche ist. Dann wird die Flasche durch ein Druckrohr, innen 5 mm, außen 8 mm Durchmesser, an den Stutzen des Oberkessels durch Flanschen an der Stahlflasche mittels Kegels und Überwurfmutter angeschlossen. Der Kessel wird von oben gefüllt und an der Untertrommel durch ein Ventil solange entlüftet, bis starker Ammoniakgeruch auftritt. Dann wird das Ventil an der Untertrommel und hierauf die Ammoniakflasche geschlossen. Der Druck im Kessel soll etwa 100 mm WS [1] betragen. Bei Abkühlungen sinkt der Druck, so daß im Winter von Zeit zu Zeit nachgefüllt werden muß. Undichtheiten werden durch den Geruch des ausströmenden Ammoniaks leicht erkannt, da noch Konzentrationen von 0,002% deutlich wahrnehmbar sind.

---

[1] Neuerdings geht das Leunawerk auf 100 mm Hg-Säule.

Man kann sich auch damit begnügen, den Kessel etwa zur Hälfte mit Ammoniak zu füllen. Für einen Kessel von 50 m³ Inhalt kann man für die erste Füllung mit 20 kg Ammoniak auskommen. Für gelegentliches Nachfüllen sollen etwa 10 kg genügen. 1 kg Ammoniak kostet im Kleinverkauf etwa RM. 1,50.

Die Gefahr der Entzündung oder Explosion darf nicht außer acht gelassen werden. Die Möglichkeit dafür besteht jedoch nur innerhalb des engen Konzentrationsbereiches, zwischen 16 und 25% Gehalt der Luft an Ammoniak.

Auch die Möglichkeit von Gasvergiftungen muß in Betracht gezogen werden.

Zur Inbetriebnahme eines unter Ammoniakgas stehenden Kessels füllt man ihn in offenem Zustand bis oben hin mit Wasser, das man anschließend wieder ablaufen läßt. Soll der Kessel befahren werden, so wiederholt man dieses Verfahren aus Gründen der Sicherheit.

4. Äußere Verrostung.

Zum Schluß dieses Abschnittes soll noch auf die Verrostungsgefahren hingewiesen werden, die den Kesseln durch Nachlässigkeiten der Betriebsführung drohen. Hierfür seien zwei Beispiele angeführt.

1. Eine gefährliche Durchrostung während des Betriebes ergab sich an einem Batteriekessel. Am Verbindungsstutzen zwischen Ober- und Unterkessel war ein Riß entstanden, der infolge unsachgemäßer Reparatur während des Betriebes schweißte. Die Folge war, daß bis zur nächsten Revision des Kessels sowohl Stutzen wie Unterkessel auf einer beträchtlichen Fläche so stark abgerostet waren, daß das Blech beim Anbohren stellenweise nur noch eine Dicke von $2^1/_2$ mm aufwies. Der Stutzen sowie ein Schuß des Unterkessels mußten ausgewechselt werden. Auf die Vermeidung undichter Stellen, namentlich wenn sie in Berührung mit Rauchgasen kommen (Bildung von H_2SO_4), muß daher besonders sorgfältig geachtet werden (*183*).

2. Eine schwere Durchrostung im Stillstand hatte ein Einflammrohrkessel ergeben, der mehrere Jahre als Reserve gedient hatte und in dieser Zeit überhaupt nicht in Betrieb gekommen war. Bei einer Revision des Kessels zur Wiederinbetriebnahme mußte für das äußere Befahren die Trennwand zwischen den beiden Unterzügen entfernt werden. Es zeigte sich sodann, daß infolge Feuchtigkeit (anscheinend durch hohen Grundwasserstand) der hintere Kesselboden, sowie anstoßende Teile des Kesselmantels fast gänzlich abgezehrt waren (*184*).

C. Äußere Beschädigungen der Kesselwandungen durch Einwirkung der Rauchgase.

Die Einwirkung der Rauchgase auf die Kesselwandungen (Trommeln, Rohre usw.) kann chemischer oder mechanischer Natur sein.

14*

Eine chemische Einwirkung kann entstehen durch Kondensation des in den Rauchgasen enthaltenen Wasserdampfes und der schwefeligen Säure. Eine Kondensation dieser Stoffe ist jedoch nur möglich, wenn der Taupunkt unterschritten wird, was bei Kesselheizflächen mit den dort vorliegenden hohen Temperaturen nur in Sonderfällen möglich ist. (Korrosionen an Vorwärmern s. S. 248.)

Ein solcher Fall tritt z. B. ein, wenn Rußbläser beim Anstellen Kondensat aus der Dampfleitung zugeführt bekommen und dieses gegen die Siederohre spritzen oder wenn in den Blaspausen infolge undichten Ventils dauernd gewisse Mengen Naßdampf über das Blasrohr in den Kessel eintreten. Auch innere Undichtheiten des Kessels wirken im gleichen Sinne.

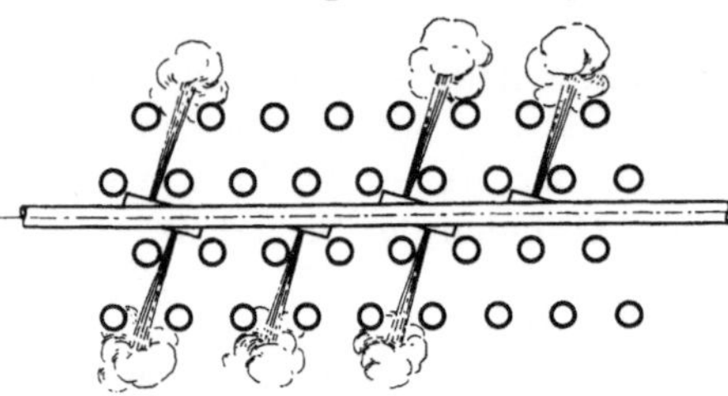

Abb. 212. Zweckmäßige Anordnung eines Rußbläsers.

Sind im Kessel Ansinterungen vorhanden, die Eisensulfat enthalten (z. B. durch schwefelhaltige Flugasche verursacht), so bewirkt die stark hygroskopische Natur dieses Stoffes, daß Feuchtigkeitsniederschläge bei Temperaturen auftreten, die weit über dem Taupunkt der Gase liegen. Da Lösungen, welche Eisensulfat enthalten, starke Katalysatoren für die Oxydation der Schwefeldioxyde zu Schwefelsäure sind, so ist die Anwesenheit dieser Sulfate oft für die korrodierende Wirkung feuchter Rauchgase verantwortlich (219).

Eine mechanische Beanspruchung der Kesselwände durch die Rauchgase erfolgt durch das Mitreißen fester Teilchen aus dem Brennstoffbett wie Sand, Flugkoks, Salz usw. In erster Linie geben die Unterwind- und Kohlenstaubfeuerungen Anlaß zum Anfall von Flugkoks, der dann besonders bei hohen Gasgeschwindigkeiten eine stark scheuernde Wirkung auszuüben vermag, und zwar um so mehr, je stärker die Gase an irgendeiner Stelle in der Strömungsrichtung abgelenkt werden. So werden z. B. die Saugzuggebläse von Staubfeuerungen in der Regel sehr stark durch den mit den Gasen mitgeführten Flugkoks angegriffen. Die zyklonartig gebauten Staubabscheider erfahren durch diese Wirkung manchmal eine solch starke Abscheuerung, daß sie ohne Schutzüberzug keine wirtschaftliche Betriebsweise zulassen. (In Temperaturgebieten unter 100° C hat sich Gummi als Schutzüberzug sehr gut bewährt.)

Über ein Durchscheuern von Siederohren an einem Steilrohrkessel berichtet Kaiser (220). Der fragliche Kessel wurde mit Holzabfällen aus einer Bleistiftfabrikation gefeuert. Die Rohre der vordersten der Feuerung zugewandten Reihe waren auf $^1/_2$ mm Wandstärke abgescheuert, während auf der abgewandten Seite die volle Wandstärke von $3^1/_2$ mm erhalten war. Der für die Verfeuerung der Holzteilchen vorgesehene

Schrägrost war für den Brennstoff nicht geeignet, auch ließ die Art der Brennstoffaufgabe zu wünschen übrig, so daß feine Teilchen sofort mit den Gasen mitgerissen wurden, ehe sie überhaupt auf den Rost gelangt waren.

In einem anderen Falle war ein Kessel mit den Blasgasen einer Wassergasanlage beheizt; hierbei brachen einige Rohre infolge Wandabzehrung direkt durch. Der Schaden wurde verursacht durch die in den Heizgasen mitgeführten Koksteilchen. An dieser Anlage waren fast alle Rohre des Kessels geschwächt, und zwar sowohl auf der dem Gasstrom zugewandten Seite, als auch in der Mitte und an den Seiten der Rohre.

Besonders starke Scheuerwirkung verursachen Rußbläser, wenn sie direkt auf kurze Entfernungen gegen die Rohre blasen oder wenn sie nach Art ihrer Anbringung in der Lage sind, während der Blasperiode auf ihnen angehäuften Flugkoks gegen die Rohre zu schleudern. Kaiser (*220*) berichtet über eine ganze Anzahl von Fällen, bei denen aus diesem Grunde schwere Rohrschäden eingetreten sind. In einem Gaswerk z. B., in welchem Koksgrus

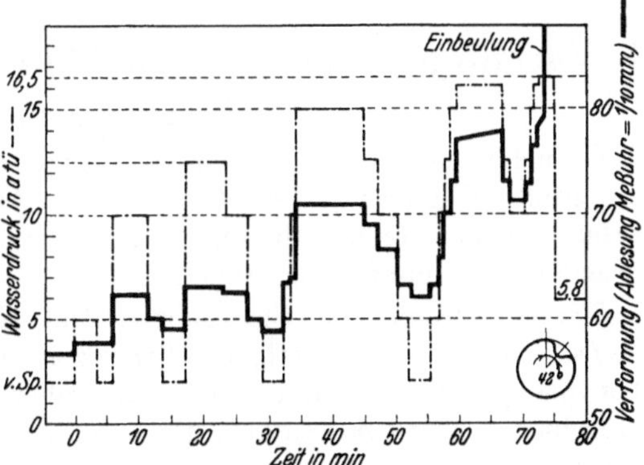

Abb. 213. Wasserdruckprobe und Verformung eines Flammrohrkessels.

verfeuert wird, waren nach etwa 15000 Betriebsstunden bei einmaligem Ausblasen in jeder Schicht bereits nach zwei Jahren eine große Zahl von Rohren durchgescheuert. Die Nische, unter der der Rußbläser saß, war immer in kurzer Zeit mit einem Flugkoksberg bedeckt.

Bei Wasserrohrkesseln mit gegeneinanderversetzten Rohrreihen ist die Anbringung des Rußbläsers mit besonderer Vorsicht vorzunehmen. Der Bläser muß genau auf der Rohrgasse stehen und die direkt angeblasene Rohrreihe soll mindestens 300 mm von der Blasdüse entfernt stehen. Bei Blasrohren, die zwischen den Rohren angebracht sind, werden zweckmäßig schräg eingesetzte Düsen nach Abb. 212 angewandt.

Über einen Fall starker Minderung der Wandstärke an Flammrohrkesseln durch Abzehrung infolge chemischer und mechanischer Einflüsse berichtet Schmidt (*221*).

An Flammrohrkesseln eines Werkes von 10 atü und 100 m² Heizfläche, die im Jahre 1910 in Betrieb gekommen waren und mit Braunkohlenabfällen beheizt wurden, kamen während des Betriebes Einbeulungen vor, für die zunächst keine Erklärung zu finden war. Eine genauere Untersuchung der Wandstärken durch Anbohrungen ergab, daß die Sollwandstärke von ursprünglich 14 mm auf Größen zwischen

7,3 und 11,3 mm und Sollwandstärken von 13 mm auf solche von 6,7 bis 10 mm abgescheuert waren. Es wurden zwei Kessel zur genaueren Untersuchung geopfert, dadurch, daß bei Wasserdruckversuchen der Druck solange gesteigert wurde, bis Einbeulung eintrat. Die Wasserdruckversuche wurden mit Lastwechseln nach Abb. 213 durchgeführt. Der Kessel mit der Mindestwandstärke von 6,7 mm beulte sich bei 16,5 atü ein, der zweite mit 7,3 Mindestwandstärke bei 17 atü. Eine Unrundheit von 2% erwies sich als bedeutungslos hinsichtlich der Verminderung der Festigkeit, so daß der Schaden ausschließlich auf die Verminderung der Wandstärke durch Abzehrung zurückzuführen ist.

D. Vorgänge beim An- und Abheizen und im Betrieb.

1. Anheizen.

Unsachgemäß vorgenommenes Anheizen bietet für den Kesselbetrieb eine große Gefahrenquelle, da mit dem Anheizen Wärmespannungen verbunden sein können, die ein Vielfaches der im normalen Betrieb auftretenden Spannungen darstellen.

Undichtwerden von Siederohren und Nietnähten sind die Folge. Vielfach sind die ungünstigen Wirkungen zunächst nicht festzustellen, aber nach einer größeren Zahl von Anheizungen treten plötzlich die gefürchteten Nietlochrisse auf, die durch die Beanspruchung des Kesselmaterials über die Streckgrenze in erster Linie mitbedingt sind. Das Anheizen soll daher nicht unnötig beschleunigt werden, damit Kessel und Mauerwerk den durch die Erwärmung bedingten Ausdehnungen in allen Teilen gleichmäßig folgen können.

Die Anheizzeit ist bedingt durch die Kesselbauart. Die Dehnungsfähigkeit des Kessels, die Größe des Wasserinhaltes und die Wasserumlaufverhältnisse sind zu berücksichtigen.

Elastische Kessel mit gutem Wasserumlauf können in 1—2 Stunden, weniger elastische Kessel in 4—6 Stunden, Großwasserraumkessel in 6—10 Stunden hochgeheizt werden (*185*).

Es ist vielfach beliebt, die Anheizzeit dadurch abzukürzen, daß der kalte und leere Kessel mit heißem Wasser gefüllt wird. Hierbei treten sehr plötzliche Dehnungsvorgänge auf, die sich wesentlich schroffer äußern, als bei normalem Anheizen. Ein solches Verfahren ist daher nur bei einem sehr elastischen Kessel, der keine tiefliegenden Sammler oder Trommeln besitzt, ohne Gefahr anwendbar.

Der Betrieb hat natürlich in vielen Fällen ein großes Interesse daran, z. B. einen Ersatzkessel möglichst rasch zuzuschalten, er muß sich aber darüber klar sein, daß durch gewaltsame Behandlung der Kessel beim Anheizen der Keim zu sich allmählich entwickelnden Kesselschäden gelegt werden kann. Er wird daher besser daran tun, durch entsprechend vorsichtiges Einteilen zu vermeiden, daß dieser Fall häufiger eintritt.

Es gibt jedoch auch Fälle, wo der Betriebsführer durch die Konstruktion des Kessels bis zu einem gewissen Grad gezwungen ist, rasch anzuheizen. Dies trifft z. B. zu für Kessel, die mit Kohlenstaub gefeuert sind und die eine mehr oder weniger stark gekühlte Brennkammer besitzen. In diesem Falle läßt sich nur durch eine erhebliche Wärmeentwicklung, die gleich mit dem Beginn der Feuerführung zusammenfällt, ein Abreißen des Feuers bzw. ein stark unvollkommener Ausbrand vermeiden. Meist kommt noch hinzu, daß auch eine magere Kohle, die an und für sich schwer zündet, verfeuert wird. In diesem Falle muß der Konstrukteur dafür sorgen, daß der Kessel so elastisch ist, daß er die starke und plötzliche Wärmeentwicklung ohne Gefahr erträgt. (Wenig Mauerwerk, geschützte Trommeln, Vorrichtungen zum Temperaturausgleich, guter Wasserumlauf, elastisch gebogene Siederohre.) Sache des Betriebes dagegen ist es, durch die im nachfolgenden zu besprechenden Maßnahmen zu verhüten, daß größere Wärmeunterschiede zwischen Boden und Scheitel der Trommeln auftreten.

Durch vielfältige Versuche wurde festgestellt, daß in den Kesseltrommeln beim Anheizen große Temperaturunterschiede vorkommen. Die größten Unterschiede treten auf, wenn der Kessel unmittelbar vor der Beischaltung zum Netz steht. Der Wasserumlauf hat noch nicht eingesetzt, auf dem Boden der Trommel lagert Wasser von einer Temperatur, die sich oft kaum über Raumtemperatur erhebt, während der Scheitel der Trommel Temperaturen zeigt, die der Dampfspannung entsprechen. An Lokomobilkesseln wurden schon von Bach (*186*), später von Winkelmann (*187*) Temperaturunterschiede zwischen 140 und 170° C festgestellt.

An Flammrohrkesseln haben Fletscher (*188*), Eberle (*189*), Altmayer (*190*) u. a. Temperaturunterschiede zwischen 80 und 165° C beobachtet. An Steilrohrkesseln haben Otte (*191*) 126° C, Guilleaume (*192*) Höchstwerte von 167° C Differenz gemessen.

Daß solche Temperaturdifferenzen für die betreffenden Kesselteile gefährliche Spannungen hervorrufen müssen, liegt auf der Hand. Verschiedene Forscher haben versucht, diese Spannungen rechnerisch zu ermitteln.

Würde man die Trommel als ein starres Gebilde ansehen, so würden Beanspruchungen entstehen, die unmittelbar zur Zerstörung der Trommel führen müßten. Nach einer Rechnung (*193*) ergibt sich z. B. bei einer Temperaturdifferenz von 150° C eine Beanspruchung allein durch Wärmespannungen von 54 kg/mm² für eine absolut steife Trommel. Otte hat erstmals eine Berechnungsart angegeben für elastische Trommeln.

Hierzu ist es erforderlich, die absolute Größe der Durchbiegungen zu kennen. Die Feststellung dieser Durchbiegung an einem im Betrieb befindlichen Kessel stellt ein sehr schwieriges Problem dar.

Von den einzelnen Forschern sind hierbei verschiedene Wege eingeschlagen worden, und es ist von Interesse, die wichtigsten Methoden kennenzulernen, da die Erforschung der Wärmespannungen an Kesseltrommeln wertvolle Fingerzeige zur Aufdeckung von Kesselschäden gibt.

Bei den Messungen ist ganz allgemein zu beachten, daß die Kesseltrommeln Formveränderungen erleiden einmal durch den inneren Überdruck, ferner durch die ungleichmäßige Erwärmung des Wasserinhaltes. Außerdem wirken auf die Trommeln äußere Kräfte, die durch die Dehnungsbewegungen der Rohrbündel bedingt sind. Bei Kesseln mit mehreren Untertrommeln können noch Verdrehungskräfte durch die Rohrbündel auf die Trommeln ausgeübt werden. Schließlich ist noch zu beachten, daß infolge der Erwärmung der Rohrbündel die Trommeln im ganzen ihre Lage verändern.

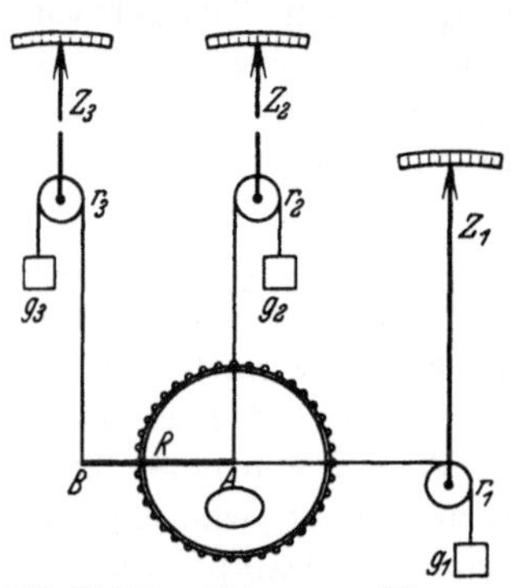

Abb. 214. Vorrichtung zum Messen der Lagenänderung von Kesseltrommeln.

Meßverfahren nach Otte (RWE) (*194*). Die Versuche von Otte wurden dadurch ausgelöst, daß an einem Vier-Trommelkessel (Abb. 183, S. 182) Anfressungen an der Sohle der hinteren Trommeln auftraten.

Daraufhin wurden die Verbindungsrohre der beiden Untertrommeln eingezogen, wodurch zwar die Anfressungen zum Stillstand kamen, jedoch zeigte sich als neuer Übelstand, daß die Einwalzstellen der sehr kurzen Verbindungsrohre zum großen Teil undicht wurden. Der Schluß lag nahe, daß die beiden Untertrommeln sehr stark gegeneinander arbeiteten und daß die steifen Verbindungsrohre diesen Kräften nicht gewachsen waren.

Um zunächst die Größe und Richtung der Trommelbewegungen festzustellen, wurde folgende Versuchseinrichtung entworfen:

Nach Abb. 214 wurden drei Zeiger Z_1, Z_2 und Z_3 angebracht, von denen die beiden ersten die waagrechte und die senkrechte Seilbewegung messen. Diese Bewegungen werden von einem an der Mitte des Kesselbodens befestigten Stift durch ein waagrechtes und ein senkrechtes Seil übertragen. Die Seile laufen über Zeigerrollen r_1, r_2 und r_3 und werden durch Gewichte g_1, g_2 und g_3 in Spannung erhalten. Die Verdrehung mißt der Zeiger Z_3, wobei die Bewegung vom Endpunkt B des im Anfang waagrechten mit der Trommel fest verbundenen Hebels R abgeleitet wird. Der Unterschied der Anzeige von Z_3 und Z_2 ergibt die senkrechte Relativverschiebung der Punkte B und A, woraus der Verdrehungswinkel bestimmt werden kann. Der Abstand der Rollenmitten von dem Meßpunkt ist ein Vielfaches der Verschiebungen.

In den Abb. 215 und 216 sind die Ergebnisse zweier Anheizversuche dargestellt (Abb. 215 ohne, Abb. 216 mit Verbindungsrohren). Im linken unteren Feld ist die Bahn der Meßpunkte aus den beiden Seilbewegungen konstruiert. Oben rechts sind die Verdrehungswinkel der Trommeln eingetragen. Man erkennt in der Bahn der Trommeln zwei kennzeichnende Punkte. Es bezeichnet a die größte senkrechte Verschiebung, die zeitlich immer mit dem Beischalten des Kessels zusammenfällt. Dann geht die

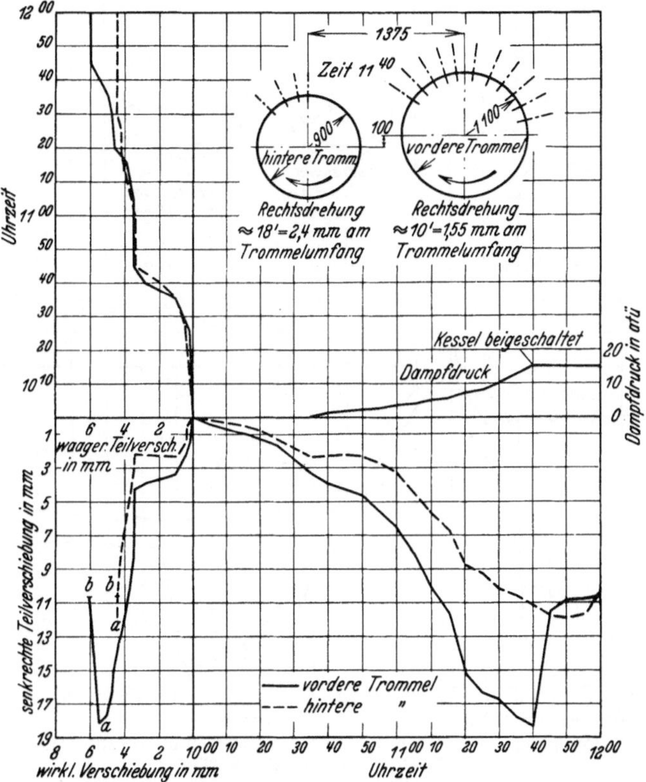

Abb. 215. Bewegung der Untertrommeln eines Viertrommel-Steilrohrkessels ohne Verbindungsrohre beim Anheizen.

senkrechte Teilbewegung um 6—10 mm zurück bis zum Punkt b, dessen Lage sich im weiteren Betrieb nur unwesentlich ändert.

Aus Abb. 216 erkennt man die wichtige Tatsache, daß der Einbau der Verbindungsrohre die hintere Trommel in die von der Vordertrommel vorgeschriebene Bahn gezwungen hat. Die Kraftübertragung durch Verkuppeln der beiden Trommeln kommt auch bei der Verdrehung zum Ausdruck. Die ursprüngliche Rechtsdrehung der Vordertrommel wird durch die Verbindung mit der Hintertrommel in eine schwache Linksdrehung verwandelt. Hierdurch werden die Verbindungsrohre der Untertrommel stark beansprucht. Man erkennt auch, daß die waagrechte

Teilverschiebung der kleinen Trommel durch die Verkuppelung größer geworden ist.

Die auffallende Umkehrbewegung der senkrechten Teilbewegung erklärt sich durch die Temperaturdifferenz zwischen Sohle und Scheitel

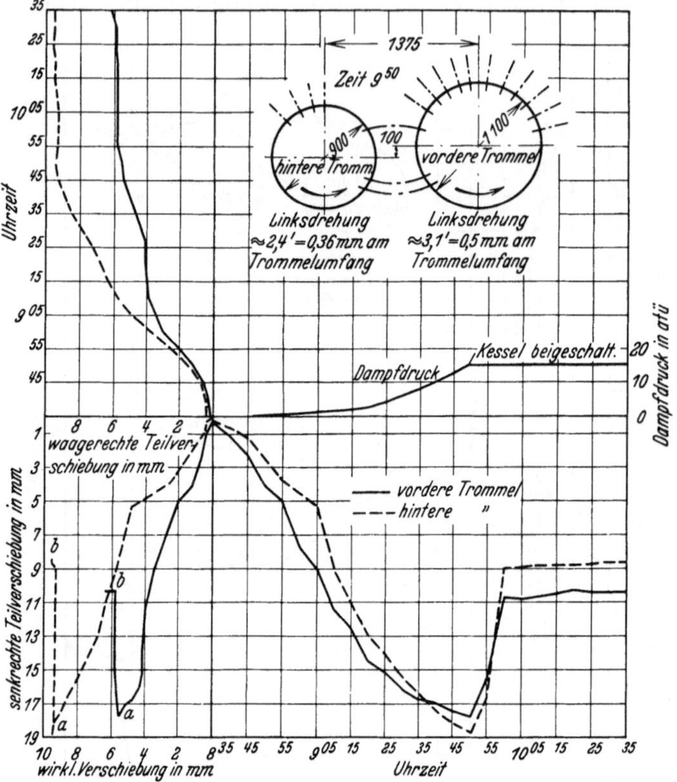

Abb. 216. Bewegung der Untertrommeln eines Viertrommel-Steilrohrkessels mit Verbindungsrohren beim Anheizen.

der Untertrommeln, die im Augenblick des Beischaltens ausgeglichen wird (Abb. 217). Es entsteht eine größte Temperaturdifferenz von 126° C.

Otte hat weiterhin die Krümmung der Trommel durch die in Abb. 218 dargestellte Apparatur zu messen versucht. Sie besteht aus einem in Stahlschneiden gelagerten Pendel, dessen Traggerüst mit dem Kesselboden in zwei zur Kesselmitte symmetrisch gelagerten Punkten fest verbunden ist. Das Pendel spielt über einer am Traggerüst befindlichen zur Kesselachse parallelen Teilung. Jede Abweichung der Kesselachse aus ihrer ursprünglich waagrechten Lage läßt das Pendel um den entsprechenden Winkel φ ausschlagen. Nimmt man als Biegungslinie eine Parabel an, so ergibt sich eine Durchbiegung von $h = \dfrac{L}{4}\,\mathrm{tg}\,\varphi$, wenn L die Länge der Kesseltrommel bedeutet.

In Abb. 219 ist ein Schaubild der Trommeldurchbiegungen bei dem Versuch mit Verbindungsrohren wiedergegeben. Man erkennt wieder das rasche Zurückschwingen der Trommel nach dem Beischalten.

Die rechnerische Ermittelung der Trommelbeanspruchung aus dieser so gemessenen Durchbiegung ist allerdings nicht ganz einwandfrei, da die Lageveränderung des Stirnbodenmittelpunktes allein keinen zwingenden Schluß zuläßt auf die Gesamtheit der Trommeldurchbiegung, die von dem Temperaturverlauf im Innern der Trommel zwischen Scheitel und Sohle maßgeblich beeinflußt wird und außerdem infolge der Einwirkung der Siederohre in einer beliebigen Ebene auftreten kann.

Durch die versteifende Wirkung der Rohre wird außerdem die Formveränderung der Trommel unter Umständen gehemmt oder verstärkt.

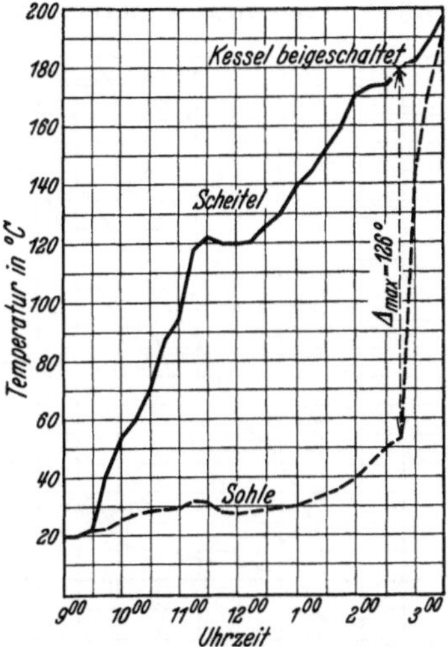

Abb. 217. Temperaturverlauf in der vorderen Untertrommel eines Steilrohrkessels beim Anheizen.

Trotzdem ist die von Otte dargestellte Bewegung der Trommeln äußerst wertvoll, vor allem kann die Wirkung von Abhilfemaßnahmen sehr wirkungsvoll gezeigt werden.

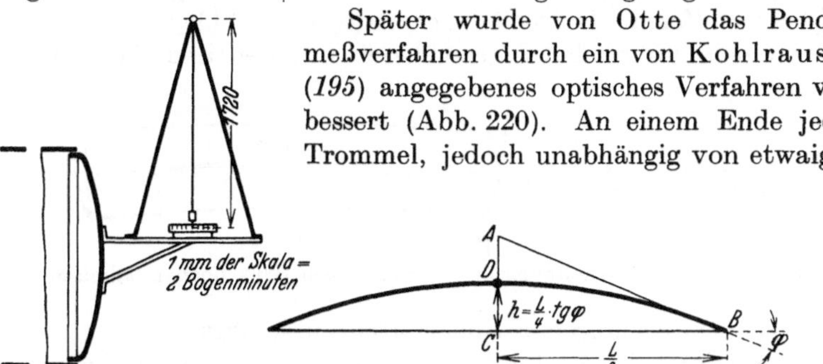

Später wurde von Otte das Pendelmeßverfahren durch ein von Kohlrausch (195) angegebenes optisches Verfahren verbessert (Abb. 220). An einem Ende jeder Trommel, jedoch unabhängig von etwaigen

Abb. 218. Vorrichtung zum Messen der Durchbiegung von Kesseltrommeln.

Bewegungen des Kesselbodens, ist in der Achse ein genau plangeschliffener Spiegel Sp angebracht, dessen Ebene senkrecht zur Achse des kalten Kessels eingestellt ist. Durch ein Fadenkreuzfernrohr F, dessen Achse parallel zur Kesselachse im kalten Zustande ist, wird ein mit Millimeterteilung versehenes Skalenkreuz Sk, welches einen senkrechten und einen waagrechten Arm hat, im Spiegel beobachtet. Bezeichnet man den Abstand des Skalenkreuzes von der Spiegelebene mit A, den durch das Fernrohr beobachteten senkrechten Ausschlag mit a_s, den waagrechten mit a_w, so sind die Durchbiegungen der Trommel in der senkrechten und waagrechten Ebene: $x_s = \dfrac{a_s \cdot L}{8 \cdot A}$ und $x_w = \dfrac{a_w \cdot L}{8 \cdot A}$.

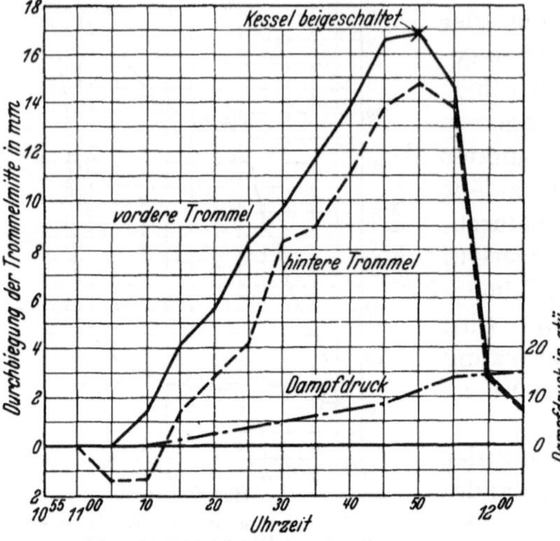

Abb. 219. Durchbiegung der Trommeln mit Verbindungsrohren beim Anheizversuch.

Hieraus errechnet sich die Gesamtdurchbiegung zu:

$$x_g = \frac{L \cdot \sqrt{a_s^2 + a_w^2}}{8\,A}.$$

Bei Anwendung dieses Verfahrens muß die von Kohlrausch im einzelnen beschriebene Anweisung genau beachtet werden. Mit dieser Einrichtung ist es möglich, Trommeldurchbiegungen von 0,1 mm noch zu messen.

Hiernach studierte nun Otte verschiedene Anheizarten und Abkühlungsvorgänge beim Außerbetriebnehmen eines Kessels nach Abb. 183, S. 182. Gleichzeitig wurden die Temperaturen der Untertrommeln an acht verschiedenen Stellen gemessen. Es wurde untersucht einmal die größte auftretende Temperaturdifferenz Δt, sowie die stärkste Durchbiegung $x_{\max}$, welche die Trommeln während der Versuchszeit erfahren und die hierbei vorhandene Lage der Biegungsebene.

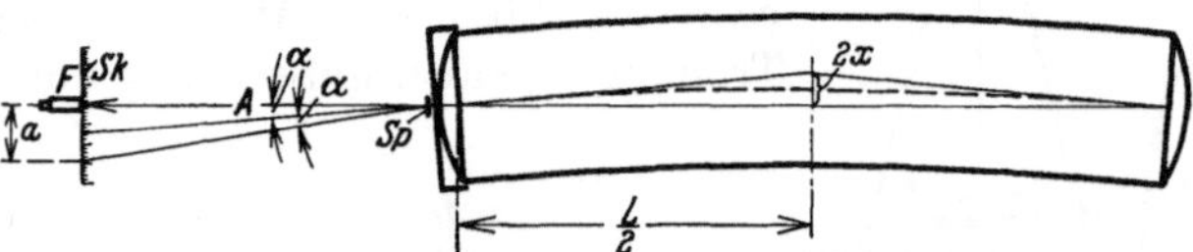

Abb. 220. Schema der Durchbiegungsmessung nach dem Winkelmaßverfahren mit Spiegel.

Hierbei wurden folgende Anheizarten ausgeführt:

1. Normales Anheizen durch eigenen Vorwärmer aus der Speiseleitung.

2. Füllen des Kessels von unten aus dem Inhalt des Nachbarkessels.

3. Füllen des Kessels von oben durch den Vorwärmer des Nachbarkessels, die Ablaßorgane werden teilweise geöffnet.

4. Füllen des Kessels von oben mit einem Gemisch von vorgewärmtem Wasser aus einem Nachbarvorwärmer und von Speisewasser, die Speiserinne wurde hierbei in den Dampfraum verlegt.

5. Langsame und verkürzte Abkühlung.

Die Ergebnisse der beiden wichtigsten Versuche 1 und 4 sind in der Abb. 221 dargestellt.

Die höchste Temperaturspanne zwischen Trommelsohle und Scheitel der HUT (Hintere Untertrommel) beträgt 132° C. Zwischen Trommelblech und Rundlasche wurde außerdem ein Unterschied von 23° C gemessen. Diese Differenz gleicht sich mit Erreichung des Beharrungszustandes ebenfalls nahezu aus. Der Höchstwert der Durchbiegung der HUT beträgt in der Gesamtdurchbiegung 21,0 mm. Die Biegungsebene bildet

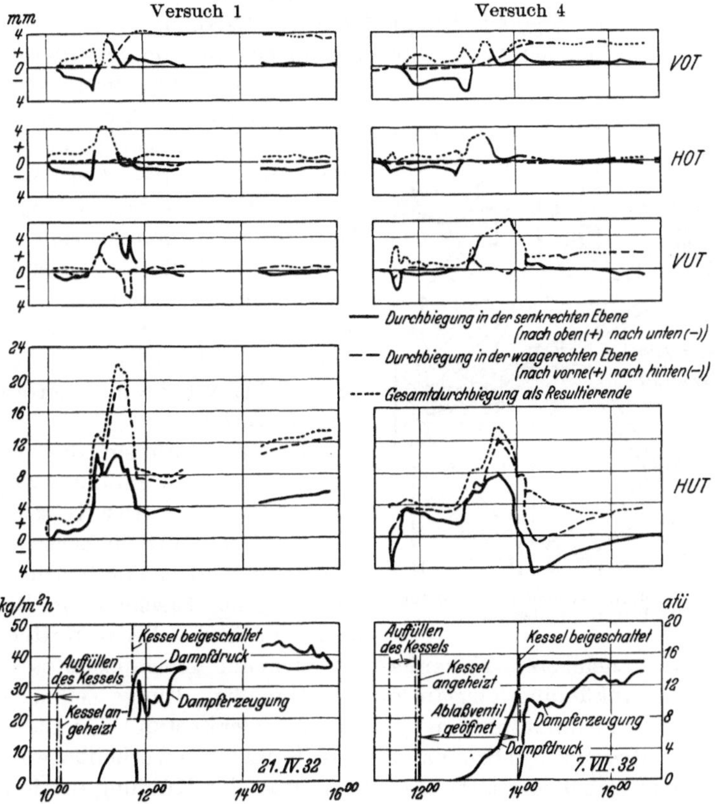

Abb. 221. Durchbiegungen der Kesseltrommeln. Ergebnisse der optischen Messung.

mit der Waagrechten einen Winkel von rd. 29°, der waagrechte Anteil überwiegt also bedeutend. Die Ebene der Durchbiegung ist demnach nicht ausschließlich durch die Temperaturunterschiede bedingt, sondern auch durch die Verschwächung der Trommel durch die Rohrlöcher und durch den Schub und Zug der an der Trommel befestigten Rohrbündel.

Der Rückgang und Wiederanstieg der Durchbiegung an der HUT wird von Otte auf die Einflüsse der Speisung zurückgeführt. Bemerkenswert ist auch, daß bei der VOT und HUT eine waagrechte Durchbiegung in der Größe von 4 bzw. 12 mm auch im Dauerbetrieb bestehen bleibt. Die Verschiedenheit der Durchbiegungen von hinterer und vorderer Untertrommel sowohl beim Anheizen, als auch im Dauerbetrieb erklärt die hohe Beanspruchung der Walzstellen der Verbindungsrohre und deren häufiges Undichtwerden. Der Versuch 2, Füllen des Kessels von unten aus dem Inhalt des Nachbarkessels, setzt ΔT auf 83⁰ C herab, demgemäß werden auch die gesamten Durchbiegungen geringer, der höchste Ausschlag beläuft sich auf 13 mm.

Ein ähnliches Ergebnis bringt der dritte Versuch.

Der vierte Versuch wurde mit einer im Dampfraum verlegten Speiserinne durchgeführt, die aus einem geschlossenen mit zahlreichen kleinen Löchern versehenen Rohr gebildet war. Die Ergebnisse dieser Versuche sind in Abb. 221 rechts dargestellt. Der größte Temperaturunterschied betrug hierbei 87⁰ C. Besonders beachtenswert ist, daß durch diese Maßnahme die Durchbiegung der Untertrommel im Dauerbetrieb von 12 mm bis auf 2,8 mm heruntergebracht wurde.

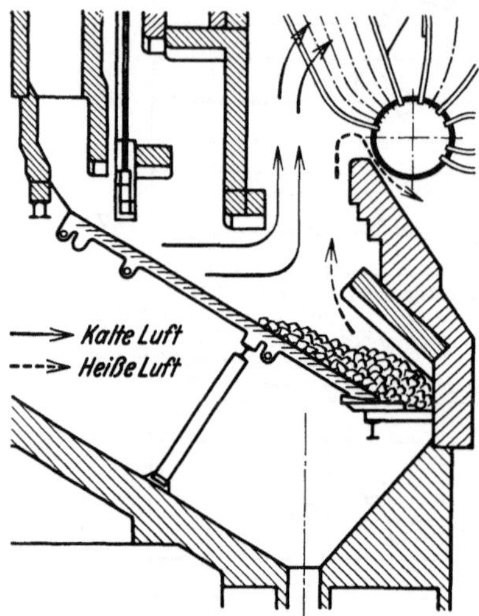

Abb. 222. Abkühlungsversuch, Beheizung der VUT durch heiße Gase.

Sehr interessant sind die von Otte durchgeführten Abkühlungsversuche (Abb. 222—224). Der Kessel wurde mit geschlossenem Schieber sich selbst überlassen und es ergab sich für die VUT folgende Erscheinung. Solange noch glühende Brennstoffteile in dünner wenn auch bereits lückenhafter Schicht auf dem ganzen Rost liegen, verläuft die Abkühlung langsam und gleichmäßig. Einige Zeit nach Abstellen der Brennstoffzufuhr tritt jedoch folgender Zustand ein: Die oberen Teile des Rostes sind von Brennstoff entblößt und lassen erhebliche Mengen kalte Luft in den Feuerraum eindringen, was eine Kühlung der in ihrem Strom liegenden Siederohrbündel bewirkt, während der untere Teil noch eine infolge der geringen Luftzufuhr langsam weiterglimmende dicke Brennstoffdecke trägt, durch welche der unterhalb der vorderen Untertrommel befindliche Mauerwerksblock und mittelbar durch diesen die Trommel selbst für längere Zeit eine unerwünschte einseitige Beheizung erfährt. Wenn zwischen der Trommel und dem Mauerwerk ein Zwischenraum vorhanden ist, so dient dieser den hocherhitzten Gasen als Durchzug und vermehrt die einseitige Wärmezufuhr. Man erkennt aus der Abb. 223, daß fünf Stunden nach dem Abstellen des Kessels eine höchste Durchbiegung der VUT von 20 mm auftritt. Bei Abschluß des Versuches war noch in den unteren Kesseltrommeln ein Temperaturunterschied von t_max 37° C und t_min 22° C vorhanden, wodurch die noch nicht völlige Rückkehr der Trommelachsen in die Waagrechte erklärt wird.

In manchen Fällen, z. B. bei Auftreten eines Kesselschadens, ist eine Abkürzung der Stillsetzungszeit erwünscht. Diese ist natürlich weder für den Kessel noch für das Mauerwerk sehr zuträglich. Man bewirkt die beschleunigte Auskühlung des Kessels gasseitig durch Öffnen der Rauchgasschieber, wasserseitig dadurch, daß der Kessel durchgespeist wird, wobei die Ablaßorgane geöffnet werden. Den Durchbiegungsverlauf zeigt Abb. 224.

Die vordere Untertrommel erfährt hierbei eine besonders starke Durchbiegung von 22,5 mm, der Höchstwert der Durchbiegungen, der bei den Versuchen von Otte festgestellt wurde.

Die Obertrommeln erfahren eine Durchbiegung nach oben, weil der isolierte Dampfraum der Trommeln während dieser Zeit die höheren Temperaturen länger hält als der untere Teil, was auf die Wirkung des Durchspeisens zurückzuführen ist. Wird ein solches

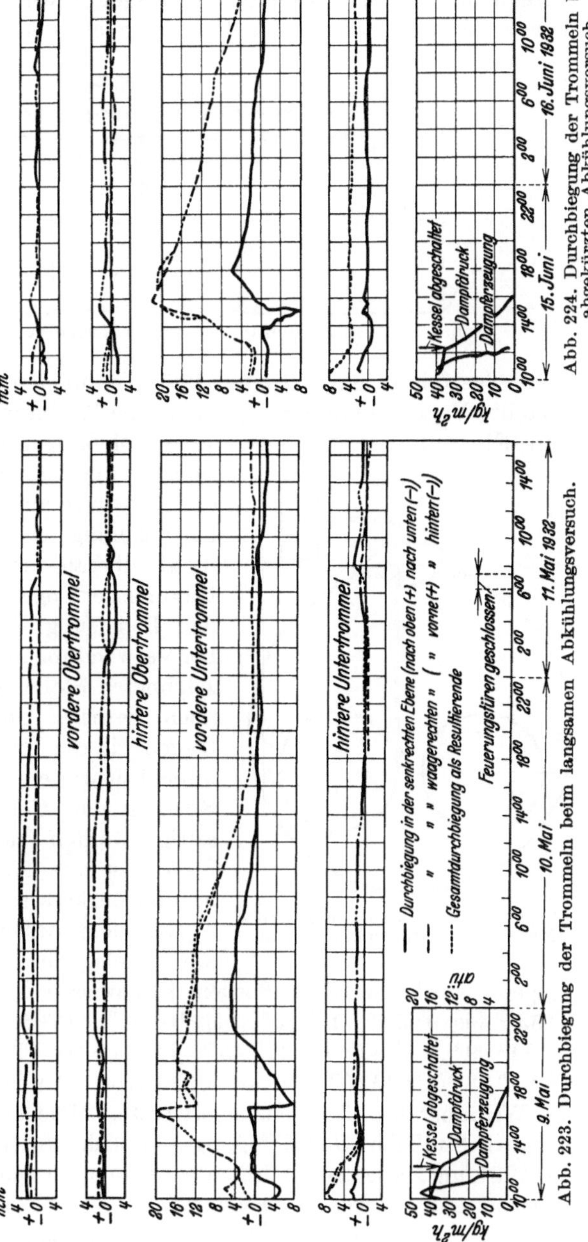

Abb. 224. Durchbiegung der Trommeln beim abgekürzten Abkühlungsversuch.

Abb. 223. Durchbiegung der Trommeln beim langsamen Abkühlungsversuch.

Durchspeisen mit kaltem Wasser z. B. durch einen Hydrantenschlauch vorgenommen, wie dies vielfach ausgeübt wird, so werden die schädlichen Formänderungen der Trommeln noch erheblich stärker auftreten.

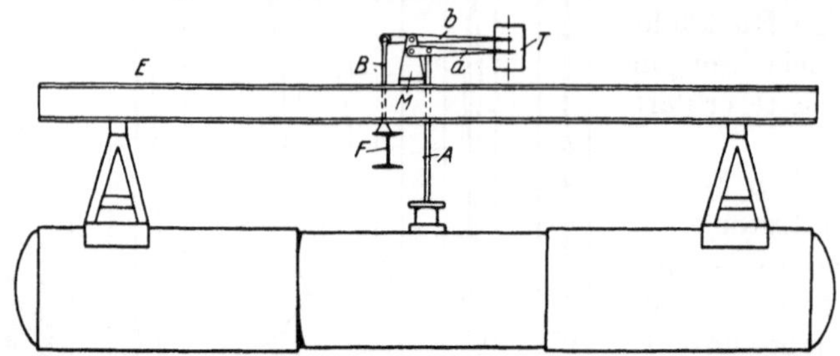

Abb. 225. Versuchsanordnung für das Messen von Formveränderungen.

Meßverfahren nach Rönne (*196*). Die in den Abb. 225 und 226 dargestellte Versuchseinrichtung stellt eine Weiterentwicklung der erstmals von Fletscher (*188*) entworfenen Meßapparatur dar. Der Hebel a zeichnet die Krümmungskurve, der Hebel b die Hubkurve auf. Die Anordnung ist verhältnismäßig einfach, läßt sich jedoch nicht überall verwenden, da das Übertragungsgestänge natürlich der wechselnden Beheizung entzogen sein muß. Auch bei Verwendung an den in der Abb. 225 gezeichneten Stellen dürfte die Übertragung noch gewisse Ungenauigkeiten in sich tragen, da der Einfluß der Strahlung und unbeabsichtigten Erwärmung und das Spiel in den Gelenken nicht leicht beseitigt werden kann. In der Abb. 34, S. 51 ist die Anheizkurve eines Zwei-Flammrohrkessels wiedergegeben.

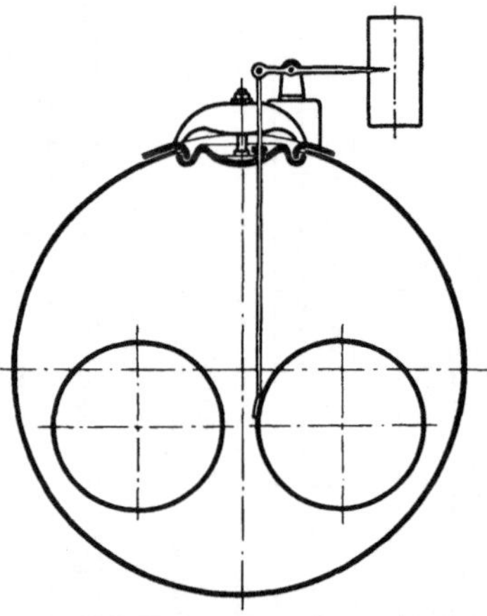

Abb. 226. Versuchsanordnung für das Messen von Formveränderungen.

Bei dem Anheizen des Zwei-Flammrohrkessels, der mit Wasser von 70° C gespeist wurde, wurde außerdem in gewissen Zeitabschnitten, und zwar $9^h\,53^m$ bis $9^h\,56^m$, $10^h\,15^m$ bis $10^h\,20^m$, $10^h\,56^m$ bis $10^h\,58^m$, $11^h\,05^m$ bis $11^h\,09^m$, $11^h\,43^m$ bis $11^h\,45^m$, $12^h\,11^m$ bis $12^h\,14^m$, $1^h\,05^m$ bis $1^h\,07^m$ und $1^h\,28^m$ bis $1^h\,30^m$ Wasser abgelassen. Am deutlichsten spricht sich die Wirkung des Ablassens beim ersten Male aus, indem die stark im Gang befindliche Durchbiegung plötzlich unterbrochen wurde. (Um die Wirkung dieser Maßnahmen wirksamer zu machen, hätte man jedoch dauernd und stärker abblasen müssen.) Die größte Durchbiegung ist im zweiten Falle $\dfrac{44}{3,87\,*} = 11,3$ mm. Um $2^h\,19^m$ wurde der Kessel ans Netz

---

* Übertragungsfaktor.

gehängt. Auch während des normalen Betriebes findet, wie wir schon früher gesehen haben, ein dauerndes Arbeiten des Kessels statt bedingt durch Speisung und wechselnde Feuerführung.

Noch deutlicher spricht sich der Einfluß der Feuerführung bei den Versuchen an einem Wasserrohrkessel aus. Es wurde von Rönne absichtlich eine ungünstige Betriebsführung konstruiert durch gleichzeitiges Speisen und Abschlacken, wodurch die in Abb. 227 dargestellte „Atmung" des Kessels erzielt wurde. Rönne stellt auch bei einem Anheizversuch fest, daß in einem Falle die Teilkammern sich auf dem Mauerwerk aufsetzten, wodurch der Oberkessel angehoben wurde.

Meßverfahren nach Seeberger und Dörffel. Einen neuen Weg zur Messung von Trommeldurchbiegungen wies Seeberger (Abb. 228). Seine Methode wurde von Dörffel (*197*) entsprechend ausgebaut und verfeinert im Großkraftwerk Hirschfelde zur Anwendung gebracht. Es wird über die ganze Länge der Trommel ein Kupferdraht gezogen, der auf einer Seite durch eine Stellschraube geführt und durch ein Gewicht stramm gespannt wird. Auf der anderen Seite des Kessels wird eine Mikrometerschraube angebracht, die ein sicheres Ablesen von $^1/_{10}$ mm

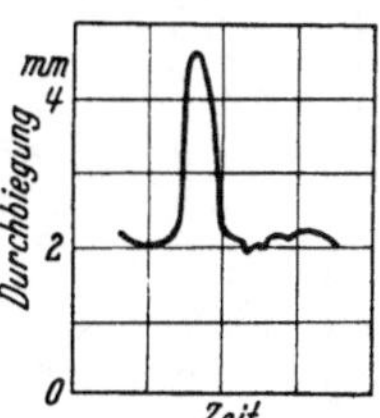

Abb. 227.
„Atmen" eines Kessels
bei ungünstiger
Betriebsführung.

gestattet. Stell- und Mikrometerschraube müssen an möglichst kurzen, starken Armen, die am Umfang der Stirnböden angebracht sind, befestigt werden. Um den 0,6 mm starken Kupferdraht gegen Gasströmungen zu schützen und gleichzeitig zu kühlen, wird auf der Oberseite der Trommel ein

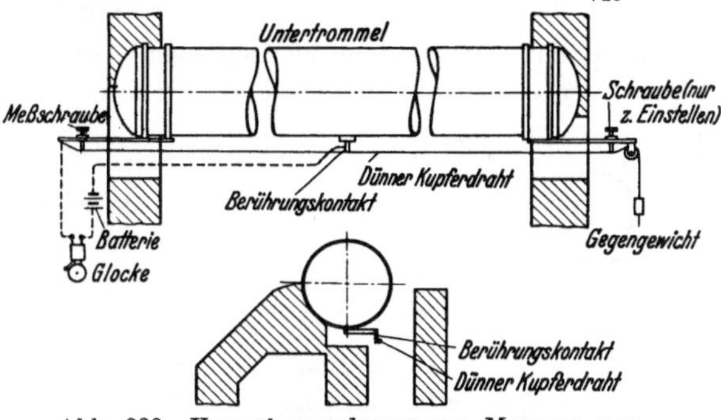

Abb. 228. Versuchsanordnung zur Messung von
Formänderungen nach Seeberger und Dörffel.

oval gedrücktes zweiteiliges Siederohr zwischen den Siederohren eingezogen, durch das infolge des Unterdruckes im Kessel Kühlluft angesaugt wird. Auf der Unterseite der Trommel war ein Schützen des Meßdrahtes nicht erforderlich. In der Mitte der Trommel wird eine 80 mm lange, an der Oberkante spitz verlaufende Kontaktschiene angeordnet, auf der der Draht aufliegt. An dieser Stelle wird das ovale Schutzrohr unterbrochen. Durch entsprechende Isolierung der Meßschrauben gegen den Kesselkörper kann in Verbindung mit dem Trommelkörper bei Berührung des Meßdrahtes mit der Kontaktschiene eine Glocke zum Ertönen gebracht werden. Der Kontakt wird zunächst unterbrochen und dann durch entsprechendes Nachstellen wieder hergestellt. Die Ablesung an dem Teilkreis der Mikrometerschraube ergiebt unter Berücksichtigung des Übertragungsverhältnisses zwischen der gesamten Drahtlänge und der Entfernung der Kontaktschiene von der Meßschraube die wirkliche Durchbiegung zwischen Trommelmitte und Trommelenden.

Diese verhältnismäßig einfache Methode, die sehr genaue Ergebnisse liefert, kann an beliebig vielen Stellen des Trommelumfanges angebracht werden. Man kann also sowohl die Formänderung des Scheitels als auch gleichzeitig die der Sohle und der waagrechten Mittelachse auf beiden Seiten bestimmen.

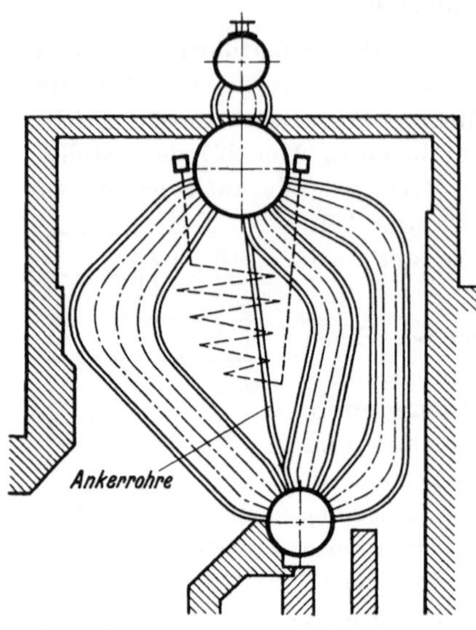

Abb. 229. Zwei-Trommel-Steilrohrkessel.

An einem Zwei-Trommel-Steilrohrkessel (Abb. 229) nebenstehender Bauart traten an den geraden Ankerrohren starke Undichtigkeiten auf.

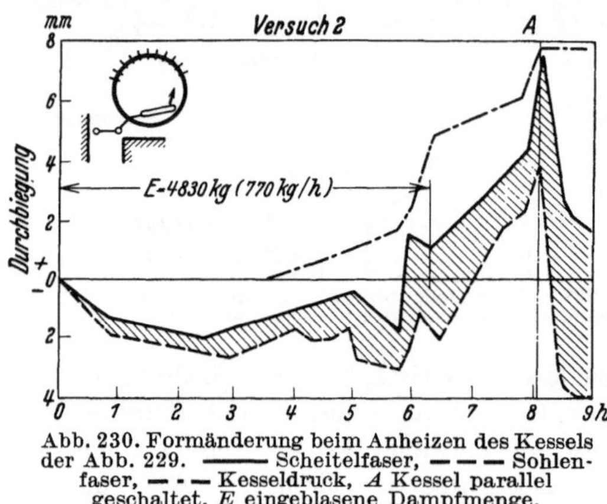

Abb. 230. Formänderung beim Anheizen des Kessels der Abb. 229. —— Scheitelfaser, — — — Sohlenfaser, — · — Kesseldruck, A Kessel parallel geschaltet, E eingeblasene Dampfmenge.

Dörffel benützte nun die eben beschriebene Meßeinrichtung, um dasjenige Anheizverfahren herauszufinden, das für die Untertrommel die geringste Formänderung ergibt.

In der Abb. 230 ist zunächst das Ergebnis eines Anheizversuches der bis dahin üblichen Weise wiedergegeben. Die Anheizzeit betrug acht Stunden. Während der ersten sechs Stunden bis zur Erreichung eines Dampfdruckes von 10 atü wurden pro Stunde rd. 770 kg Dampf eingeblasen. Man erkennt, daß trotz dieser vorsichtigen Anheizung die Trommel stark unrund wurde, wodurch eine größte Durchbiegung von 7,6 mm im Scheitel und 4 mm in der Sohle auftrat. Ein scharfer Knick in der

Kurve der Durchbiegung tritt auf infolge einer zu plötzlichen Wärmeabgabe von den Feuern (vgl. den zugehörigen Dampfdruckanstieg). Es wurden nun eine Reihe weiterer Versuche gemacht mit verschiedenartig angeordneten Einblasedüsen, verschiedener Höhenlage des Einblaserohres und mit einem Einblaserohr, das an Stelle von Düsen viele kleine Ausströmlöcher hatte. Die günstigsten Verhältnisse ergab der Versuch 22. Das Einblaserohr ist besser als das Düsenrohr. Die Lage des Rohres soll etwa $^1/_4$ des Trommeldurchmessers von der Sohle entfernt sein, die Anheizzeit war $7^1/_2$ Stunden. Die gemessenen Durchbiegungen sind

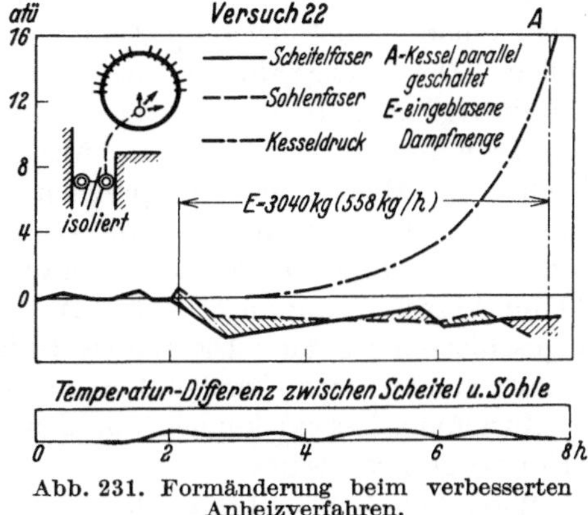

Abb. 231. Formänderung beim verbesserten Anheizverfahren.

aus Abb. 231 zu ersehen. Jedoch ergab auch eine Anheizzeit von zwei Stunden unter Berücksichtigung des Gesagten annehmbare Verhältnisse. Die Dampfzuleitung, die an der Untertrommel entlang gelegt war, wurde außerdem isoliert, um die Einwirkungen einer unerwünschten Einstrahlung auszuschalten.

Dörffel hat mit dieser Anheizart die an obigem Kessel aufgetretene Schäden völlig behoben, obgleich der Kessel durch die starren Ankerrohre konstruktiv sehr ungünstig ausgebildet war.

Meßverfahren des Leunawerkes. Eine Vorrichtung zur Messung von Trommeldurchmesseränderungen verdient noch erwähnt zu werden, die von Guilleaume

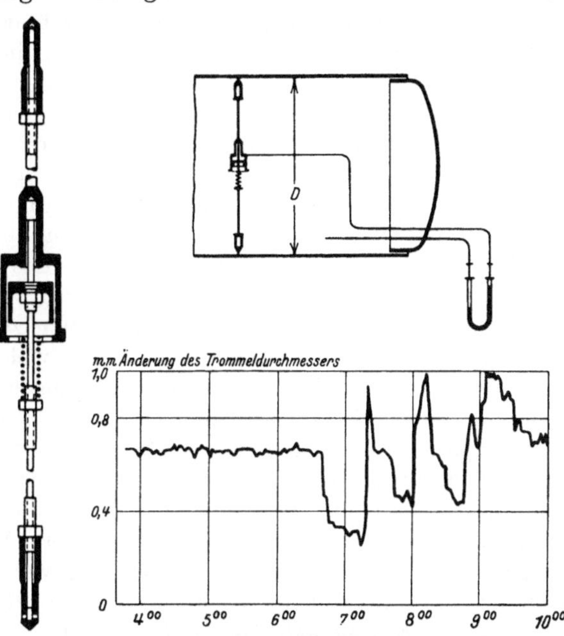

Abb. 232. Vorrichtung zur Messung von Trommeldurchmesser-Änderungen.

(*198*) ausgebildet wurde. Zwischen zwei Spitzen, die in die Trommel eingeklemmt werden, sitzt ein Hohlzylinder mit Kolben (Abb. 232).

Der Innenraum des Zylinders ist durch ein Röhrchen, das durch den Trommelboden nach außen geführt wird, mit einem U-Rohr verbunden, die andere Seite des U-Rohres führt von da zurück ins Kesselinnere. Im Innern des Zylinders herrscht also derselbe Druck wie außen. Das außerhalb des Kessels befindliche U-Rohr enthält eine Meßflüssigkeit, z. B. Tetrachlorkohlenstoff. Ändert sich der Durchmesser der Trommel in der Achse des Meßgerätes, dann verschiebt sich der Kolben im Meßzylinder entsprechend dieser Veränderung, wobei eine starke Übersetzung die Durchmesseränderung mit großer Genauigkeit wiedergibt. Einer Durchmesserveränderung von 0,1 mm entsprechen 60 mm Verschiebung im U-Rohr. An das U-Rohr kann ein Schreibwerk angeschlossen werden. Die untere Hälfte der Abbildung gibt den Ausschnitt einer entsprechenden Versuchsaufschreibung wieder.

Zusammenfassend können aus den geschilderten Versuchen folgende Schlüsse gezogen werden:

Beim Anheizen sind besonders Steilrohrkessel, Großwasserraumkessel und Wasserrohrkessel mit größeren Schlammsammlern gefährdet, da das auf der Sohle der Untertrommeln lagernde Wasser bis zur Beischaltung des Kessels keine nennenswerte Erwärmung erfährt. Es treten dann starke Temperaturunterschiede und damit verbundene Wärmespannungen und Formveränderungen der Trommeln auf, die durch den Schub der Rohrbündel von den Nachbartrommeln weiter verstärkt werden. Besonders sind Kesselsysteme mit starren Rohrbündeln oder mit nahe beieinanderliegenden Trommeln, die durch kurze starre Verbindungsrohre verbunden sind, gefährdet. Die Rundlaschen in der Mitte der Trommeln erfahren noch eine zusätzliche Belastung, da die Temperatur der Lasche hinter der Blechtemperatur beim Anheizen um etwa 20° C zurückbleibt.

Man muß daher darauf bedacht sein, das auf der Trommelsohle ruhende Wasser wegzuschaffen oder durch besondere Mittel gleichmäßig mit dem umlaufenden Wasser aufzuheizen. Als solche kommen in Frage: Einblasen von Dampf in ein mit vielen kleinen Löchern versehenes im unteren Drittel der Trommel gelagertes Einblaserohr, Anbringung eines Heizkörpers in der Untertrommel, Anordnung einer Umwälzpumpe, Einspeisen von heißem Wasser aus dem Nachbarkessel in ein Rohr ähnlich dem Dampfeinblaserohr, Einbauen von Zirkulationsrohren, die bis auf die Sohle der Trommeln reichen, Ablassen von Wasser aus der Untertrommel. Die letztere Maßnahme wird in den Betrieben des Verfassers in der Art angewandt, daß in der Untertrommel ein mit vielen Löchern versehenes Entnahmerohr eingebaut ist, das am Kesselablaß angeschlossen ist. Mit dem Beginn des Anheizens wird der Kesselablaß voll geöffnet und der Kessel mit 80 bis 100°igem Wasser nachgespeist. In dem Maße, wie das Wasser immer heißer abläuft, wird das Ablaßorgan mehr und mehr geschlossen. Hat der Kessel etwa 5 atü erreicht, wird der Ablaß ganz geschlossen und die Untertrommel an die Schlammrückführung angeschlossen. Diese einfache Maßnahme hat sich sowohl bei Drei-, wie bei Vier-Trommel-Steilrohrkesseln voll bewährt. Undichtigkeiten an den Walzstellen und Nietnähten sind nach Einführung dieser Anheizmethode nicht mehr aufgetreten.

Bei Außerbetriebgehen von Kesseln ist darauf zu achten, daß eine einseitige Beheizung von Trommeln vermieden wird. Diese kann z. B. dadurch erfolgen, daß der Mauerwerksschutz der Untertrommeln durch glühende Rückstände am Rostende noch stark beheizt wird, während die vorderen Rostteile bereits große Mengen kalte Luft durchtreten lassen. Auf dichten Abschluß der Rauchschieber ist daher sorgfältig zu achten; es empfiehlt sich, durch Öffnen von Einsteigtüren am Kesselende vor dem Rauchschieber dafür zu sorgen, daß von vorne durch den Rost möglichst wenig Luft angesaugt wird.

Schäden können auch dadurch eintreten, daß zwischen den Abdeckplatten der Verbindungsrohre von Obertrommeln glühende Flugasche durchtritt, die nach Abschalten des Kessels weiterglimmt und unter Umständen noch eine gefährliche Erwärmung der Trommelbleche hervorruft, wenn bereits das Wasser abgelassen ist.

Wasserrohrkessel und Steilrohrkessel sind an den Obertrommeln aufgehängt; da nun beim Anheizen die Untertrommeln nach unten wandern (z. B. $\sim$20 mm in Abb. 215), so muß natürlich dafür gesorgt sein, daß die Trommeln sich frei bewegen können. Es ist üblich, den dazu notwendigen Dehnungsraum durch eine starke Asbestschnur auszufüllen, um das Einsaugen kalter Luft zu vermeiden. Vielfach ist nun der Betrieb zwar sehr darauf aus, daß nirgends Falschluft eingesaugt wird, da hierdurch der Wirkungsgrad der Anlage ungünstig beeinflußt wird, dagegen wird nicht darauf gesehen, ob die Trommeln genügend Bewegungsfreiheit im Mauerwerk besitzen. Es ist auch zu bedenken, daß der Raum zwischen Mauerwerk und Trommel sich mit Flugasche vollsetzen kann und so jede Bewegung der Trommel stark behindert wird. Beschädigungen an den Walzstellen und hohe Beanspruchung in den Trommeln sind die Folge einer Vernachlässigung auf diesem Gebiet.

2. Vorgänge beim Speisen.

Die Tatsache, daß dem Vorgang des Speisens und einer guten Durchmischung des Speisewassers mit dem Trommelinhalt besondere Beachtung zu schenken ist, wurde bereits früher erwähnt. Dieser Umstand ist besonders auch für den laufenden Betrieb wichtig, da das mehr oder weniger starke Einspeisen kalter Wassermengen, die leicht unvermischt bis auf die Trommelsohle absinken können, ein dauerndes Arbeiten der Trommeln zur Folge hat.

Ein schwerer Kesselschaden an einem Zwei-Kammer-Wasserrohrkessel (*199*) zeigt, welchen Einfluß die Art der Einführung des Speisewassers hierbei ausüben kann. Ein Kessel von 200 m² Heizfläche und 18 atü

Betriebsdruck nach Abb. 233 war mit einer Einführung des Speisewassers nach b ausgestattet. Die Temperatur des Speisewassers betrug 90° C. Schon ein Jahr nach Inbetriebnahme zeigte sich bei vier Kesseln an der vorderen Wasserkammer ausgedehnte Rißbildung, sowohl an den Schweißstellen, als auch an den Verbindungsnähten der vorderen Kammern mit dem Oberkessel. Es wurden daraufhin an einem Kessel Temperaturmessungen an den Stellen A, B, C in verschiedener Höhenlage bei einer Einführung des Speisewassers nach a, b und c ausgeführt. Bei der Speisung nach a wurde nur eine Temperaturdifferenz zwischen

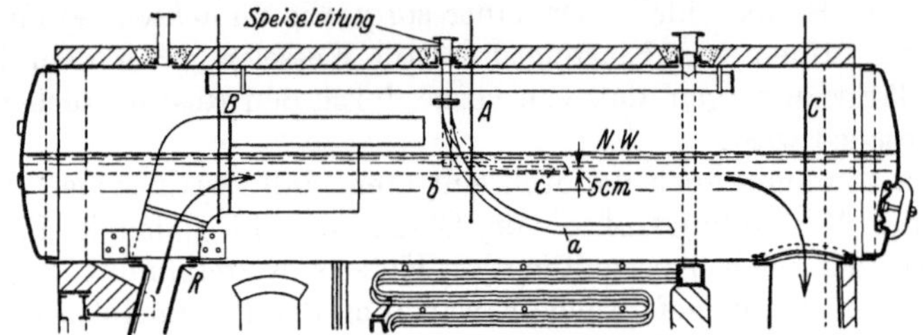

Abb. 233. Speisung von Wasserrohrkesseln nach drei verschiedenen Arten.

Wasser- und Sattdampftemperatur von 4,5° C beobachtet. Bei der Speisung nach b, wie sie betriebsmäßig ein Jahr lang ausgeführt worden war, wurde folgendes festgestellt:

Tabelle 36. Speisung nach b.

Meßstelle	Lage der Meßstelle	Art der Speisung	Temperatur-differenz gegenüber Sattdampf-temperatur °C
A Speise-wasser-temperatur 90° C	Sohle des Oberkessels	in Tätigkeit	51,2
	10 cm über der Sohle	,,	20
	30 cm über der Sohle	,,	8
	Sohle des Oberkessels	abgestellt	4,7
B	Sohle des Oberkessels	in Tätigkeit	49
C	Sohle des Oberkessels	,,	11

Es ist bemerkenswert, daß bei der Speisung nach b die Meßstelle B an der Kesselsohle fast dieselbe tiefe Temperatur zeigte, wie die Meßstelle A.

Bei der Einführung der Speisung nach c war bei A und B eine gleichgroße Temperaturdifferenz von 19° C zwischen Trommelsohle und Dampftemperatur.

Es unterliegt keinem Zweifel, daß die ungünstige Art der Speisung nach b sehr erheblich zum Auftreten der Rißbildung beitrug, da die dauernde Formänderung der Trommel bei der starren Kesselkonstruktion große zusätzliche Biegungsbeanspruchungen an den Krempen der Wasserkammern hervorrufen muß.

Die Speisung nach *a*, die bei den Versuchen die günstigsten Ergebnisse gebracht hatte, ist nach den gesetzlichen Bestimmungen nicht zulässig, da hierbei im Falle eines undichten Rückschlagventiles eine gefährliche Entleerung des Kessels stattfinden kann (*200*).

Die Speisung nach *c* entspricht auch nicht allen Anforderungen; es ist, wie bereits früher dargelegt, eine Vorrichtung zu fordern, die ein inniges Durchmischen des kalten Speisewassers mit dem Trommelinhalt gewährleistet.

Man erkennt aus diesen Beispielen, daß der Übergang zu höheren Drücken und höheren Kesselleistungen Fehler aufzeigt, die bei einer einfachen Betriebsweise noch keinen Schaden anrichteten.

3. Gefahren für den Überhitzer beim Anheizen und im Betrieb.

Ebenso wie die Kesseltrommeln sind auch die Überhitzer beim Anheizen großen Beanspruchungen ausgesetzt, die die normalen Betriebsbeanspruchungen weit übersteigen.

Um diese Verhältnisse näher zu untersuchen, wurden vom Verfasser an dem in Abb. 234 skizzierten Überhitzer liegender Bauart mit der aus der Abbildung ersichtlichen Gas- und Dampfführung Temperaturbeobachtungen während des Anheizens vorgenommen. Es wurden vier Thermoelemente eingebaut (Meßstelle 1—4), ferner wurde die Dampftemperatur am Ausgang des Überhitzers *D* und die Gastemperatur am Eintritt (*A*) in den Überhitzer und am Austritt *B* aus dem Überhitzer festgestellt. Die Abb. 234 zeigt das Anheizen, ohne besondere Maßnahmen, wie es vielfach üblich ist. Die Überhitzerstellen *1*, *2*, *3* zeigten hierbei Temperaturen, die mit den Rauchgastemperaturen völlig übereinstimmen. Die höchsten Temperaturen, die die Schlangen bei diesem Versuch erreichten, sind 765⁰ C (10^h 35^m). Anschließend wurden die Feuer etwas gedämpft, um die Anheizzeit etwas zu verlängern. Die schwächere Feuerführung ergibt ein langsames Senken der Gas- und Rohrwandtemperatur auf etwa 650⁰ C.

Etwa 40 Min. lang befinden sich also bei diesem Versuch die Überhitzerschlangen in rotwarmem Zustand und sind während dieser Zeit in hohem Maße der äußeren Verzunderung ausgesetzt. Andererseits befindet sich im Innern des Überhitzers infolge geringer Undichtheiten eine Dampfatmosphäre, die, weil ruhend, sehr stark der Zersetzung unterworfen ist. Es bildet sich Wasserstoff und Eisenoxyd, wodurch die Schlange innerlich korrodiert. Beide Umstände tragen somit zu einer raschen Zerstörung der Überhitzerschlangen bei.

Da die Schlangen bei den hohen Temperaturen keine Dauerstandfestigkeit besitzen, so biegen sie sich zwischen ihren Unterstützungen durch, was wiederum dazu führt, daß beim Abheizen des Kessels Wasser in den Schlangen stehen bleiben kann, so daß eine weitere Korrosionsquelle hinzukommt. Auch werden die Schlangen mit zunehmendem

Dampfdruck bei infolge der hohen Temperatur stark verminderter Festigkeit durch inneren Überdruck beansprucht und weiten sich auf. Es ist somit nicht erstaunlich, wenn nach einer gewissen Zahl von

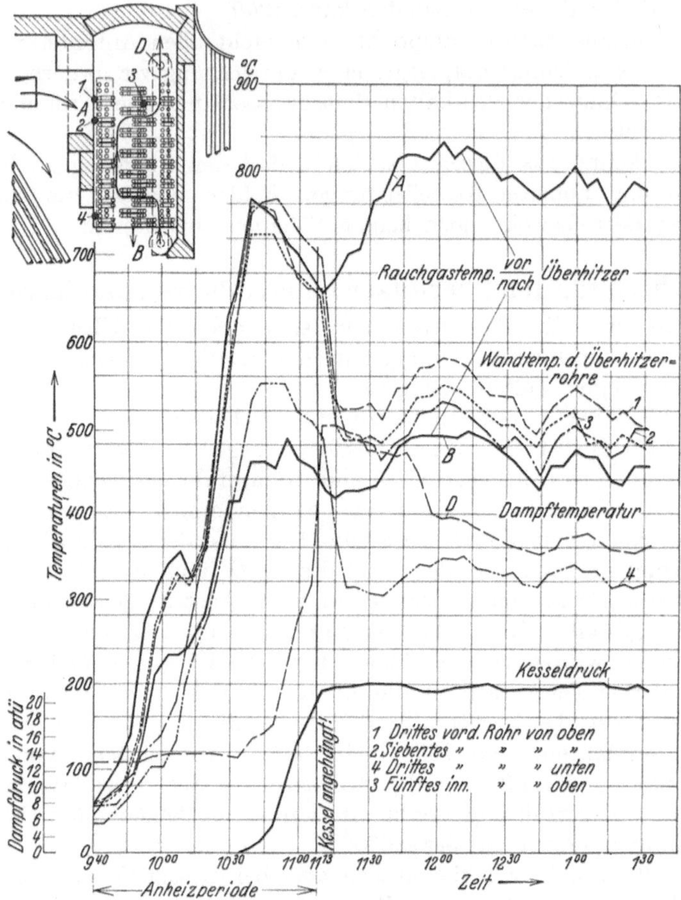

Abb. 234. Messungen der Wandtemperatur an einem liegenden Überhitzer.
Anheizen ohne besondere Maßnahmen.

Anheizungen die Schlangen allmählich durch Aufreißen entzwei zu gehen beginnen.

Um diesen durch das Anheizen bedingten Schäden zu begegnen, gibt es eine Reihe von Hilfsmitteln.

Zunächst kann durch sorgfältiges und langsames Hochheizen erreicht werden, daß die Gastemperatur am Eingang zum Überhitzer keine gefährliche Höhe erreicht. Ohne gleichzeitige Temperaturbeobachtung, die jedoch in den meisten Fällen nicht vorhanden ist, läßt sich aber mit Sicherheit eine Schädigung des Überhitzers nicht vermeiden.

Vielfach wird der Überhitzer vor dem Anheizen mit Wasser gefüllt. Sofern dies durch eine Fülleitung von der Speiseleitung erfolgt, ist darauf zu achten, daß nicht während des Betriebes infolge undichter Ventile

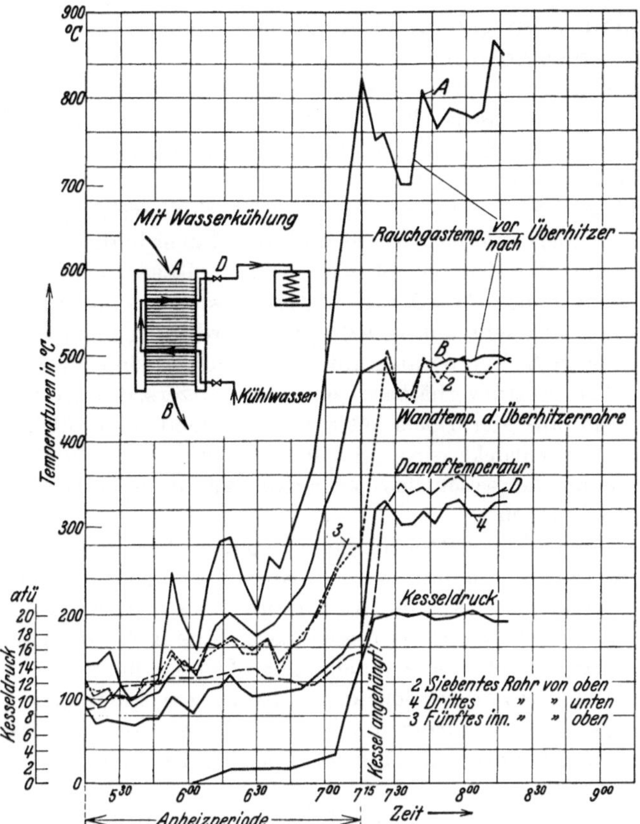

Abb. 235. Messungen der Wandtemperatur am Überhitzer der Abb. 234 mit Wasserkühlung beim Anheizen.

dauernd Wasser in den Überhitzer läuft, wodurch eine Verkrustung und damit ein Durchbrennen der Schlangen begünstigt wird. Man ordnet daher in solchen Fällen zwei Ventile mit einer dazwischenliegenden Entspannung an.

Man kann auch einige Stunden vor dem Anheizen Dampf auf den Überhitzer vom Netz her stellen und dadurch Kondensat in den Schlangen bilden. In vielen Fällen reicht die dadurch bedingte Kühlung infolge des Verdampfens des Wassers in der Anheizzeit aus. Man hat jedoch keinerlei Sicherheit, ob nicht in der letzten Viertelstunde vor dem Anhängen nicht schon alles Wasser verdampft ist und die Schlangen trotzdem rotwarm werden.

Bei dieser Art der Anheizung empfiehlt es sich, auf alle Fälle die Putztüren vor dem Überhitzer zu öffnen, dadurch strömt dort kalte Luft ein, die die hohe Temperatur der Rauchgase herunterdrückt; gleichzeitig kann von hier aus beobachtet werden, ob die Schlangen rotwarm werden, so daß unter Umständen noch andere Hilfsmittel angewandt werden können.

In manchen Fällen wird auch beim Anheizen eine magere Kohle verwendet, die eine kurze Flamme ergibt, durch Abstrahlen in den Feuerherd ermäßigt sich dann die Rauchgastemperatur derart, daß keine Gefahr mehr für den Überhitzer besteht.

Der Verfasser (*201*) kühlt die liegenden Überhitzerschlangen an einem kohlenstaubgefeuerten 42-atü-Kessel dadurch, daß er in die sechs obersten Schlangen, die allein gefährdet sind, durch Düsen in jede einzelne Schlange einen feinen Wasserstrahl Kondenswasser einspritzt. Diese Maßnahme hat sich sehr gut bewährt und wird auch dazu benützt, im laufenden Betrieb die Temperatur auf eine beliebige Höhe einzuregulieren.

Über die Temperaturverhältnisse eines Überhitzers, durch den während der Anheizzeit aus der Speiseleitung fortlaufend eine kleine Menge Wasser hindurchgedrückt wird, gibt die Abb. 235 Aufschluß.

Man erkennt die wesentlich geringere Wandtemperatur gegenüber dem früheren Versuch.

Ein viel gebrauchtes Mittel zur Schonung des Überhitzers ist auch das Durchblasen von Fremddampf, wobei man zur Vermeidung von Wärmeverlust zweckmäßigerweise die Anwärmung des Speisewassers damit verbindet. Man darf jedoch bei dieser Maßnahme nicht zu sparsam mit dem Dampf sein, da sonst eine gleichmäßige Durchspülung der einzelnen Schlangen nicht erreicht werden kann. Es ist zweckmäßig, sich durch eine einmalige Temperaturmessung ein Bild darüber zu verschaffen, wieviel Dampf im einzelnen Falle erforderlich ist, um eine wirksame Kühlung zu erreichen.

Es kann auch der eigene Dampf des Kessels zur Kühlung benützt werden, wobei zu beachten ist, daß die Kühlung bis zu dem Zeitpunkte, da der Kessel Dampf ansetzt, nicht vorhanden ist.

Man erkennt aus der Abb. 234, daß in diesem Falle eine Kühlung durch Eigendampf oft zu spät kommt. Auch müssen reichliche Querschnitte vorgesehen werden, um eine genügende Dampfmenge durchdrücken zu können.

Das beste Mittel, um sowohl den Kessel als auch den Überhitzer beim Anheizen zu schonen, ist, den ganzen Wasserinhalt des Kessels durch Einblasen von Fremddampf zunächst nahezu auf Betriebsdruck zu bringen und erst dann Feuer anzulegen. Dann gibt der Kessel sofort Betriebsdampf ab und kann auf keine Weise Schaden leiden.

Leider ist diese Maßnahme nicht überall möglich, auch erfordert sie reichlich Zeit.

Beim Anheizen von Höchstdruckkesseln muß naturgemäß besonders sorgfältig verfahren werden. Von einem 120-atü-Kessel wurde dem Verfasser berichtet, daß er innerhalb 24 Stunden aufgeheizt wird. Ein anderes Werk hat für die Anheizung ihres 120-atü-Kessels eine eigene Umwälzpumpe vorgesehen, die das Wasser aus der tiefst gelegenen Trommel entnimmt und es durch den Überhitzer in den Dampfsammler des Kessels pumpt, wodurch einerseits die ruhende Wassermasse aus der Untertrommel laufend entfernt und der Überhitzer in sehr wirksamer Weise gekühlt wird. Bis zu 20 atü kann der Kessel durch Einblasen von Fremddampf ohne Feuer erwärmt werden.

Im laufenden Betrieb treten vielfach Überhitzerschäden dadurch auf, daß infolge zu hohen Salz- oder Schlammgehaltes des Kesselwassers solche Teile in den Überhitzer mitgerissen werden, wo sie sich — und zwar mit Vorliebe in den Bögen — ablegen und dadurch die Kühlung des Rohres durch den Dampf verschlechtern. Es treten dann zu hohe Wandtemperaturen im Überhitzermaterial auf, die eine äußere Verzunderung und innere Korrosion zur Folge haben.

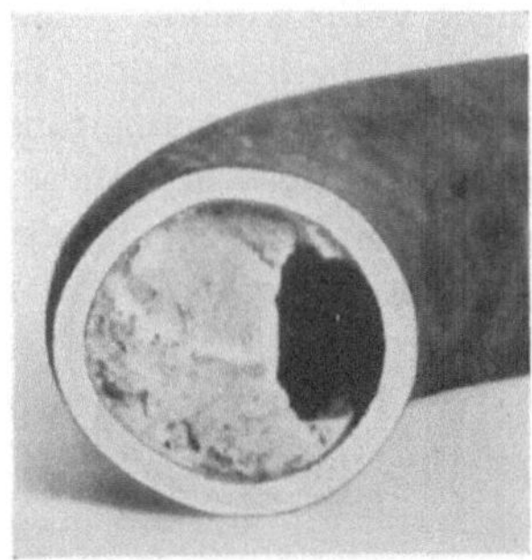

Abb. 236. Durch Salz verstopftes Überhitzerrohr.

Als Beispiel diene folgender Fall: An einem 400-m²-Drei-Trommel-Steilrohrkessel von 16 atü Betriebsdruck, bemessen für eine Überhitzung von 400° C traten erhebliche Überhitzerschäden auf. Als ausschlaggebende Ursache wurde erkannt, daß der Kessel infolge hohen Salz- und Schlammgehaltes zum Überschäumen neigte, wodurch die in Abb. 236 sichtbaren Verstopfungen in den Krümmungen auftraten.

Diese ergaben natürlich eine ungenügende bzw. zum Teil gänzlich unterbrochene Dampfströmung, so daß das ganze Rohr durch äußere und innere Verzunderung in kurzer Zeit zerstört wurde. Als weitere Ursachen zweiter Art kommen noch zu geringe Dampfgeschwindigkeiten und ungünstige Brennkammerverhältnisse hinzu.

Schäden dieser Art können auch auftreten, ohne daß man beim Öffnen der Rohre einen Belag vorfindet. Dies rührt daher, daß bei ungünstigen Wasserverhältnissen laufend in geringem Maße Salz in den Überhitzer mitgerissen wird. Dadurch erhöhen sich die Wandtemperaturen der Rohre langsam, ohne daß dies betrieblich bemerkbar wird. Beim jedesmaligen Außerbetriebgehen des Kessels kondensiert Dampf in den Schlangen und löst die Salze auf, so daß beim Nachsehen im kalten Zustande stets reine innere Überhitzerflächen vorgefunden werden.

Um festzustellen, ob Salz mitgerissen wird, verfährt man derart, daß man den Kessel vorsichtig abkühlen läßt und dafür sorgt, daß aus dem

Überhitzer nichts ablaufen kann. Ist der Kessel kalt und der Überhitzer völlig mit Kondensat gefüllt, dann wird das Wasser aus dem Überhitzer abgelassen und auf Salzgehalt untersucht. Findet man einen erheblichen Salzgehalt, dann empfiehlt es sich, den Überhitzer in regelmäßigen Zeitspannen durch heißes Speisewasser oder durch Kondensatbildung zu spülen.

Schließlich ist noch darauf hinzuweisen, daß dem Überhitzer im normalen Betrieb gewisse Gefahren drohen, wenn ein Brennstoff, insbesondere im Zusammenhang mit einem ungenügenden Feuerraum, Nachverbrennungen ergibt. Dies tritt dann auf, wenn der Brennstoff auf und kurz über dem Rost nicht genügend Luft zugeführt bekommt, oder wenn die Gase über dem Brennstoffbett keine genügende Durchmischung erfahren und somit vor Erreichung der ersten Heizfläche noch nicht völlig verbrannt sind. Meist finden die Heizgase dann vor Eintritt in den Überhitzer noch einmal einen mit wärmespeicherndem Mauerwerk umgebenden Sammelraum vor, wo infolge Durchwirbelung oder unter dem Einfluß von eingesaugter Nebenluft eine Nachverbrennung eintritt, die, wenn sie in unmittelbarer Nähe von Rohren erfolgt, für deren Bestand verhängnisvoll wird.

4. Siederohrschäden durch Stichflammenbildung.

Dies gilt daher nicht bloß für Überhitzerrohre, sondern auch für Siederohre, die dann besonders gefährdet sind, wenn sie neben der vollen Einstrahlung des Feuerbettes noch im Bereich von Stichflammen liegen, d. h. wenn die Feuergase im Augenblick der Verbrennung mit erheblicher Geschwindigkeit an den Heizflächen vorbeistreichen oder stoßartig auf sie aufprallen.

Wir haben schon früher gesehen, daß die Siederohre dann gefährdet sind, wenn kein genügender Wasserkreislauf vorhanden ist, so daß sich an der Rohrwand Dampfblasen festsetzen, die sich überhitzen und das Rohr nicht mehr genügend kühlen. Diese Gefahr für die Siederohre erhöht sich in dem Maße, als Kesselstein, besonders schlecht leitender Kalzium-Silikatstein vorhanden ist. Als dritte Ursache der Zerstörung von Siederohren ist die Stichflammenbildung anzunehmen. Sie kann ein entscheidender Grund für die Zerstörung der Rohre sein, wenn die Wärmebelastung eines Brennraumes über ein gewisses Maß hinausgeht, bzw. wenn ein einzelnes Rohr oder eine Rohrgruppe im Bereich einer Stichflamme liegt. Eine bekannte Erscheinung sind die Rohrdurchbrenner an Schrägrohr-Wasserrohrkesseln, besonders an älteren Anlagen mit niederen und am Übergang zum Rohrbündel eingeschnürten Feuerräumen. Erstens haben diese Kessel im allgemeinen einen mäßigen Wasserumlauf und zweitens liegt das untere Rohrbündel meist verhältnismäßig nahe zum Rost. Unterwindfeuerungen und gasreicher Brennstoff oder Kohlenstaubfeuerungen erhöhen die Wärmebelastung dieser Rohre;

noch größere Beanspruchungen erfahren sie bei Ölfeuerungen, bei denen auf den Kubikmeter Brennraum oft die 2—3fache Leistung gegenüber kohlegefeuerten Kesseln herausgeholt wird.

Wie sehr jedoch alle Verhältnisse ineinandergreifen, zeigt das Beispiel des B.B.C.-Veloxkessels.

Dort werden auf den Kubikmeter Brennraum 4—8 Millionen WE/std entbunden, während der Brennraum der üblichen Staubfeuerungen mit 200000 WE/std bis 300000 WE/std, bei Ölfeuerungen mit höchstens 900000 WE/std belastet wird. Um diese erstaunliche Leistung zu ermöglichen, ist durch eine Pumpe eine stark zwangsläufige Strömung des in den stehend angeordneten Rohren entwickelten Wasserdampfgemisches bewirkt, andererseits ist durch eine sehr sorgfältige Brennerkonstruktion für eine äußerst feine Durchmischung des Ölstaubes mit der Verbrennungsluft ähnlich den Vorgängen in der Dieselmaschine erreicht. Die zentrale Einführung der Flamme von unten sorgt dafür, daß keine Stichflamme an irgendeine wasserberührte Stelle gelangen kann.

Interessant ist ferner, daß der Veloxkessel infolge seiner völligen Durchbildung als Maschine in der bisher unvorstellbaren kurzen Zeit von 7—8 Min. von kalt auf volle Dampfleistung (beim Vorführungskessel auf 11 t Dampf von 400° C Überhitzung) gebracht werden kann. Man erkennt aus diesem Beispiel, was durch zielbewußte Arbeit auf diesem Gebiet geleistet werden kann.

Ein besonderes Wort ist noch über gewisse Unterwindfeuerungen zu sagen, die oft nachträglich z. B. in Flammrohrkessel eingebaut wurden, um einerseits die Leistung zu erhöhen und andererseits in der Verfeuerung der Kohlensorte unabhängig zu sein. So war es z. B. auf Gaswerken vielfach üblich, Evaparatorfeuerungen in Flammrohre einzubauen, um in der Lage zu sein, den bei der Sortierung anfallenden Koksgrus verfeuern zu können.

Wird dann gelegentlich eine fette Kohle mit der gleichen Feuerung verbrannt, dann ist mit einer starken Stichflammenwirkung auf das nahe über dem Rost gelegene Flammrohr mit Sicherheit zu rechnen und schwere Schäden werden sich im Laufe der Zeit einstellen.

5. Gefahren für den Vorwärmer.

Außer dem Kessel und Überhitzer sind auch die Vorwärmer beim Anheizen und im Betrieb gefährdet, und zwar durch Schwitzwasserbildung.

Das Buch „Kesselbetrieb" (222) schreibt darüber: „Die niedrigste Wassertemperatur, mit der der Vorwärmer zur Vermeidung von äußeren Anrostungen gespeist wird, hängt von dem Feuchtigkeitsgehalt der Kohle bzw. vom Taupunkt der Rauchgase ab. Sie unterschreitet gewöhnlich nicht 40° C. Bei Glattrohrvorwärmern und Betrieben mit stark wasserhaltigem Brennstoff erhöht man diese Mindesttemperatur je nach dem Feuchtigkeitsgehalt der Kohle bis auf etwa 70⁰ C. Bei Rippenrohrvorwärmern kann die Mindesttemperatur geringer sein.

Das Schwitzen des Vorwärmers beim Anheizen verhindert man am besten dadurch, daß das Zuschalten der Gase auf den Vorwärmer erst erfolgt, nachdem die Feuerung in gutem Gang ist. Dies gilt für solche Kessel, die Umgehungskanäle für die Rauchgase haben und besonders bei Verfeuerung von Rohbraunkohle."

Wo keine Umgehungskanäle vorhanden sind, empfiehlt es sich, mit Rücksicht auf die Gefahr der Schwitzwasserbildung beim Anheizen neben der Speisung heißen Wassers mit hohem Luftüberschuß zu fahren.

Im laufenden Betrieb können Korrosionsschäden an Vorwärmern dann auftreten, wenn der stark wasserhaltige Brennstoff noch außerdem einen hohen Schwefelgehalt besitzt. Über einen solchen Fall berichtet Zschimmer (*202*). In einer Kesselanlage, die eine sehr feuchte oberbayerische Abfallkohle mit einem Schwefelgehalt von 3—4% verfeuert, war ein Rohr eines Glattrohrvorwärmers zersprungen. Eine nähere Untersuchung zeigte, daß sämtliche Rohre, am meisten jedoch die im Zug der Rauchgase vordersten Rohre mit einer grauweißen, rauhen Kruste bedeckt waren. Nach Abwaschen der Kruste ergab sich eine stark pockennarbige angefressene Eisenoberfläche.

Eine Untersuchung des Belages ergab, daß er etwa zur Hälfte aus Eisenoxyd und Schwefelsäure bestand. Es ergab sich weiterhin, daß die in den Rauchgasen vorhandene schwefelige Säure sich unter dem Einfluß des Wasserdampfes und des überschüssigen Sauerstoffes in Schwefelsäure umgebildet hatte. Diese wurde auch in Gasproben experimentell festgestellt. Die Schwefelsäure, die bei 338⁰ siedet, erleidet an den Vorwärmerflächen, auch wenn die Wandtemperatur 40⁰ überschreitet, eine Stoßkondensation und verdichtet sich dort. Die Rußschaber, die ungefähr die Temperatur der Heizgase annehmen, zeigten in dem betreffenden Falle keinen Angriff.

Auch an Stellen des Kessels, wo die Gastemperatur noch sehr hoch liegt, tritt Stoßkondensation ein. Der Verfasser hat an wassergekühlten Aufhängungen für Überhitzer Zerstörungen durch Gasangriffe festgestellt, wenn das Kühlwasser Temperaturen unter 50⁰ C besaß. Die Kohle hatte hierbei normale Feuchtigkeit und normalen Schwefelgehalt.

E. Wassermangel.

Wassermangel ist der gefährlichste Feind des Kessels, er ist noch immer zahlenmäßig eine der Hauptursachen von schweren Kesselschäden. Aus einer Statistik der neueren Zeit ergibt sich Tabelle 37.

Man erkennt übrigens sehr deutlich die Fortschritte auf dem Gebiete Material, Konstruktion und Herstellung, da hier die Schäden zahlenmäßig stark zurückgehen.

Diese Statistik gibt jedoch noch kein einwandfreies Bild über der Unterteilung der Betriebseinflüsse. Man muß sich nämlich darüber klar sein, daß der Wassermangel in der Hauptsache die kleineren und kleinsten Betriebe bedroht. Großanlagen haben in Erkenntnis der Gefahr in der Regel gute Wasserverhältnisse, automatische Speiseanlagen, eigene Speiser, Alarmeinrichtungen, sowie sorgfältige und sachverständige Betriebsüberwachung. Würde man die Statistik für Kleinanlagen getrennt aufstellen, so würde sich zeigen, daß über die Hälfte bis Dreiviertel aller schweren Kesselschäden durch Wassermangel hervorgerufen sind.

Geht man den Gründen für den Wassermangel im einzelnen nach, so findet man als vorherrschenden Grund die Unachtsamkeit des Heizers (etwa 70% der Fälle), dann folgen Verstopfungen der Zuleitungen zum Wasserstandsanzeiger durch Schlammablagerung und Dichtungsteile wie Gummi, Klingerit usw.

Als weitere Ursachen werden genannt: Versagen der Speiseeinrichtungen und überraschende Wasserverluste durch Undichtheiten der Ablaßeinrichtungen.

Tabelle 37.

Schadensursache	Zahl der Schäden im Jahre		
	1927	1928	1929
Material, Konstruktion und Herstellung.	120	60	48
Betriebseinflüsse	146	170	160
Wassermangel als Teilursache der Betriebseinflüsse. . . .	74	78	54
Wassermangel in Hundertteilen der Gesamtschäden . . .	28	34	26

Von den Kesseln werden vorwiegend die Flammrohrkessel von Wassermangel betroffen. Dies rührt einmal daher, daß der Flammrohrkessel an sich infolge seiner Konstruktion sehr schnell in seinen am meisten beheizten Heizflächen von Wasser entblößt wird. Tritt hier eine Erglühung ein, so ist ein schwerer Kesselschaden die unmittelbare Folge, während z. B. Wasser- und Steilrohrkessel meist gegen die unmittelbare Berührung mit Heizgasen geschützte Trommeln besitzen und ein Erglühen der Siederohre im allgemeinen keine solch schweren Folgen zeitigt. Andererseits ist der Flammrohrkessel hinsichtlich der Erzeugung trockenen Dampfes weitgehend unempfindlich gegen schlechte Wasserverhältnisse. Dies verleitet manche Betriebe dazu, der Speisewasserbeschaffenheit keine Aufmerksamkeit zu schenken, wodurch dann die für die Anzeige so gefährlichen Verstopfungen der Zuführungskanäle durch Stein und Schlamm eintreten können. Schließlich arbeiten die Flammrohr-Kesselanlagen vielfach unter Betriebsverhältnissen, bei denen wenig Sorgfalt auf eine sachgemäße laufende Betriebsüberwachung gelegt wird. Für zusätzliche Apparate wie automatische Speisung, Alarmeinrichtungen für höchsten und tiefsten Wasserstand usw. fehlt das Geld, für eine richtig betriebene Wasserreinigung die erforderliche sachverständige Überwachung.

Kleinanlagen sind daher weitgehend auf die Zuverlässigkeit und Sachkenntnis des einfachen Heizers angewiesen. Will man also die durch Wassermangel drohende Gefahr bekämpfen, so muß der Hebel zunächst dort eingesetzt werden. Als Heizer ist nur ein zuverlässiger, nüchterner intelligenter Mann zu verwenden. Eine sorgfältige Belehrung und Prüfung des Mannes ist in regelmäßigen Zeiträumen durchzuführen. Nachlässigkeiten müssen unnachsichtlich bestraft werden. Die Überwachung muß durch eine geeignete Person zu ganz unregelmäßiger Zeit erfolgen. Zu keiner Tageszeit darf der Kesselwärter vor ihr sicher sein, an und nach Feiertagen muß eine verstärkte Überwachung einsetzen. Der Kesselwärter darf auch nicht längere Zeit außerhalb des Kesselhauses mit anderen Arbeiten beschäftigt werden, sonst verliert er den Überblick über seine Anlage. Auch ein Überlasten des Wärters ist zu vermeiden.

Die Kesselanlage muß hell und sauber sein und technisch allen Anforderungen entsprechen. Die Wasserstandsanzeiger müssen kräftig gebaut sein, das Einsetzen neuer Gläser muß im Betrieb ohne Gefährdung des Mannes möglich sein. Das Verlegen der Glasrohrenden durch Dichtungsgummi muß ausgeschlossen sein. Alle Wasserstands- und Probierhähne sollen in gleichem Sinne zum Griff durchbohrt sein, die Richtung des Durchganges muß außen sichtbar kenntlich sein. Der Wärter muß gegen Glasbruch geschützt sein, so daß er sich nicht versucht fühlt, aus Furcht vor Verletzungen das Probieren des Glases zu unterlassen. Die Höhe des Wasserstandes muß durch gute Beleuchtung deutlich und weithin sichtbar gemacht werden.

Die Speiseleitungen sind vor Frost zu sichern, sie müssen sich frei ausdehnen können und vor der Einwirkung der Heizgase geschützt sein. Injektoren müssen auch an kaltes Wasser angeschlossen werden können, da sie bei heißem Wasser und höherem Gegendruck leicht versagen. Bei heißem Speisewasser muß die Speisevorrichtung so tief liegen, daß ihr das Wasser mit Druck zufließt. Die Tatsache, daß das Speiserohr wegen der Gefahr der Entleerung nicht zu tief im Kessel münden darf, ist bereits früher erwähnt worden.

Das Abschlammorgan ist sorgfältig instand zu halten. Vor dem Abschlämmen des Kessels selbst durch Öffnen des Ablaßhahnes muß man sich zuerst genau überzeugen, ob die Wasserstandsanzeiger in Ordnung sind, desgleichen durch Hin- und Herdrehen des Ablaßhahnes, daß er gut gangbar ist und daher im gegebenen Augenblick sicher gedreht und geschlossen werden kann. Das Abblasen soll nur in den Pausen bei niedergebranntem Feuer erfolgen. Vorher ist der Kessel entsprechend hoch zu speisen.

Sind an dem Kessel gemeinsame Wasserstandskörper vorhanden oder haben die Wasserstandsanzeiger sehr lange Verbindungsrohre mit diesen, so muß durch entsprechend reichlicheres Ausblasen einer Verschlammung vorgebeugt werden.

Die Speisevorrichtungen sind abwechselnd zu benützen, zum mindesten ist die nicht zur regelmäßigen Speisung bestimmte Vorrichtung täglich auf ihre Betriebsbrauchbarkeit zu prüfen.

Der Vollständigkeit halber sei noch darauf hingewiesen, daß zur Vermeidung von Wärmespannungen gefährlichster Art ein Nachspeisen

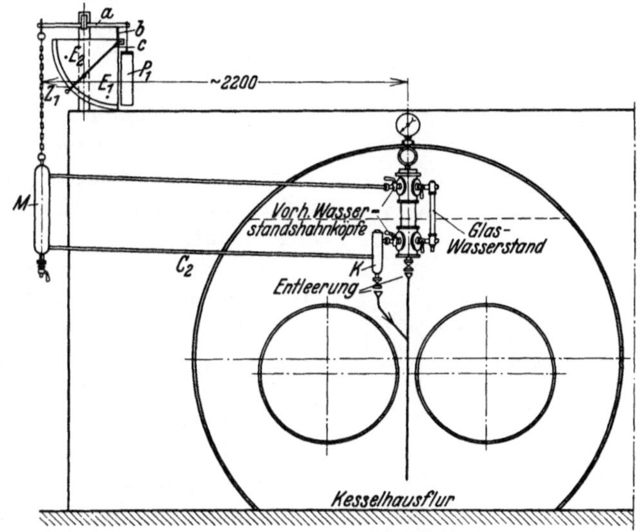

Abb. 237. Wasserstandsanzeige für Zweiflammrohrkessel mit Alarmkontakten.

unter keinen Umständen erfolgen darf, wenn bereits ein Erglühen von Blechteilen festgestellt ist.

Um jedoch nicht ganz auf die Zuverlässigkeit des Kesselwärters allein angewiesen zu sein, sollte doch in jeder Anlage von solchen technischen Einrichtungen Gebrauch gemacht werden, die ohne besonderen Kostenaufwand den Heizer sehr wesentlich in seiner Tätigkeit unterstützen. Als wichtigstes erscheint dem Verfasser eine entsprechende Alarmvorrichtung, die zuverlässig ein Überschreiten des höchsten und vor allem tiefsten Wasserstandes durch kräftigen Alarm kenntlich macht. In der Wärme (*203*) ist ein Apparat beschrieben, der bei großer Einfachheit und Betriebssicherheit als zweiter gesetzlicher Wasserstand angebracht werden kann und infolge seiner großen Verstellkraft in einfachster Weise ein elektrisches Läutwerk bei höchstem bzw. tiefstem Wasserstand in Betrieb setzt. Die Konstruktion des Gerätes ist aus Abb. 237 und 238 zu ersehen. An einem Waagebalken a hängt in Stahlschneiden aufgehängt ein Behälter M, der durch ein Gegengewicht P_1 ausgewogen ist. Der Behälter M ist durch dünne, elastische

Stahlrohre mit dem Wasserstandskörper verbunden. In das wasserführende Rohr C_2 ist ein Kondensat- bzw. Schlammablaßbehälter K eingeschaltet. In diesem Behälter sammelt sich unter Zurückdrücken des Kesselwassers das Kondensat, das in dem Wiegegefäß M laufend gebildet wird. Bei Wasserspiegelschwankungen wird daher kein Kesselwasser, sondern vorwiegend Kondensat zum Wiegebehälter geschoben, so daß sich praktisch kein Schlamm im Wiegebehälter und den Anschlußleitungen absetzen kann. Trotzdem sind die Stahlrohre und der Wiegekörper durchstoßbar angeordnet. Vom Waagebalken a wird über die Lasche b ein Kniehebel c bewegt, der den Zeiger Z_1 betätigt. Bei E_1 und E_2 sind Alarmkontakte angebracht.

Um ein vollkommen sicheres Arbeiten dieser Kontakte zu gewährleisten, sind diese als Quecksilber-Ringwaage ausgebildet; in einem kreisrunden Röhrchen, das zur Hälfte mit Quecksilber gefüllt ist, sind zwei Platindrähte eingeschmolzen, die bei einer geringen Verdrehung der Waage durch das Quecksilber leitend verbunden werden. Die Verstellkraft des Apparates kann beliebig groß gemacht werden, so daß er sehr sicher arbeitet.

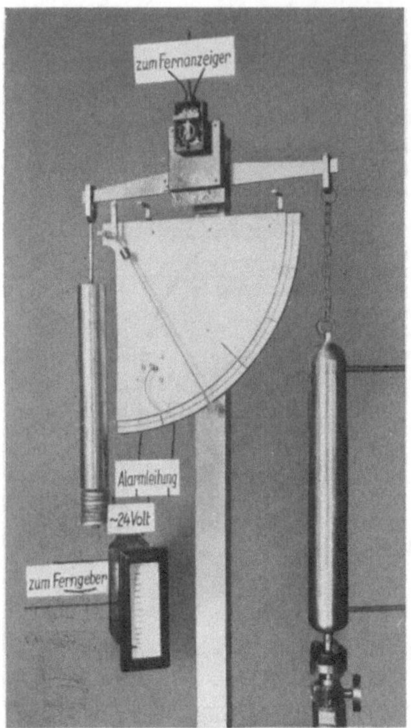

Abb. 238. Pfleiderer-Waage.

Die Anzeige kann in gleicher Weise wie beim Glaswasserstand täglich geprüft werden. Der Apparat hat sich in sechsjährigem Dauerbetrieb bewährt. Er hat so gut wie keine Unterhaltungskosten und bewahrt den Heizer vor der gefährlichen Täuschung, daß er zu viel Wasser im Kessel habe, während in Wirklichkeit zu wenig Wasser vorhanden ist. Dieses von der Firma W. Kuhlmann A.-G. Offenbach am Main vertriebene Gerät ergänzt den Glaswasserstand in sehr glücklicher Weise und dürfte die durch Wassermangel drohenden Gefahren weitgehend vermindern.

Während der eben genannte Apparat gegen Unachtsamkeit des Heizers schützt, ist es noch wichtig, den Heizer selbst gegen die Täuschung, die durch Verstopfung der Leitungen bedingt ist, zu sichern. Zwar hat der Heizer die Pflicht, den Wasserstand mehrmals täglich durch Ausblasen zu prüfen und sofort einzugreifen, wenn das Wasser nicht richtig zurückkommt, dadurch, daß er die Leitungen zum Kessel durchstößt. Jedoch ist dies für den Heizer unbequem und er entzieht sich gerne dieser Aufgabe solange, bis es unter Umständen zu spät ist. Es ist daher gut, wenn man dem Heizer das Säubern der Zuführungsrohre zum Kessel bequem und gefahrlos macht. Eine derartige, sehr zweckmäßige Vorrichtung, den Wasserstandsstutzen von Schlamm freizuhalten, ist in der Abb. 239 wiedergegeben (204). Die Spirale von 8—10 mm starkem Draht kann während des Betriebes durch die außen angebrachte Kurbel gedreht werden, wo-

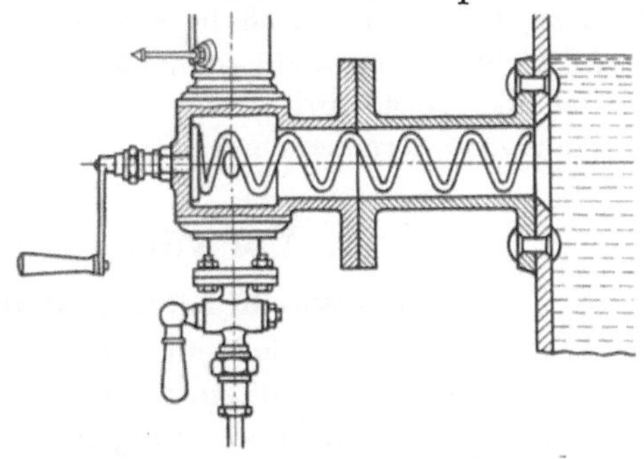

Abb. 239. Vorrichtung zur Reinigung des Wasserstandsstutzens von Schlamm.

durch der Schlamm in den Wasserstandskörper gefördert und durch Öffnen des an ihm befindlichen unteren Ablaßhahnes ausgeblasen werden kann.

In der Abb. 240 ist eine Reinigungsnadel gezeichnet, wie sie zum Durchstoßen von Wasserständen Verwendung findet (204). Das Wesentliche der Einrichtung ist ein vor den unteren Hahnkopf geschraubter Apparat, der mit einer Rückschlagklappe versehen ist und so ein verhältnismäßig gefahrloses Durchstoßen während des Betriebes gestattet.

Gleichzeitig ist der Apparat, wie aus der

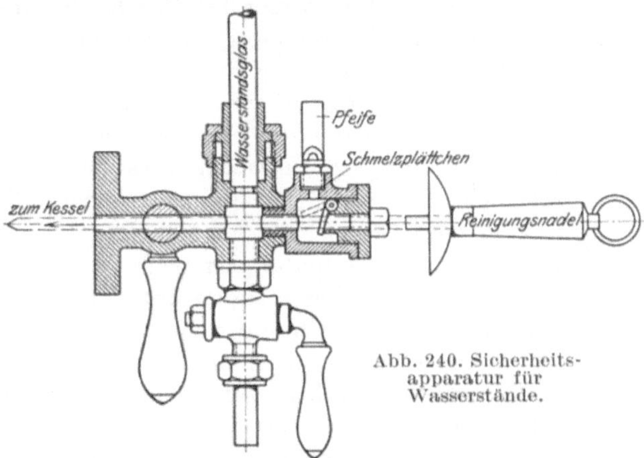

Abb. 240. Sicherheitsapparatur für Wasserstände.

Abbildung ersichtlich, noch mit einem Schmelzplättchen und mit Pfeife ausgerüstet, um bei tiefstem Wasserstand ein Signal ertönen zu lassen. Die Schmelzpfropfen sind jedoch im Betrieb nicht beliebt, da sie unzuverlässig sind und gelegentlich Betriebsstörungen hervorrufen können, wenn sie unzeitgemäß ansprechen.

Die Gefahr, die dem Betrieb durch unbeachtete Undichtheiten bzw. durch Entleeren des Kessels drohen, sind dann nicht groß, wenn die Alarmeinrichtung einwandfrei arbeitet, da dann im äußersten Falle immer noch Zeit ist, durch Herausreißen des Feuers den Kessel zu schützen.

Ein weiterer Schutz des Betriebes gegen Wassermangel sind die bekannten automatischen Speiseregler (Hannemann, Askania, Copes, Reubold u. a.). Sie erfordern natürlich einen gut geleiteten Betrieb, damit die Einrichtung nicht im Laufe der Zeit infolge Vernachlässigung versagt. Sie können auch zu Störungen Anlaß geben, wenn das Speiseventil nicht absolut dicht schließt, so daß Gefahr vorhanden ist, daß der Kessel überspeist wird.

Auch erfordern sie einen entsprechend höheren Geldaufwand.

F. Vorwärmerexplosionen.
Vorwärmerschäden im besonderen.

Aus der Literatur sind eine große Anzahl von Fällen bekannt, bei denen Vorwärmer zerknallten, die Verluste an Menschenleben und großen Sachschaden verursachten. Im ganzen sind in den letzten 15 Jahren über 30 Fälle bekannt geworden. Einen der schwersten Fälle stellt der Zerknall im Großkraftwerk Franken (1917) dar, wobei ein Vorwärmer und der dazugehörige Kessel, sowie zwei Nachbarvorwärmer zerknallten (*205*).

Über die Ursache der Zerknalle gehen die Meinungen der Fachleute auseinander; der Streit geht in der Hauptsache darüber, ob die Auslösung des Zerknalls im Vorwärmer selbst oder in einem Anstoß von außen, nämlich einer Rauchgasexplosion zu suchen ist.

Schulte (*206*) hat zur Klärung dieser Frage eine Zusammenstellung mit ausführlichen Daten von sieben Vorwärmerzerknallen gegeben. Ferner berichtet Laue (*207*) über zwölf Vorwärmerzerknalle im Ausland.

Da die Frage der Vorwärmerzerknalle sehr umstritten und von großer Bedeutung ist, sei die Zusammenstellung von Schulte in Tabelle 38 wiedergegeben.

In zwei Fällen, A und F, ist nach Ansicht von Schulte die Frage geklärt. Die Vorwärmer standen unter der Einwirkung der Rauchgase und wurden erhitzt, während gleichzeitig die Speisung abgestellt war. Der Vorwärmer wurde also zum Dampfkessel. Trotzdem dürfte damit die Frage noch nicht geklärt sein, denn jeder Vorwärmer, der nach seiner Anordnung vom Kessel wasserseitig absperrbar ist, muß ein Sicherheitsventil besitzen, das beim Überschreiten des zulässigen Druckes abbläst. Nun war, wie aus der Tabelle ersichtlich ist, zwar im Falle A das Sicherheitsventil abgeflanscht, man kann somit annehmen, daß dieser Vorwärmer infolge zu hohen Dampfdruckes zerknallte, wenn gleich ein Beweis hierfür keineswegs erbracht ist.

Im Falle F jedoch war das Sicherheitsventil in Ordnung. Es müßte also unbemerkt abgeblasen und hierbei nicht genügend Dampf abgeführt haben, so daß trotzdem ein erheblicher Überdruck entstand. Dies ist wenig wahrscheinlich, so daß dieser Fall noch weniger als Fall A geklärt erscheint.

Die anderen fünf Schäden führt Schulte auf Rauchgasexplosionen zurück. Der Beweis hierfür dürfte jedoch nicht schlüssig sein.

Die Schuld an Vorwärmerzerknallen ist vielmehr, genau wie bei anderen Kesselschäden in verschiedenen Ursachen zu suchen, und es müssen Material, Konstruktion, Herstellungs- und Betriebsweise darauf untersucht werden, inwieweit sie zu den Schäden etwa beigetragen haben.

1. Betrachtungen über das Material des gußeisernen Vorwärmers.

Zunächst ist zu sagen, daß über Explosionsschäden durch schmiedeeiserne Vorwärmer oder durch gußeiserne Rippenrohr-Vorwärmer nichts bekannt geworden ist. Alle beobachteten Schadensfälle beziehen sich auf gußeiserne Glattrohr-Vorwärmer.

Untersuchen wir nun die in Frage kommenden Einzelursachen, so ist bezüglich des Materials ganz allgemein zu sagen, daß sich zwar das Gußeisen hierfür im großen und ganzen bewährt hat, solange die Betriebsbedingungen keine Temperaturerhöhung über etwa 250° C ergaben. Tritt jedoch infolge von Betriebsumständen,

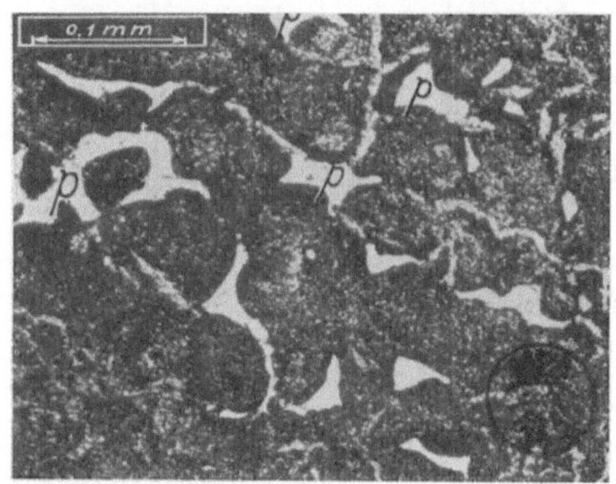

Abb. 241. Perlitisches Gefüge eines gesunden Gusses.

auf die noch weiter unten eingegangen wird, Strömungslosigkeit, Dampfbildung und unter Umständen Dampfüberhitzung im Vorwärmerrohr ein, so erleidet das Gußeisen eine ungünstige Gefügeveränderung, die mit einem Wachsen des Materials verbunden ist.

Um dies zu erklären, müssen wir kurz auf die bei Gußeisen vorliegenden Materialzusammenhänge eingehen (223). Die Abb. 241 zeigt z. B. das normale perlitische Gefüge eines gesunden Gusses. Der gebundene Kohlenstoff tritt als Zementit auf mit einem Kohlenstoffgehalt von 6,7 %. Zementit ist vermengt mit Ferrit in einem Verhältnis, daß das Gemenge rd. 0,9 % Kohlenstoff aufweist. Dieses Gemenge führt die Bezeichnung Perlit. Durch Ätzen mit Salz- bzw. Pikrinsäure tritt Perlit derart zutage, daß die Perlitlamellen bzw. Körner weiß erscheinen, die Ferritlamellen bzw. Körner jedoch schwarz. Als Gesamtbild ergibt sich eine dunkle mit weißen Punkten oder feinen Strichen durchsetzte Masse (Abb. 241). Der Phosphor tritt als Phosphideutektikum auf und erscheint als netzartige weiße Zeichnung (vgl. die Stellen p in Abb. 241). Versuche, die an einem gußeisernen Vorwärmerrohr gemacht wurden, das im Betrieb eine

Ta-

| Anlage | Datum | Zeit | Vorwärmer | | | | Zustand bei der Explosion | | | | | |
			Bauart	Baujahr	Werkstoff	Heiz-fläche m²	Stellung der Klappen	Stellung des Speise-ventils	Eko-Betrieb gas-seitig	Eko-Betrieb wasser-seitig	Sicher-heits-ventil	Werkstoff-befund
A	15.8.21	0^{h}15^m	Glatt-rohr mit Scha-bern	1918	Guß-eisen	360	offen	ge-schlossen	in Be-trieb	außer Be-trieb	abge-flanscht	teilweise ungleiche Wand-stärke
B	29.1.24	3^h	„	1914	„	300	„	offen	„	in Be-trieb	„	—
C	30.5.25	2^{h}20^m	„	1916	„	240	„	„	„	„	in Ord-nung	in Ord-nung
D	27.3.27	22^{h}30^m	„	1923	„	192	ge-schlossen	„	außer Be-trieb	„	„	„
E	28.3.28	23^{h}30^m	„	1918	„	192	offen	„	in Be-trieb	„	?	geringe Material-schäden
F	7.5.29	15^h	„	1915	„	231	„	ge-schlossen	„	außer Be-trieb	in Ord-nung	fehler-haft
G	8.2.31	0^{h}30^m	„	1913	„	450	ge-schlossen	ge-schlossen	außer Be-trieb	außer Be-trieb	„	in Ordnung

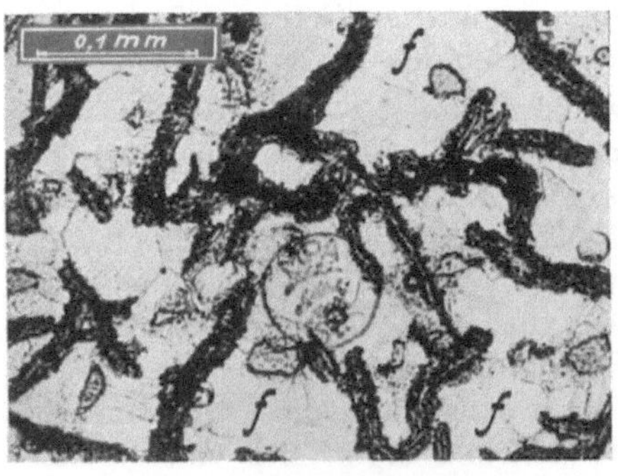

Abb. 242. Überhitztes Gußgefüge.

Überhitzung erfahren hatte, ergaben nun eine Gefügeveränderung nach Abb. 242.

Aus Perlit ist durch die
Erwärmung Ferrit (in Abb. 242
mit f gekennzeichnet) geworden.
Die starken schwarzen Linien
stellen Graphitadern dar, an
denen sich der aus dem Zementit
ausgeschiedene Kohlenstoff an-
gelagert hat. Es wurde festgestellt, daß ein dreistündiges
Glühen bei etwa 700° C bereits
eine völlige Gefügeumwandlung hervorrief, ein Glühen bei 500° C
über 48 Stunden zeigte bereits stark einsetzende Ferritbildung. Bei

belle 38.

Kessel				Feuerung				Wirkung der Explosion		
Bauart	Druck atü	Heiz-fläche m²	Speise-regler	Bauart	Mittl. Höhe des Feuer-raumes über Rost	Be-lastung	Brennstoff	Tote	Verletzte	Zer-störung
Teil-kammer	16	600	—	Wanderrost ohne Unterwind	1,5 m	Vollast	Staubkohle und Erbs III	3	3	Eko voll-ständig zerstört
„	14	5 × 500 1 × 400	Han-ne-mann	Kettenrost natürlicher Zug Gaszusatz	1,4 m	Teillast	Mischung Fettnuß und Koksgrus Koksgas	2	2	„
Garbe-steilrohr	12	405	„	Wanderrost Unterwind ohne Zonen	3,6 m	„	Mittelprodukt Fettkohle	—	1	„
Zwei-kammer	12	320	—	„	1,4	„	Mittelprodukt 25—27 % Asche, Fett-kohle	—	—	„
Garbe-steilrohr	15	600	—	„	3,75	„	Esskohle 6—10 mm	—	—	„
„	12	300	—	Staubfeuerung	—	Vollast	Fett-Staubkohle	1	2	„
Zwei-kammer	14	351	—	Wanderrost Unterwind 4 Windkästen	1,3 m	Teillast	Mischung Mittelprodukte Schlamm-, Staub-, Gas-flammkohle	—	—	„

geringerer Temperatur und entsprechend längerer Einwirkung ist das-selbe Ergebnis zu erwarten.

Es ist noch festzustellen, daß an dem untersuchten Rippenrohr der Flansch und seine nächste Umgebung noch normales Perlitgefüge aufwies, während die mittleren Rohrteile die Umwandlung nach Abb. 242 zeigt. Dieses ferritische Gefüge nun hat erheblich geringere Materialeigen-schaften als das perlitische Gefüge. Durch Wachsen des Materials kommen außerdem gefährliche Spannungen in die Konstruktion.

2. Konstruktion und Herstellung der Glattrohrvorwärmer.

Bezüglich Konstruktion und Herstellung der gußeisernen Glattrohr-vorwärmer ist zu sagen, daß beide nicht befriedigend sind. Die Rohre werden bekanntlich an den Enden mit einem schlanken Konus 1 : 100 versehen (*208*), der eine höchst zulässige Abweichung von 1 mm haben darf. Dasselbe gilt für die entsprechende Bearbeitung der Sammelkästen, so daß also im ungünstigen Falle eine größte Abweichung von 2 mm auftritt. Durch die Einpressung der Konusse in die Sammelkästen treten in diesen starke Spannungen auf. Ist ein Rohr im Register länger als die anderen oder ist ein Konus zu dick gedreht, so nimmt das eine Rohr oder der betreffende Konus den Hauptanteil des Zusammenpreßdruckes auf. Da die Sammelkästen aus Guß bestehen und von der Herstellung her mit unkontrollierbaren Spannungen behaftet sind, müssen sich die hinzutretenden Montagespannungen sehr ungünstig auswirken.

Die Verhältnisse werden weiterhin ungünstig beeinflußt, wenn einige Rohre eines Registers wegen Zerstörung ausgewechselt worden sind. (Mehr als 25% der Rohre eines Registers dürfen nach Vorschrift des Konstrukteurs nicht ausgewechselt werden.)

Der Glattrohrvorwärmer, der seinem Ursprung nach aus England stammt, ist konstruktiv als veraltet anzusehen. Er ist auch bei den im Jahre 1932 von der V.G.B. herausgegebenen neuen „Richtlinien für den Bau und Werkstoff von gußeisernen Rippenrohrvorwärmern" nicht mehr erwähnt.

3. Betriebseinflüsse.

Betrieblich sind die Vorwärmer in verschiedener Hinsicht gefährdet.

Abrostungsgefahr. Zunächst liegt die mehrfach erwähnte Abrostungsgefahr vor, äußerlich durch Schwitzwasserbildung, innerlich durch Gase wie Kohlensäure und Sauerstoff. Zwar widersteht an und für sich Gußeisen der Rostgefahr besser als Schmiedeeisen, jedoch gibt die Art der Konstruktion zu verstärktem Innenangriff Anlaß. Die Glattrohrvorwärmer sind im Gegensatz zu Rippenrohrvorwärmern meist wasserseitig parallel geschaltet. Es ergibt sich daher eine äußerst geringe Strömungsgeschwindigkeit in den Rohren, die zahlenmäßig Größen von wenigen Millimetern in der Sekunde erreicht, so daß der Sauerstoff sehr starke Anfressungen hervorrufen kann.

Bei schwacher Belastung wird in einzelnen Rohren ein gänzlicher Stillstand der Strömung eintreten, sofern sich nicht innerhalb der Vorwärmerrohre durch Temperaturdifferenzen bedingte Eigenströmungen entwickeln.

Es wird berichtet, daß Vorwärmerrohre namentlich im unteren Drittel oft bis auf $^3/_4$—$^1/_2$ an Wandstärke durchrosten (*209*), bis sie dann infolge ungenügender Festigkeit zu Bruch gehen.

Dampfbildung. Eine weitere Gefahr für die Rohre liegt, wie bereits erwähnt, in der übermäßigen Erwärmung der Rohre, die auf Dampfbildung zurückzuführen ist. Ist der Vorwärmer durch Unachtsamkeit der Bedienung der Beheizung ausgesetzt, während andererseits der Speisewasserdurchfluß abgestellt ist, so entwickelt sich Dampf, der sich im oberen Teil der Rohre überhitzen und die volle Temperatur der Rauchgase an dieser Stelle annehmen kann. Hierbei treten dann die bekannten Korrosionen durch Dampfspaltung ein, außerdem gefährliche Wärmespannungen. Ist der Vorwärmer zwar vom Kessel abgesperrt, jedoch ohne zwischenliegendes Rückschlagventil an einer Kreiselpumpe angehängt, so kann sich beliebig Dampf entwickeln, ohne daß eine Drucksteigerung eintritt.

Ob sich auch Dampf in größerer Menge im Vorwärmer bilden kann, wenn er richtig gespeist wird, ist eine umstrittene Frage. An einem Rippenrohrvorwärmer, der symmetrisch zu einem zweiten Vorwärmer des gleichen Kessels geschaltet war, hat der Verfasser beim Anheizen trotz kräftigen Durchspeisens mehrmals Dampfbildung festgestellt. (Beide Vorwärmer haben am Ausgang Temperaturmeßstellen.) Aber auch im normalen Betrieb ist Dampfbildung an einzelnen Rohren eben infolge ungleichen Beaufschlagens durchaus möglich. Bei den geringen Strömungsgeschwindigkeiten in den einzelnen Rohren ist mit Sicherheit anzunehmen, daß der Vorwärmer sich genau wie ein Kessel verhält, und daß die vorderen Rohre als Steigrohre, die hinteren als Fallrohre arbeiten. Die vorderen Rohre erhalten schon von den hinteren und mittleren Rohren vorgewärmtes Wasser und können daher unter ungünstigen Verhältnissen sehr wohl Dampf entwickeln. Stellt sich kein Umlauf im Vorwärmer ein, so ist immerhin denkbar, daß in einzelnen Rohrgruppen keine Strömung ist und sich Dampfpolster bilden. Dies gilt besonders dann, wenn infolge Schwachlast z. B. in der Nacht der Kessel nur wenig gespeist wird (vgl. Zusammenstellung von Schulte, wonach fast alle Explosionen in der Nacht eintraten). Es ist auch denkbar, daß einzelne Rohre das eingespeiste Wasser weiterleiten, während andere in sich zirkulieren. Diese Verhältnisse müssen durch Versuche noch geklärt werden [1].

---

[1] Schulte (224) berichtet neuerdings über derartige Versuche. Er stellte je nach der Anordnung des Vorwärmers stark verschiedene Beaufschlagung der einzelnen Rohre fest. Die Verhältnisse liegen ähnlich wie bei der Dampfverteilung auf die einzelnen Überhitzerschlangen (S. 96 f.) bzw. wie bei der Speisung. Aus der Abb. 243 ist die ungleiche Wasserverteilung über ein von ihm gemessenes Rohrfeld deutlich erkennbar; die mittlere Temperatur des erwärmten Wassers betrug in dem erwähnten Fall 106° C, während Temperaturspitzen von 127° C nach oben und 100° C nach unten auftraten. Bei höherer Beanspruchung des Kessels werden sich die Temperaturunterschiede noch stärker ausprägen.

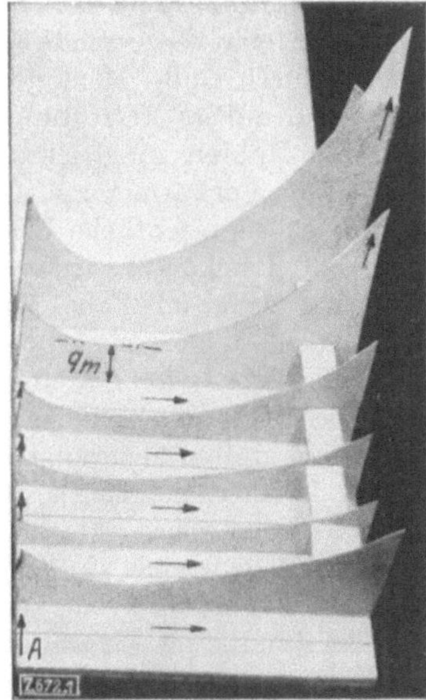

Abb. 243. Verteilung des Wassers über das Rohrfeld eines Vorwärmers.

Hat einmal ein Rohr ein Dampfpolster oben sitzen, dann wird es an der Speisung nicht mehr teilnehmen. Tritt z. B. bei zwei parallel geschalteten Rippenrohrvorwärmern in einem davon Dampfbildung ein, so nimmt er kein oder jedenfalls sehr wenig Wasser mehr auf, das ganze eingepreßte Wasser geht durch den anderen Vorwärmer. Um das Dampfpolster herauszudrücken, ist es erfahrungsgemäß erforderlich, den anderen Vorwärmer abzustellen und die Pumpe mit erhöhtem Druck auf den Vorwärmer mit Dampfpolster zu setzen. Es ist daher auch beim Glattrohrvorwärmer unter bestimmten Betriebsverhältnissen sehr gut denkbar, daß einzelne Rohre ein Dampfpolster besitzen, während andere die Speisung besorgen.

Tritt aber Dampfbildung ein, so sind infolge der ungleichen Temperaturverhältnisse sehr große zusätzliche Spannungen vorhanden.

Das Dampfpolster ist jedoch nicht nur wegen der Wärmespannungen gefährlich; es liegt auch die Gefahr von Schwingungserscheinungen und der Bildung von Wasserschlägen vor. Wird aus irgendwelchen Gründen die Speisung wieder stärker in Gang gesetzt, so sucht sich das kalte Wasser neue Wege, das Dampfpolster kann dann plötzlich durch Ändern der inneren Zirkulation kondensiert werden und ein Wasserschlag tritt ein, der unter den betrachteten Verhältnissen natürlich äußerst gefährlich sein muß und sehr leicht einen Zerknall des ganzen Vorwärmers herbeiführen kann.

Rauchgaszerknalle. Eine weitere Gefährdung des Vorwärmers bilden die Rauchgaszerknalle. Sie sind zwar im allgemeinen harmlos, ergeben aber eine verheerende Wirkung, wenn sie den Anstoß dazu bilden, daß ein durch Guß-, Montage- und Wärmespannungen einerseits, durch innere und äußere Verrostung andererseits geschwächter Vorwärmer an mehreren Rohren zu gleicher Zeit zerstört wird. Es erfolgt dann die gefürchtete Vorwärmerexplosion und es ist hinterher sehr schwer zu sagen, was die eigentliche Ursache der Explosion war. Dies führt auch dazu, daß manche Vorwärmerexplosion als Rauchgasexplosion hingestellt wird (wie z. B. im Falle Großkraftwerk Franken [*210*]), obwohl in Wirklichkeit keine Spur von einer Rauchgasexplosion vorhanden war.

Explosive Gemische können im Feuerungsbetrieb unter gewissen Betriebsverhältnissen entstehen, besonders beim Wiederanfachen des über Nacht gedämpften Feuerungsbetriebes (*211*). Wird vor Beginn der Frühschicht frischer, gasreicher Brennstoff in großer Menge auf den mit schwachem Feuer bedeckten Rost gebracht, so tritt unter der Einwirkung des Grundfeuers eine Entgasung des Brennstoffes, jedoch keine Verbrennung dieser Gase ein, da sowohl die erforderliche Temperatur als auch die Zündflamme fehlt. Die brennbaren Gase stauen sich vermischt mit Luft in toten Ecken und an den Umkehrstellen des Kessels (z. B. oben im Vorwärmer) an. Luft kann im Vorwärmer außerdem durch die Öffnungen für die Schaberketten eintreten. Durch mitgerissene Funken oder Durchbruch des Feuers kann dann eine plötzliche Entzündung der angesammelten Gase erfolgen.

Bei Kohlenstaubfeuerungen können Verpuffungen erfolgen bei Einführung von Kohlenstaub in eine zwar stark abgekühlte, jedoch noch warme Brennkammer, so daß Schwelgase entstehen können, die dann bei plötzlicher Zündung verpuffen. Derartige Verpuffungen sind im allgemeinen harmlos, ist jedoch die Brennkammer oben nur durch auf Rohre aufgelegte Platten abgedeckt, so kann auch hier ein unangenehmer Schaden auftreten (Abb. 244).

Es dürfte die vielfach im Schrifttum geäußerte Ansicht nicht stichhaltig sein, daß die Rauchgasexplosion als vorherrschende Ursache der

Abb. 244. Durch Staubverpuffung zerstörte Abdeckung einer Brennkammer.

Vorwärmerexplosionen anzusehen sei, denn es muß nachdrücklich darauf hingewiesen werden, daß alle bekannten Vorwärmerzerknalle sich auf Glattrohrwärmer beziehen und kein einziger Fall der Explosion eines Rippenrohrvorwärmers bekannt geworden ist. Ein Beweis dafür, daß zwar die Rauchgasverpuffung mit als eine der Ursachen gelten kann, die unter Umständen zur Glattrohrvorwärmerexplosion führt, daß aber mangelhafte Konstruktion, Montagespannungen, Gußfehler, Abrostungen und besonders die Dampfbildung mit der dadurch bedingten Materialveränderung eine ausschlaggebende Rolle spielen.

Betrachten wir nun noch einmal den Bericht über die verheerende Vorwärmer- und Kesselexplosion im Großkraftwerk Franken, so finden wir folgende Tatsachen: Der zerknallte Kessel war am Tag zuvor wegen Undichtheiten am Vorwärmer außer Betrieb gekommen; dann wurde er am nächsten Morgen um 5^h angeheizt und etwa um $6^h 30^m$ den anderen Kesseln zugeschaltet. Schon bald nach der Inbetriebsetzung machten sich erneute Undichtheiten am Vorwärmer bemerkbar. Ein Maurer an einem Nebenkessel beobachtete, wie aus der Mauerdecke des Vorwärmers Dampf aufstieg. Der Kessel sollte deshalb um 9^h wieder außer Betrieb genommen werden; um $8^h 55^m$ ereignete sich der Zerknall. Es wurden einwandfrei zwei Schläge gehört und es dürfte sicher sein, daß zuerst der Vorwärmer explodierte und der gewaltige Stoß die Rohre aus den Kammern des Wasserrohrkessels herausriß, was um so leichter möglich war, als diese damals nicht gebördelt waren. Darauf erfolgte die zweite Explosion nämlich des Kessels selbst. Daß auch die beiden Vorwärmer der rechts und links gelegenen Kessel zum großen Teil hierbei mitzerstört wurden, ist bezeichnend. Eine Rauchgasexplosion kann bei dieser Darstellung über den Betrieb kaum in Betracht kommen.

4. Schutzmaßnahmen.

Als Schutzmaßnahmen gegen Glattrohr-Vorwärmerzerknalle kommen daher folgende Maßnahmen in Frage:

Die Bildung von Dampf muß durch entsprechende Betriebsführung unter allen Umständen verhindert werden; die Speisung darf nicht unterbrochen werden, solange die Rauchgase hindurchstreichen. Wird der Vorwärmer aus dem Heizgastrom ausgeschaltet, so muß er noch eine gewisse Zeit durchgespeist werden, bis er genügend abgekühlt ist. Kann ein Vorwärmer nicht aus dem Rauchgasstrom abgeschaltet werden, so muß bei Betriebsstörung am Vorwärmer auch der Kessel außer Betrieb genommen werden. Muß noch die im Trichter befindliche Kohle gefahren werden, so muß dies bei entleertem Vorwärmer mit dem geringst möglichen Kesselzug erfolgen. Vorhandene Klappen müssen dicht sein, so daß auch wirklich keine Heizgase mehr in den Vorwärmer eintreten. An jedem Vorwärmerausgang sollte ein genau anzeigendes, gut ablesbares Thermometer vorhanden sein, am besten mit Alarmkontakt. Die höchste Wassertemperatur soll $30—50^0$ C unter der Dampftemperatur liegen. Das Sicherheitsventil ist gut instand zu halten.

Die Verbindungsleitung vom Vorwärmeraustritt zum Kessel sollte stetig steigend verlegt sein. Ist dies nicht möglich, so ist am höchsten Punkt eine Dampfabfuhrleitung anzubringen. Unter Umständen kann auch ständig eine geringe Wassermenge dort laufend abgezapft werden, die entweder frei sichtbar abläuft, oder wenn dies wegen zu starker Dampfbildung oder aus wirtschaftlichen Gründen nicht zweckmäßig ist, in den Speisebehälter zurückgeführt wird.

Liegen ungünstige Verhältnisse vor, d. h. ist der Vorwärmer im Verhältnis zur Kesselheizfläche reichlich und kommt die Wassertemperatur zu nahe an die Dampftemperatur heran, oder muß der Kessel vielfach längere Zeit mit Schwachlast laufen — oder liegen schlechte Wasserverhältnisse vor —, so wird man zu besonderen Sicherheitsmaßnahmen greifen müssen.

Als solche wären zu nennen die Anbringung von Alarmthermometern an der jeweils am stärksten beheizten bzw. am schlechtesten beaufschlagten Rohrreihe, ferner das Einschalten einer Rückschlagvorrichtung zwischen Pumpe und Vorwärmer; dies hat den Zweck, bei Dampfbildung das Sicherheitsventil zum Ansprechen zu bringen und das Zurückdrücken von Wasser nach der Pumpe zu verhindern. Der etwa vorhandene Speiseregler wird zweckmäßigerweise bei Einzelvorwärmern zwischen Pumpe und Vorwärmer eingebaut und nicht zwischen Vorwärmer und Kessel.

Natürlich sind auch die anderen Gefahrmomente nach Möglichkeit auszuschalten. So muß sich der Betrieb durch laufende Überwachung ein Bild darüber machen, wie weit die Durchrostungen im einzelnen Falle gediehen sind. Die Register sind bei Überholung an den Außenrohren nachzumessen, ob ein Wachsen des Rohrmaterials stattgefunden hat. An ausgebauten Rohren wird man Materialproben entnehmen, wenn Verdacht auf gelegentliche Dampfbildung besteht.

Gegen Rauchgasverpuffungen sind entsprechende Maßnahmen zu ergreifen einmal durch scharfe Betriebsüberwachung, ferner durch Belehrung des Personals über die Möglichkeit der Entstehung bzw. Vermeidung solcher Gasgemische. Ferner werden unter Umständen an toten Ecken und an der Decke des Vorwärmers Gasabzugsrohre angebracht, die mit möglichst gleichmäßiger Steigung nach dem Kamin verlegt werden.

Gegen übermäßige Beheizung des Vorwärmers beim Anheizen ist, falls kein Leerfuchs vorhanden ist, die Anordnung von Gaslenkklappen empfehlenswert, ferner muß durch entsprechendes Durchspeisen und Temperaturbeobachtung Dampfbildung mit Sicherheit vermieden werden. Powell (*212*) empfiehlt, beim Anheizen den Vorwärmer mit der Untertrommel des Kessels zu verbinden, wodurch eine Zirkulation im Vorwärmer im gleichen Sinne wie im Kessel selbst eingeleitet wird. Auf diese Weise hat er Undichtheiten, die durch Temperaturunterschiede bedingt waren, vermieden.

Der Betriebsführer muß sich stets darüber im klaren sein, daß die Glattrohr-Vorwärmeranlage besonders sorgfältiger Pflege und Überwachung bedarf.

Literaturverzeichnis.

1. Ulrich: Werkstofffragen des heutigen Dampfkesselbaues, S. 2. Berlin: Julius Springer.
2. Ulrich: Werkstofffragen des heutigen Dampfkesselbaues, S. 40. Berlin: Julius Springer.
3. Goerens: Z. VDI 1924 S. 43.
4. Oberhoffer u. Jungbluth: Stahl u. Eisen Nr. 40 S. 1513.
5. Pomp: Ferrum 1916 Heft 4 S. 49.
6. Ulrich: Werkstofffragen des heutigen Dampfkesselbaues. Berlin: Julius Springer.
7. Körber u. Dreyer: Mitt. Kais.-Wilh.-Inst. Eisenforschg., Düsseldorf Bd. 2 S. 59.
8. Maurer u. Mailänder: Stahl u. Eisen Jg. 45 Nr 12 S. 409.
9. Jäger-Ulrich: Bestimmung über Anlegen und Betrieb von Dampfkesseln. Berlin: Heymann-Verlag 1929.
10. Veröff. Zentr.-Verb. preuß. Dampfkess.-Überwach.-Verb. Bd. 4 S. 52.
11. Moser: Z. VDI 1932 Nr. 18 S. 261.
12. Moser: Z. VDI 1924 S. 45.
13. Körber u. Pomp, Ulrich: Werkstofffragen des heutigen Dampfkesselbaues, S. 66. Berlin: Julius Springer.
14. Maurer u. Mailänder: Stahl u. Eisen Jg. 45 Nr. 12 S. 412.
15. Mitt. Ver. Großkesselbes. Heft 15 S. 21.
16. Mitt. Ver. Großkesselber. Heft 15 S. 39.
17. Ulrich: Werkstofffragen des heutigen Dampfkesselbaues, S. 25. Berlin: Julius Springer.
18. Urbanczyk, G.: Festigkeitseigenschaften von Kesselblechen. Stahl u. Eisen 1927 S. 1128.
19. Fischer: Ulrich Werkstofffragen des heutigen Dampfkesselbaues, S. 25. Berlin: Julius Springer.
20. Prömper u. Pohl: Kessel- und Behälterbaustoffe. Arch. Eisenhüttenwes. 1928 Heft 12 S. 786.
21. Mitt. Ver. Großkesselbes. 1931 Heft 33 S. 197.
22. Meerbach, K.: Die Werkstoffe für den Dampfkesselbau. Berlin: Julius Springer.
23. Bardenheuer u. Müller: Mitt. Kais.-Wilh.-Inst. Eisenforschg., Düsseldorf Bd. 11 (1929) S. 255.
24. Baraduc u. Müller: Stahl u. Eisen 1916 S. 1022.
25. Wärme 1931 S. 306.
26. Bauer: Wärme 1931 Heft 30 S. 567.
27. Wärme 1931 Heft 30 S. 568.
28. Zur Sicherheit des Dampfkesselbetriebes VGB, S. 63. Berlin: Julius Springer.
29. Woodvine u. Roberts: Engineering, 28. Mai 1926 S. 646.
30. Marguerre: Z. VDI Bd. 73 (1929) Sonderdruck.
31. Ulrich: Mitt. Ver. Großkesselbes. 1929. Heft 22 S. 20.
32. Lorenz: Z. VDI 1907 S. 743.
33. Lupberger: Arch. Wärmewirtsch. 1931 S. 267.

34. Münzinger: Berechnung und Verhalten von Wasserrohrkesseln, S. 64. Berlin: Julius Springer 1929.
35. Helfrich: Z. bayer. Revis.-Verb. Bd. 34 (1930) S. 582; ferner Veröff. Zentr.-Verb. preuß. Dampfkess.-Überwach.-Ver. Nr. VII S. 75.
36. Konjung: Wärme Bd. 53 (1930) S. 891.
37. Hartmann u. Kehrer: Wasserumlaufmessungen. Schmidtsche Heißdampfges. Kassel-Wilhelmshöhe.
38. Bähren: Wärme 1929 S. 595.
39. Kammerer u. Parmentier: Bull. franç. Proprie appar. à vapeur Jg. 12 (1931) S. 1.
40. Mitt. Ver. Großkesselbes. 1926 Heft 10 S. 53.
41. Mitt. Kais.-Wilh.-Inst. Eisenforschg., Düsseldorf Bd. 7 (1926) Abh. 59.
42. Ebel: Wärme 1932 Heft 32 S. 541.
43. Ebel: Z. bayer. Revis.-Ver. 1930 S. 139.
44. Ebel: Wärme 1931 S. 675.
45. Rönne: Forsch.-Arb. Ing.-Wes. 1927 Heft 292.
46. Christmann: Stahl u. Eisen 1933 Heft 52 S. 1353.
47. Wyss, Th.: Die Kraftfelder in festen, elastischen Körpern. Berlin: Julius Springer 1926.
48. Lorenz: Technische Physik, Bd. 4 S. 538. München: R. Oldenbourg.
49. Wyss, Th.: Beitrag zur Spannungsuntersuchung an Knotenblechen. Forsch.-Arb. Ing.-Wes. Heft 262 S. 9.
50. Wyss: Die Kraftfelder in festen, elastischen Körpern, Tafel 34 (Versuche Stoltenburg), S. 333. Berlin: Julius Springer 1926.
51. Leon: Über Störungen der Spann.-Vert. usw. Öst. Wschr. öff. Baudienst 1908 Heft 9.
52. Preuß: Versuche über die Spann.-Vert. in gelochten Zugstäben. Z. VDI 1912 S. 1780.
53. Coker, F. G. u. A. L. Kimball: The effects of holes, cracks and other discontinuities in ships plating. Trans INA. 1920.
54. Rudeloff, M.: Versuche im Eisenbau, Heft 1. Berlin: Julius Springer 1915.
55. Hütte: Bd. 1 S. 684.
56. Leon u. Zidlicky: Z. VDI 1914 S. 626.
57. Mitt. Ver. Großkesselbes. 1932 Heft 37 S. 71.
58. Ulrich: Werkstofffragen des heutigen Dampfkesselbaues, S. 95. Berlin: Julius Springer 1930.
59. Münzinger: Leistungssteigerung von Großdampfkesseln, S. 73. Berlin: Julius Springer.
60. Schulte: Wärme 1931, S. 870.
61. Guilleaume: Z. VDI 1924, S. 255.
62. Cleve: Arch. Wärmewirtsch. 1929 S. 381.
63. Böse: Arch. Wärmewirtsch. 1932 S. 89
64. Schmidt, E.: Z. VDI 1929 S. 1151.
65. Schmidt, E.: Festschrift: „25 Jahre Technische Hochschule Danzig", S. 231. Danzig 1929.
66. Schmidt, E.: Archiv Wärmewirtschaft 1933 S. 1.
67. Münzinger: Leistungssteigerung von Großdampfkesseln, S. 73. Berlin: Julius Springer.
68. Cleve: Forsch.-Arb. Ing.-Wes. 1929 Heft 322.
69. Arch. Wärmewirtsch. Bd. 11 (1930) S. 359.
70. Hartmann, O. H. u. O. Kehrer: Z. VDI 1932 S. 1173.
71. Pfleiderer: Z. VDI 1931 Heft 50.
72. Nikolaen: Elektr. Stanzii 1931. — Mitt. Ver. Großkesselbes. 1933 Heft 41 S. 54.

74. Ziegler: Mitt. Ver. Großkesselbes. Heft 32 S. 121.
75. Lupberger: Neuere Entwicklung des Dampfkesselbaues. Stahl u. Eisen, Sonderdruck aus 1933 Heft 40, 41, 42.
76. Hartmann: Wärme 1930 S. 465.
77. Münzinger: AEG-Mitt., Juni 1930.
78. Fellows, Power: Die Spaltung des Dampfes in Stahlrohren bei hohen Temperaturen und Drücken. J. Amer. Water Works Ass.; Okt. 1929; übersetzt u. bearbeitet von der VGB. Heft 25 S. 27.
79. Stimmel: Mitt. Ver. Großkesselbes. Heft 36 S. 55.
80. Bach: Z. VDI 1894 S. 868.
81. Bücken: Diss. Aachen 1929. — Auszug Z. VDI 1930 S. 924.
82. Ulrich: Mitt. Ver. Großkesselbes. 1932 Heft 40 S. 280.
84. Mitt. Ver. Großkesselbes. 1932 Heft 39 S. 235.
85. Baumann: Beanspruchung der Bleche beim Nieten. Forsch.-Arb. Ing.-Wes. Heft 252.
86. Baumann: Jb. Schiffbautechn. Ges. 1915 S. 480.
87. Bach: Die Widerstandsfähigkeit der Dampfkesselwandungen 1. Bd. S. 4.
88. Baumann: Z. VDI 1912 S. 1114.
89. Baumann: Die Widerstandsfähigkeit von Dampfkesselwandungen v. VGB., S. 7. Berlin: Julius Springer.
90. Bach: Z. VDI 1912 S. 2071.
91. Vigener: Wärme 1931 S. 486.
92. Türke: Wärme 1931 S. 891.
93. Rüter: Wärme 1931 S. 312.
94. Bauer: Wärme 1931 S. 572.
95. Hermes: Wärme 1931 S. 632.
96. Baumgärtel: Forsch.-Arb. Ing.-Wes. 1930 Heft 336 S. 5.
97. Schimmpke-Horn: Elektr. Schweißtechn. Bd. 2 S. 121.
98. Schimmpke-Horn: Elektr. Schweißtechn. Bd. 2 S. 129.
99. Höhn: Z. VDI 1933 Heft 21 S. 559.
100. Schaper: Z. VDI 1933 Heft 21 S. 559.
101. Schmelzschweißg., April 1929 Heft 4 S. 71.
102. Achenbach: Elektrisches autogenes Schweißen und Schneiden von Metallen. Berlin W: M. Krayn 1925.
104. Neese: Stahl u. Eisen 1922 Heft 26 u. 31.
105. Lottmann: Z. VDI 1930 Heft 38 S. 1345.
106. Buchholz: Wärme 1932 Heft 22 S. 367.
107. Müller: Mitt. Ver. Großkesselbes. 1932 Heft 39 S. 199.
108. Birke: Wärme 1931 S. 177.
109. Croce: Wärme 1931 S. 169.
110. Eckermann: Die Anwendung der autogenen und elektrischen Schweißung beim Bau von Dampfkesseln, S. 51. Hamburg: Hanseatische Verlagsanstalt.
111. Jantscha: Diss. Darmstadt 1929.
112. Thum-Ruttmann: Diss. Darmstadt 1933.
113. Siebel-Oppenheimer: Mitt. Kais.-Wilh.-Inst. Eisenforschg., Düsseldorf Bd. 11 Lief. 8.
114. Siebel: Mitt. Kais.-Wilh.-Inst. Eisenforschg., Düsseldorf Bd. 11, Lief. 8.
115. Elsäßer: Mitt. Ver. Großkesselbes. 1931 Heft 36.
116. Lupberger: Mitt. Ver. Großkesselbes. 1932 Heft 40 S. 322.
117. Richtlinien für die Anforderungen an den Werkstoff und Bau von Hochleistungsdampfkesseln. Mitt. Ver. Großkesselbes. Entwurf Mai 1932.
118. Schmidt: Wärme 1933 S. 819.
119. Freymann: Z. bayer. Revis.-Ver. 1909 S. 245.

120. Pfleiderer: Z. VDI 1931 Heft 50 S. 1497.

122. Seyb: Mitt. Ver. Großkesselbes. 1928 Heft 20 S. 49.

123. Haupt: Mitt. Ver. Großkesselbes. 1932 Heft 38 S. 183.

124. Daniel, H. u. K. W. Fröhlich: Z. anorg. allg. Chem. Bd. 188. Leipzig: Leopold Voss 1930.

125. Eckermann: Berichte über Geheimmittel, welche zur Verhütung und Beseitigung von Kesselstein dienen sollen, S. 21. Hamburg: Boysen u. Maasch 1905.

126. Wesly: Beiheft Nr. 1 zur Z. angew. Chemie 1933.

127. Kleinsteuber: Mitt. Ver. Großkesselbes. 1928 Heft 18 S. 116.

128. Splittgerber: Mitt. Ver. Großkesselbes. 1931 Heft 34 S. 306.

129. Schöne: Mitt. Ver. Großkesselbes. 1928 Heft 19, S. 27.

130. Bodler: Vereinigung der Großkesselbes. Speisewasserpflege. Selbstverlag 1926.

131. Splittgerber: Vom Wasser, Bd. 2/3.

132. Seyb: Mitt. Ver. Großkesselbes. 1930 Heft 30 S. 277.

133. Ammer: Mitt. Ver. Großkesselbes. 1933 Heft 43 S. 140.

134. Mitt. Ver. Großkesselbes. 1931 Heft 34 S. 307.

135. Michaelis: Die Wasserstoff-Ionen-Konzentration. Berlin: Julius Springer 1923.

136. Lupberger: Erste Korrosionstagung in Berlin. VDI-Verlag 1923.

137. Splittgerber: Mitt. Ver. Großkesselbes. 1931 Heft 34 S. 265.

138. Pfleiderer-Wesly: Mitt. Ver. Großkesselbes. Heft 43 S. 149.

139. Pollit-Creuzfeld: Ursache und Bekämpfung der Korrosionen, S. 37. Braunschweig: Friedr. Vieweg & Sohn 1926.

140. Z. bayer. Revis.-Ver. 1909 S. 39.

141. Z. bayer. Revis.-Ver. 1905 S. 123.

142. Stumper: Feuerungstechn. 1925/26 S. 98.

143. Splittgerber-Nolte: Handbuch der biologischen Arbeitsmethoden, Abt. IV Teil 15 S. 146.

144. Einsler u. Tietz: Mitt. Ver. Großkesselbes. 1930 Heft 30 S. 299.

145. Kesselbetrieb. Vereinigung der Großkesselbesitzer. S. 127/360.

146. Hofer: Wärme 1928 S. 753.

147. Stumper: Feuerungstechn. 1925/26 S. 160.

148. Seyb u. Wesly: Arch. Wärmewirtsch., Febr. 1933 S. 45.

149. Wesly: Bestimmung des Restsauerstoffes. Mitt. Ver. Großkesselbes. Heft 30 S. 323.

150. Dewrance: Plant Engineering, 1930 S. 1377.

151. Christmann: Z. bayer. Revis.-Ver. 1933 Heft 10 S. 103.

152. Mohr: Mitt. Ver. Großkesselbes. Heft 30 S. 274.

153. Knodel: Mitt. Ver. Großkesselbes. 1928 Heft 20 S. 31.

154. Müller: Mitt. Ver. Großkesselbes. 1930 Heft 30 S. 269.

156. Kreysig: Mitt. Ver. Großkesselbes. 1928 Heft 20 S. 31.

157. Michel: Arch. Wärmewirtsch. 1931 Heft 9 S. 259.

158. Z. bayer. Revis.-Ver. 1921 S. 6.

159. Sickel: Wärme 1920 S. 150.

160. Z. bayer. Revis.-Ver. 1921 S. 6.

161. Parr: Univ. Illinois, Engg. Exp. Stat. Bull. 1917 S. 94.

162. Parr u. Straub: Univ. Illinois, Exp. Stat. Bull. 155 u. 177, Übersetzg. VGB. Zur Sicherheit des Dampfkesselbetriebes, S. 121.

163. Thum: Mitt. Mat. Prüf.-Anstalt techn. Hochschule Darmstadt Heft 3 S. 30.

164. Wyszomirski: Ammoniakwerk Merseburg.

165. Ulrich: Werkstofffragen des heutigen Dampfkesselbaues. Berlin: Julius Springer 1930.

166. Thiel: VGB. Speisewasserpflege, S. 115.
167. Rösing: VGB. Speisewasserpflege, S. 145.
168. Holle: VGB. Speisewasserpflege, S. 145.
169. Neumann: Wärme 1928 S. 626.
170. Berl u. van Taak: Forschg.-Arb. Ing.-Wes. Heft 330.
171. Berl u. van Taak: Arch. Wärmewirtsch. 1928 S. 165.
172. Heyn u. Bauer: Mitt. Mat.-Prüfungsamt Darmstadt 1908 S. 40.
173. Taussig: Arch. Wärmewirtsch. 1932 S. 163.
174. Parr u. Straub: Vortrag auf der Midwest Power Conference, 14.—17. Febr. 1928 in Chikago, Lit.-Sammlung VGB 198.
175. Guilleaume: VGB. Zur Sicherheit des Dampfkesselbetriebes, S. 1f.
176. Splittgerber: Vereinigung der Eltwerke, Konservierung, Wartung und Intriebnahme. Stuttgart, Sitzung 1932 S. 8.
177. Z. bayer. Revis.-Ver. 1909 S. 72.
178. Splittgerber: Vereinigung der Eltwerke, Konservierung, Wartung und Intriebnahme. Stuttgart, Sitzung 1932.
179. Maß: Vereinigung der Eltwerke, Konservierung, Wartung und Intriebnahme Stuttgart, Sitzung 1932 S. 15.
180. Seyb: Vereinigung der Eltwerke, Konservierung, Wartung und Intriebnahme Stuttgart, Sitzung 1932 u. Arch. Wärmewirtsch. 1933 Heft 1.
181. Richter: Mitt. Ver. Großkesselbes. 1932 Heft 38 S. 160.
182. Masch.-Schad. 1929 Heft 4 S. 74.
183. Z. bayer. Revis.-Ver. 1909 S. 72.
184. Z. bayer. Revis.-Ver. 1909 S. 73.
185. Kesselbetrieb, VGB., S. 17. Berlin: Julius Springer.
186. Bach: Z. VDI 1901 S. 22.
187. Winkelmann: Z. Dampfk.- u. Masch.-Betr. 1914 S. 443.
188. Fletscher: Engineering 1891 S. 476.
189. Eberle: Z. bayer. Revis.-Ver. 1905 u. 1906 S. 41 u. S. 93.
190. Altmayer: Z. bayer. Revis.-Ver. 1909 S. 6.
191. Otte: Z. VDI 1923 S. 1021.
192. Guilleaume: Z. VDI 1924 S. 193.
193. Mitt. Ver. Großkesselbes. 1926 Heft 11 S. 31.
194. Otte: Z. VDI 1923 S. 1022.
195. Kohlrausch: Lehrbuch für praktische Physik, 15. Aufl. Berlin: B. G. Teubner.
196. Rönne: Forschg.-Arb. Ing. Wes. 1927 S. 292.
197. Dörffel: Mitt. Ver. Großkesselbes. 1933 Heft 41 S. 15.
198. Guilleaume: Z. VDI 1924 Heft 11 S. 255.
199. Z. bayer. Revis.-Ver. 1919 S. 49.
200. Z. bayer. Revis.-Ver. 1910, 1911, 1913 S. 27, 118, 205, 243.
201. Pfleiderer: Z. VDI 1931 Heft 50 S. 1497.
202. Zschimmer: Z. bayer. Revis. Ver. 1923 S. 73.
203. Pfleiderer: Wärme 1933 S. 722.
204. Spalkhaver u. Schneider-Rüster: Die Dampfkessel nebst Zubehörteilen S. 388.
205. Z. bayer. Revis.-Ver. 1917 S. 90.
206. Schulte: Wärme 1931 S. 694.
207. Laue: Wärme 1933 S. 764.
208. Sauermann: Glückauf 1931 S. 1013.
209. Kesselbetrieb, VGB. Ziff. 377. Berlin: Julius Springer. — Laue: Wärme 1933 Heft 47 S. 766.

210. Z. bayer. Revis.-Ver. 1917 S. 90.
211. Kesselbetrieb, VGB. Ziff. 199. Berlin: Julius Springer.
212. Electr. World, N.Y., 26. Nov. 1932 S. 719.
213. Nehl, F.: Stahl u. Eisen 1933 Heft 30 S. 773.
214. Mitt. Ver. Großkesselbes. Heft 11 S. 76.
215. Siebel: Mitt. Ver. Großkesselbes. Heft 48.
216. Mitt. Ver. Großkesselbes. Heft 40 1933 S. 251.
217. VGB. Zur Sicherheit des Dampfkesselbetriebes, S. 162.
218. Stumper: Speisewasserpflege, S. 24. Berlin: Julius Springer.
219. Ind. Engng. Chem. Bd. 23 (1931) Nr. 6 620f.
220. Z. bayer. Revis.-Ver. 1933 Nr. 14 S. 133.
221. Wärme Jg. 57 (1934, Jan.) Nr. 2 S. 17.
222. Kesselbetrieb, VGB. S. 408.
223. Mitt. Ver. Großkesselbes. Heft 37 S. 118.
224. Arch. Wärmewirtsch. 1934 Heft 8 S. 207 Abb. 1.

Die Abbildungen 19, 30, 31, 46, 49, 60, 65, 66, 75, 85—88, 104—106, 156—159, 161, 166, 167, 187—190, 203, 204, 221, 222, 224, 226, 228—231, 236, 241 und 242 sind Berichten der Vereinigung der Großkesselbesitzer entnommen.

Weitere Druckfehlerberichtigungen.

S. 69, Zeile 14 v. o. lies: „Einfluß der Selbstverdampfung und der Voreilung" statt „Einfluß der Voreilung".

S. 69, Zeile 18 v. o. lies: „der Einfluß der Selbstverdampfung und des Voreilens" statt „der Einfluß des Voreilens".